Werner Mansfeld

Satellitenortung und Navigation

Grundlagen und Anwendung globaler Satellitennavigationssysteme

D1724822

Aus dem Programm Nachrichtentechnik

Mobilfunknetze
von R. Eberhard und W. Franz

Funkortung und Funknavigation
von E. Lertes

Satellitenortung und Navigation
von W. Mansfeld

Handbuch Radar und Radarsignalverarbeitung
von A. Ludloff

Datenfernübertragung
von W. Welzel

Nachrichtentechnik
von M. Werner

Übertragungstechnik
von O. Mildenberger

Vieweg

Werner Mansfeld

Satellitenortung und Navigation

Grundlagen und Anwendung globaler Satellitennavigationssysteme

Mit 207 Bildern und 51 Tabellen

Alle Rechte vorbehalten
© Friedr. Vieweg & Sohn Verlagsgesellschaft mbH, Braunschweig/Wiesbaden, 1998

Der Verlag Vieweg ist ein Unternehmen der Bertelsmann Fachinformation GmbH.

Das Werk einschließlich aller seiner Teile ist urheberrechtlich geschützt. Jede Verwertung außerhalb der engen Grenzen des Urheberrechtsgesetzes ist ohne Zustimmung des Verlags unzulässig und strafbar. Das gilt insbesondere für Vervielfältigungen, Übersetzungen, Mikroverfilmungen und die Einspeicherung und Verarbeitung in elektronischen Systemen.

http://www.vieweg.de

Technische Redaktion und Layout: Hartmut Kühn von Burgsdorff
Druck und buchbinderische Verarbeitung: Lengericher Handelsdruckerei, Lengerich
Gedruckt auf säurefreiem Papier
Printed in Germany

ISBN 3-528-06886-8

Vorwort

Die Ortung und die auf ihr beruhende Navigation ist seit dem Altertum eine wesentliche Voraussetzung zur Seefahrt. Sie erfolgte in früheren Zeiten ausschließlich mit optischen Methoden und benutzte die Gestirne als Bezugspunkte. Im 20. Jahrhundert kamen mit den Erfindungen auf dem Gebiet der elektromagnetischen Wellen funktechnische Einrichtungen für die Ortung und Navigation zum Einsatz. Die damit durchgeführte Navigation benötigte keine optische Sicht, war wesentlich einfacher zu handhaben und ging viel schneller. Die weltweit einsetzende Entwicklung der Luftfahrt verlangte die Bereitstellung von Systemen mit hoher Genauigkeit und großer Reichweite. Vor und während des 2. Weltkrieges entstanden für die Navigation in der See- und Luftfahrt eine Anzahl von Systemen, die sich auf funktechnische Bodenstationen stützten. Die meisten dieser Systeme fanden nach dem Kriege eine internationale Anwendung in der See- und Luftfahrt. Mit der Raketentechnik fand die Ortung mit funktechnischen Mitteln auch Anwendung in der Raumfahrt. Eine alternative Lösung zur bodengestützten Navigation war die bordautonome Trägheitsnavigation (Inertialnavigation), die zunächst nur in der militärischen Luftfahrt benutzt wurde. Mit dem Start des ersten Erdsatelliten *Sputnik* setzte die Entwicklung von Ortungssystemen ein, bei denen anstelle der funktechnischen Einrichtungen in Bodenstationen ganz entsprechende Einrichtungen in Satelliten verwendet wurden. Ursprünglich waren Satellitenortungssysteme für militärische Aufgaben geschaffen worden, jedoch erfolgte im Laufe der Zeit die Freigabe für zivile Zwecke. Mit den Satellitensystemen wurden folgende Vorteile erreicht: Ständige weltweite Nutzbarkeit, relativ geringer Geräteaufwand beim Nutzer und eine hohe, von Zeit und Ort unabhängige Genauigkeit der Ortung. Diese Vorteile führten sehr schnell zu einer Anwendung in allen Bereichen, in denen Positionsbestimmungen erforderlich sind. Neben dem Einsatz im Verkehrswesen zur Navigation auf See, in der Luft und auch auf dem Lande, fanden die Satellitenortungssysteme eine breite Anwendung im Vermessungswesen und in Einrichtungen, die eine hochgenaue Uhrzeit brauchen, da die Satelliten auch ein Zeitnormal darstellen. Der Entwicklungsprozeß ist noch längst nicht abgeschlossen. Beispielsweise sind Ergänzungen zu den Systemen erforderlich, um sie als primäres Mittel zur Navigation in der Luftfahrt einsetzen zu können.

Das Buch soll dem Nutzer von Satellitenortungssystemen und dem an der Nutzung Interessierten eine Einführung zur Wirkungsweise und zu den Einsatzmöglichkeiten geben. Da die Nutzer aus sehr verschiedenen Bereichen kommen und im Allgemeinen unterschiedliche Fachkenntnisse besitzen, werden im ersten Kapitel in kurzer Form die physikalischen Grundlagen vermittelt, die zum Verständnis der Wirkungsweise von Satellitensystemen notwendig sind. Nach einem Überblick zu den international vorhandenen Systemen (Kapitel 2) wird das zur Zeit bedeutendste, amerikanische *Global Positioning System* (Abkürzung GPS) erklärt (Kapitel 3). Die internationalen Arbeiten zur Verbesserung dieses Systems bzw. zu dessen Ergänzung werden im Kapitel 4 erläutert. Das in der damaligen Sowjetunion entwickelte System GLONASS ist im Prinzip dem GPS ähnlich. Die Funktion dieses Systems und seine Unterschiede zu GPS gehen aus dem Kapitel 5 hervor. Die Weiterentwicklung der Satellitenortungssysteme ist beim Stand von 1998 noch in der Phase der Planung bzw. der Diskussion, wie aus den Angaben im Kapitel 6 zu ersehen ist. Im Kapitel 7 werden die jetzigen und zukünftigen Anwendungen der Satellitenortungstechnik angegeben. Hinweise zu Informationsdiensten sind im Kapitel 8 enthalten.

Das Manuskript des Buches basiert auf Niederschriften der langjährigen Vorlesungen, die ich an der Technischen Universität Dresden unter dem Titel „Funkortungs- und Navigationssysteme" halte.

Das Buch ist in erster Linie als Informationsquelle für Nutzer und potentielle Nutzer konzipiert. Außerdem ist es als Lehr- und Handbuch für die Studierenden in den Fachrichtungen bestimmt, in denen die Verwendung der Satellitenortungstechnik zur Diskussion steht oder zur Anwendung gekommen ist. Für den in diesem Fachbereich tätigen Ingenieur soll das Buch der Einführung dienen. Schließlich ist das Buch für alle an dieser modernen und zukunftsträchtigen Technik Interessierten gedacht. Ich hoffe, daß es in Inhalt und Darstellungsweise den Zielstellungen entspricht und es dem Leser nützlich ist.

Dem Verlag Vieweg und seinen Mitarbeiterinnen und Mitarbeitern danke ich für die gute und verständnisvolle Zusammenarbeit. Für die Mitarbeit bei der Anfertigung des Typoskriptes, insbesondere bei dem Formelsatz, danke ich Elisabeth und Fabian Mansfeld.

Dresden/Radeberg, August 1998 *Werner Mansfeld*

Inhaltsverzeichnis

1 Grundlagen

1.1 Einführung

Die Ortung ist ein technischer Vorgang zur Bestimmung des momentanen Standortes eines ruhenden oder sich bewegenden Objektes [1.12]. Wird die Ortung mit funktechnischen Mitteln vorgenommen, so wird sie als Funkortung bezeichnet. Das Ergebnis der Ortung ist die Angabe der Koordinaten des Standortes. Grundsätzlich ist die Ortung ein dreidimensionales Problem, so daß der Standort mit drei Koordinaten. meist mit der geographischen Länge, der geographischen Breite und der Höhe angegeben werden muß (*positioning*). In vielen Anwendungsgebieten ist die Ortung nur innerhalb einer Horizontalebene erforderlich (*location*). Das gilt für Objekte, die sich auf der Erdoberfläche oder in einer Ebene mit konstantem Abstand von der als eben angenommenen Erdoberfläche befinden. In diesen Fällen ist die Ortung zweidimensional und die Standortangabe erfolgt mit zwei Koordinaten, meist mit der geographischen Länge und der geographischen Breite.

Die Ortung kann entweder als Eigenortung oder als Fremdortung durchgeführt werden. Außerdem kann sie entsprechend dem benutzten Verfahren autonom oder kooperativ erfolgen (**Bild 1.1**). Bei der autonomen Ortung wird der Ortungsvorgang selbständig von dem ortenden Objekt vollzogen. Bei der kooperativen Ortung ist dagegen die Mitwirkung von technischen Einrichtungen erforderlich, die sich außerhalb des ortenden Objektes befinden. Die Einrichtungen können sich in Funkstellen am Erdboden oder in Satelliten befinden. Die Systeme werden als Boden-Ortungssysteme oder bodengestützte Ortungssysteme bzw. als Satellitenortungssysteme bezeichnet. Prinzipiell entsprechen die Ortungseinrichtungen in den Satelliten den Einrichtungen in den Funkstellen am Erdboden.

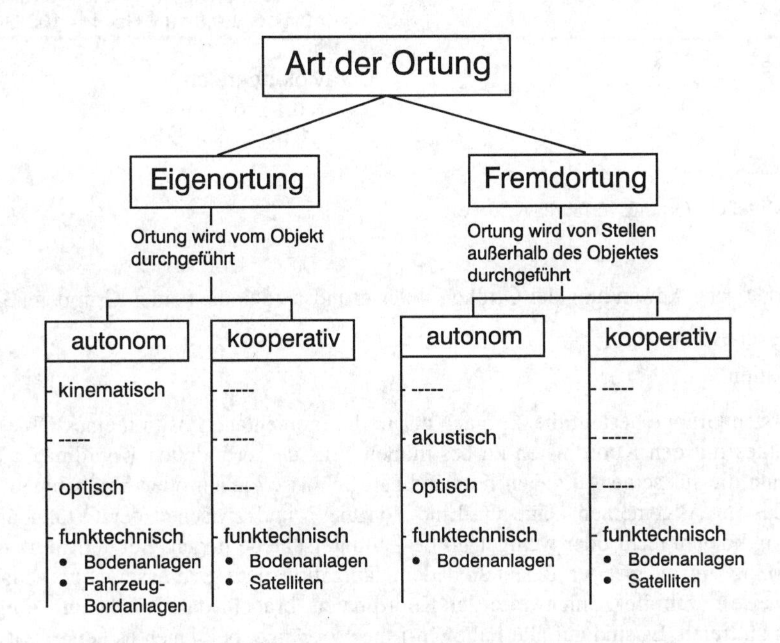

Bild 1.1 Art der Ortung

Die Mittel, mit deren Hilfe die für die Ortung notwendigen Informationen gewonnen werden, sind entsprechend den benutzten Verfahren und Systemen elektromagnetische und akustische Wellen oder dynamische und statische Kräfte (**Bild 1.2**). Die Ortung mit Satelliten erfolgt überwiegend mit elektromagnetischen Wellen im funktechnischen Bereich. Für geodätische und besondere wissenschaftliche Aufgaben werden auch Laser im optischen Bereich verwendet. Akustische Wellen sind wegen der großen Ortungsungenauigkeit und wegen der ungünstigen Energiebilanz für die Satellitenortung völlig ungeeignet. Auch dynamische und statische Kräfte scheiden wegen der unzureichenden Energien zur Nutzung in Satellitenortungssystemen aus.

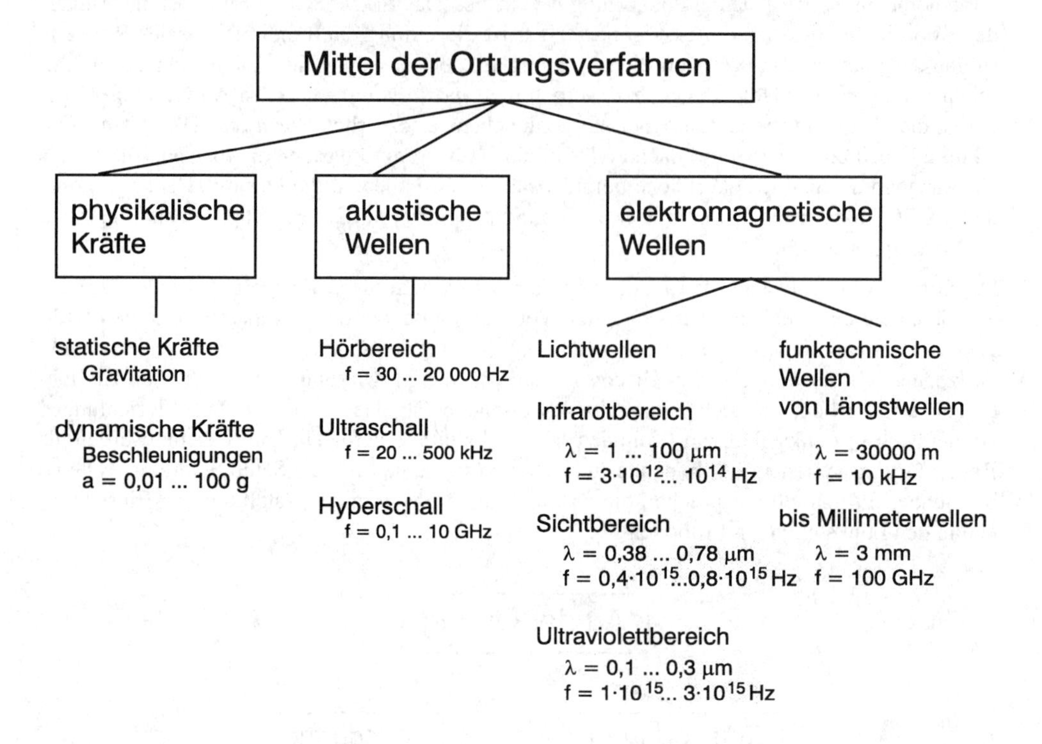

Bild 1.2 Mittel der Ortungsverfahren

Für die praktische Anwendung der Ortung gibt es grundsätzlich die beiden Gruppen (**Bild 1.3**):

- Positionsbestimmung
- Navigation

Bei der ersten Gruppe besteht die Aufgabe darin, die momentane Position eines Objektes oder eines Punktes mit den Koordinaten zu bestimmen. Aus den ermittelten Koordinaten kann der Nutzer dann die für seine Aufgaben notwendigen Schlüsse ziehen oder Maßnahmen ableiten. Es sind das im Allgemeinen keine On-Line-Vorgänge, und zwischen der Ortung und deren Anwendung können mehr oder weniger große Zeitunterschiede liegen. Bei der zweiten Gruppe ist die Ortung ein integrierter Bestandteil der Navigation. Das Ortungsergebnis, ausgedrückt beispielsweise durch die Zahlenwerte der Koordinaten, braucht dabei nicht unbedingt in Erscheinung zu treten. Es sind auf alle Fälle On-Line-Vorgänge, bei denen es keine Zeitverschiebungen geben darf. Bekanntlich bedeutet Navigieren die Führung eines beweglichen Objektes von einem Ausgangspunkt zu einem Zielort auf vorgegebenem Weg und meist auch innerhalb vorgegebener Zeit.

Die Ortung mit Hilfe von Satelliten wird erstens zur ausschließlichen Bestimmung von Positionen, zweitens zur Durchführung der Navigation benutzt. Die zur Zeit international zur Verfügung stehenden und genutzten Satellitenortungssysteme sind ursprünglich für die Navigation militärischer Objekte geschaffen worden. Die Nutzung speziell zur Positionsbestimmung ergab sich erst nach der Freigabe der Systeme für den zivilen Gebrauch. Die Verwendung von Satellitenortungssystemen als Zeitnormal erfolgte im Laufe der mit den Systemen gewonnenen Erfahrungen.

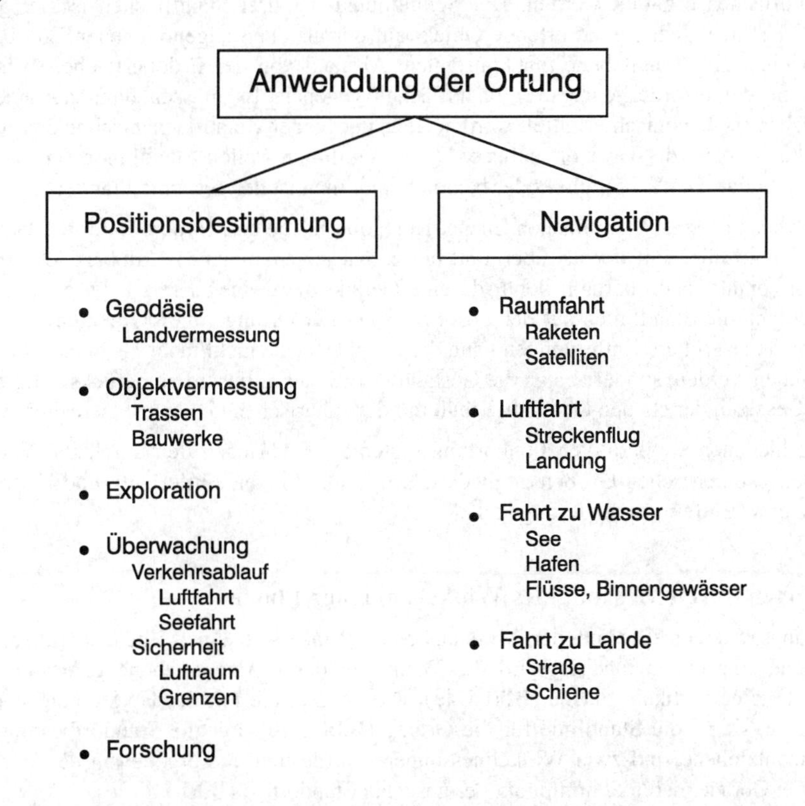

Bild 1.3 Anwendung der Ortung

1.2 Grundprinzip kooperativer Funkortungssysteme

Die zur Ortung erforderlichen Informationen werden bei den kooperativen Funkortungssystemen von Sendern ausgestrahlt und von entsprechenden Empfängern aufgenommen und ausgewertet. Bei der Eigenortung werden Signale von einem Sender, der sich an einem bekannten, durch seine Koordinaten definierten Punkt befindet, ausgestrahlt und von dem in der ortenden Stelle befindlichen Empfänger aufgenommen und ausgewertet. Bei der Fremdortung werden Signale von einem Sender, der sich in dem zu ortenden Objekt befindet, ausgestrahlt und von einem Empfänger, der sich an einem bekannten, durch seine Koordinaten definierten Punkt befindet, empfangen und ausgewertet. Das Ortungsergebnis wird bei Bedarf über eine gesonderte Funkverbindung der ortenden Stelle mitgeteilt. Bei beiden Methoden ergeben die empfangenen Signale Kriterien in Form meßbarer elektrischer Größen. Das sind Amplituden von Spannungen, Frequenzen und Phasenwinkel von Schwingungen, Impulslaufzeiten und Modulationsgrade. Alle Orte, an denen eine solche Größe den gleichen Betrag hat, liegen im Raum auf einer Fläche. Sie wird Standfläche genannt, das heißt, das betreffende Objekt befindet sich irgendwo auf dieser Fläche. Die Fläche ist durch eine geometrische Größe, die der gemessenen elektrischen Größe proportional ist, definiert. Die Fläche kann eine horizontale bzw. vertikale ebene Fläche sein oder die Oberfläche einer Kugel oder die Oberfläche eines Rotationshyperboloids. Für eine Standortangabe im Raum sind drei Koordinaten erforderlich, es müssen also drei Standflächen ermittelt werden. Der Schnittpunkt der drei Standflächen ist der gesuchte Standort. Befindet sich das zu ortende Objekt auf der als eben angenommenen Erdoberfläche oder auf einer Horizontalebene mit konstantem Abstand von der Erdoberfläche, so ist damit bereits eine der erforderlichen drei Standflächen gegeben. Es müssen dann nur noch zwei Standflächen meßtechnisch ermittelt werden. Jede der beiden Standflächen schneidet die ebene Erdoberfläche bzw. die Horizontalebene. Die Schnittlinien stellen Standlinien für das betreffende Objekt dar. Der Schnittpunkt der beiden Standlinien ist der gesuchte Standort.

Die drei verschiedenen Standflächen Ebene, Kugeloberfläche und Hyperboloidoberfläche ergeben als Schnittlinien mit der als eben und horizontal angenommenen Erdoberfläche bzw. mit einer Horizontalfläche oberhalb der Erde eine Gerade bzw. einen Kreis bzw. eine Hyperbel. Das sind dann die Standlinien auf der Erdoberfläche. Für Ortungen von Objekten auf der Erdoberfläche über größere Entfernungen kann die Erdoberfläche nicht mehr als horizontale Ebene angenommen werden, sondern es ist die Gestalt der Erde als Ellipsoid zu berücksichtigten. Statt mit den Gesetzen der ebenen Geometrie muß mit der sphärischen Geometrie gerechnet werden.

Die verschiedenen kooperativen Funkortungssysteme werden nach den durch die Messungen ermittelten geometrischen Größen gegliedert. Das sind: Winkel, Entfernung und Entfernungsdifferenz bzw. Entfernungsänderung [1.12].

1.2.1 Orten durch Messung des Winkels in einer Ebene

Bei Ortungssystemen, die auf der Messung eines Winkels in einer Ebene beruhen, ist die Standfläche eine ebene Fläche. Wird der Winkel in der Horizontalebene gemessen, ist die Standfläche eine vertikale Fläche (**Bild 1.4a)**. Die Schnittlinie mit der Horizontalebene ergibt eine Gerade, sie ist die Standlinie für die Ortung (**Bild 1.4b**). Für die Standortbestimmung in der Horizontalebene sind zwei Winkelmessungen erforderlich. Sie ergeben in der Horizontalebene zwei Gerade, deren Schnittpunkt der gesuchte Standort ist (**Bild 1.4 c**).

Die Messung eines Winkels mit Hilfe elektromagnetischer Wellen beruht auf der im ungestörten Raum sich geradlinig ausbreitenden Wellenfront und auf der Richtwirkung von Antennen. Bei den Richtempfangsverfahren wird mit einer richtungsempfindlichen Empfangsantenne der Winkel zu einem Sender gemessen. Bei den Richtsendeverfahren wird mit einer richtungsabhängigen Charakteristik der Sendeantenne die Winkelinformation dem Empfänger geliefert.

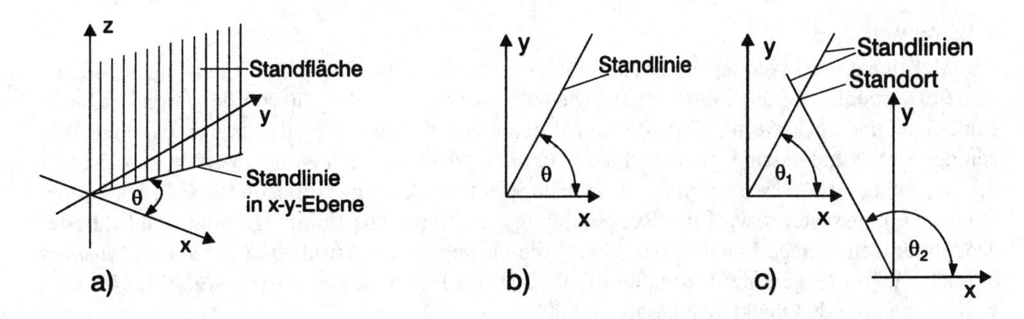

Bild 1.4 Orten durch Messung des Winkels in der Horizontalebene
a) Standfläche
b) Standlinie
c) Standortbestimmung

1.2.2 Orten durch Messung der Entfernung

Bei Ortungssystemen, die auf der Bestimmung der Entfernung beruhen, ergeben sich als Standflächen Kugeloberflächen. Dafür gilt die Definition: Der geometrische Ort aller Punkte im Raum, an denen die Entfernung zu einem Bezugspunkt S den gleichen Betrag hat, ist die Oberfläche einer Kugel, deren Mittelpunkt der Bezugspunkt und deren Radius gleich der gemessenen Entfernung ist. Befindet sich der Bezugspunkt auf der Erdoberfläche (x-y-Ebene), so ergibt sich statt der Kugel eine Halbkugel, die auf der Erde liegt (**Bild 1.5a**). Der Schnitt dieser Halbkugel mit der als eben angenommenen Erdoberfläche ergibt einen Kreis, der die Standlinie bildet (**Bild 1.5b**). Für eine Standortbestimmung auf der als eben angenommenen Erdoberfläche bzw. in der Horizontalebene sind zwei Standlinien, also zwei Kreise in dieser Ebene erforderlich, die durch zwei Entfernungen ρ_1 und ρ_2 bestimmt werden. Der Schnittpunkt der zwei Standlinien ist der Standort. Wie aus **Bild 1.5c** hervorgeht, treten zwei Schnittpunkte P und P' auf. Der eine Schnittpunkt ist der reale Standort P, der andere ist der scheinbare Standort P'. Diese Mehrdeutigkeit der Ortung in der Horizontalebene wird in der Praxis meist durch vorhandene Kenntnisse des ungefähren Standortes oder durch eine zusätzliche Ortung gelöst.

Für eine Standortbestimmung im Raum sind drei Standflächen erforderlich, wozu drei Entfernungen ρ_1, ρ_2 und ρ_3 zu drei verschiedenen Bezugspunkten S_1 , S_2 , und S_3 gemessen werden müssen. Die drei Bezugspunkte können drei Satelliten sein. Der Schnittpunkt der drei Kugelflächen ist der reale Standort (**Bild 1.5d**). Auch hier tritt noch ein weiterer Schnittpunkt auf, es ist der scheinbare Standort. Die Messung der Entfernung mit Hilfe elektromagnetischer Wellen beruht ebenfalls auf der geradlinigen Ausbreitung der Wellenfront im ungestörten Raum sowie auf der konstanten und bekannten Ausbreitungsgeschwindigkeit. Durch die Messung der Zeit, die das Signal zum Durchlaufen der Strecke benötigt, wird die Entfernung gewonnen. Es gibt zwei verschiedene Meßmethoden:

- Einweg-Methode

Das Meßsignal wird von einer Funkstation, die den Bezugspunkt darstellt, ausgestrahlt, von der ortenden Stelle empfangen und ausgewertet. Das Meßsignal durchläuft die zu messende Strecke nur einmal.

- Zweiwege-Methode

Das Meßsignal wird von der ortenden Stelle erzeugt, ausgestrahlt und von einer Funkstelle, die den Bezugspunkt darstellt, empfangen, wieder ausgestrahlt und dann von der ortenden Stelle empfangen und ausgewertet. Das Meßsignal durchläuft die zu messende Strecke zweimal. Wegen des zurücklaufenden Signals rechnet man diese Methode auch zu den Verfahren, die unter der Bezeichnung *Rückstrahlortung* zusammengefaßt werden. Im vorliegenden Fall des kooperativen Ortungssystems wird die Rückstrahlung durch eine aus Empfänger und Sender bestehenden aktiven Anlage bewirkt, daher wird die Ortung dieser Art als *aktive Rückstrahlortung* bezeichnet. (Im Gegensatz dazu heißt die Ortung mit Primär-Radar *passive Rückstrahlortung*, weil das zu ortende Objekt sich passiv verhält).

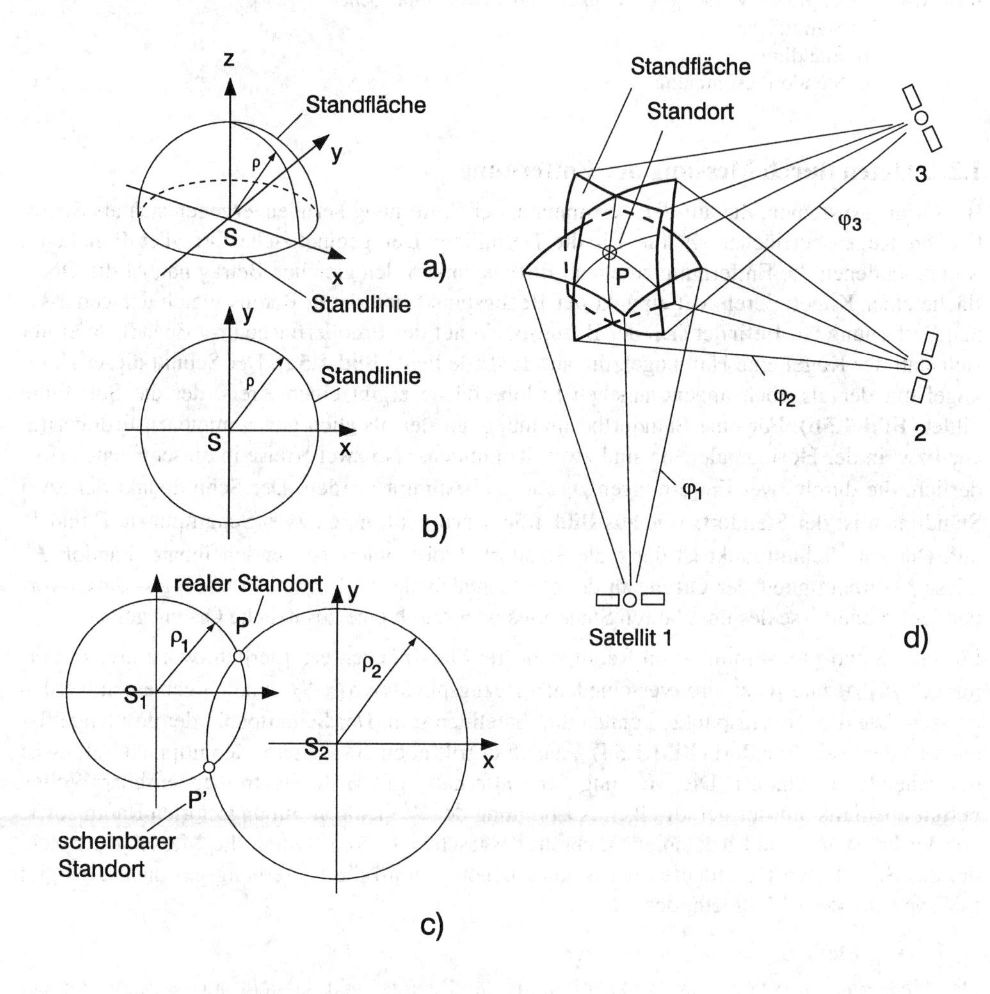

Bild 1.5 Orten durch Messung der Entfernung
a) Standfläche eines Nutzers oberhalb der Erdoberfläche (x-y-Ebene)
b) Standlinie eines Nutzers auf der Erdoberfläche
c) Standortbestimmung auf der Erdoberfläche
d) Standortbestimmung im Raum mit Hilfe von drei Satelliten

Bei der Form des Meßsignals und der Art der Messung sind zu unterscheiden:

- Messen der Laufzeit impulsförmiger Signale (Impulsverfahren)
- Messen der Phasenwinkeldifferenz von kontinuierlichen Schwingungen (CW-Verfahren, *continuous waves*, Abk. CW)

Beide Verfahren der Messung können sowohl bei der Einweg-Methode als auch bei der Zweiwege-Methode angewendet werden [1.12].

1.2.2.1 Impulsverfahren

Bei der Ortung mit der Einweg-Methode (**Bild 1.6a**) wird vom Sender einer Funkstelle zum Zeitpunkt $t = t_0$ ein Impulssignal ausgestrahlt und nach Durchlaufen der Strecke ρ zum Zeitpunkt $t = t_1$ vom Empfänger der ortenden Stelle empfangen und ausgewertet, indem die Zeitdifferenz $t_1 - t_0$ gemessen wird. Die Entfernung ist dann

$$\rho = c\left(t_1 - t_0\right), \tag{1.1}$$

wobei die Ausbreitungsgeschwindigkeit der Welle $c = 2.99793 \cdot 10^8$ m/s ist. Das Verfahren erfordert eine Übereinstimmung der Uhrzeiten im Sender und im Empfänger. Ein Zeitunterschied von beispielsweise $1 \cdot 10^{-9}$ s ergibt einen Entfernungsfehler von 0,3 m.

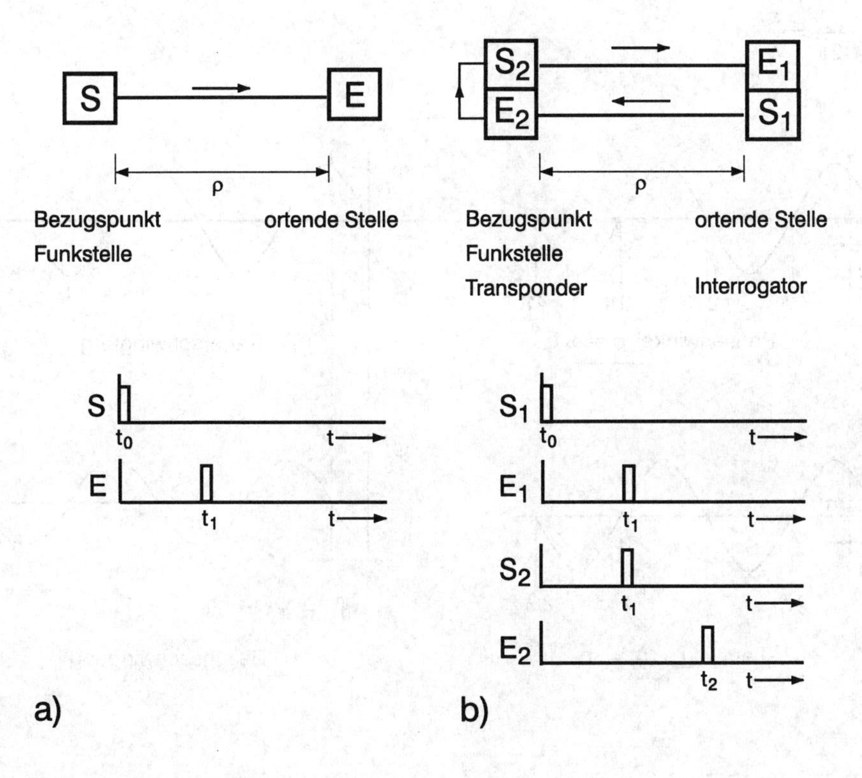

Bild 1.6 Messung der Entfernung nach dem Impulsverfahren

a) Einweg-Methode

b) Zweiwege-Methode

Bei der Ortung mit der Zweiwege-Methode (**Bild 1.6b**) wird von der ortenden Stelle zum Zeitpunkt $t = t_0$ ein Impulssignal (Abfragesignal) ausgestrahlt, das nach Durchlaufen der Strecke ρ zum Zeitpunkt $t = t_1$ von einer Funkstelle, die den Bezugspunkt darstellt, empfangen und wieder ausgestrahlt (Antwortsignal) wird. Nach Durchlaufen der Strecke ρ in umgekehrter Richtung wird dann das Impulssignal zum Zeitpunkt $t = t_2$ in der ortenden Stelle empfangen und ausgewertet, indem die Zeitdifferenz $(t_2 - t_0)$ gemessen wird.

Die Entfernung ist dann

$$\rho = \frac{c}{2}(t_2 - t_0) \tag{1.2}$$

1.2.2.2 CW-Verfahren

Bei dem CW-Verfahren erfolgt die Bestimmung der Entfernung durch Messung des Phasenwinkels der hochfrequenten Trägerschwingung der Welle oder durch Messung des Phasenwinkels einer aufmodulierten Schwingung geringerer Frequenz. Da sich der Phasenwinkel nicht absolut messen läßt, erfolgt die Messung gegenüber dem Phasenwinkel einer Bezugsschwingung, die am Ort der Messung zur Verfügung stehen muß. Zwischen Phasenwinkel φ, Laufweg s und Wellenlänge λ besteht die Beziehung (**Bild 1.7a**):

$$\frac{\varphi}{2\pi} = \frac{s}{\lambda} \tag{1.3}$$

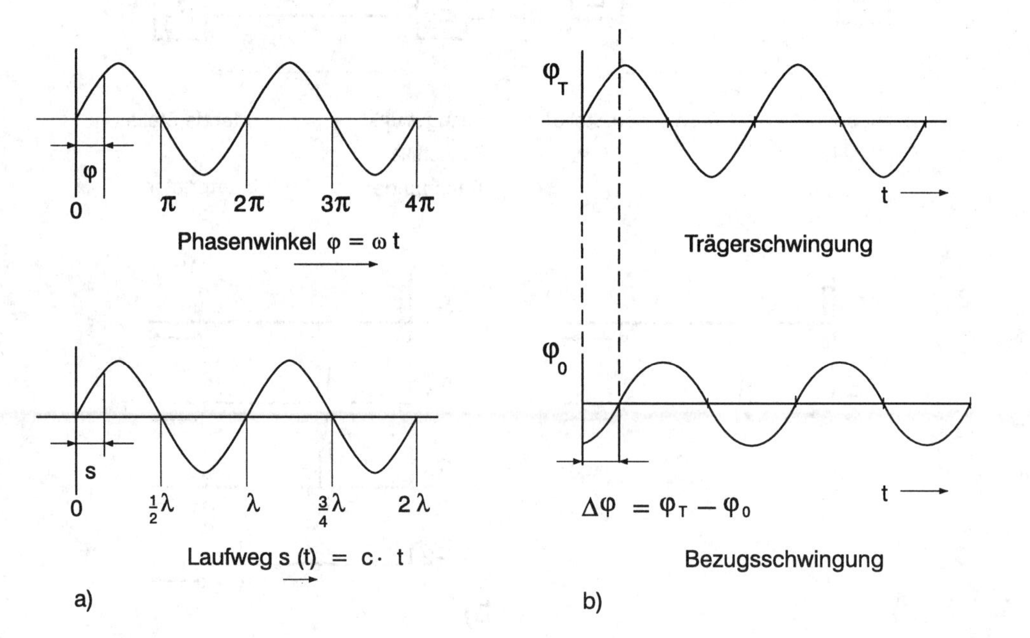

Bild 1.7 Phasenwinkelbeziehung

a) Beziehung zwischen Phasenwinkel φ, Laufweg s und Wellenlänge λ

b) Messung der Phasenwinkeldifferenz $\Delta\varphi$

Mit der Frequenz $f = c/\lambda$ ist der Laufweg gleich

$$s = \frac{c}{2\pi f}\varphi \tag{1.4a}$$

Bei der Messung des Phasenwinkels φ_T der Trägerschwingung gegenüber dem Phasenwinkel φ_0 einer Bezugsschwingung gilt für den Laufweg (**Bild 1.7b**):

$$\Delta s = \frac{c}{2\pi f}\left(\varphi_T - \varphi_0\right) . \tag{1.4b}$$

Wenn die zu messende Entfernung länger ist als eine Wellenlänge λ, besteht keine Eindeutigkeit im Meßergebnis. Die gemessene Entfernung ρ ist dann um ein Vielfaches der Wellenlänge mehrdeutig:

$$\rho = s + n \cdot \lambda \ , \tag{1.5}$$

wobei $n = 0 , 1 , 2 ....$

Bei der Ortung mit der Einweg-Methode wird vom Sender einer Funkstelle, die den Bezugspunkt darstellt, eine hochfrequente Trägerschwingung ausgestrahlt. In der ortenden Stelle muß eine Schwingung der gleichen Frequenz als Bezugsgröße zur Verfügung stehen. Bei der Ortung mit der Zweiwege-Methode wird diese Schwingung in der ortenden Stelle aus der hochfrequenten Schwingung des Senders abgeleitet.

1.2.3 Orten durch Messung der Entfernungsdifferenz

Bei Ortungssystemen, die auf der Bestimmung der Entfernungsdifferenz beruhen, sind im Raum die Standflächen Oberflächen von Rotationshyperboloiden (**Bild 1.8a**). Dafür gilt folgende Definition: Der geometrische Ort aller Punkte im Raum, an denen die Differenz der Entfernungen zu zwei Bezugspunkten den gleichen Betrag hat, ist ein zweischaliger Rotationshyperboloid, dessen Brennpunkte die beiden Bezugspunkte sind.

Befinden sich die Bezugspunkte auf der Erdoberfläche, so sind die Standflächen die entsprechenden Halbschalen (**Bild 1.8b**). Der Schnitt beider Halbschalen mit der als eben angenommenen Erdoberfläche ergibt zwei symmetrisch zueinanderliegende Hyperbeln (**Bild 1.8c**).

Für eine Standortbestimmung im Raum sind drei Standflächen erforderlich, wozu drei Entfernungsdifferenzen zu drei verschiedenen Bezugspunktpaaren (die Bezugspunkte sind die Satelliten) bestimmt werden müssen. Der Schnittpunkt der drei Standflächen ist der gesuchte Standort. Für die Standortbestimmung auf der Erdoberfläche bzw. in der Horizontalebene sind zwei Standlinien erforderlich, die durch zwei Entfernungsdifferenzen ($\rho_1 - \rho_2$) und ($\rho_3 - \rho_4$) bestimmt werden müssen (**Bild 1.8d**).

Zur Messung der Entfernungsdifferenzen finden die gleichen Verfahren Anwendung wie bei der Messung der Entfernungen, also Impulsverfahren und CW-Verfahren. Während eine Entfernung stets zu einem Bezugspunkt gemessen wird, muß die Entfernungsdifferenz zu zwei Bezugspunkten ermittelt werden. Diesem Nachteil steht der erhebliche Vorteil gegenüber, daß keine Abhängigkeit von der Uhrzeit besteht und bei dem Impulsverfahren keine Übereinstimmung in der Frequenz und Phase der Trägerschwingung vorhanden sein muß.

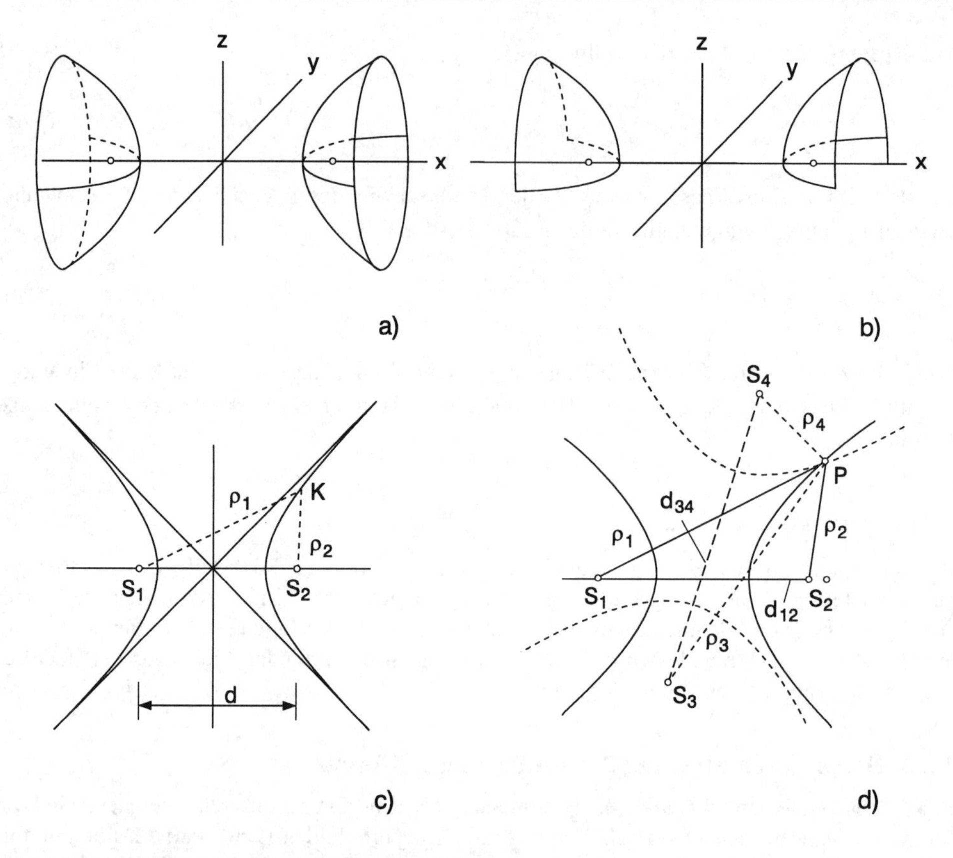

Bild 1.8 Orten durch Messung der Entfernungsdifferenz
a) Standflächen im Raum: Rotationshyperpoloidpaar
b) Standflächen oberhalb der Erdoberfläche (x-y-Ebene): halbes Rotationshyperpoloidpaar
c) Standlinien zu b): Hyperbelpaare
d) Schnittpunkt von zwei Hyperbeln ergibt den Standort P

Bei dem Impulsverfahren wird die Entfernungsdifferenz durch Messung der Laufzeitdifferenz von Impulsen bestimmt, die gleichzeitig (oder mit bekannter Zeitverschiebung) von zwei Funkstellen S_1 und S_2 (Bild 1.8) ausgestrahlt und von der ortenden Stelle empfangen werden. Die Laufzeitdifferenz ist:

$$\Delta t = t_1 - t_2 = \frac{\rho_1}{c} - \frac{\rho_2}{c} \tag{1.6}$$

und die Entfernungsdifferenz

$$\Delta\rho = \rho_1 - \rho_2 = c\,\Delta t \;. \tag{1.7a}$$

Bei dem CW-Verfahren wird die Entfernungsdifferenz durch Messung der Phasenwinkeldifferenz $(\varphi_1 - \varphi_2)$ der von zwei Funkstellen ausgestrahlten Trägerschwingungen der gleichen Frequenz bestimmt. Die Entfernungsdifferenz ist nach Gl. (1.4b):

$$\Delta\rho = \frac{c}{2\pi f}\left(\varphi_1 - \varphi_2\right) . \tag{1.7b}$$

1.2.4 Orten durch Messung der Entfernungsänderung

Ortungssysteme, die auf der Messung der Entfernungsänderung beruhen, gleichen den Systemen, bei denen die Entfernungsdifferenz gemessen wird.

Während die Entfernungsdifferenz zu zwei Bezugspunkten mit einer einzigen Messung erfaßt wird, müssen zur Bestimmung der Entfernungsänderung nacheinander zwei Entfernungen zu einem sich bewegenden Bezugspunkt, beispielsweise einem Satelliten gemessen werden. Das **Bild 1.9** zeigt schematisch den Meßvorgang. Zur Zeit t_1 hat der Satellit zu der ortenden Stelle die Entfernung ρ_1 , zur Zeit t_2 die Entfernung ρ_2. Die Entfernungsänderung $\Delta\rho = \rho_2 - \rho_1$ ist die für die Ortung benötigte Meßgröße.

Wie bei der Ortung durch Messung der Entfernungsdifferenz, sind auch bei der Ortung durch Messung der Entfernungsänderung die Standflächen Oberflächen von Rotationshyperboloiden, und in der Horizontalebene sind die Standlinien Hyperbeln.

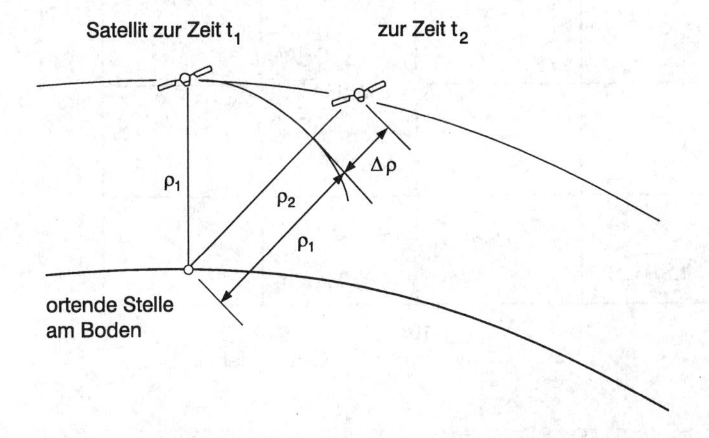

Bild 1.9
Bestimmung der Entfernungsänderung in der Zeit $(t_1 - t_2)$

1.3 Übersicht zur Konzeption von Satellitenortungssystemen

1.3.1 Allgemeine Parameter

Die bisherigen, vor allem in der Luft- und Seefahrt benutzten kooperativen Funkortungssysteme stützen sich auf ortsfeste Bezugspunkte. Das sind Funkstellen auf der Erde, die Sender oder Empfänger oder beides enthalten. Die Systeme werden daher auch als Boden-Funkortungssysteme bezeichnet. Sie arbeiten je nach geforderter Reichweite in sehr unterschiedlichen Frequenzbereichen. Große Reichweiten lassen sich wegen der Ausbreitungserscheinungen der elektromagnetischen Wellen nur mit niedrigen Radiofrequenzen erzielen. In den Bereichen niedriger Frequenzen stehen jedoch nur relativ schmale Frequenzbänder zur Verfügung, so daß die übertragenen Meßsignale, in denen die Ortungsinformation enthalten ist, in Art und Form entsprechend gewählt werden müssen. Das bedingt eine Einschränkung der Meßgenauigkeit und damit eine Verringerung der Ortungsgenauigkeit. Beispielsweise hat das nach dem Hyperbelverfahren im Frequenzbereich von 12 kHz arbeitende Funkortungssystem OMEGA zwar eine maximale Reichweite von 20 000 km, aber einen Ortungsfehler von etwa 3000 m bei einer Wahrscheinlichkeit von 95 %. Demgegenüber liegen bei dem im 1000-MHz-Bereich arbeitenden Entfernungsmeßsystem DME die Reichweiten unter 300 km, aber die Ortungsfehler betragen nur 300 m bei einer Wahrscheinlichkeit von 95 %.

Aus **Bild 1.10** können die Größenordnungen von Ortungsgenauigkeit und Ortungsreichweite der international benutzten Funkortungssysteme entnommen werden.

Für die Navigation in der Luft- und Seefahrt wird seit langer Zeit international gefordert, ein Funkortungssystem bereitzustellen, das erdumfassend und unabhängig von Ort und Zeit benutzt werden kann und das eine für die verschiedenartigen Nutzer ausreichende Ortungsgenauigkeit gewährleistet.

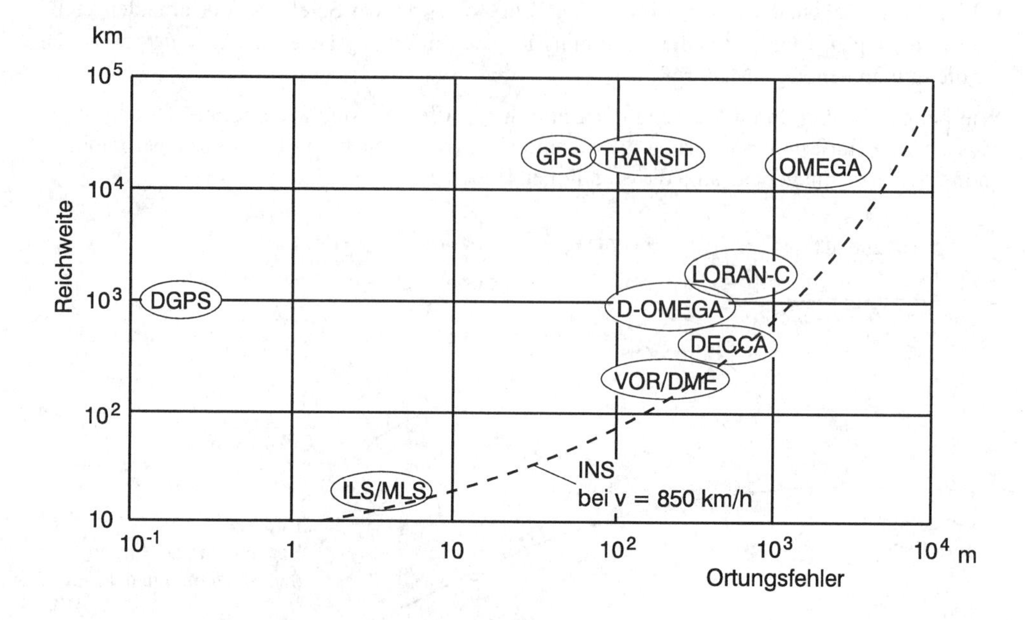

Bild 1.10 Ortungsfehler und Reichweite von Ortungssystemen

Neben der Genauigkeit hat auch die Integrität, das heißt die Unversehrtheit eines Ortungssystems, eine hohe Bedeutung. Die Forderungen sind je nach Nutzer unterschiedlich. Eine große Genauigkeit, aber kein hohes Maß an Integrität wird bei der Ortung für das Vermessungswesen gefordert. Entgegengesetzt sind die Forderungen bei der Ortung für die Navigation, insbesondere beim Streckenflug der Luftfahrt. Hier wird ein hohes Maß an Integrität, aber keine so hohe Genauigkeit gefordert. Aus **Bild 1.11** gehen die Größenordnungen der Forderungen hervor, die von den verschiedenen Nutzern an ein Ortungssystem gestellt werden. Während sich diese Forderungen insgesamt mit den international vorhandenen Boden-Funkortungssystemen nicht erfüllen lassen, ist das mit Satellitenortungssystemen weitgehend möglich. Sie können weltweit und unabhängig von Zeit und Ort benutzt werden und gewährleisten eine dreidimensionale Positionsbestimmung und Navigation mit einer Genauigkeit, die mit den Boden-Funkortungssystemen nicht erreichbar ist. Von hoher Bedeutung ist es auch, daß die von den Satellitenortungssystemen ausgestrahlten Signale zusätzlich zur Messung der Geschwindigkeiten und zur Lieferung von Zeitinformationen mit hoher Genauigkeit verwendet werden können.

Bereits 1960 begann die Entwicklung von Satellitenortungssystemen, die vorerst für militärische Aufgaben bestimmt waren. Im Laufe der Zeit entstanden international mehrere und zum Teil unterschiedliche Systeme. Einige von ihnen wurden speziell für die Navigation in der Seefahrt entwickelt, andere allein für die Positionsbestimmung, insbesondere in der Geodäsie.

Grundsätzlich sind zwei Arten von Satelliten zu unterscheiden, von denen die Konzeption des Systems abhängt:

- geostationäre Satelliten
- umlaufende Satelliten

Geostationäre Satelliten bewegen sich auf äquatorialen Bahnen in einer Höhe von etwa 36000 km synchron mit der rotierenden Erde. Deshalb werden sie auch als Synchronsatelliten bezeichnet. Sie ändern ihren Ort gegenüber einem Punkt auf der Erde nur sehr geringfügig, so daß sie die Bezeichnung *geostationäre Satelliten* tragen. Wegen der großen Höhe ist ein geostationärer Satellit auf der Erde innerhalb eines Bereiches mit einem Durchmesser von etwa 18000 km ständig sichtbar. Umlaufende Satelliten umkreisen die Erde in polaren oder in gegenüber dem Äquator geneigten Bahnen in Höhen oberhalb einiger hundert Kilometer. Infolge der Satellitenbahn und der Erdrotation kann ein solcher Satellit zeitweise für einen bestimmten Bereich der Erdoberfläche unter dem Horizont liegen und daher für die Ortung nicht zur Verfügung stehen. Nach der Höhe der Umlaufbahn unterscheidet man Satelliten in niedrigen Umlaufbahnen (Low Earth Orbiter, Abk. LEO) in Bahnhöhen von 700 bis 1500 km und Satelliten in mittleren Umlaufbahnen (Medium Earth Orbiter, Abk. MEO) in Bahnhöhen von 10000 bis 20000 km. Geostationäre Satelliten haben gegenüber den umlaufenden Satelliten den Vorteil, daß der Aufwand für eine gegebenenfalls notwendige Lage- und Bahnkorrektur, vor allem für die dazu notwendige genaue Bestimmung der momentan bestehenden Position, verhältnismäßig gering ist. Außerdem können auf der Empfangsseite große Antennen mit Richtwirkung eingesetzt werden, wobei eine Nachführung entfällt. Entsprechend dem Antennengewinn der Richtantenne kann die Sendeleistung verringert werden oder die Empfangsleistung erhöht sich. Da die Empfangsleistung mit dem Quadrat der Entfernung abnimmt, ist wegen der großen Entfernung vom Satelliten bis zum Empfänger des Nutzers, die zwischen 36000 und 42000 km liegen kann, die Empfangsleistung verhältnismäßig klein. Dadurch ist das Signal/Rausch-Leistungsverhältnis des Empfängers entsprechend gering, das muß bei der Empfängerkonzeption berücksichtigt werden.

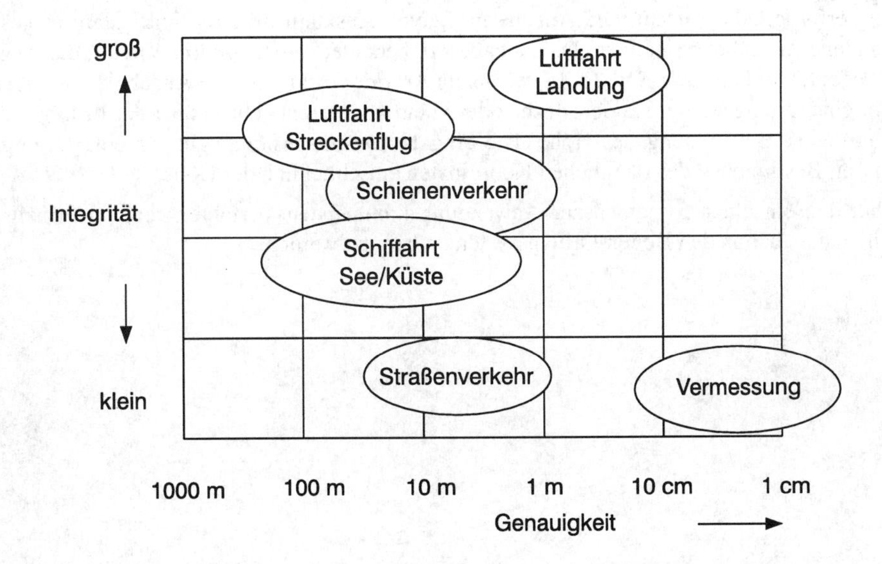

Bild 1.11 Genauigkeits- und Integritätsforderungen

Hinsichtlich der notwendigen Anzahl der Satelliten eines Systems bieten die umlaufenden Satelliten insofern Vorteile, als bei bestimmten Ortungsverfahren *ein* Bahndurchgang eines einzigen Satelliten bereits ausreichende Informationen für die Ortung eines Objektes auf der Erdoberfläche liefert, während bei geostationären Satelliten dazu mindestens zwei erforderlich sind.

Die Satellitenortungssysteme sind ursprünglich vorrangig für die Navigation in der Seefahrt und nur bedingt auch für die Luftfahrt geschaffen worden. Erst später wurde erkannt, daß eine Anwendung zur Positionsbestimmung beliebiger Objekte oder singulärer Punkte in mannigfaltigen Gebieten von Technik, Wirtschaft und Wissenschaft wesentliche Vorteile bietet. Doch nach wie vor hat die Anwendung in der Navigation die größte Bedeutung. Das gilt in erster Linie für die Navigation in der See- und Luftfahrt. In zunehmendem Maße kommen Satellitenortungssysteme auch für die Lenkung von Landfahrzeugen in den Verkehrsführungs- und Verkehrsleitsystemen zur Anwendung. Das gilt nicht nur für den Verkehr auf Straßen, sondern auch für den Schienenverkehr. Die Erweiterung der Anwendungsbereiche beruht in erster Linie auf der erzielbaren großen Genauigkeit und auf der weltweiten Verfügbarkeit.

Die **Tabelle 1.1** zeigt eine Übersicht zur Konzeption von Satellitenortungssystemen. Die Systeme sind gekennzeichnet durch folgende Parameter:

- Anzahl der Satelliten
- Satellitenbahnen
- Konstellation der Satelliten
- Ortungsverfahren
- Ortungsart
- Standflächen bzw. -linien

Einige der angeführten Konzeptionen wurden realisiert, andere sind nach Teilentwicklungen nicht weitergeführt worden, einige blieben auf Entwurfsstudien beschränkt.

Die in der Spalte *Sat.* der Tabelle1.1 angegebene Anzahl der Satelliten ist jeweils die für eine Ortung erforderliche Anzahl. Die Angabe gibt keine Auskunft über die im System insgesamt vorhandene Anzahl der Satelliten. Die Angabe *sta.* bedeutet *geostationärer Satellit*, die Angabe *uml.* bedeutet *umlaufender Satellit.* In der Spalte *Art der Ortung* gilt die Angabe *zweidimensional* für eine Ortung auf der Erdoberfläche oder in einer Horizontalebene über der Erdoberfläche bei getrennter Bestimmung der Höhe. Die Angabe *dreidimensional* gilt für eine Ortung im Raum mit Bestimmung der räumlichen Koordinaten einschließlich der Höhe.

Die bei den einzelnen Systemen zur Anwendung kommenden Verfahren sind im Prinzip die gleichen, die auch in den Boden-Ortungssystemen benutzt werden.

Tabelle 1.1 Konzeption von Satellitenortungssystemen
Bedeutung: sta. geostationärer Satellit
uml. umlaufender Satellit

lfd Nr.	Sat.	Konstellation	Messungen	Art der Ortung
1	1 sta.	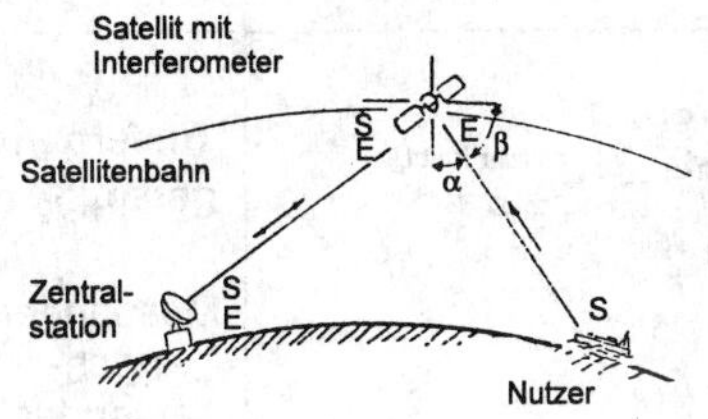 Satellit mit Interferometer Satellitenbahn S E α β Zentral-station S E S Nutzer	2 Winkel α, β Messungen gleichzeitig	zwei-dimensionale Fremdortung Stand-flächen: 2 Ebenen
2	1 uml.	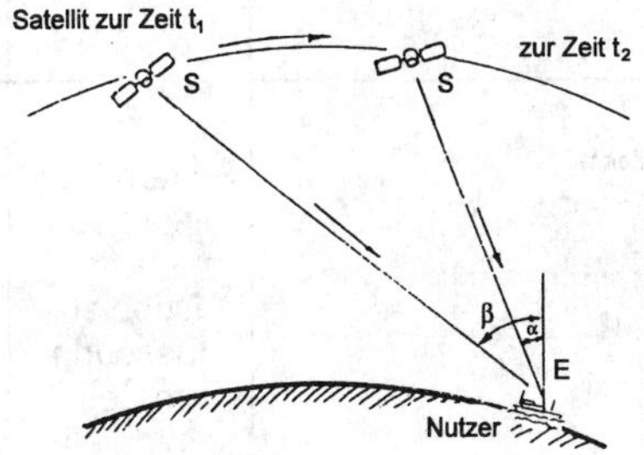 Satellit zur Zeit t_1 zur Zeit t_2 S S β α E Nutzer	2 Winkel α, β Messungen nach-einander	zwei-dimensionale Eigenortung Stand-flächen: 2 Ebenen
3	1 sta. oder uml.	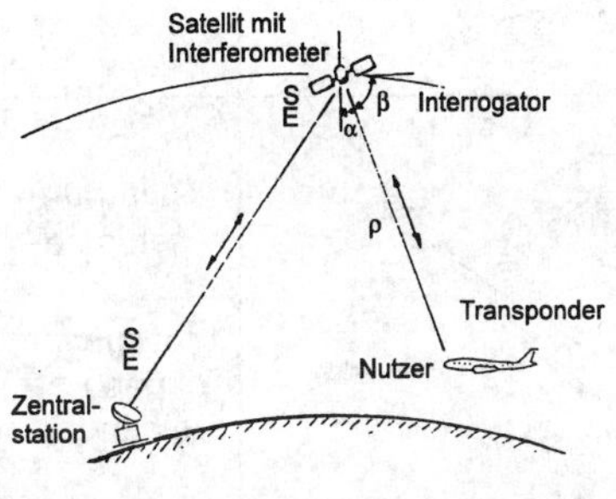 Satellit mit Interferometer S E β α Interrogator ρ Transponder S E Nutzer Zentral-station	2 Winkel α, β 1 Entfernung Messungen gleichzeitig	drei-dimensionale Fremdortung Stand-flächen: 1 Kugel-oberfläche 2 Ebenen

Tabelle 1.1 Fortsetzung

4	1 uml.	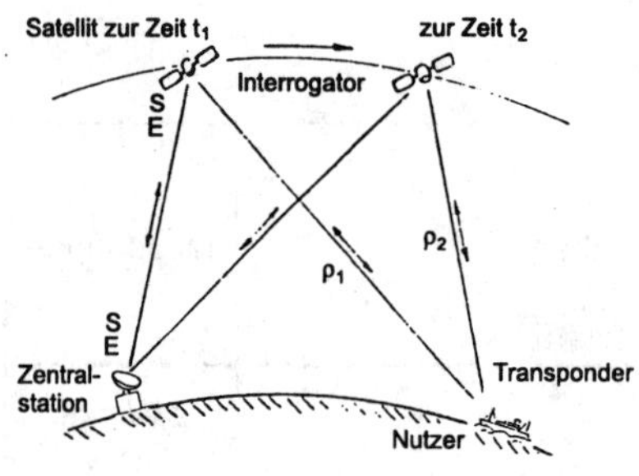 Satellit zur Zeit t_1 zur Zeit t_2 Interrogator S E ρ_1 ρ_2 S E Zentralstation Transponder Nutzer	2 Entfernungen ρ_1, ρ_2 Messungen nacheinander	zweidimensionale Fremdortung Standflächen: 2 Kugeloberflächen
5	1 uml.	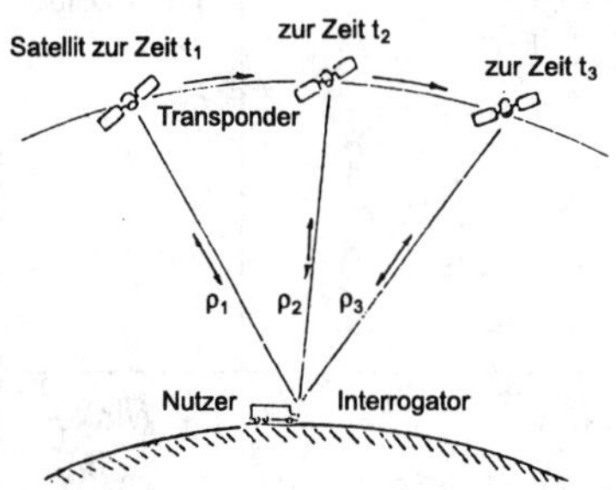 Satellit zur Zeit t_1 zur Zeit t_2 zur Zeit t_3 Transponder ρ_1 ρ_2 ρ_3 Nutzer Interrogator	3 Entfernungen ρ_1,ρ_2,ρ_3 Messungen nacheinander	dreidimensionale Eigenortung Standflächen: 3 Kugeloberflächen
6	1 uml.	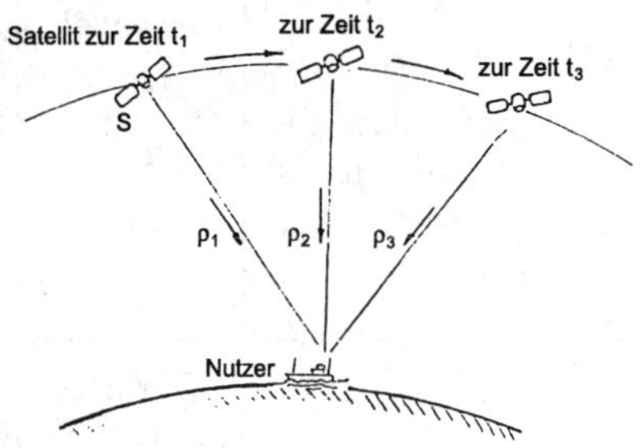 Satellit zur Zeit t_1 zur Zeit t_2 zur Zeit t_3 S ρ_1 ρ_2 ρ_3 Nutzer	2 Entfernungsdifferenzen Doppler-Messung im Zeitintervall	zweidimensionale Eigenortung Standflächen: 2 Hyperboloidoberflächen
7	2 sta. oder uml.	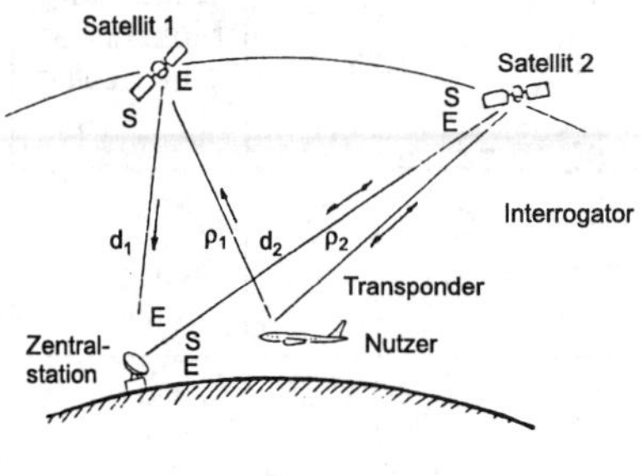 Satellit 1 E S Satellit 2 S E Interrogator d_1 ρ_1 d_2 ρ_2 Transponder E S E Zentralstation Nutzer	2 Entfernungen ρ_1, ρ_2 Messungen nacheinander	zweidimensionale Fremdortung Standflächen: 2 Kugeloberflächen

Tabelle 1.1 Fortsetzung

8	2 sta.	Satellit 1 Satellit 2 Transponder Transponder Interrogator Nutzer Funk- höhenmesser	2 Entfernungen ρ_1, ρ_2 Messungen gleichzeitig	zwei- dimensionale Eigenortung Stand- flächen: 2 Kugel- oberflächen
9	2 sta.	Satellit 1 Satellit 2 S E S E E S d_1 d_2 ρ_1 ρ_2 S E S E Zentral- station S E Nutzer	1 Entfernung 1 Entfernungs- differenz Messungen gleichzeitig	zwei- dimensionale Fremdortung Stand- flächen: 1 Kugel- oberfläche 1 Hyper- boloid- oberfläche
10	2 uml.	Satellit 1 zur Zeit t_1 zur Zeit t_2 Satellit 2 zur Zeit t_1 zur Zeit t_2 S S S S ρ_1 ρ_1' ρ_2 ρ_2' $\Delta\rho_1 = (\rho_1 - \rho_1')$ $\Delta\rho_2 = (\rho_2 - \rho_2')$ E Nutzer	2 Entfernungs- differenzen $\rho_1 - \rho_1'$, $\rho_2 - \rho_2'$	zwei- dimensionale Eigenortung Stand- flächen: 2 Hyperboloid- oberflächen
11	3 uml. oder sta.	Satellit 1 Satellit 2 Satellit 3 Transponder Transponder P_1 P_2 P_3 Interrogator Nutzer	3 Entfernungen ρ_1, ρ_2, ρ_3 (Zweiwege- Methode)	drei- dimensionale Eigenortung Stand- flächen: 3 Kugel- oberflächen

Tabelle 1.1 Fortsetzung

12	3 uml. oder sta.	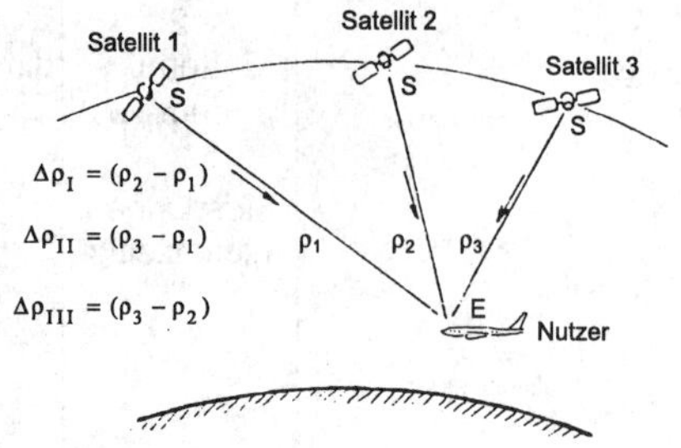 Satellit 1, Satellit 2, Satellit 3, S, S, S $\Delta\rho_{I} = (\rho_2 - \rho_1)$ $\Delta\rho_{II} = (\rho_3 - \rho_1)$ $\Delta\rho_{III} = (\rho_3 - \rho_2)$ ρ_1 ρ_2 ρ_3 E, Nutzer	3 Entfernungs-differenzen	drei-dimensionale Eigenortung Stand-flächen: 3 Hyper-boloid oberflächen
13	3 uml.	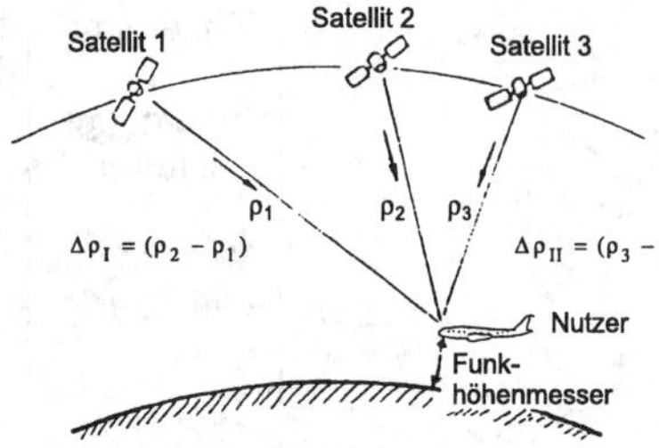 Satellit 1, Satellit 2, Satellit 3 ρ_1 ρ_2 ρ_3 $\Delta\rho_{I} = (\rho_2 - \rho_1)$ $\Delta\rho_{II} = (\rho_3 - \rho_1)$ Nutzer Funk-höhenmesser	2 Entfernungs-differenzen Messungen gleichzeitig	zwei-dimensionale Fremdortung Stand-flächen: 2 Hyper-boloid-oberflächen
14	4 uml. oder sta.	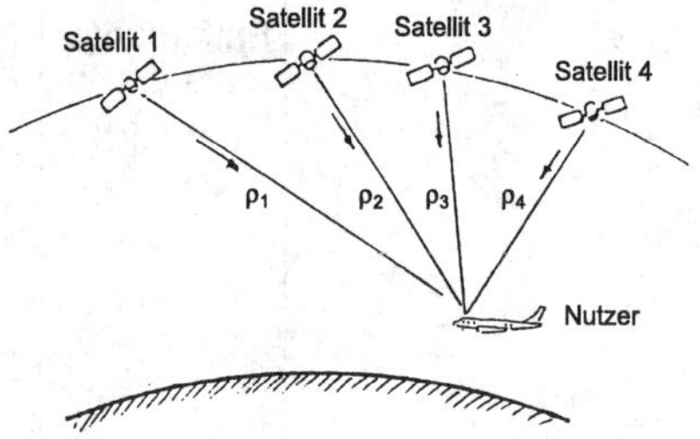 Satellit 1, Satellit 2, Satellit 3, Satellit 4 ρ_1 ρ_2 ρ_3 ρ_4 Nutzer	4 Entfernun-gen $\rho_1, \rho_2, \rho_3, \rho_4$ (Zweiwege-Methode)	drei-dimensionale Eigenortung Geschwindig-keit, Uhrzeit Stand-flächen: 4 Kugel-oberflächen

1.3.2 Verwendete Ortungsverfahren

Die allgemein gültigen Grundlagen sind im Abschnitt 1.2 enthalten.

1.3.2.1 Orten durch Messung von Winkeln

Das Orten durch Messung von Winkeln in Satellitensystemen ist wegen der großen Entfernungen nur möglich, wenn die benutzte Meßmethode eine sehr hohe Winkelgenauigkeit gewährleistet. Beispielsweise muß bei einer Entfernung des Satelliten von 1000 km zur Gewährleistung eines Ortungsfehlers von weniger als 300 m der Winkel auf etwa eine Bogenminute genau gemessen werden. Eine derartige Bedingung ist nur mit *Interferometern* zu erreichen.

Das Wirkungsprinzip geht aus **Bild 1.12** hervor [1.14]. Das einfache Interferometer besteht aus zwei Dipolantennen mit einem Abstand d, der groß zur Wellenlänge λ ist. Die von den Dipolen gelieferten Spannungen haben auf Grund der unterschiedlichen Entfernungen zum Sender im Satelliten unterschiedliche Phasenwinkel φ_1 und φ_2. Aus der Phasenwinkeldifferenz

$$\Delta\varphi = \varphi_2 - \varphi_1$$

ergibt sich für den Einfallwinkel der Welle folgende Beziehung:

$$\alpha = \arccos\frac{\Delta\varphi}{2\pi d/\lambda} \tag{1.8a}$$

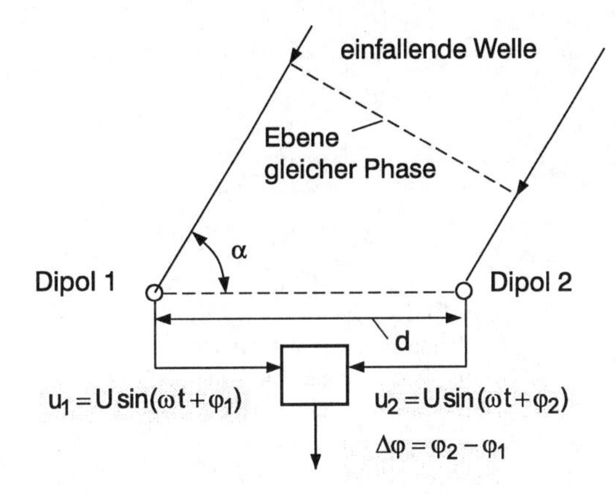

Bild 1.12
Prinzip des Interferometers mit zwei Dipolen (Dipolpaar)

Da sich der Phasenwinkel einer Welle in Abhängigkeit von der Ausbreitungsweglänge periodisch von 0 bis 2 π (0 bis 360°) ändert, ist $\Delta\varphi$ um das n-fache von 2π unbestimmt, wobei n = 0, 1, 2, 3 .... Daher ist für Gl.(1.8a)zu setzen.:

$$\alpha = \arccos\frac{\Delta\varphi + n2\pi}{2\pi d/\lambda} \tag{1.8b}$$

Für die zweidimensionale Ortung müssen zwei Winkel bestimmt werden, deren Ebenen senkrecht zueinander liegen. Dazu wird ein Interferometer mit zwei senkrecht zueinander liegenden Achsen mit je einem Dipolpaar verwendet (**Bild 1.13**). Die beiden Dipolpaare liefern die Phasenwinkeldifferenzen

$$\Delta\varphi_{1,2} = \varphi_2 - \varphi_1 \text{ und } \Delta\varphi_{3,4} = \varphi_4 - \varphi_3$$

Entsprechend Gl.(1.8b) lassen sich daraus die Winkel α und β der einfallenden Welle berechnen:

$$\alpha = \arccos\frac{\Delta\varphi_{1,2} + n2\pi}{2\pi a/\lambda} \tag{1.9a}$$

$$\beta = \arccos\frac{\Delta\varphi_{3,4} + n2\pi}{2\pi b/\lambda} \tag{1.9b}$$

Jeder der beiden Winkel liefert eine ebene Fläche als Standfläche. Die Schnittlinie der beiden Standflächen ist eine Standlinie, die mit der Erdoberfläche einen Schnittpunkt ergibt, der den Standort darstellt.

In der Literatur wird häufig angegeben, daß bei der Ortung durch Messung eines Winkels mit einer Richtantenne die Standfläche die Oberfläche eines Rotationskegels sei. Die Kegelöffnung würde dabei der Halbwertsbreite der betreffenden Antenne entsprechen. Eine solche Erklärung gilt nur für Antennen mit einer rotationssymmetrischen Strahlungscharakteristik, jedoch nicht für ein einachsiges Interferometer mit einem Antennenpaar, das nur in einer Ebene eine Richtwirkung aufweist.

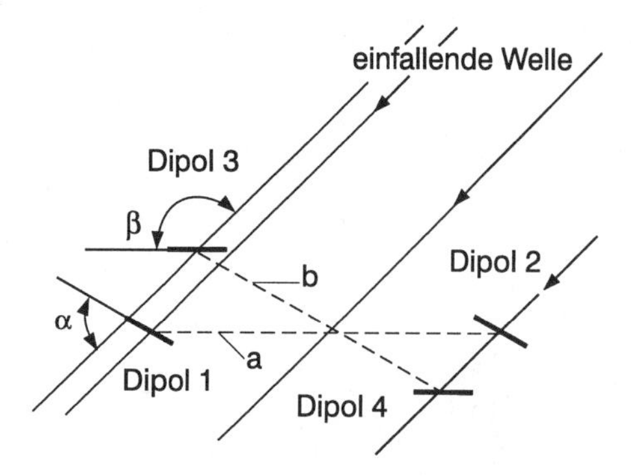

Bild 1.13
Schema eines Interferometers mit zwei in einer Ebene liegenden Antennenpaaren. Antennenabstände *a* und *b*

Die Winkelmessung wurde in Satellitenortungssystemen nur am Anfang der technischen Entwicklung versuchsweise benutzt. Auch gab es einige Projekte, die aber nicht zur Ausführung kamen (Tabelle 1.1, Nr. 1-3). Die erforderlichen großen Antennenanlagen sind der Grund, daß der Winkelmessung beim heutigen Stand der Technik in der Satellitenortung keine Bedeutung mehr beigemessen wird.

1.3.2.2 Orten durch Messung der Entfernung

Die Ortung durch Messung der Entfernung hat sich im Laufe der technischen Entwicklung von Satellitenortungssystemen als das günstigste Verfahren erwiesen. Die Entfernung wird durch Messung der Laufzeit eines für die Ortung geeigneten Signals bestimmt. Die Messung kann nach der Einweg-Methode oder nach der Zweiwege-Methode erfolgen (siehe Abschnitt 1.2.2). Die technische Entwicklung begann mit der Zweiwege-Methode, die sich im Boden-Funkortungssystem DME bereits bewährt hatte [1.12]. Die Einweg-Methode wurde erst später angewendet. Sie erfordert eine völlige Übereinstimmung der Uhrzeit im Empfänger des Nutzers mit der Uhrzeit im Satelliten. Die sich daraus ergebenden und zu lösenden schwierigen Probleme erschwerten eine umfassende Anwendung in der Ortung. Erst durch die Fortschritte in der Informationstechnik und der Mikroelektroniktechnologie konnten technische Lösungen bei vertretbarem Aufwand gefunden werden, so daß die Einweg-Methode in den Satellitenortungssystemen erfolgreich zur Anwendung kam und sich inzwischen auch als das günstigste Verfahren durchgesetzt hat.

Die Zweiwege-Methode hat für spezielle Aufgaben technische Vorteile und wird deshalb auch in Zukunft benutzt werden. Sie kann nach den nachstehend angegebenen drei verschiedenen Konzeptionen zur Anwendung kommen, wobei die Entfernung durch Messung der Laufzeit impulsförmiger Signale bestimmt wird.

Zweiwege-Methode. Ortende Stelle am Boden (**Bild 1.14a**)

Die ortende Stelle am Boden, beispielsweise ein Fahrzeug, enthält einen Abfragesender, einen Antwortempfänger und eine Auswerteeinrichtung. Diese drei Einheiten bilden zusammen den *Interrogator* (Abfrager), von dem aus der Ortungsvorgang eingeleitet wird. Die Gegenstelle befindet sich im Satelliten. Sie enthält den Abfrageempfänger und den Antwortsender. Beide Einrichtungen bilden zusammen den *Transponder* (Beantworter). Die zur Messung der Laufzeit benutzten Abfrage- und Antwortsignale können Einzelimpulse, Doppelimpulse oder Impulsfolgen sein. Nach Bild 1.14a werden vom Abfragesender in der ortenden Stelle zur Zeit t_0 die Abfragesignale ausgesendet, vom Abfrageempfänger im Satelliten zur Zeit t_1 aufgenommen und über den Antwortsender als Antwortsignale wieder ausgesendet. Die Antwortsignale treffen zur Zeit t_2 im Antwortempfänger bei der ortenden Stelle ein. In der Auswerteeinrichtung wird dann die Laufzeit der Signale gemessen und daraus die Entfernung berechnet:

$$\rho = \frac{c}{2}\left(t_2 - t_0\right) . \tag{1.10}$$

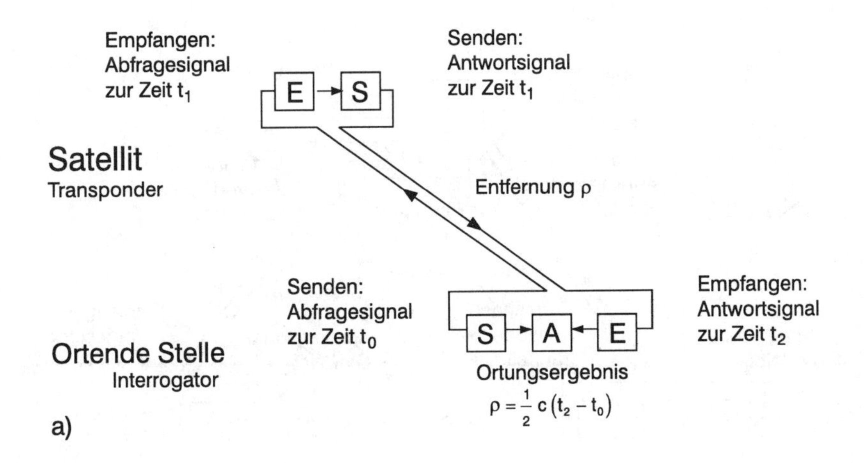

Bild 1.14 Gerätekonfiguration bei der Ortung mit Entfernungsmessung nach der Zweiwege-Methode
a) Ortende Stelle am Boden

Für eine zweidimensionale Ortung, beispielsweise bei der Ortung von Objekten auf der Erdoberfläche (Schiffe, Landfahrzeuge) sind zwei derartige Entfernungsmessungen zu zwei verschiedenen Satelliten (Tabelle 1.1, Nr. 8) oder zu einem umlaufenden Satelliten zu zwei verschiedenen Zeiten erforderlich. Für eine dreidimensionale Ortung sind drei Entfernungsmessungen zu drei Satelliten (Tabelle 1.1, Nr. 11) oder zu einem umlaufenden Satelliten zu drei verschiedenen Zeiten erforderlich (Tabelle 1.1, Nr. 5).

Zweiwege-Methode. Ortende Stelle im Satelliten (**Bild 1.14b**)

Die Konzeption unterscheidet sich von der vorstehend erläuterten nur durch die unterschiedliche Zuordnung der Systembestandteile. Der Interrogator befindet sich im Satelliten und der Transponder in der zu ortenden Stelle am Boden, beispielsweise in einem zu ortenden Fahrzeug. Die Ortung erfolgt demzufolge als Fremdortung und das Ortungsergebnis muß bei Bedarf vom Satelliten der betreffenden Stelle mitgeteilt werden. Das geschieht gegebenenfalls mit der

Funkverbindung vom Satelliten zum Boden, auf der die Abfragesignale übertragen werden. Beispiele für diese Konzeption sind in der Tabelle 1.1 unter den Nr. 3 und 4 angegeben.

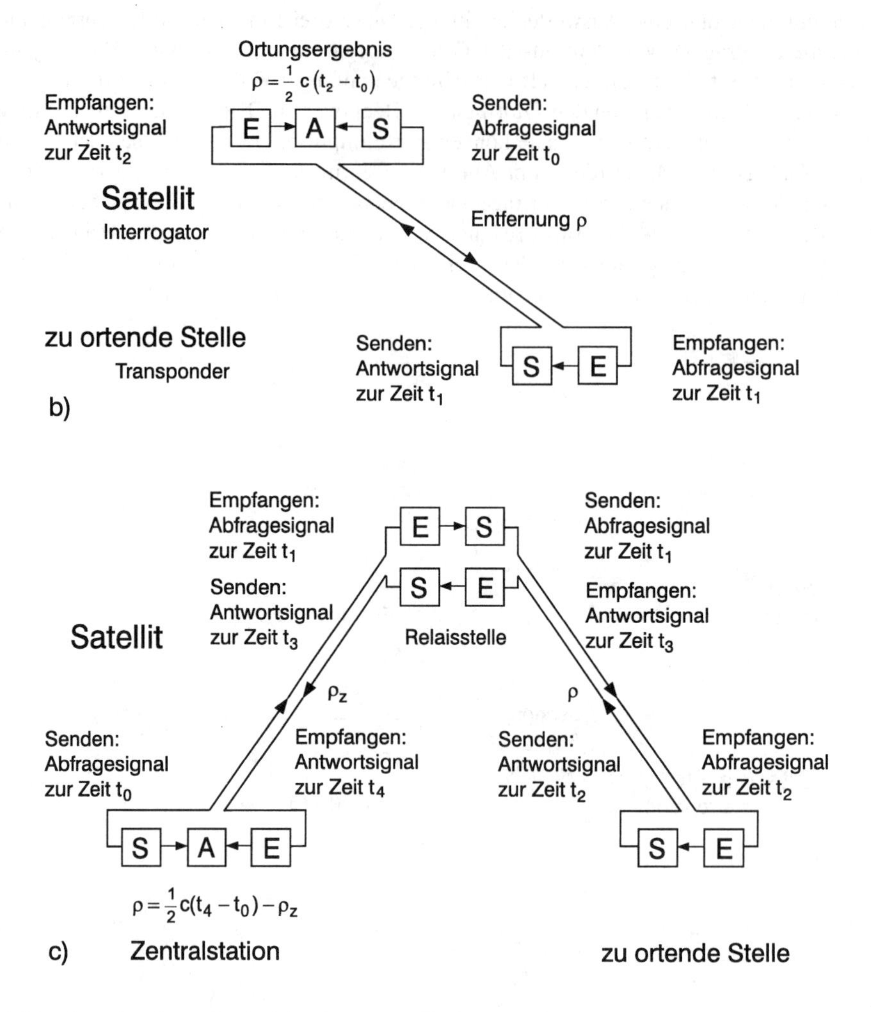

Bild 1.14 Gerätekonfiguration bei der Ortung mit Entfernungsmessung nach der Zweiwege-Methode
b) Ortende Stelle im Satelliten
c) Zentrale Ortungsstelle am Boden

Zweiwege-Methode. Zentrale ortende Stelle am Boden (**Bild 1.14c**)

Zur Minimierung des Aufwandes für die funktechnischen Einrichtungen in den ortenden Stellen (zum Beispiel in Kraftfahrzeugen) und in den Satelliten wird die Durchführung der Ortung in eine Zentralstation am Boden verlegt. Im Satelliten befinden sich dann nur die verhältnismäßig einfachen hochfrequenztechnischen Baugruppen mit je zwei Sendern und Empfängern. Die Ortung wird von der Zentralstation ausgelöst, indem vom Abfragesender zur Zeit t_0 ein Abfragesignal ausgestrahlt wird. Das Signal wird zur Zeit t_1 vom Abfrageempfänger im Satelliten empfangen, vom Antwortsender im Satelliten wieder ausgestrahlt und vom Antwortempfänger in der zu ortenden Stelle zur Zeit t_2 empfangen. Das Antwortsignal wird zur gleichen Zeit durch den Antwortsender in der zu ortenden Stelle ausgestrahlt, im Satelliten zur Zeit t_3 empfangen, wieder ausgestrahlt und zur Zeit t_4 vom Antwortempfänger aufgenommen. In der Zentralstation wird die Zeitdifferenz $(t_4 - t_0)$ gemessen. Die Entfernung ρ_z von der Zentralstation zum Satelliten ist bekannt, so daß die Entfernung ρ des Satelliten zu der ortenden Stelle wie folgt berechnet werden kann:

$$\rho_z + \rho = c(t_2 - t_0) \tag{1.11a}$$

$$\rho = \frac{c}{2}(t_4 - t_0) - \rho_z \tag{1.11b}$$

Beispiele dieser Konzeption sind in der Tabelle 1.1 unter den Nr. 7 und 9 aufgeführt.

Einweg-Methode

Die Einweg-Methode wird in den globalen Satellitenortungssystemen angewendet. Diese Systeme stellen eine optimale Lösung in Bezug auf technischen Aufwand, Verfügbarkeit und Genauigkeit dar. Im Grundprinzip besteht ein solches System aus dem im Satelliten befindlichen Sender, der die für die Entfernungsmessung erforderlichen Signale ausstrahlt, und dem Empfänger in dem ortenden Objekt (zum Beispiel: Luftfahrzeug). Gemessen wird die Laufzeit des Signals, das ist die Zeit t_1 des Eintreffens des Signals im Empfänger gegenüber einer Bezugszeit t_b. Die Entfernung ist dann

$$\rho = c(t_1 - t_b) \tag{1.12}$$

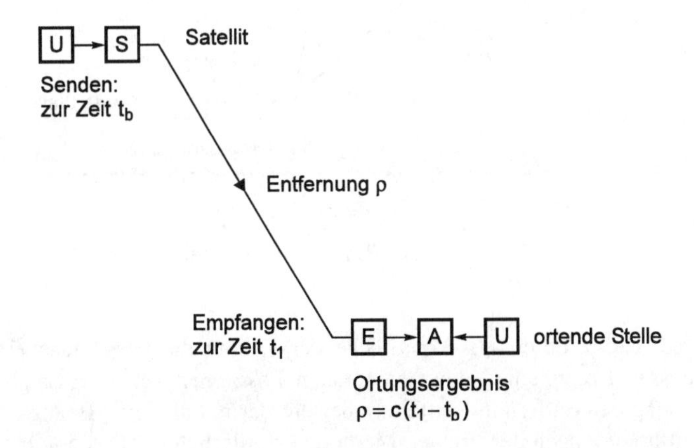

Bild 1.15 Gerätekonfiguration bei der Ortung mit Entfernungsmessung nach der Einweg-Methode

Die Bezugszeit muß in allen Satelliten des betreffenden Systems mit hoher Genauigkeit übereinstimmen, außerdem muß sie mit einer äquivalenten Bezugszeit im Empfänger übereinstimmen.

Für die zweidimensionale Ortung werden zwei Entfernungen, für die dreidimensionale Ortung drei Entfernungen benötigt, so daß zwei bzw. drei Satelliten für die Messungen zur Verfügung stehen müssen. Die Bezugszeit in den Satelliten wird von *Uhren* geliefert, die von Frequenznormalen gesteuert werden. Diese Konzeption findet entsprechend Tabelle 1.1 Nr. 14 in den Satellitenortungssystemen Anwendung, die in den Kapiteln 3 und 5 betrachtet werden.

Es ist zu beachten, daß bei der angegebenen Konzeption für die zwei- und dreidimensionale Ortung als Ergebnis je zwei Standorte (Positionen) auftreten. Davon ist stets nur ein Standort real. Die Zweideutigkeit muß zusätzlich gelöst werden, was im Allgemeinen keine Schwierigkeiten bereitet.

1.3.2.3 Orten durch Messung der Entfernungsdifferenz

Die Entfernungsdifferenz wird durch Messung der Differenz der Laufzeiten von Signalen bestimmt, die gleichzeitig von zwei Satelliten ausgestrahlt und von dem Empfänger in der ortenden Stelle aufgenomen werden (**Bild 1.16**). Die Laufzeitdifferenz $\Delta t = (t_2 - t_1)$ ergibt nach Gl.(1.6) die Entfernungsdifferenz

$$\Delta\rho = \rho_2 - \rho_1 = c\,\Delta t = c\left(t_2 - t_1\right) \ . \tag{1.13}$$

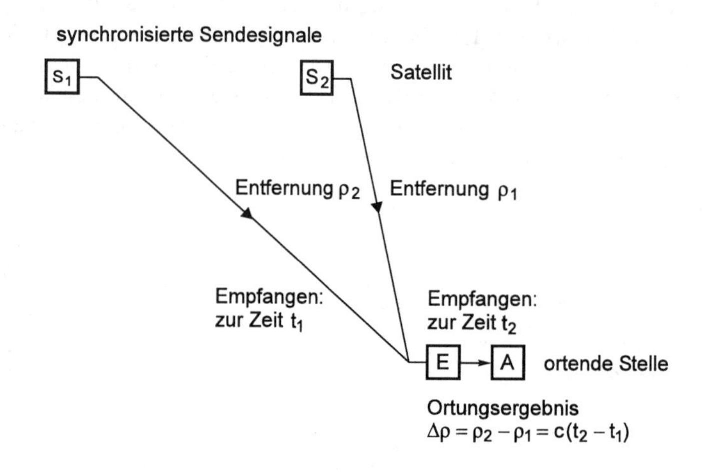

Bild 1.16 Gerätekonfiguration bei der Ortung mit Entfernungsdifferenzmessung

Die Entfernungsdifferenz liefert als Standfläche der Ortung die Oberfläche eines Rotationshyperboloids, dessen Brennpunkte die momentanen Positionen der zwei Satelliten sind. Der Vorteil der Messung der Entfernungsdifferenz besteht darin, daß keine Bezugszeit wie bei der Messung der Entfernung nach der Einweg-Methode erforderlich ist. Das erleichtert die technische Realisierung eines entsprechenden Systems ganz wesentlich. Von Nachteil ist, daß zur Bestimmung der Standfläche zwei Satelliten notwendig sind, während für eine Entfernungsmessung nur ein Satellit erforderlich ist. Beispiele von Satellitenortungssystemen, die auf der Entfernungsdifferenzmessung beruhen, sind in Tabelle 1.1 unter den Nr. 6, 9, 10, 12 und 13 angegeben.

1.3.2.4 Orten durch Messung der Entfernungsänderung

Im Abschnitt 1.2.4 wurde dargelegt, daß es durch Messung der Entfernungsänderung möglich ist, bereits mit einem einzigen, umlaufenden Satelliten eine Ortung durchzuführen.

Die Entfernungsänderung kann nach zwei verschiedenen Methoden bestimmt werden: Entweder durch zwei Entfernungsmessungen, die in zeitlichem Abstand erfolgen, oder durch Messung der Doppler-Frequenzverschiebung (siehe Abschnitt 1.10.7). Beide Methoden benötigen eine gewisse Zeit zur Durchführung der Messung. Daher eignet sich ein Satellitenortungssystem, das auf der Messung der Entfernungsänderung beruht, nicht für die Navigation von Objekten mit verhältnismäßig großer Geschwindigkeit. In Tabelle 1.1 ist die entsprechende Konstellation unter Nr. 6 angegeben.

1.4 Satellitenbahn

1.4.1 Keplersche Gesetze

Für alle Massen, die sich um einen Schwerpunkt bewegen, gelten die Keplerschen Gesetze. Ähnlich wie die Planeten um die Sonne, so gehorchen auch die erdumkreisenden Satelliten den Keplerschen Gesetzen. Daraus ergeben sich folgende Erscheinungen:

- Die Satelliten bewegen sich in elliptischen Bahnen, in deren Brennpunkt die Erde steht (1. Keplersches Gesetz).
- Der Radiusvektor, das ist die Verbindungslinie von der Erde zum Satelliten, überstreicht in gleichen Zeitintervallen gleiche Flächen (2. Keplersches Gesetz).
- Die Quadrate der Umlaufzeiten der Satelliten verhalten sich wie die dritte Potenz ihrer mittleren Entfernungen von der Erde (3. Keplersches Gesetz).

Die Bahn eines Satelliten ist jedoch nur dann eine Ellipse, wenn die Erde eine Kugel mit gleichmäßiger Dichte sein würde und wenn sie sich allein im Weltraum befände. Unter diesen Bedingungen wäre die Gravitation der Erde als Massenpunkt die einzige auf den Satelliten einwirkende Kraft und die Bewegungen des Satelliten würden streng nach den Keplerschen Gesetzen erfolgen. Der Erdmittelpunkt wäre dann ein Brennpunkt der Ellipse der Satellitenbahn in einer raumfesten Ebene durch den Erdmittelpunkt. Da jedoch die Erde weder eine Kugel ist, noch eine gleichmäßige Dichte hat, wird die elliptische Bahn gestört. Weitere Störungen werden durch die Schwerkraft der Sonne und des Mondes verursacht, sowie durch den Strahlungsdruck der Sonne und durch Gravitationsanomalien.

1.4.2 Bahnparameter

Die Lage der Bahnebene eines Satelliten wird gegenüber der Äquatorialebene durch die beiden Winkel Inklination i und Rektaszension Ω bestimmt (**Bild 1.17**). Die Bahnellipse ist durch die Länge der halben Hauptachse und durch die Exzentrizität definiert. Die Lage der Ellipse wird bestimmt durch den Winkel zwischen der Richtung der aufsteigenden Knotenlinie und der Richtung zum Perigäum dieser Ellipse. (Der Winkel wird als Argument des Perigäums bezeichnet). Außer diesen fünf Bahnparametern wird noch der Zeitpunkt des Durchganges des Satelliten durch einen speziellen Punkt, meist des Perigäums, angegeben.

Die mittlere Winkelgeschwindigkeit n eines Satelliten mit der Umlaufperiode P ist gleich

$$n = \frac{2\pi}{P} = \sqrt{\frac{G M_E}{a^3}} \quad . \tag{1.14}$$

Darin bedeuten:

G	Gravitationskonstante	$= 6{,}670 \cdot 10^{-11}\ m^3/\ kg\ s^2$
M_E	Masse der Erde	$= 5{,}975 \cdot 10^{24}$ kg
a	Nennwert der halben Hauptachse der Bahnellipse	

Exakt müßte in Gl.(1.14) zur Masse M_E der Erde noch die Masse des Satelliten addiert werden. Da diese aber sehr klein zu M_E ist, kann sie vernachlässigt werden [1.2].

Die mittlere Geschwindigkeit des Satelliten ist gleich

$$v_m = n \cdot a \tag{1.15}$$

und die mittlere Umlaufzeit

$$t_u = \frac{2\pi}{n} \tag{1.16a}$$

$$= \sqrt{\frac{4\pi^2}{G M_E} a^3} \ . \tag{1.16b}$$

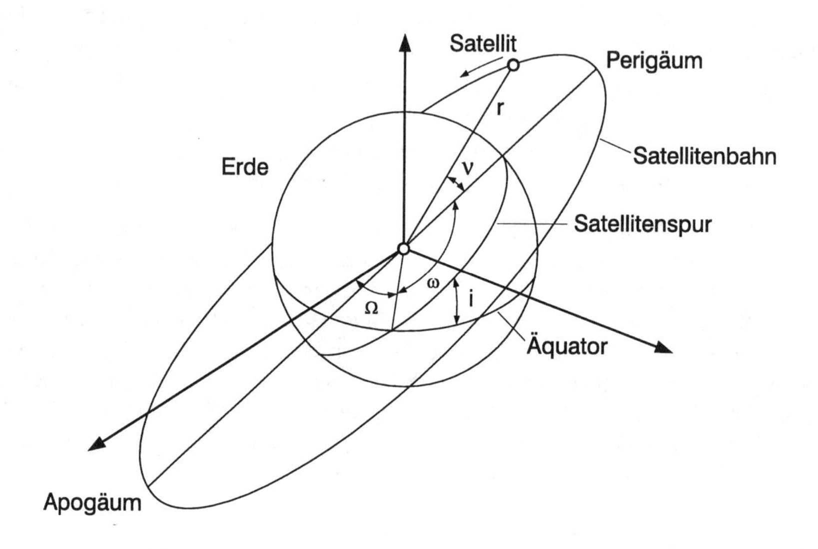

Bild 1.17 Elliptische Bahn eines Satelliten

In der **Tabelle 1.2** sind die in erster Näherung berechneten mittleren Geschwindigkeiten und Umlaufzeiten für verschiedene Satellitenkonfigurationen angegeben.

Die Polarkoordinaten r und v eines Satelliten (Bild 1.17) können aus den beiden folgenden Gleichungen berechnet werden:

$$r \sin v = a\sqrt{1-e^2} \sin E \tag{1.17a}$$

$$r \cos v = a(\cos E - e) \tag{1.17b}$$

Darin bedeuten:

e Exzentrizität der Bahnellipse

$$= \sqrt{\frac{a^2 - b^2}{a^2}}$$

a halbe Hauptachse der Bahnellipse
b halbe Nebenachse der Bahnellipse
E exzentrische Anomalität, für sie gilt die Beziehung
$(E - e \sin E) = M_E$

1.4.3 Sichtbarkeitsbereich

Eine Funkverbindung zwischen einem Punkt auf der Erdoberfläche und einem Satelliten ist bei Verwendung von Frequenzen oberhalb etwa 100 MHz (Wellenlänge unterhalb 3 m) nur möglich, wenn eine quasioptische Sicht zwischen Erde und Satellit besteht. Von einem auf der Erde befindlichen Punkt aus betrachtet ist das der sogenannte Sichtbarkeitsbereich, vom Satelliten aus betrachtet ist es der Überdeckungsbereich auf der Erde.

Tabelle 1.2 Mittlerer Bahnradius r vom Erdmittelpunkt, mittlere Bahnhöhe h, mittlere Geschwindigkeit v_m und Umlaufzeit t_u von Satelliten

r km	h km	v_m km/s	t_u	Beispiel
6 375	7	7,91	84,49 min	erdnahe Bahn
6 698	330	7,71	90,97 min	Raumstation
7 368	1 000	7,34	105,6 min	TRANSIT, STARLETTE, Erdbeobachtungssatelliten
9 968	3 600	6,31	165,6 min	PAGEOS
12 268	5 900	5,69	226,2 min	LAGEOS
26 598	20 300	3,87	11,97 h	GPS
42 168	35 790	3,07	23,93 h	Geostationäre Satelliten

Durch die Bewegung des Satelliten und durch die Erddrehung ändert sich der Sichtbarkeitsbereich ständig. Bei einer Eigenbewegung des Beobachtungspunktes auf der Erde wird gegebenenfalls der Sichtbarkeitsbereich verlassen. Der Zusammenhang kann aus dem Verlauf der Spur des Satelliten ersehen werden. Die Spur ist der geometrische Ort aller Punkte auf der Erdoberfläche, die zu irgendeinem Zeitpunkt auf der ständig wandernden Verbindungslinie Satellit-Erdmittelpunkt liegen. Die Spur wird auch mit *Subtracking* bezeichnet. Die Spur pendelt zwischen den geographischen Breiten $\varphi = +i$ und $\varphi = -i$, wobei i die Inklination der Satellitenbahn gegenüber der Äquatorialebene ist (**Bild 1.18**). Infolge der Erdrotation verschieben sich die nachfolgenden Spuren nach Westen (**Bild 1.19**). Der Betrag der Verschiebung ergibt sich aus dem Unterschied der geographischen Länge λ bezogen auf ein raumfestes bzw. auf ein erdfestes Koordinatensystem:

$$\lambda = \lambda_{G0} - 0{,}25068448\,(\text{Grad}/\text{min}) \cdot t \qquad (1.18)$$

Die Verschiebung beträgt somit etwa 1 Grad pro Tag, das entspricht einer zeitlichen Verschiebung um etwa 4 Minuten pro Tag.

Ein Satellit ist auf der Erdoberfläche innerhalb eines Winkels $\alpha/2$ beiderseits der Spur von der Erde aus sichtbar (**Bild 1.20**). Der Sichtbarkeitswinkel ist gleich

$$\alpha = 180 - 2\arcsin\frac{R}{R+h} \tag{1.19}$$

R = 6378 km, Erdradius, mittlerer Wert

h Höhe der Satellitenbahn über der Erde

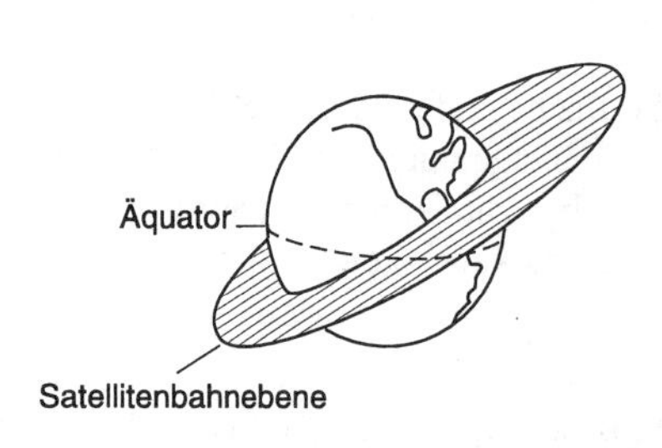

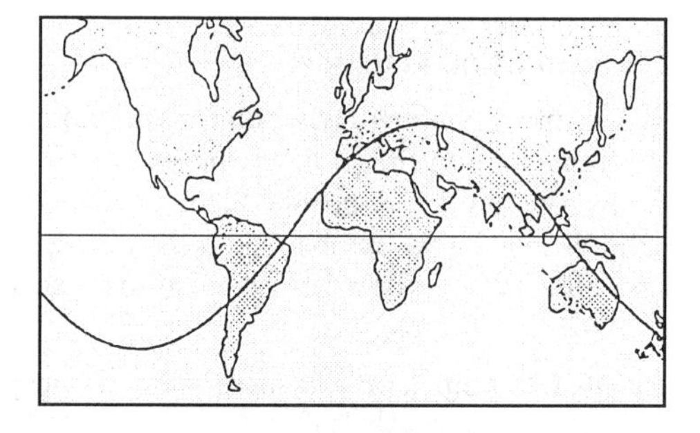

Bild 1.18 Spur eines Satelliten

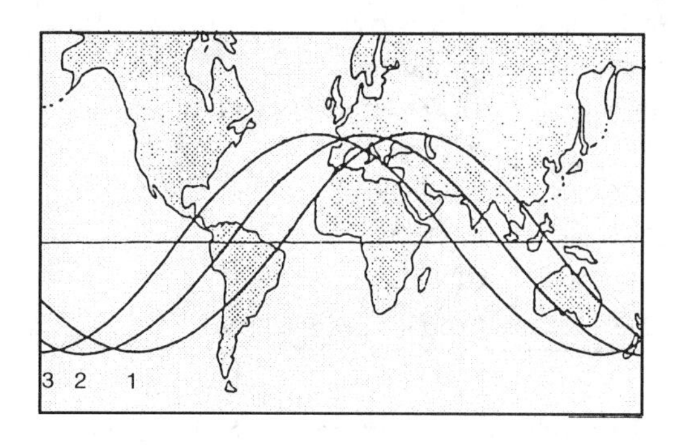

Bild 1.19
Spurverschiebung

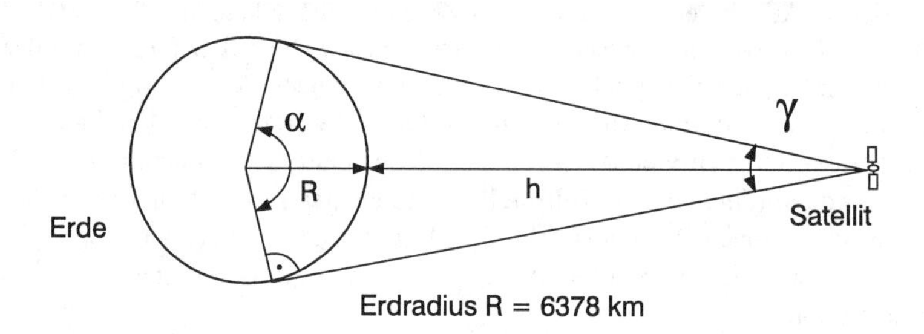

Bild 1.20 Geometrische Beziehungen zwischen Satellit und Erde

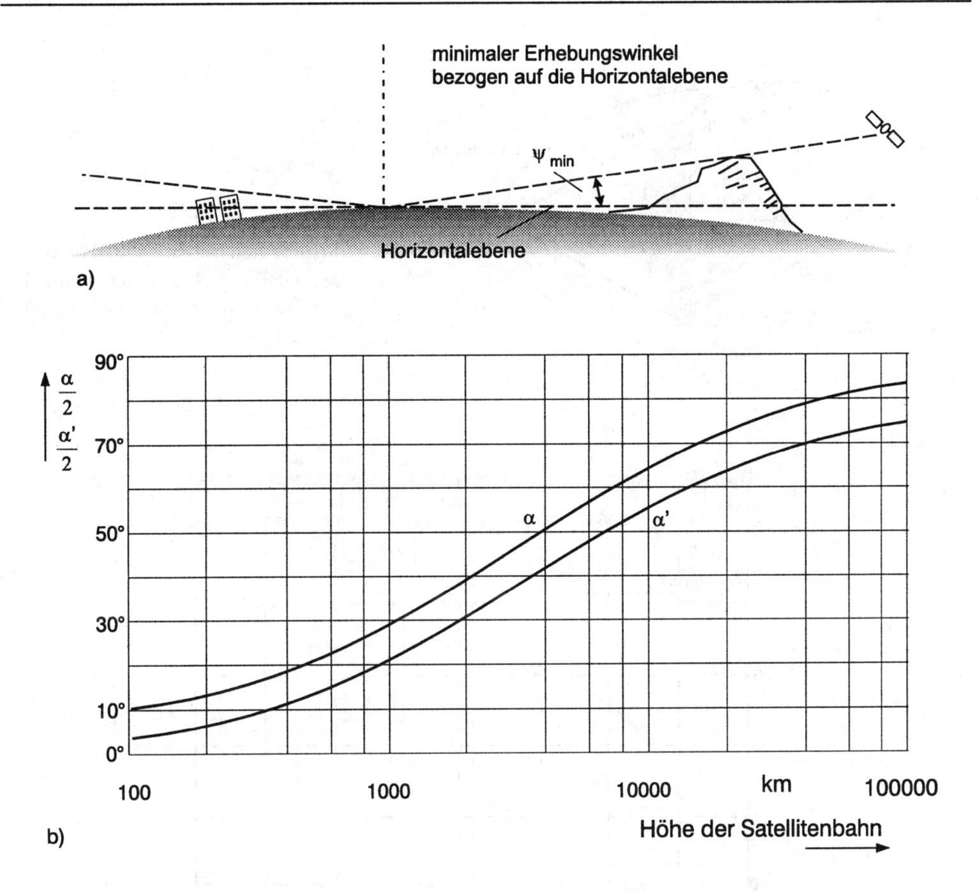

Bild 1.21 Sichtbarkeitswinkel

a) Minimaler Erhebungswinkel ψ_{min}

b) Theoretischer Sichtbarkeitswinkel α und reduzierter Sichtbarkeitswinkel α‘

Der Winkel α (**Bild 1.21**) gilt für die durch den geometrischen Horizont gegebene Sichtweite. Der geometrische Horizont ist in Annäherung gleich dem optischen Horizont, der auch für die Funkverbindung gilt und dann als quasioptischer Horizont bezeichnet wird. In der Praxis sind jedoch Funkverbindungen bis herab zum quasioptischen Horizont nicht möglich, weil die Topographie der Erdoberfläche (Erhebungen, Bauwerke, Wald) bei geringen Erhebungswinkeln die quasioptische Sicht verhindert. Deshalb wird in der Praxis meist mit einem minimalen Erhebungswinkel (mask angle) von 10 Grad gerechnet (**Bild 1.22**), so daß sich ein reduzierter Sichtbarkeitswinkel α' ergibt (Bild 1.21). Ein Satellit ist somit innerhalb eines Winkelbereichs von $\pm\ \alpha'/2$ beiderseits der Satellitenspur für eine Ortung nutzbar. Bei einem geostationären Satelliten mit einer Bahnhöhe oberhalb der Erdoberfläche von 35790 km ist der Sichtbarkeitswinkel $\alpha' = 142{,}9$ Grad. Die durch den Winkel α' eingeschlossene Fläche auf der Erde ist die Sichtbarkeitsfläche A (Bild 1.22), sie wird auch als Überdeckungsbereich bezeichnet. Die Größe der Sichtbarkeitsfläche zur gesamten Erdoberfläche in Prozent geht aus **Bild 1.23** hervor. Bei einem geostationären Satelliten ist der prozentuale Anteil gleich 34,1 %. Orte auf der Erdoberfläche, deren geographische Breite größer als + 71,5 Grad oder kleiner als – 71,5 Grad ist, werden von geostationären Satelliten nicht erfaßt und können gegebenfalls nicht für die Ortung benutzt werden.

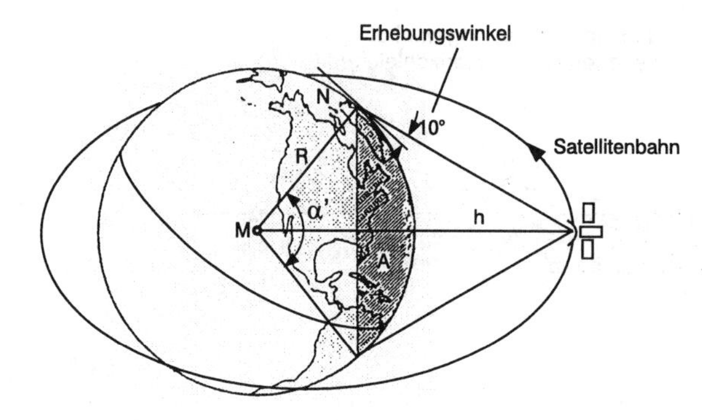

Bild 1.22
Sichtbarkeitswinkel α' und Sichtbarkeitsfläche A bei einem minimalen Erhebungswinkel (mask angle) von 10 Grad

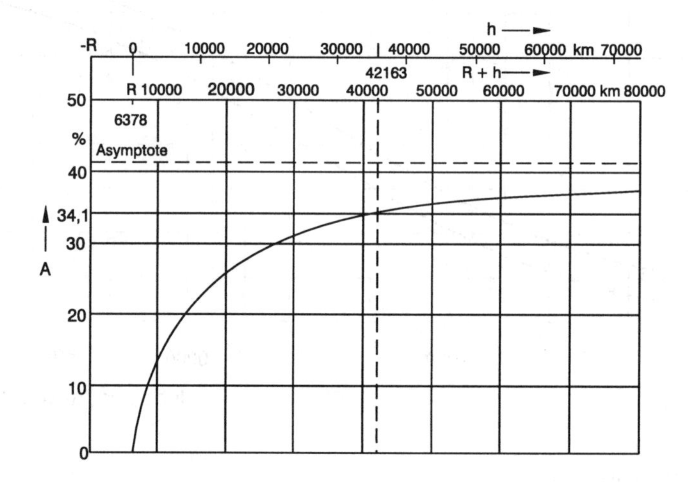

Bild 1.23 Prozentuale Sichtbarkeitsfläche A in Abhängigkeit von der Höhe des Satelliten über der Erde h bzw. der Höhe $(R + h)$ bezogen auf den Erdmittelpunkt

1.5 Bezugssysteme und Koordinaten

Jedes Verfahren der Ortung beruht auf der Kenntnis der Position von Bezugspunkten. Auf diese Bezugspunkte beziehen sich die für eine Ortung erforderlichen Messungen. Für einen Nautiker auf See, der mit Hilfe von Peilungen eines Funkfeuers seinen Standort bestimmt, ist dieses Funkfeuer der Bezugspunkt, dessen geographische Koordinaten ihm bekannt sein müssen. Er erhält somit sein Peilergebnis in dem Bezugssystem, in dem auch die Koordinaten des Funkfeuers gegeben sind. Das gilt grundsätzlich für jedes Ortungsverfahren. Die Kenntnis der Koordinaten der Bezugspunkte (auch Anschlußpunkte genannt, in der Geodäsie sind das häufig trigonometrische Punkte) ist also die Voraussetzung zu einer Ortung, das heißt, zur Bestimmung der Koordinaten eines Objektes oder eines Punktes. Die Koordinaten mehrerer Bezugspunkte bilden insgesamt einen Referenzrahmen einer Ortung bzw. für eine Vermessung. Das gilt auch für die Ortung bzw. Vermessung mit Hilfe von Satelliten, bei der die Satelliten die Bezugspunkte sind. Die Koordinaten der Satelliten müssen dabei bekannt sein. Das Maß der Genauigkeit der Koordinatenangabe bestimmt unmittelbar die Genauigkeit der Ortung. Infolge der kontinuierlichen Veränderung der Koordinaten von umlaufenden Satelliten bedarf es erheblicher rechnerischer Aufwendungen, um die notwendige Genauigkeit bei der Bereitstellung der Koordinaten der Satelliten zu gewährleisten. Beispielsweise hat ein umlaufender Satellit in einer Bahnhöhe von 20000 km eine Geschwindigkeit von etwa 14 000 km/h, d.h. in einer Millisekunde legt er eine Strecke von etwa 4 m zurück. Für den Zeitpunkt der Ortung wird die momentane Position des Satelliten zugrunde gelegt, dabei muß bekannt sein, in welchem Bezugssystem die Koordinaten angegeben sind und wie genau sie sind. Wenn die Ungenauigkeit der Ortung nicht größer sein soll als 1 m, müssen die Koordinaten des Satelliten auf Bruchteile von 1 m genau bekannt sein.

Die Bezugssysteme für die Satellitenortung sind von der Grundlage her global und geozentrisch, denn die Satellitenbewegungen erfolgen um den Massenmittelpunkt der Erde. Terrestrische Ortungen besitzen im Allgemeinen lokalen Charakter und werden deshalb meist in einem lokalen Bezugssystem angegeben. Für Ortungen im Weltraum werden raumfeste Bezugssysteme benutzt.

Die Beziehungen zwischen den verschiedenen Bezugssystemen müssen definiert und zahlenmäßig bekannt sein. Dabei ist auch die Einbeziehung der Beobachtungszeit von hoher Bedeutung, denn die gegenseitige Lage ändert sich in Abhängigkeit der Zeit.

1.5.1 Kartesisches Koordinatensystem

In einem kartesischem Koordinatensystem mit den Achsen x, y, z wird die Position eines Punktes durch seinen Positionsvektor beschrieben (**Bild 1.24**):

$$\mathbf{s}_P = \begin{pmatrix} x_P \\ y_P \\ z_P \end{pmatrix} \tag{1.20}$$

x_P, y_P, z_P sind reelle Größen.

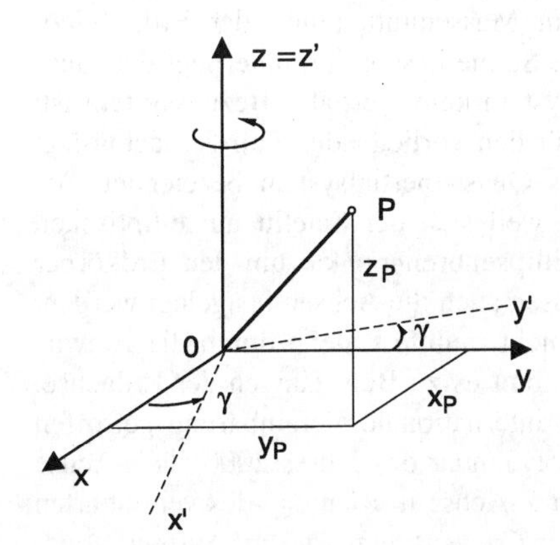

Bild 1.24
Punkt *P* im räumlichen Koordinatensystem

Durch Drehung um die z-Achse mit dem Winkel γ läßt sich ein zweites Koordinatensystem mit dem gleichen Ursprungsort und den Koordinaten x', y', z' definieren. Dafür gilt die Matrixoperation:

$$s'_p = \boldsymbol{R}_3(\gamma)\, s_p \tag{1.21}$$

mit der Drehmatrix

$$\boldsymbol{R}_3(\gamma) = \begin{pmatrix} \cos\gamma & \sin\gamma & 0 \\ -\sin\gamma & \cos\gamma & 0 \\ 0 & 0 & 1 \end{pmatrix} \tag{1.22}$$

Ähnlich lassen sich durch Drehung um die x-Achse mit dem Winkel α und um die y-Achse mit dem Winkel β die Drehmatrizen einführen:

$$\boldsymbol{R}_1(\alpha) = \begin{pmatrix} 1 & 0 & 0 \\ 0 & \cos\alpha & \sin\alpha \\ 0 & -\sin\alpha & \cos\alpha \end{pmatrix} \tag{1.23}$$

$$\boldsymbol{R}_2(\beta) = \begin{pmatrix} \cos\beta & 0 & -\sin\beta \\ 0 & 1 & 0 \\ \sin\beta & 0 & \cos\beta \end{pmatrix} \tag{1.24}$$

1.5.2 Vereinbartes raumfestes Bezugssystem

Die Beschreibung der Bewegungsabläufe von natürlichen und künstlichen Himmelskörpern erfolgt mit den Keplerschen Gesetzen. Sie gelten jedoch nur in einem raumfesten Bezugssystem, das heißt, in einem inertialen System. Das ist ein System, dessen Achsen raumfest sind und dessen Ursprung keinen Beschleunigungen ausgesetzt ist. Ein mit der Erde fest verbundenes Bezugssystem ist kein Inertialsystem, denn der Erdkörper dreht sich um seine Achse und die Richtungen der Koordinatenachsen ändern sich ständig. Ein solches Bezugssystem ist daher zur Beschreibung der Bewegungen von Satelliten nicht geeignet. Verwendet wird deshalb ein geozentrisches Inertialsystem, das seinen Ursprung im Massenmittelpunkt der Erde (*Geozentrum*) hat. Da die Erde eine elliptische Bahn um die Sonne beschreibt, unterliegt das Geozentrum einer Beschleunigung, so daß formal dieses System kein inertiales Bezugssystem ist. Die Beschleunigungen sind jedoch so gering, daß sie für den vorliegenden Fall vernachlässigt werden können. Ein derartiges System wird daher als Quasi-Inertialsystem bezeichnet. Als Ursprung des Systems wird das Geozentrum gewählt, weil sich der Satellit auf elliptischen Bahnen mit dem Geozentrum als einem der beiden Ellipsenbrennpunkte um den Erdkörper bewegt. Außer den Koordinaten des Bezugssystems müssen auch die Achsen festgelegt werden. Die sich dafür eignende Erdrotationsachse ist jedoch nicht raumfest, denn durch die Einwirkungen der Gravitationskräfte von Sonne und Mond kommt es zu Bewegungen der Erdachse. Um diese Schwierigkeiten zu überwinden, wurde eine internationale Vereinbarung getroffen und die Lage der Erdrotationsachse zum Zeitpunkt des 1. Januar des Jahres 2000 als Z-Achse festgelegt. Die X-Achse liegt in der Ebene senkrecht zur Z-Achse in Richtung des vereinbarten Frühlingspunktes. Dieses System trägt die Bezeichnung *Conventional Inertial System*, abgekürzt CIS.

Für die Umrechnung von sphärischen Koordinaten α , δ , r in kartesische Koordinaten gelten die Beziehungen (**Bild 1.25**):

$$X = r\cos\delta\cos\alpha \tag{1.25}$$

$$Y = r\cos\delta\sin\alpha \tag{1.26}$$

$$Z = r\sin\delta \tag{1.27}$$

und

$$r = \sqrt{\left(X^2+Y^2+Z^2\right)}\,. \tag{1.28}$$

In der sphärischen Astronomie wird meist r als Einheit gesetzt.

1.5.3 Vereinbartes erdfestes Bezugssystem

Zur Angabe von Punkten auf der Erde und im erdnahen Raum ist das vereinbarte Inertialsystem nicht geeignet, denn im raumfesten System haben Punkte auf der Erde wegen der Erdrotation laufend andere Koordinaten. Es muß daher ein mit dem Erdkörper verbundenes Koordinatensystem verwendet werden. Ein solches System ist international wie folgt festgelegt worden:

- Ursprung des Systems: Massenmittelpunkt der Erde
- Z-Achse: Erdrotationsachse
- *Y*-Achse: Senkrecht zur Z-Achse

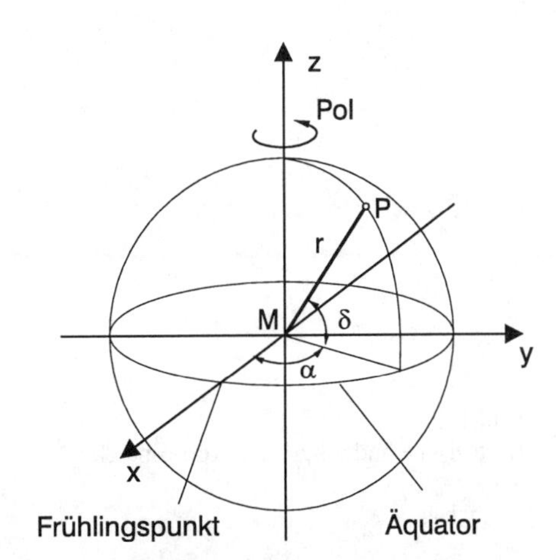

Bild 1.25
Äquatorsystem der sphärischen Astronomie

Um zu einem eindeutigen erdfesten Bezugssystem zu kommen, muß als Z-Achse die Lage der Erdrotationsachse zu einem festgelegten Zeitpunkt vereinbart werden. Diese und weitere Vereinbarungen haben zu dem gewünschten erdfesten Bezugssystem geführt. Es wird *Conventional Terrestrial System*, abgekürzt CTS, genannt; auch die Bezeichnung *Earth Centered Earth Fixed System*, abgekürzt ECEF, ist gebräuchlich.

Die Realisierung des so definierten Bezugssystems ist allerdings sehr umfangreich. Eine Lösung stellt das CTS des *International Earth Rotation Service* dar. Es besitzt eine innere Ungenauigkeit von nur wenigen Zentimetern. Eine andere Realisierung ist das Referenzsystem des Satellitenortungssystems GPS.

1.5.4 Elliptisches Bezugssystem

Für die meisten praktischen Anwendungen werden Koordinatensysteme gewählt, die sich der Erdgestalt weitgehend anpassen. Das ist ein Rotationsellipsoid, der an den Polen abgeplattet ist und durch Drehung der Meridianachse um die kleine Achse entsteht. Die geometrischen Parameter sind:

- große Halbachse a (Äquatorachse)
- kleine Halbachse b (Polachse)
- Abplattung $f = (a - b) / a$
- Exzentrizität der Bahnellipse.

Im globalen elliptischen System gelten die Größen:

- elliptische Breite φ
- elliptische Länge λ
- elliptische Höhe h.

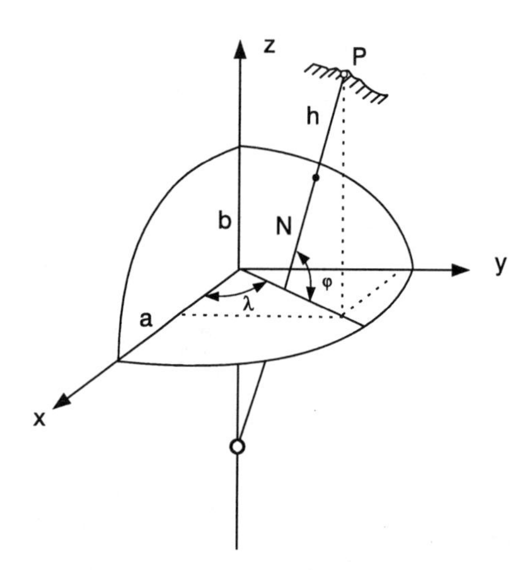

Bild 1.26
Kartesische und elliptische Koordinaten

Die Transformation der elliptischen Koordinaten φ, λ, h eines Punktes P in seine kartesischen Koordinaten X, Y, Z (**Bild 1.26**) wird wie folgt beschrieben:

$$\boldsymbol{X} = \begin{pmatrix} X \\ Y \\ Z \end{pmatrix} = \begin{pmatrix} (N+h)\cos\varphi\cos\lambda \\ (N+h)\cos\varphi\sin\lambda \\ \left[\left(1-e^2\right)N + h\right]\sin\varphi \end{pmatrix} \tag{1.29}$$

wobei N der Normalkrümmungsradius ist

$$N = \frac{a^2}{\sqrt{a^2\cos^2\varphi + b^2\sin^2\varphi}} \tag{1.30a}$$

$$= \frac{a^2}{b\sqrt{1+e'^2\cos^2\varphi}} \quad . \tag{1.30b}$$

a und *b* sind die große und die kleine Halbachsen des Ellipsoids. Ferner sind *e* und *e'* die erste bzw. zweite numerische Exzentrizität:

$$e^2 = \frac{a^2 - b^2}{a^2} \tag{1.31}$$

$$e'^2 = \frac{a^2 - b^2}{b^2} \tag{1.32}$$

Die zu Gl.(1.29) inversen Beziehungen ermöglichen die Berechnung der ellipsoiden Koordinaten aus den kartesischen:

$$\varphi = \arctan \frac{Z}{\sqrt{X^2 + Y^2}} \left(1 - e^2 \frac{N}{N+h}\right)^{-1} \tag{1.33}$$

$$\lambda = \arctan \frac{Y}{X} \tag{1.34}$$

$$h = \frac{\sqrt{X^2 + Y^2}}{\cos\varphi} - N \tag{1.35}$$

Wie Gl.(1.34) zeigt, kann die ellipsoide Länge λ unmittelbar aus den kartesischen Koordinaten berechnet werden. Die ellipsoide Breite φ und die ellipsoide Höhe *h* können nur iterativ aus Gl.(1.33) und Gl.(1.35) berechnet werden.

1.5.5 Geoid

Der Rotationsellipsoid ist der tatsächlichen Erdoberfläche im Mittel angepaßt. Dabei wird die Erdoberfläche als eben angenommen, so daß sich die Rechenoperationen relativ leicht ausführen lassen. Deshalb wird auch der Erdellipsoid bevorzugt als Bezugsfläche für Angaben in der Ebene gewählt. Für die Angabe der Höhe ist dagegen der Ellipsoid als Bezugsfläche ungeeignet. Statt des Ellipsoids wird das Geoid benutzt. Das ist die Niveaufläche des Erdschwerefeldes, die sich der Oberfläche der Ozeane anpaßt. Außerdem besteht die Vorstellung, daß sich diese Niveaufläche unter den Kontinenten fortsetzt.

Die Abweichungen des Geoids vom Ellipsoid sind die Geoidundulationen *U*. Nach **Bild 1.27** ist:

$$U = h - H, \tag{1.36}$$

wobei h die auf den Ellipsoid und *H* die auf den Geoid bezogenen Höhen sind. Für ein gewähltes globales Ellipsoid kann *U* Werte bis zu 100 m annehmen.

Die gemeinsame Behandlung von Ergebnissen der Satellitenortung, die zu ellipsoiden Höhen führt, und der terrestrischen Geodäsie, die Höhen im Erdschwerefeld liefert, macht die Kenntnis der Geoidundulationen *U* erforderlich. Bei dem globalen ellipsoiden System werden die Parameter der Bezugssysteme so gewählt, daß sich das Referenzellipsoid der Erdgestalt möglichst gut anpaßt. Der Ellipsoidmittelpunkt wird dabei in den Massenmittelpunkt der Erde gelegt und die Ellipsenachsen werden parallel zu den Achsen des vereinbarten terrestrischen Referenzsystems angesetzt. Für lokale Vermessungsaufgaben wurde bisher im Allgemeinen ein Ellipsoid gewählt, der sich der realen Erdoberfläche in dem betreffenden Gebiet anpaßt. Die Beziehung zwischen einem solchen lokalen Ellipsoid und dem globalen geodätischen Bezugssystem wird als *geodätisches Datum* bezeichnet.

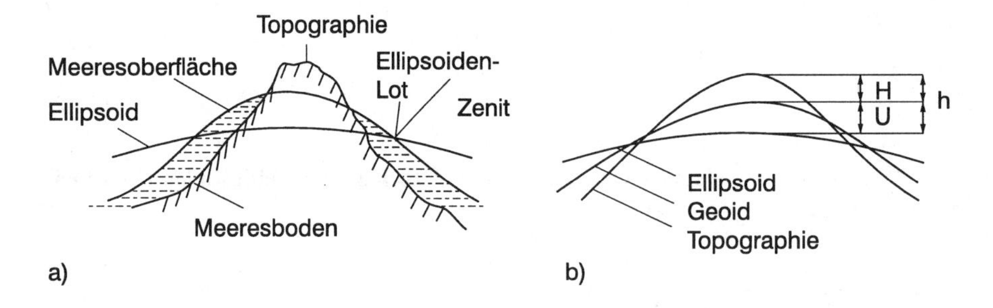

Bild 1.27 Ellipsoid und Geoid
a) Erdoberfläche und Ellipsoid
b) Höhenbezeichnungen

1.5.6 Geodätisches Weltsystem

Das geodätische Datum wird mit einem Satz von neun Parametern festgelegt, wozu auch die Ellipsoidparameter gehören. Die Zahl erhöht sich bei der Ableitung von Datuminformationen aus Satellitenbahnen. Weiterhin können Parameter des Erdschwerefeldes und fundamentale Konstanten wie Erdrotationsgeschwindigkeit, Lichtgeschwindigkeit und geozentrische Gravitationskonstante hinzugezogen werden. Beispiele sind das *Geodätische Weltsystem* (World Geodetic System) WGS 72, das bis 1986 verwendet wurde, und das jetzt gültige WGS 84 (**Tabelle 1.3**) [1.17].

Tabelle 1.3 Parameter der geodätischen Weltsysteme [1.17]

Parameter		WGS 72	WGS 84
große Halbachse	a	6 378 135 m	6 378 137 m
Abplattung	f	1/298,26	1/298,257 223 563
Winkelgeschwindigkeit der Erdrotation	ω	$7{,}292115147 \cdot 10^{-5}$ rad · s^{-1}	$7{,}292\,115 \cdot 10^{-5}$ rad · s^{-1}
geozentrische Gravitationskonstante	GM_E	398 600,8 km^3 · s^{-2}	398 600,5 km^3 · s^{-2}

1.6 Zeitsysteme

Bei der Beobachtung von Satellitenbewegungen und der Nutzung von Meßergebnissen sind drei Zeitsysteme von Bedeutung:

- Sternzeit und Weltzeit
  Die Sternzeit und Weltzeit werden aus der Erdrotation abgeleitet.
  Die zeitabhängige Orientierung der Erde dient der Verknüpfung von erdgebundenen Beobachtungen mit einem raumfesten Bezugssystem.
- Dynamische Zeit
  Diese Zeit ist aus der Bahnbewegung der Erde im Raum abgeleitet.
  Sie ist als unabhängige Variable ein streng gleichförmiges Zeitmaß und dient zur Beschreibung von Satellitenbewegungen.
- Atomzeit
  Sie wird durch atomphysikalische Vorgänge bestimmt.
  Angewendet wird sie bei der Bestimmung von Entfernungen mit sehr hoher Genauigkeit durch Messung der Signallaufzeit in den Satellitenortungssystemen.
- Koordinierte Weltzeit.

Die Zeiten werden aus den lokalen Zeitskalen von 45 Stationen, die über die Erde verteilt sind, durch Vergleich und Koordinierung gebildet.

Die genannten Zeitsysteme beruhen auf der Beobachtung periodisch wiederkehrender astronomischer oder physikalischer Erscheinungen. Die zeitlichen Abstände der Erscheinungen bilden das Zeitmaß für die betreffenden Zeitskalen. Die Grundeinheit ist die Sekunde.

Der Zusammenhang zwischen Zeit- und Ortungsabweichungen geht aus **Bild 1.28** hervor. Für eine Entfernungsabweichung von 1 cm gelten beispielsweise folgende Zahlenwerte [1.17]:

- Bewegung eines Punktes auf dem Äquator von 1 cm infolge der Erdrotation entspricht einer Zeitabweichung von etwa $\Delta t_1 = 2 \cdot 10^{-5}$ s
- Abweichung eines erdnahen Satelliten in der Bahnbewegung von 1 cm entspricht einer Zeitabweichung von etwa $\Delta t_2 = 1 \cdot 10^{-6}$ s
- Abweichung der Entfernung von 1 cm bei der Messung der Signallaufzeit zwischen der ortenden Stelle und dem Satelliten entspricht einer Zeitabweichung von etwa $\Delta t_3 = 1 \cdot 10^{-10}$ s.

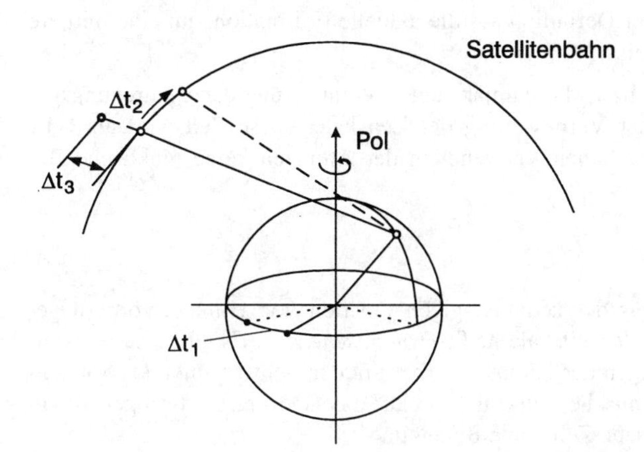

Bild 1.28
Zusammenhang zwischen Zeit- und Ortungsabweichung bei Satellitenortungssystemen

1.6.1 Sternzeit und Weltzeit

Sternzeit und Weltzeit sind einander äquivalent, da beide von der Erdrotation abgeleitet werden, indem der Meridiandurchgang eines Fixsternes zugrunde gelegt wird. Als *Fixstern* dient dabei der Frühlingspunkt. Das ist der Schnittpunkt der Ekliptik mit dem Himmelsäquator, in dem die Sonne am 21.März auf ihrer scheinbaren Bahn den Himmelsäquator in Richtung von Süden nach Norden überschreitet. Der Stundenwinkel ist daher abhängig von der geographischen Länge des Beobachtungsortes. Die lokale wahre Sternzeit beispielsweise für den Ort Greenwich ist die Greenwich'er wahre Sternzeit (Greenwich Apparent Sideral Time, Abk. GAST). Bleibt der Einfluß der Nutation auf die Länge unberücksichtigt, so ist das die Greenwich'er mittlere Sternzeit (Greenwich Mean Sideral Time, Abk. GMST). Die Sternzeit findet in der Astronomie ihre Anwendung.

In der Satellitenortungstechnik wird ein Zeitmaß benötigt, das mit dem Lauf der Sonne zusammenhängt. Wegen der wechselnden Höhe der Sonne im Laufe des Jahres und wegen der Elliptizität der Erdbahn erweist sich der Stundenwinkel der wahren Sonne als ungeeignetes Maß für eine Zeitskale. Es wird deshalb eine fiktive mittlere Sonne eingeführt, die sich mit gleichförmiger Geschwindigkeit im Äquator bewegt. Ein mittlerer Sonnentag ist das Intervall zwischen zwei aufeinanderfolgende Durchgänge der mittleren Sonne durch den Meridian. Die mittlere Sonnenzeit läßt sich als Stundenwinkel der mittleren Sonnenzeit bestimmen. Der Greenwich'er Stundenwinkel der mittleren Sonne wird als *Weltzeit* (Universal Time, Abk. UT) bezeichnet.

Aus praktischen Gründen wurde international vereinbart, den Tagesbeginn auf Mitternacht zu legen. Damit verschiebt sich die Zeit um 12 Stunden, das heißt, UT ist gleich 12 Uhr plus Greenwich'er Stundenwinkel der mittleren Sonne.

Die Weltzeit kann als eine Form der Sternzeit angesehen werden, da beide den gleichen Ursprung haben. Die Tageslängen unterscheiden sich wegen der unterschiedlichen Definitionen, da sich die Erde pro Tag um $360^{o}/365 = 0{,}9863^{o}$ in ihrer Bahn fortbewegt. Der mittlere Sonnentag unterscheidet sich daher vom mittleren Sternentag um etwa 4 Minuten.

UT wird aus den Beobachtungsergebnissen von 45 astronomischen Stationen, die über die ganze Erde verteilt sind, abgeleitet. Dabei bezieht sich UT definitionsgemäß auf die augenblickliche Rotationsachse der Erde. Polschwankungen, das heißt, die Verlagerung der Rotationsachse der Erde, beeinflussen die UT. Es ist erwiesen, daß Beobachtungsstationen an verschiedenen Orten die Zeit UT unterschiedlich beeinflussen [1.2]. Um einen Vergleich der weltweit gewonnenen Zeit UT zu ermöglichen, muß eine Reduktion der beobachteten Zeit auf den konventionellen Pol erfolgen. Diese Reduktion führt zu einer Zeit, die als UT1 bezeichnet wird. UT1 bezieht sich also nach ihrer Definition auf die aktuelle Erdrotation, auf eine mittlere Sonnenbahn und auf den mittleren Pol.

Die Berücksichtigung der jährlichen bzw. der halbjährlichen Veränderung der Umdrehungsgeschwindigkeit der Erde führt zu einer Verbesserung der Zeitskale. Diese Zeit wird als UT2 bezeichnet, sie hat wegen der jetzt üblichen Verwendung der Atomzeit keine praktische Bedeutung mehr.

1.6.2 Dynamische Zeit

Ein gleichförmiges Zeitmaß kann aus der zeitabhängigen Position von Himmelskörpern gewonnen werden. Die daraus abgeleitete Zeitskale heißt *Dynamische Zeit.* Es gibt eine dynamische Zeitskale, die aus den Bewegungen der Himmelskörper um den Schwerpunkt des Sonnensystems abgeleitet ist und eine dynamische Zeitskale, die auf das Geozentrum bezogen ist. In der Satellitentechnik hat die Dynamische Zeit keine Bedeutung.

1.6.3 Atomzeit

Für die Bereitstellung einer Zeitskale, die den vielfältigen Anforderungen der Praxis entspricht, wurde die Internationale Atomzeitskale (Temps Atomique International, Abk. TAI) eingeführt. In ihr ist die Sekunde das $9{,}192631770 \cdot 10^9$-fache der Periodendauer der dem Übergang zwischen den beiden Feinstrukturniveaus des Grundzustandes von Atomen des Nuklids ^{133}Cs entsprechenden Strahlung. Die so definierte Zeit ist Bestandteil des SI-Systems (Système International d'Unités). Die Atomzeit TAI wurde so festgelegt, daß ihr Zeitpunkt am 01.01.1958, 00.00 Uhr mit dem entsprechenden Zeitpunkt der Weltzeitskale UT1 übereinstimmt. Auf Grund der laufend verzögerten Erdrotation treten zunehmend Abweichungen der Zeitskale auf. Beispielsweise betrug am 01.01.1986 die Differenz +22,7 s.

1.6.4 Koordinierte Weltzeit UTC

Um den Forderungen der Praxis nach einer Zeitskale zu entsprechen, die einerseits eine gleichförmige Zeiteinheit zur Verfügung stellt und andererseits an die Weltzeit UT1 angepaßt ist, wurde international die *Koordinierte Weltzeit* UTC (Universal Time Coordinated) eingeführt. Sie unterscheidet sich von der Atomzeit TAI durch die Sekundenzählung, das heißt UTC = TAI – n (Sekunden). Darin ist n eine ganze Zahl, die jeweils am 1. Januar oder 1. Juli eines Jahres geändert werden kann.

Etwa 45 Institute (Kurzzeichen „K"), die über die Erde verteilt sind, nehmen an regelmäßigen Vergleichen ihrer lokalen Zeitskalen UTC(K) teil. Für die Vergleiche werden überwiegend die Signale von GPS verwendet. Zusätzlich übermitteln sie die Stände ihrer insgesamt etwa 300 Uhren in Bezug auf UTC(K) an das *Bureau International des Poids et Mesures* (Abkürzung BIPM). Eines der Institute ist das *United States Naval Observatory* (Abkürzung USNO), dessen Zeitskale mit UTC(USNO) bezeichnet wird und die auf eine Atomuhrengruppe von 12 Wasserstoff-Maser- und 73 Cäsium-Atomuhren abgestützt ist. Die Zeitskale des Netzwerkes ist fest an die UTC(USNO) gekoppelt [1.1].

In Deutschland und in den meisten Ländern der Welt beziehen sich beispielsweise die über Funkdienste verbreiteten Zeitsignale auf UTC. Das gilt auch für die Zeitsignale des Satellitenortungssystems TRANSIT. Für das Satellitenortungssystem Global Positioning System (Abk. GPS) gilt dagegen eine eigene Zeitskale, die als GPS-Zeit bezeichnet wird. Sie unterscheidet sich von UTC um einige Sekunden. Beide Zeitskalen stimmten am 06.01.1980, 00.00 Uhr überein. Da in der GPS-Zeit keine Schaltsekunden eingefügt werden, tritt eine mit der Zeit zunehmende Differenz auf. Außerdem wird die *GPS-Zeit* durch die systemeigenen Uhren bestimmt und weicht daher von der Atomzeit TAI ab. Die Differenz von GPS-Zeit und UTC betrug im Juni 1992 etwa 7 Sekunden [1.1].

1.7 Frequenz- und Zeitnormale

Frequenz und Zeit sind miteinander verknüpft. Die Frequenz ist nach der allgemeinen Definition die Anzahl von Ereignissen innerhalb eines bestimmten Zeitintervalls. In der Funktechnik ist die Frequenz die Anzahl der Schwingungen pro Sekunde. Zeitnormale sind hochgenaue Uhren, deren Wirkungsprinzip auf Frequenznormale zurückgeht. Durch Teilung der von einem Frequenznormal erzeugten Frequenz werden die zur Realisierung einer Zeitskale erforderlichen Zeitintervalle gewonnen. Die in dieser Weise erzeugten Zeitskalen weisen Abweichungen gegenüber einer idealen Zeitskale auf. Die Ursachen sind:

- Interne Abweichungen der Frequenz, sog. Offset
- Abweichungen der Frequenz durch äußere Einflüsse, zum Beispiel Temperatur, Luftdruck, Luftfeuchte
- Frequenzdrift durch Alterung
- Schwankungen mit statistischer Verteilung.

Es sind zwei Gruppen von Frequenznormalen, die in Zeitnormalen zur Anwendung kommen, zu unterscheiden.

- Quarzoszillatoren
- Atomfrequenznormale

1.7.1 Quarzoszillatoren

Der Quarzoszillator ist ein elektrischer Schwingungserzeuger, der im positiven Rückkopplungszweig einen Quarzresonator als frequenzselektives Element enthält. Der Resonator besteht aus natürlichem oder synthetischem Quarz mit einer bestimmten Kristallform. Er besitzt eine hohe Frequenzselektivität, die durch die sogenannte Resonatorgüte ausgedrückt wird. Die Resonanzfrequenz ist abhängig vom Kristallschnitt, von den Abmessungen des Kristalls und den Umgebungsbedingungen (Temperatur, Luftdruck, Luftfeuchte). Geringfügige Veränderungen der Resonanzfrequenz können auch durch die Alterung des Kristalls hervorgerufen werden.

In der Praxis werden unterschieden:

- einfache Quarzoszillatoren, häufig als Taktoszillatoren bezeichnet
- temperaturkompensierte Oszillatoren (Temperature Compensated Crystal Oscillator, Abk. TCXO)
- thermostatisierte Oszillatoren (Oven Controlled Crystal Oscillator, Abk. OCXO).

Die Temperatur der Umgebung des Oszillators bestimmt hauptsächlich die Stabilität bzw. Konstanz der Frequenz. Durch schaltungstechnische Maßnahmen läßt sich eine begrenzte Kompensation der temperaturabhängigen Frequenzänderung erreichen. Wirkungsvoller ist der Einbau des Oszillators in einen Thermostaten, mit dem die Temperatur auf ±0,01 °C konstant gehalten werden kann, so daß die verbleibende temperaturabhängige Frequenzänderung sehr gering ist (**Tabelle 1.4**).

Tabelle 1.4 Kennwerte von Quarz-Oszillatoren in Thermostaten (OCXO)

Parameter	kommerzielle Ausführung	experimentelle Ausführung
Frequenzinstabilität Beobachtungszeit $t = 1$ s	10^{-10} .... 10^{-12}	$2 \cdot 10^{-13}$
Frequenzflicker („flackern“) Beobachtungszeit $t > 1$ s	10^{-11} .... 10^{-12}	10^{-13}
Frequenzdrift (relative Frequenzänderung pro Monat)	10^{-7} .... $5 \cdot 10^{-9}$	$3 \cdot 10^{-10}$
Temperatureinfluß (relative Frequenzänderung pro 1 K)	10^{-9} .... 10^{-11}	10^{-12}

Wegen der verhältnismäßig niedrigen Gerätekosten und der einfachen Betriebsweise finden Quarzoszillatoren beispielsweise in Empfängern von Satellitenortungssystemen Verwendung, vor allem, wenn eine laufende Nachsteuerung oder Frequenzkorrektur erfolgt. Das ist der Fall bei der Verwendung in den Empfängern der Satellitenortungssysteme TRANSIT und GPS. Darüber hinaus sind Quarzoszillatoren in den Atomfrequenznormalen als Sekundärnormale enthalten. Sie sind damit Bestandteil der ortungstechnischen Einrichtungen von Satelliten.

1.7.2 Atomfrequenznormale

In den Atomuhren werden Eigenschaften einzelner freier Atome zur Erzeugung von Schwingungen verwendet, die eine zeitlich unveränderliche Referenzfrequenz liefern. In einem Atom können die Elektronen nur ganz bestimmte Energiezustände einnehmen. Ein Übergang vom Energieniveau E_2 nach E_1 ist bei $E_2 > E_1$ mit einer Energieabgabe in Form von elektromagnetischer Strahlung verbunden, deren Frequenz nach folgender Beziehung bestimmt wird:

$$f = \frac{E_2 - E_1}{h} , \qquad (1.37)$$

darin ist h das Plancksche Wirkungsquantum.

In Atomuhren werden Übergänge zwischen Energieniveaus bevorzugt, die eine lange natürliche Lebensdauer haben. Die Resonanzfrequenz muß leicht meßbar und synthetisierbar sein, da mit ihr ein thermostatisierter Oszillator (OCXO) nachgeregelt wird. Dabei wird die hohe Kurzzeitstabilität des OCXO ausgenutzt. Die Abweichungen und Änderungen der Resonanzfrequenz des OCXO werden durch die Referenzfrequenz des Atomnormals eliminiert.

1.7.2.1 Rubidium-Frequenznormal

Physikalisch beruht das *Rubidium-Frequenznormal* (häufig Rb-Uhr genannt) auf dem Übergang der Energieniveaus des ^{87}Rb. E_1 und E_2 sind die Hyperfeinstrukturniveaus des Grundzustandes. Nach Gl.(1.37) ist die Frequenz der Strahlung gleich:

$$(E_2 - E_1) / h = f_0 = 6,834\,682\,613 \text{ GHz}$$

Ein vereinfachtes Funktionsschema geht aus **Bild 1.29** hervor. Zunächst wird Licht aus einer ^{87}Rb-Leuchtquelle durch eine Filterzelle geschickt, die ^{85}Rb-Dampf enthält. Es regt dann ^{87}Rb-Atome in einer mit einem Puffergas gefüllten Absorptionszelle an, die sich in einem Mikrowellenresonator befindet. Die spektrale Zusammensetzung des Lichtes hinter der Filterzelle erlaubt es, selektiv das untere Energieniveau der ^{87}Rb-Atome frei zu machen. Die Absorption des Lichtes in der Zelle verschwindet. Sobald Mikrowellenstrahlung der Frequenz f_p = 6,834 ... GHz auf die Atome einwirkt, wird das untere Niveau wieder besetzt und die Absorption tritt erneut auf. Im Resonanzfall $f_p = f_0$ hat das Signal des Photodetektors ein Minimum. Die relative Linienbreite liegt in der Größenordnung von etwa $1 \cdot 10^{-7}$. Das Signal der Frequenz f_p wird von einem spannungsgesteuerten Oszillator (Voltage Controlled Oscillator, Abk. VCXO) synthetisiert und zusätzlich frequenzmoduliert. Ein phasenempfindlicher Nachweis des Detektorsignals I_D liefert ein Steuersignal zur Frequenzregelung des VCXO.

Rb-Uhren sind mit unterschiedlichen Betriebseigenschaften verfügbar, in denen sich der Aufwand und die Größe des Gerätes widerspiegelt (**Tabelle 1.5**).

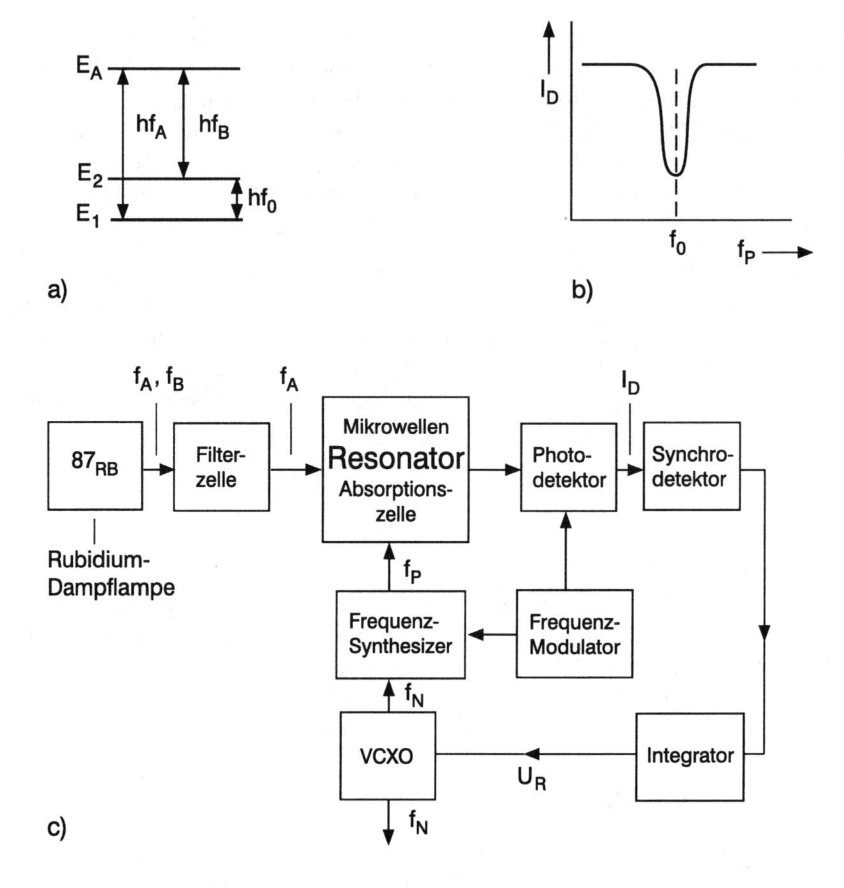

Bild 1.29 Funktionsschema eines Rubidium-Atomfrequenznormals
a) Energieniveau
b) Detektorsignal
c) Funktionsschaltbild

1.7.2.2 Cäsium-Frequenznormal

Das Cäsium-Frequenznormal (häufig mit *Cs-Uhr* bezeichnet) beruht auf dem Übergang der Energieniveaus des ^{133}Cs. E_1 und E_2 sind die Hyperfeinstrukturniveaus des Grundzustandes. Nach Gl.(1.37) ist die Frequenz der Strahlung gleich:

$$(E_2 - E_1) / h = f_0 = 9{,}192631770 \text{ GHz}.$$

Das Wirkungsprinzip geht von einem Cs-Strahl aus, der aus der Düse eines sogenannten Ofens austritt, in dem eine geringe Menge des Metalls ^{133}Cs enthalten ist. Der Strahl passiert einen ersten Magneten (Polarisator), der nur Atome im Zustand des Energieniveaus E_2 in die gewünschte Richtung ablenkt. Der selektierte Atomstrahl tritt in den Mikrowellenresonator ein. Im Resonator werden die Atome in dem Mikrowellenfeld der Frequenz f_P = 9,192631770 GHz bestrahlt. Im Resonanzfall $f_P = f_0$ gehen die Atome in den Zustand E_1 über. Ein zweiter Magnet (Analysemagnet) lenkt nun diese Atome auf einen Ionisierer. Die darin gebildeten Cs-Ionen werden durch ein magnetisches Massenfilter auf einen Sekundärelektronenvervielfacher gelenkt. Mit dem Detektorsignal als Funktion von f_p erfolgt die Frequenzregelung des spannungsgesteuerten Oszillators (VCXO).

Tabelle 1.5 Kennwerte von Rubidium-Frequenznormalen (Rb-Uhren) [1.5; 1.9]
*) in den Satelliten vom Block IIR

	kommerzielle Ausführung	experimentelle Ausführung	in GPS-Satelliten *)
Frequenzinstabilität Beobachtungszeit t 1 s < t < 100 s	$(2 \ldots 5) \cdot 10^{-11}$	$(3 \ldots 7) \cdot 10^{-12}$	$3 \cdot 10^{-12}$
Frequenzflicker Beobachtungszeit t t > 1000 s	$5 \cdot 10^{-13}$	$2 \cdot 10^{-13}$	$1 \cdot 10^{-14}$
Frequenzdrift (relative Frequenzänderung pro Monat)	$4 \cdot 10^{-11}$	$1 \cdot 10^{-11}$	$2 \cdot 10^{-12}$
Temperatureinfluß (relative Frequenzänderung pro 1 K)	$(3 \ldots 10) \cdot 10^{-12}$	$1 \cdot 10^{-12}$	$1 \cdot 10^{-13}$

Die Frequenz der Strahlung des Cs-Atoms ist die Grundlage für die Definition der Zeiteinheit *Sekunde* in der internationalen Atomzeitskale (TAI).

Die Kennwerte von Cs-Frequenznormalen sind aus **Tabelle 1.6** zu ersehen.

Tabelle 1.6 Kennwerte von Cäsium-Frequenznormalen (Cs-Uhren) [1.5; 1.9]
*) Primäres Frequenz- / Zeitnormal der Physikalisch-Technischen Bundesanstalt, Braunschweig

	kommerzielle Ausführung	CS2 *)
Frequenzunsicherheit	$7 \cdot 10^{-12}$	$1{,}5 \cdot 10^{-14}$
Frequenzinstabilität Beobachtungszeit t 10 s < t < 10^4 s	$1 \cdot 10^{-11}$	$3{,}5 \cdot 10^{-12}$
Frequenzflicker	$1 \cdot 10^{-13}$ (1 Tag)	$1 \cdot 10^{-15}$ (1 Jahr)
Frequenzdrift (relative Frequenzänderung pro Monat)	$1 \cdot 10^{-13}$	nicht relevant
Temperatureinfluß (relative Frequenzänderung pro 1 K)	$1 \cdot 10^{-13}$	etwa $1 \cdot 10^{-15}$

1.7.2.3 Wasserstoff-Maser-Frequenznormal

Physikalisch beruht der als Frequenznormal benutzte *Wasserstoff-Maser* (meist H-Maser genannt) auf dem Übergang der Energieniveaus des Wasserstoffs. E_1 und E_2 sind die Niveaus des Grundzustandes. Nach Gl.(1.37) ergibt sich die Frequenz aus der Beziehung:

$$(E_2 - E_1) / h = f_0 = 1{,}4204057517 \text{ GHz}.$$

Die bei dem H-Maser auftretenden Werte der Frequenzinstabilität sind außerordentlich gering. Für eine Beobachtungszeit unterhalb 5 Stunden, das ist die sogenannte Kurzzeitinstabilität, liegen die Werte bei $3 \cdot 10^{-14}$ bis $1 \cdot 10^{-15}$. Die Frequenzdrift beträgt nur $3 \cdot 10^{-14}$. Die relative Frequenzänderung durch den Temperatureinfluß liegt bei $1 \cdot 10^{-14}$ pro K. Wegen der extrem niedrigen Kurzzeitinstabilität wurden H-Maser als Frequenz- und Zeitnormal in militärischen Boden-Funkortungssystemen eingesetzt, beispielsweise in den Bodenstationen des *Very Large Basis Interferometer*, Abkürzung VLBI.

Die technische Ausführung eines H-Masers erfordert einen relativ hohen Aufwand, so daß er zur Zeit nur in stationären Anlagen eingesetzt wird. Es bleibt daher fraglich, ob der H-Maser in Zukunft eine breitere Anwendung finden wird.

1.7.2.4 Praktische Anwendung

Das **Bild 1.30** zeigt die Frequenzinstabilität in Abhängigkeit von der Beobachtungszeit für die in den vorhergehenden Abschnitten betrachteten Einrichtungen für Frequenz- und Zeitbasen. In **Tabelle 1.7** sind die Akkumulationswerte der verschiedenen Frequenznormale zusammengestellt.

Tabelle 1.7 Instabilität und Akkumulation von Zeitfehlern bei verschiedenen Frequenznormalen [1.1]

Typ	Schwingungsfrequenz GHz	Instabilität pro Tag $\Delta f / f$ pro Tag	Zeit bis zum Verlust von 1 s
Quarzkristall-Oszillator	0,05 (typisch)	10^{-9}	30 Jahre
Rubidium-Frequenznormal	6,834 682 613	10^{-12}	30 000 Jahre
Cäsium-Frequenznormal	9,192 631 770	10^{-13}	300 000 Jahre
H-Maser	1,420 405 751	10^{-15}	30 000 000 Jahre

Sehr hohe Forderungen an die Frequenz- bzw. Zeitstabilität bestehen bei den Sendeanlagen in den Satellitenortungssystemen, die auf dem Verfahren der Entfernungsmessung durch Messen der Signallaufzeit beruhen. Diese Forderungen lassen sich nur bei Verwendung von Atomfrequenznormalen erfüllen. Grundsätzlich sind dabei die Cs-Uhren hinsichtlich Frequenzsicherheit und -stabilität anderen Normalen überlegen. Bei Berücksichtigung der Kosten und unter den Bedingungen des mobilen Einsatzes wird jedoch häufig die Rb-Uhr bevorzugt. Ihr großer Vorteil ist die erreichbare Kurzzeitstabilität. Zur Gewährleistung einer Langzeitstabilität wird in der Praxis eine Stützung durch andere Zeitnormale vorgesehen, beispielsweise durch Zuhilfenahme der Signale von Normalzeitsendern.

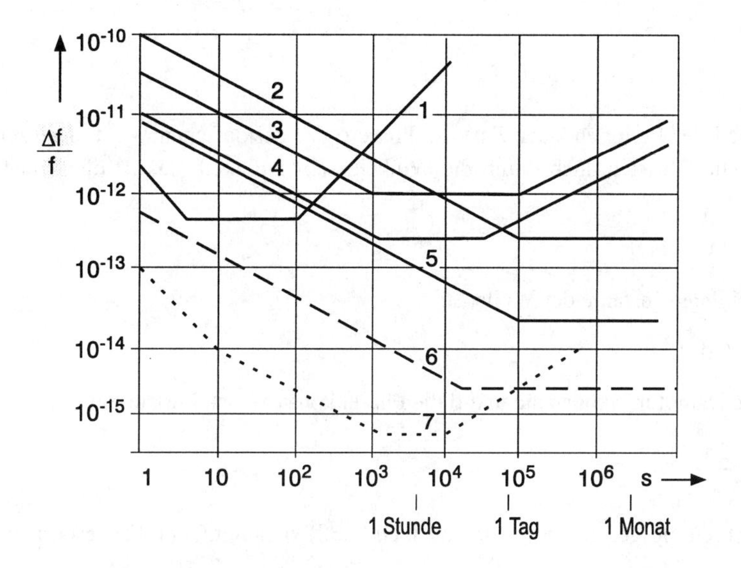

Bild 1.30 Frequenzinstabilität $\Delta f/f$ von Frequenz- und Zeitbasen in Abhängigkeit von der Beobachtungszeit

1 Quarzoszillator, Standardausführung
2 Cs-Frequenznormal, Standardausführung
3 Rb-Frequenznormal, Standardausführung
4 Rb-Frequenznormal, Bestausführung
5 Cs-Frequenznormal, Bestausführung
6 Cs-Frequenznormal, experimentelle Ausführung
7 Wasserstoff-Maser

1.8 Elektromagnetische Wellen

Das Mittel zur Bereitstellung der Ortungsinformation bei Satellitenortungssystemen ist die elektromagnetische Welle. Sie setzt sich zusammen aus dem Feld des elektrischen Vektors und dem Feld des magnetischen Vektors. Die beiden Vektoren stehen senkrecht zueinander. Im Allgemeinen zeigt die Welle das Bestreben, ihren Zustand in einer bestimmten Richtung fortzubewegen. Die Richtung liegt dabei senkrecht zu den beiden Feldvektoren.

1.8.1 Struktur der Welle

Eine sich ausbreitende periodische Welle ist durch Wellenlänge λ, Frequenz f und Ausbreitungsgeschwindigkeit v definiert. Für den Zusammenhang dieser drei Größen gilt:

$$v = \lambda f \tag{1.38}$$

mit v in m/s, λ in m und f in Hz bzw. Schwingungszahl pro Sekunde.

Die Periodizität der Welle ist durch einen definierten Zustand gekennzeichnet, der sich einerseits an einem gegebenen Ort nach einer bestimmten Zeit wiederholt und sich andererseits zu einem gegebenen Zeitpunkt in einer bestimmten Entfernung wiederholt. Diese Entfernung ist die Wellenlänge λ. Die Periodizität wird durch die Periodendauer T angegeben, sie ist reziprok zur Frequenz f:

$$T = \frac{1}{f} \ . \tag{1.39}$$

Der Bruchteil der Periodendauer T ist die Phase ϕ der periodischen Welle. Der zeitliche Verlauf der Welle läßt sich auch durch die Winkelgeschwindigkeit, das ist die Kreisfrequenz ω, angeben:

$$\omega = 2\pi f \ . \tag{1.40}$$

Die Ausbreitungskonstante der Welle ist

$$\gamma = \alpha + j\beta \tag{1.41}$$

wobei α die Dämpfungskonstante und β die Phasenkonstante ist. Für sie gilt:

$$\beta = \frac{2\pi}{\lambda} \ . \tag{1.42}$$

Für die Ausbreitungsgeschwindigkeit v nach Gl.(1.38) kann mit Gl.(1.42) geschrieben werden:

$$v = \frac{\lambda}{T} = f \cdot \lambda = \frac{\lambda 2\pi f}{2\pi} = \frac{2\pi f}{\beta} = \frac{\omega}{\beta} \tag{1.43}$$

Die elektromagnetischen Wellen in der Funktechnik werden im Allgemeinen durch Sinusfunktionen dargestellt. Der Momentanwert eines bestimmten, periodisch auftretenden Zustandes zur Zeit t ist gleich:

$$a = A \sin 2\pi \left(\frac{t}{T} + \phi_0 \right) \ . \tag{1.44}$$

Darin ist A der Maximalwert oder die Amplitude und ϕ_0 die Phase der Welle zur Zeit $t = 0$. Die Phase zur Zeit t ist dann gleich:

$$\phi = \frac{t}{T} + \phi_0 \ . \tag{1.45}$$

Das Argument der Sinusfunktion in Gl.(1.44) ist der Phasenwinkel φ. Für ihn gilt:

$$\varphi_0 = 2\pi \, \phi_0 \tag{1.46a}$$

$$\varphi = 2\pi \, \phi \ . \tag{1.46b}$$

Mit Gl.(1.40) erhält Gl.(1.44) die Form:

$$a = A \sin \left(\omega t + \varphi_0 \right) \tag{1.47}$$

Die Phase der elektromagnetischen Welle dient zur Definition der Ausbreitungsrichtung. Die Phase ist in so einer Weise zeit- und raumabhängig, daß sich der Zustand konstanter Phase mit der Geschwindigkeit v fortpflanzt. Die Ausbreitungsrichtung liegt dabei senkrecht zur Wellenfront. Unter der Wellenfront wird die Ebene verstanden, auf der die Welle die gleiche Phase hat. Die Wellenfront wird daher auch als Phasenfront bezeichnet.

Die Ausbreitungsgeschwindigkeit der Welle und damit auch die Wellenlänge sind von den elektrischen Eigenschaften des Ausbreitungsmediums abhängig.

Zur Betrachtung des Phasenwinkels ist es zweckmäßig, die Gl.(1.47) wie folgt zu erweitern:

$$a = A\sin\left(\omega t - \omega\frac{s}{v} + \varphi_0\right) \tag{1.48}$$

Darin ist s der von der Welle vom Ursprungsort (zum Beispiel Sender) bis zum Beobachtungsort (zum Beispiel Empfänger) durchlaufene Weg, v ist die Ausbreitungsgeschwindigkeit der Welle und φ_0 der Phasenwinkel zur Zeit t_0. Der in Klammern stehende Term ist der Phasenwinkel an einem Beobachtungsort zur Zeit t. Der Phasenwinkel einer Welle ist somit abhängig, erstens von der momentanen Zeit t bezogen auf die Anfangszeit t_0, zweitens von der Entfernung des Beobachtungsortes, bezogen auf den Ursprungsort, drittens von dem Anfangsphasenwinkel. Befinden sich Ursprungsort und Beobachtungsort in Ruhe, so ändert sich der Phasenwinkel lediglich periodisch mit der Zeit (**Bild 1.31**). Erfolgt eine Beobachtung zu konstanter Zeit, aber an Orten mit Abständen vom Ursprungsort, die sich mit der Geschwindigkeit v vergrößern, so geht die Gl.(1.48) in folgenden Ausdruck über:

$$a = A\sin\left(\varphi_k + \varphi_0 - \omega\frac{s}{v}\right), \tag{1.49}$$

darin ist $(\varphi_k + \varphi_0)$ der zum Zeitpunkt der Messung bestehende Phasenwinkel. Der gesamte Phasenwinkel hängt in diesem Fall nur von der Länge des von der Welle durchlaufenen Weges s ab. Daraus ist zu erkennen, daß mit Hilfe einer Phasenwinkelmessung die Entfernung des Beobachtungspunktes bis zum Ursprungsort bestimmt werden kann. Für die Entfernung gilt nach **Bild 1.31b**:

$$\frac{\Delta s}{\lambda} = \frac{\Delta\varphi}{2\pi} \qquad \Delta s = \frac{\Delta\varphi}{2\pi}\lambda \tag{1.50a}$$

und mit Gl.(1.38) und (1.40)

$$s = \varphi\frac{v}{\omega} \tag{1.50b}$$

Da der Phasenwinkel nicht absolut meßbar ist, wird die Differenz gegenüber dem Phasenwinkel einer Bezugsschwingung gleicher Frequenz gemessen wie es aus Bild 1.31 hervorgeht.

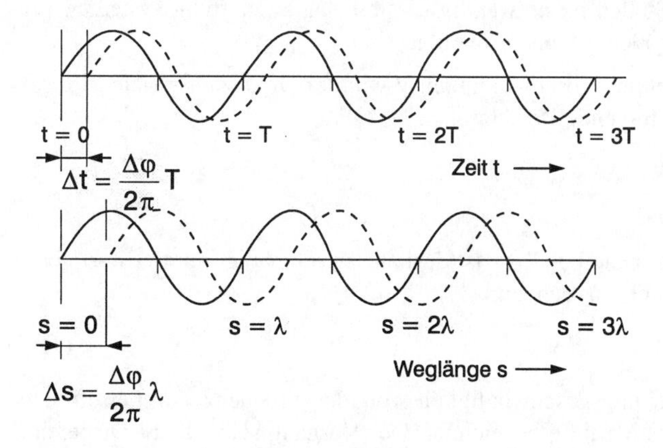

Bild 1.31
Beziehungen zwischen Zeit t und Weglänge s einer sich ausbreitenden elektromagnetischen Welle

Die elektromagnetische Welle ist außer von Frequenz, Wellenlänge, Amplitude und Phase noch durch die Polarisation gekennzeichnet. Zur Polarisationsangabe wird das elektrische Feld herangezogen. Besitzt der Vektor des elektrischen Feldes in einem beliebigen Raumpunkt eine konstante Richtung, so gilt die Welle als linear polarisiert (**Bild 1.32a**). Die Vektorrichtung ist die Polarisationsrichtung. In der Praxis werden bei der linearen Polarisation die horizontale und die vertikale Polarisation verwendet. Bei der linearen Polarisation müssen zur Gewährleistung der optimalen Übertragungsbedingungen Sende- und Empfangsantenne für die betreffende Polarisationsrichtung dimensioniert und ausgerichtet sein (**Bild 1.32b**). Das ist bei umlaufenden Satelliten praktisch nur mit einem hohen technischen Aufwand zu lösen. Deshalb wird in der Satellitentechnik die zirkulare Polarisation angewendet. Bei der zirkularen Polarisation beschreibt die Spitze des elektrischen Vektors an einem festen Ort einen Kreis (**Bild 1.32c**). Ein zirkular polarisierter Feldvektor läßt sich darstellen als resultierender Vektor von zwei linear polarisierten Vektoren, die senkrecht aufeinander stehen und eine Phasenverschiebung von 90° besitzen (**Bild 1.33**). Eine einfache technische Ausführung einer Antenne für zirkular polarisierte Wellen besteht aus zwei senkrecht zueinander liegenden Antennen für lineare Polarisation und Anschlüssen mit einer Phasenverschiebung von 90° (**Bild 1.32d**). Bei zirkularer Polarisation ist keine Ausrichtung der Antenne bezüglich der Polarisation erforderlich. Eine Ausrichtung ist nur für die Antennenachse erforderlich, das heißt für die Hauptstrahlungs- bzw. Hauptempfangsrichtung.

1.8.2 Ausbreitungsgeschwindigkeit

Im freien Raum, der dem Vakuum entspricht, breiten sich die elektromagnetischen Wellen mit Lichtgeschwindigkeit aus. Mit Gl.(1.38) ergibt sich unter Verwendung von Gl.(1.39) und (1.43):

$$c = \frac{\lambda_0}{T} = f\lambda_0 = \frac{\omega}{\beta_0} \,, \tag{1.51}$$

wobei λ_0 und β_0 jeweils für das Vakuum gelten.

Der Zahlenwert der Lichtgeschwindigkeit wurde im Laufe der Zeit durch zahlreiche direkte und indirekte Methoden mit ständig verfeinertem experimentellen Aufwand bestimmt. Auf Grund der Meßergebnisse wurde 1984 für die Betrachtung von Problemen der Ortung mit Hilfe von Satelliten folgender Zahlenwert festgelegt [1.15].

$$c = 2{,}997\,924\,58 \cdot 10^8 \text{ m/s} \tag{1.52}$$

Diese Genauigkeitsangabe mit 8 Stellen ist notwendig, da mit Satellitenortungssystemen Entfernungsgenauigkeiten in dieser Größenordnung erreichbar sind.

Im Nichtvakuum hängt die Ausbreitungsgeschwindigkeit v von der Brechzahl n (auch Refraktionszahl genannt) ab. Es bestehen folgende Beziehungen:

$$n = \frac{c}{v} = \frac{\lambda_0}{\lambda} = \frac{\beta}{\beta_0} \,. \tag{1.53}$$

Der Zahlenwert der Brechzahl liegt nahe bei 1; es ist deshalb zweckmäßig, mit der normierten Brechzahl (normierte Refraktionszahl) zu rechnen:

$$n' = (n-1) \cdot 10^6 \,. \tag{1.54}$$

Ein Medium, in dem die Ausbreitungsgeschwindigkeit von der Frequenz der betreffenden Welle abhängt, wird als dispersives Medium bezeichnet. Der Vorgang selbst heißt Dispersion.

Für Frequenzen oberhalb 1000 MHz ist die Ionosphäre ein dispersives Medium, die Troposphäre jedoch nicht. (Es wird darauf hingewiesen, daß im Lichtwellenbereich die umgekehrten Verhältnisse herrschen).

Nach Gl.(1.53) ist in einem dispersiven Medium auch die Brechzahl von der Frequenz abhängig. Die konkrete Form der Dispersion hängt von der Art der Welle und vom Medium ab, das heißt, es besteht eine Wechselwirkung zwischen Welle und Medium.

Die Größenordnung der Dispersion läßt sich durch den Differentialquotienten von Geschwindigkeit v und Wellenlänge λ angeben:

$$D_v = \frac{dv}{d\lambda} \,. \tag{1.55}$$

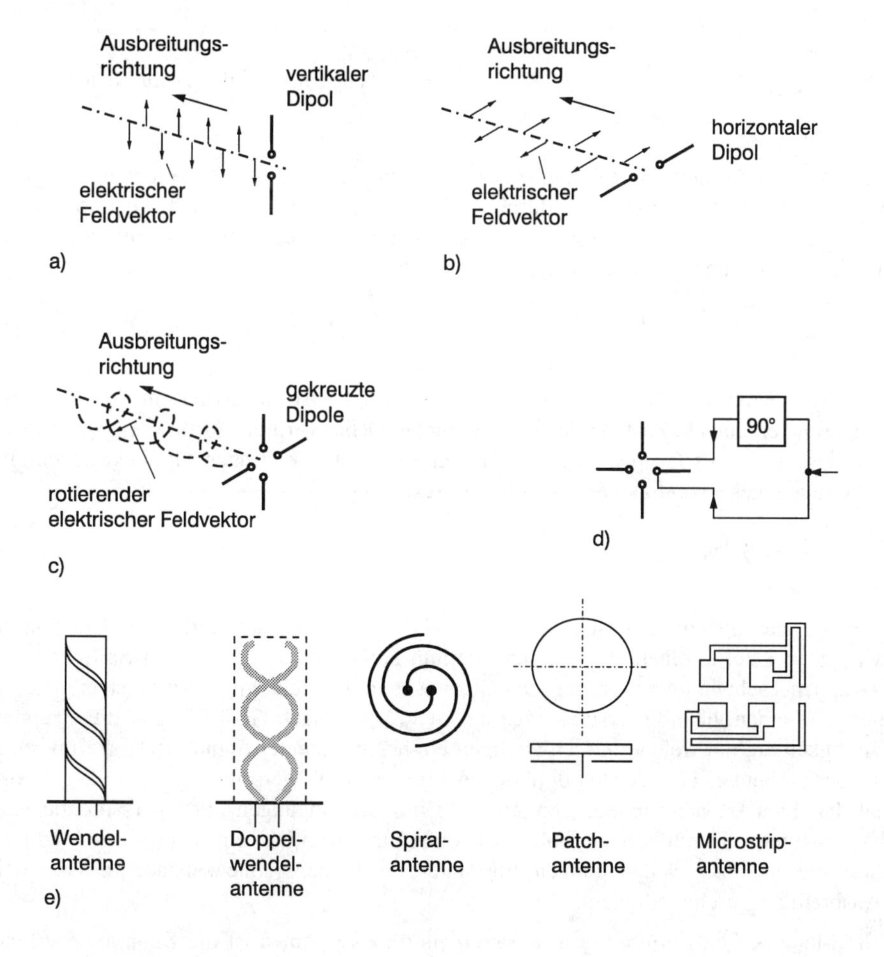

Bild 1.32 Antennen für polarisierte Wellen
a) vertikal polarisierte Welle
b) horizontal polarisierte Welle
c) zirkular polarisierte Welle
d) Antenne zur Erzeugung zirkular polarisierter Wellen
e) Empfangsantennen für zirkular polarisierte Wellen

Bei den in Satellitenortungssystemen benutzten Wellenarten sind zu unterscheiden:

- eine einzige Welle mit einer Frequenz
- eine Wellengruppe, die aus der Überlagerung von zwei oder mehreren Wellen mit unterschiedlichen Frequenzen besteht.

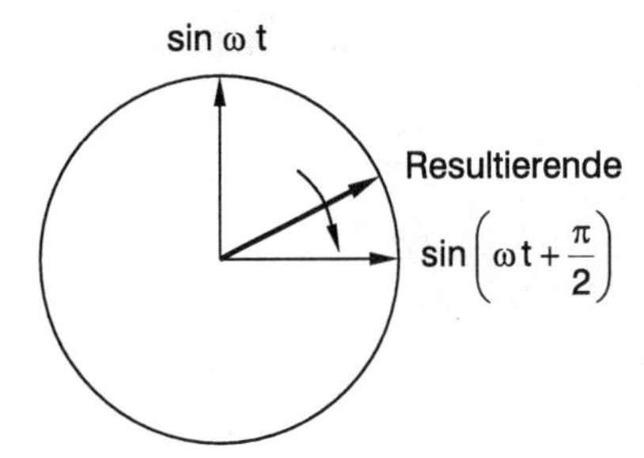

Bild 1.33
Entstehung einer zirkular polarisierten Welle

Für die Ausbreitungsgeschwindigkeit einer einzigen Welle ist das Kriterium ein bestimmter momentaner Zustand der Welle, der durch die Phase angegeben wird (siehe Gl.1.45). Die Ausbreitungsgeschwindigkeit wird deshalb in diesem Fall als Phasengeschwindigkeit v_p bezeichnet. Nach Gl.(1.53) ist die Phasengeschwindigkeit gleich

$$v_\mathrm{p} = \frac{c}{n} \; . \tag{1.56}$$

Für die Ausbreitungsgeschwindigkeit einer Wellengruppe ist das Kriterium der sich aus der Überlagerung ergebende Zustand der Wellengruppe. Daher wird die Ausbreitungsgeschwindigkeit in diesem Fall als Gruppengeschwindigkeit bezeichnet. Zwischen Phasengeschwindigkeit v_p und Gruppengeschwindigkeit v_g besteht die Beziehung:

$$v_\mathrm{g} = v_\mathrm{p} - \lambda \frac{\mathrm{d}v}{\mathrm{d}\lambda} \; . \tag{1.57}$$

Die Gruppengeschwindigkeit ist stets kleiner als die Phasengeschwindigkeit. Die Phasengeschwindigkeit kann in einem dispersiven Medium größer als die Lichtgeschwindigkeit c sein. Die Gruppengeschwindigkeit ist dagegen entsprechend der Relativitätstheorie stets gleich oder kleiner c. In einem nichtdispersiven Medium ist $v_\mathrm{p} = v_\mathrm{g}$. Nach Gl.(1.57) gibt die Gruppengeschwindigkeit an, mit welcher Geschwindigeit ein hochfrequentes Signal übertragen wird. Eine mit niederfrequenten Signalen modulierte hochfrequente Trägerschwingung stellt ein solches Signal dar. Es setzt sich aus der Summe von Einzelschwingungen mit unterschiedlicher Frequenz zusammen. Durchläuft ein solches hochfrequentes Signal ein dispersives Medium, so erfahren die einzelnen Schwingungen eine unterschiedliche, frequenzabhängige Veränderung der Ausbreitungsgeschwindigkeit.

Für die Messung von Entfernungen in Satellitenortungssystemen ist die Kenntnis der Phasen- bzw. der Gruppengeschwindigkeit von hoher Bedeutung. Jede Abweichung von den bei der Berechnung benutzten Zahlenwerten der Geschwindigkeiten führt zu entsprechenden Meßfehlern und damit zu Ortungsfehlern. Eine hohe Ortungsgenauigkeit läßt sich nur erreichen, wenn die Abweichungen rechnerisch oder experimentell ermittelt wurden und den Berechnungen zugrunde gelegt werden. Die Ursachen der Abweichungen gehen auf die Veränderungen der Brechzahl in dem von der elektromagnetischen Welle durchlaufenen Medium zurück. Die Veränderungen der Brechzahl entstehen durch die unterschiedliche und veränderliche Zusammensetzung der Atmosphäre (siehe Abschnitt 1.9). Der Vorgang wird als atmosphärische Brechung (atmosphärische Refraktion) bezeichnet.

1.8.3 Frequenzbereiche für Satellitenortungssysteme

Für die elektromagnetischen Wellen, die in der Funkortung verwendet werden, gibt es zwei international gebräuchliche Einteilungen bzw. Bezeichnungen. In der allgemeinen Informationstechnik wird meist die Einteilung in Dekaden benutzt (**Tabelle 1.8**). In der Funkortung wird häufig die aus der Radartechnik stammende und nur für Frequenzen oberhalb 200 MHz gültige sogenannte Radarband-Einteilung verwendet (**Tabelle 1.9**).

Für Funkortungssysteme ist die Wahl des Frequenzbereiches des hochfrequenten Trägers von zentraler Bedeutung. Die Kriterien für die Wahl sind:

- Verfügbarkeit nach dem internationalen Frequenzbereichzuweisungsplan
- Einfluß der Ausbreitungserscheinungen
- Eignung zur technischen Realisierung des betreffenden Systems.

Die Ausbreitungserscheinungen sind bei Satellitenortungssystemen mit ihren großen Entfernungen zwischen Sendern und Empfängern von hoher Bedeutung. Sie werden deshalb im Kapitel 1.9 speziell betrachtet.

Die Zuteilung und Nutzung von Frequenzen in der Funktechnik beruht auf internationalen Vereinbarungen. Unter der Leitung der Internationalen *Fernmelde-Union (International Telecommunication Union*, Abk. ITU) werden durch die *Welt-Funkverwaltungskonferenz* (World Radio Telecommunication Conference, Abk. WRC) die erforderlichen Festlegungen getroffen. Die Ergebnisse sind dokumentiert in den *Radio Regulations* und veröffentlicht vom ITU General Secretariat Genf. Der deutschsprachige Titel heißt *Vollzugsordnung für den Funkdienst* (Abkürzung VO).

Der Frequenzbereichzuweisungsplan für die Bundesrepublik Deutschland [1.22] wurde auf der Grundlage des internationalen Frequenzbereichzuweisungsplans ausgearbeitet. Die Zuteilung und Nutzung von Frequenzen ist darin nach verschiedenen Funkdiensten gegliedert. In **Tabelle 1.10** sind auszugsweise die Satellitenfunkdienste zusammengestellt. Für die Zuteilung und Nutzung gibt es auch regionale Unterschiede. Dazu wurde die Erde in drei Regionen eingeteilt. Die Region 1 umfaßt Europa und Afrika, die Region 2 Nord- und Südamerika, die Region 3 Asien und Australien. Die **Tabelle 1.11** stellt einen Auszug aus dem Frequenzbereichzuweisungsplan dar. Darin sind die Funkbereiche und Funkdienste aufgeführt, die für Satellitenortungssysteme einschließlich deren Hilfsdienste zugeteilt werden können. Die Angaben gelten speziell für Deutschland, aber im Wesentlichen auch für die Region 1.

1.8.4 Richtantennen

Bei der Wahl der Sende- und Empfangsfrequenzen ist auch die Realisierung der für das betreffende Funkortungssystem erforderlichen Antennen zu berücksichtigen. In den Satelliten werden bevorzugt Antennen eingesetzt, die eine mehr oder weniger große Richtwirkung besitzen. Jede Richtwirkung bedeutet einen entsprechenden Gewinn an effektiver Sendestrahlungsleistung. Bei den Empfangsanlagen wird dagegen angestrebt, daß mit der jeweils benutzten Antenne möglichst die gesamte Hemisphäre erfaßt wird und keine Richtwirkung besteht. Damit wird erreicht, daß die Satelliten unabhängig von ihrer momentanen Position oberhalb des Horizontes von der Empfangsantenne erfaßt werden. Es gibt aber spezielle Fälle, in denen Empfangsantennen einen eingeschränkten Erfassungsbereich haben sollen, so daß dann Antennen mit Richtwirkung eingesetzt werden müssen.

Tabelle 1.8 Einteilung der Frequenzen in der Informationstechnik

Frequenz			Wellenlänge		
Bezeichnung		Bereich	Bezeichnung		Bereich
Very Low Frequency	VLF	< 30 kHz	Längstwellen	SLW	> 10000 m
Low Frequency	LF	30 ... 300 kHz	Langwellen	LW	1000 ... 10000 m
Medium Frequency	MF	300 ... 3000 kHz	Mittelwellen	MW	100 ... 1000 m
High Frequency	HF	3 ... 30 MHz	Kurzwellen	KW	10 ... 100 m
Very High Frequency	VHF	30 ... 300 MHz	Ultrakurzwellen	UKW	1 ... 10 m
Ultra High Frequency	UHF	300 ... 3000 MHz	Dezimeterwellen	dm-W	10 ... 100 cm
Super High Frequency	SHF	3 ... 30 GHz	Zentimeterwellen	cm-W	1 ... 10 cm
Extremely High Frequency	EHF	30 ... 300 GHz	Millimeterwellen	mm-W	1 ... 10 mm

Tabelle 1.9 Einteilung der Frequenzbänder (sog. Radarbänder) für die Funkortung

Bezeichnung	Frequenz	mittlere Wellenlänge
P-Band	220 ... 300 MHz	115 cm
L-Band	1 ... 2 GHz	20 cm
S-Band	2 ... 4 GHz	10 cm
C-Band	4 ... 8 GHz	5 cm
X-Band	8 ... 12,5 GHz	3 cm
Ku-Band	12,5 ... 18 GHz	2 cm
K-Band	18 ... 26,5 GHz	1,35 cm
Ka-Band	26,5 ... 40 GHz	1 cm

Die Angabe der Kennwerte einer Antenne erfolgt im Allgemeinen auf Grund der Verwendung als Sendeantenne. Die beiden wichtigsten Kennwerte sind Form der Strahlungs- oder Richtcharakteristik und Größe des Antennengewinns [1.16,1.18]. Die Breite der Strahlungscharakteristik wird durch den Halbwertswinkel (auch Halbwertsbreite genannt) angegeben (**Bild 1.34**). Das ist der Winkel, an dessen Grenzen die abgestrahlte Leistung auf die Hälfte des Maximalwertes in der Hauptstrahlrichtung (Antennenachse) abgesunken ist (entspricht einem Abfall um 3 dB). Verhältnismäßig anschaulich sind die Angaben für eine Flächenantenne, beispielsweise für eine Parabolspiegelantenne. Sie besitzt eine rotationssymmetrische Strahlungscharakteristik, deren Halbwertswinkel angenähert folgende Größe hat:

$$\alpha = 57^\circ \frac{\lambda}{\sqrt{q}D} = 57^\circ \frac{c}{\sqrt{q}fD} \quad . \tag{1.58}$$

Darin bedeuten

c = $3 \cdot 10^8$ m/s Näherungswert der Ausbreitungsgeschwindigkeit der Welle
λ Wellenlänge in m
f Frequenz in s^{-1} bzw. Hz
q Flächenwirkungsgrad der Antenne, in der Praxis 0,6 bis 0,7
D Spiegeldurchmesser

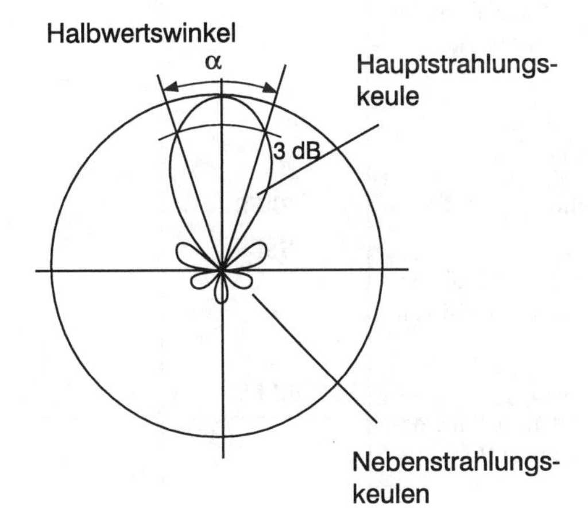

Bild 1.34
Richtcharakteristik einer Antenne

Antennen mit einem kleinen Halbwertswinkel werden als Richtantennen bezeichnet. Der Antennengewinn ist der Faktor, um den die in der Hauptstrahlrichtung ausgestrahlte Leistung größer ist als die einer Vergleichsantenne, die nach allen Richtungen die gleiche Leistung ausstrahlt (Kugelstrahler). Der Antennengewinn ist proportional der Antennenfläche. Beispielsweise ist der Gewinn einer Parabolspiegelantenne gleich

$$G = \frac{4\pi q A}{\lambda^2} \quad . \tag{1.59}$$

Darin ist die Antennenfläche

$$A = \frac{D^2 \pi}{4} \quad . \tag{1.60}$$

Der Antennengewinn bei Empfangsantennen drückt aus, um welchen Faktor die Empfangsleistung gegenüber der Empfangsleistung bei einer Antenne ohne Richtwirkung größer ist.

Flächenantennen, insbesondere Parabolspiegelantennen, werden bevorzugt in den Satelliten und in den zentralen systemeigenen Bodenstationen eingesetzt. Die Antennen in den Empfangsanlagen der Nutzer von Satellitenortungssystemen haben wegen der im Allgemeinen geforderten richtungsunabhängigen Charakteristik andere Formen, das sind beispielsweise Stäbe, Wendel, Schlitze und Scheiben (siehe Bild 1.32; 7.9; 7.10).

Tabelle 1.10 Funkdienste. Auszug aus [1.22], Abschnitt III

lfd. Nr.	Funkdienst	Bezeichnung
22	Fester Funkdienst über Satelliten Funkdienst zwischen Erdfunkstellen und Satelliten	FFS
25	Weltraumfernwirkfunkdienst Funkdienst zum Betrieb von Weltraumflugkörpern, insbesondere zur Bahnverfolgung, zum Fernmessen und Fernsteuern	WFF
26	Beweglicher Funkdienst Funkdienst zwischen sich bewegenden Erdfunkstellen und Weltraumstellen	BFS
29	Beweglicher Landfunkdienst über Satelliten	BLFS
31	Beweglicher Seefunkdienst über Satelliten Beweglicher Funkdienst, bei dem sich die beweglichen erdnahen Funkstellen an Bord von Schiffen befinden.	BSFS
35	Beweglicher Flugfunkdienst über Satelliten Beweglicher Funkdienst, bei dem sich die beweglichen erdnahen Funkstellen an Bord von Luftfahrzeugen befinden.	BFFS
39	Ortungsfunkdienst über Satelliten	OFS
40	Navigationsfunkdienst Ortung zum Zwecke der Navigation	NF
41	Navigationsfunkdienst über Satelliten Ortung mit Hilfe von Satelliten zum Zwecke der Navigation	NFS
42	Seenavigationsfunkdienst	SNF
43	Seenavigationsfunkdienst über Satelliten	SNFS
44	Flugnavigationsfunkdienst	FNF
45	Flugnavigationsfunkdienst über Satelliten	FNFS

Tabelle 1.11 Frequenzbereichszuweisungsplan; Auzug aus [1.22]

Erläuterung: *) P Primärer Funkdienst (bevorzugte Nutzung)
S Sekundärer Funkdienst (untergeordnete Nutzung)
**) W-E Weltraum-Erde
E-W Erde-Weltraum
W-W Weltraum-Weltraum
--- beide Richtungen

Frequenzband			Einheit	Priorität *)	Funkdienst	Übertragungs-richtung **)
137,00	-	137,025	MHz	P	BFS	W-E
137,025	-	137,175	MHz	S	BFS	W-E
137,175	-	137,825	MHz	P	BFS	W-E
137,825	-	138,000	MHz	S	BFS	W-E
148,000	-	149,900	MHz	S	BFS	E-W
149,900	-	150,500	MHz	P	NFS	---
				P	BLFS	E-W
312,000	-	315,000	MHz	S	BFS	E-W
387,000	-	390,000	MHz	S	BFS	W-E
399,900	-	400,050	MHz	P	NFS	---
400,150	-	401,000	MHz	P	BFS	W-E
406,000	-	406,100	MHz	P	BFS	E-W
1215,000	-	1240,000	MHz	P	NFS	W-E
1240,000	-	1250,000	MHz	S	NFS	W-E
1427,000	-	1429,000	MHz	P	WFF	E-W
1525,000	-	1530,000	MHz	P	BSFS	W-E
				S	BLFS	W-E
1530,000	-	1535,000	MHz	P	WFF	W-E
				P	BSFS	W-E
				P	BLFS	W-E
1533,000	-	1535,000	MHz	S	BLFS	W-E
1535,000	-	1544,000	MHz	P	BSFS	W-E
				S	BLFS	W-E
1544,000	-	1545,000	MHz	P	BFS	W-E
1545,000	-	1555,000	MHz	P	BFFS	W-E
1555,000	-	1559,000	MHz	P	BLFS	W-E
1559,000	-	1610,000	MHz	P	NFS	W-E
1610,000	-	1610,600	MHz	P	BFS	E-W
1610,600	-	1613,800	MHz	P	BFS	E-W
1612,800	-	1626,500	MHz	P	BFS	E-W
				S	BFS	W-E
1626,500	-	1631,500	MHz	P	BSFS	E-W
				S	BLFS	E-W

Frequenzband			Einheit	Priorität *)	Funkdienst	Übertragungs-richtung **)
1631,500	-	1634,500	MHz	P P	BSFS BLFS	E-W E-W
1634,500	-	1645,500	MHz	P S	BSFS BLFS	E-W E-W
1645,500	-	1646,500	MHz	P	BSF	E-W
1646,500	-	1656,500	MHz	P	BFFS	E-W
1656,500	-	1660,500	MHz	P	BLFS	E-W
1980,000	-	2010,000	MHz	P	BFS	E-W
2025,000	-	2110,000	MHz	P	WFF	E-W ; W-W
2200,000	-	2290,000	MHz	P	WFF	W-E , W-W
2500,000	-	2520,000	MHz	P	BFS	W-E
2670,000	-	2690,000	MHz	P	BFS	E-W
3400,000	-	3475,000	MHz	P	FFS	W-E
3475,000	-	3600,000	MHz	P	FFS	W-E
3600,000	-	4210,000	MHz	P	FFS	W-E
5850,000	-	6525,000	MHz	P	FFS	E-W
6525,000	-	7075,000	MHz	P	FFS	E-W
7250,000	-	7300,000	MHz	P P	FFS BFS	W-E W-E
7300,000	-	7550,000	MHz	S	FFS	W-E
7550,000	-	7725,000	MHz	S	FFS	W-E
7725,000	-	7750,000	MHz	S	FFS	E-W
7900,000	-	8025,000	MHz	P P	FFS BFS	E-W E-W
8025,000	-	8100,000	MHz	P	FFS	E-W
8100,000	-	8400,000	MHz	P	FFS	E-W
10,700	-	11,700	GHz	P	FFS	W-E
12,500	-	12,750	GHz	P	FFS	W-E ; E-W
12,750	-	13,250	GHz	P	FFS	E-W
13,750	-	14,000	GHz	P	FFS	E-W
14,000	-	14,250	GHz	P S	FFS BLFS	E-W E-W
14,250	-	14,500	GHz	P	FFS	E-W
17,300	-	17,700	GHz	P	FFS	E-W
17,700	-	18,100	GHz	P	FFS	W-E ; E-W
18,100	-	20,100	GHz	P	FFS	W-E
20,100	-	21,200	GHz	P P	FFS BFS	W-E W-E

Frequenzband	Einheit	Priorität *)	Funkdienst	Übertragungs-richtung **)
27,500 - 30,000	GHz	P	FFS	E-W
30,000 - 31,000	GHz	P	FFS	E-W
		P	BFS	E-W
37,500 - 39,500	GHz	P	FFS	W-E
39,500 - 40,500	GHz	P	FFS	W-E
		P	BFS	W-E
42,500 - 43,500	GHz	P	FFS	E-W
43,500 - 47,000	GHz	P	BFS	---
		P	NFS	

47,200 - 50,200	GHz	P	FFS	E-W
50,400 - 51,400	GHz	P	FFS	E-W
		S	BFS	E-W
66,000 - 71,000	GHz	P	BFS	---
		P	NFS	---
71,000 - 74,000	GHz	P	FFS	E-W
		S	BFS	E-W
74,000 - 75,500	GHz	P	FFS	E-W
81,000 - 84,000	GHz	P	FFS	W-E
		P	BFS	W-E
92,000 - 95,000	GHz	P	FFS	E-W
95,000 - 100,000	GHz	P	BFS	---
		P	NFS	---
102,000 - 105,000	GHz	P	FFS	W-E
134,000 - 142,000	GHz	P	BFS	---
		P	NFS	---
149,000 - 164,000	GHz	P	FFS	W-E
190,000 - 200,000	GHz	P	BFS	---
		P	NFS	---
202,000 - 217,000	GHz	P	FFS	E-W
231,000 - 241,000	GHz	P	FFS	W-E
252,000 - 261,000	GHz	P	BFS	---
		P	NFS	---
261,000 – 265,000	GHz	P	BFS	---
		P	NFS	---
265,000 - 275,00	GHz	P	FFS	E-W
oberhalb von 275 GHz noch keine Zuweisungen				

1.9 Ausbreitungserscheinungen

Im Folgenden werden die für Satellitenortungssysteme relevanten Ausbreitungserscheinungen der elektromagnetischen Wellen und der mit der Welle übertragenen Signale kurz erläutert [1.15].

1.9.1 Freiraumausbreitung

Für die Betrachtung der hochfrequenten Leistungsbilanz einer Funkverbindung zwischen einem Satelliten und einem Punkt auf der Erde oder im erdnahen Raum bildet die Freiraumausbreitung der Welle die Grundlage. Unter Freiraumausbreitung wird die ungestörte Ausbreitung einer elektromagnetischen Welle verstanden. Das bedeutet, daß sich im Ausbreitungsweg der Welle keine Hindernisse befinden, die eine Störung der Wellenausbreitung ergeben. Für sehr hohe Frequenzen (oberhalb 300 MHz) ist das nur erfüllt, wenn für den Ausbreitungsweg eine quasioptische Sicht vorhanden ist.

Die vom Sender eines Satelliten abgestrahlte Leistung P_s wird durch die Verwendung einer Antenne mit Richtwirkung um den Antennengewinn G_s erhöht (**Bild 1.35**). In der Entfernung ρ, in der sich der Empfänger befindet, tritt folgende Leistungsdichte auf:

$$S = \frac{P_s G_s}{4\pi\rho^2} . \tag{1.61}$$

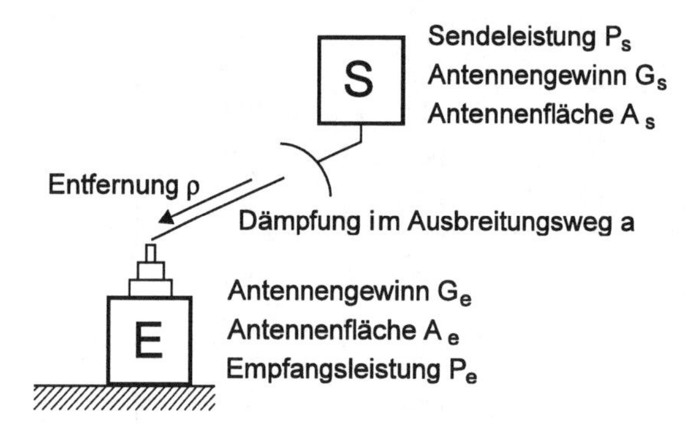

Bild 1.35
Kenngrößen einer Funkverbindung

Der Antennengewinn ist nach Gl.(1.59):

$$G = \frac{4\pi q A}{\lambda^2}$$

$$= \frac{4\pi q A f^2}{c^2} \tag{1.62}$$

Der Empfänger hat eine Antenne mit einer Fläche A_e. Die Empfangsleistung P_e ist damit

$$P_e = A_e \cdot S \tag{1.63}$$

$$P_e = \frac{A_e G_s P_s}{4\pi\rho^2} \tag{1.64}$$

Wird der Antennengewinn G_s durch die Antennenfläche ausgedrückt, so ergibt sich die folgende Gleichung:

$$P_e = \frac{q A_e A_s f^2 P_s}{c^2 \rho^2} \,. \tag{1.65}$$

Daraus geht hervor, daß bei konstanter Antennenfläche die Empfangsleistung mit dem Quadrat der Frequenz f ansteigt. Wird die Wirkung beider Antennen durch ihre Antennnengewinne ausgedrückt, so ergibt sich folgende Beziehung:

$$P_e = \frac{c^2 G_e G_s P_s}{(4\pi)^2 q f^2 \rho^2} \,. \tag{1.66}$$

Bei gleichbleibendem Antennengewinn ist die Empfangsleistung umgekehrt proportional dem Quadrat der Frequenz f. Das ist bei der Wahl der Frequenz in Satellitenortungssystemen von hoher Bedeutung. Die Empfangsantenne wird im Allgemeinen keine Richtwirkung haben, so daß $G_e = 1$ ist. Die Richtwirkung der Sendeantenne im Satelliten ist meist begrenzt und vorgegeben, weil ein bestimmter Winkelbereich auf der Erde erfaßt werden muß. Damit ist auch der Maximalwert des Antennengewinns G_s gegeben. Mit der Wahl einer niedrigen Frequenz läßt sich also eine hohe Empfangsleistung erzielen, wenn das Produkt der Antennengewinne vorgegeben ist.

Die Empfangsleistung geht gegenüber den aus den Gleichungen (1.65) und (1.66) berechneten Werten zurück, wenn für die Funkverbindung keine Freiraumbedingungen bestehen. Das gilt auch bei der Verwendung von Frequenzen oberhalb 10 GHz, bei denen die Atmosphäre die ungehinderte Wellenausbreitung durch ihre dämpfende Wirkung behindert (siehe Abschnitt 1.9.5).

1.9.2 Reflexion

An Trennflächen zwischen zwei Medien mit verschiedenen elektromagnetischen Eigenschaften wird ein Teil einer einfallenden Welle reflektiert. Die Verschiedenheit der Medien 1 und 2 wird durch die Brechzahl n charakterisiert.

$$n = \sqrt{\frac{\varepsilon_2 \mu_2}{\varepsilon_1 \mu_1}} \,. \tag{1.67}$$

Darin ist ε die Dielektrizitätskonstante

$$\varepsilon = \varepsilon_r \varepsilon_0$$

und μ die Permeabilitätskonstante

$$\mu = \mu_r \mu_0 \,;$$

ε_r ist die Permittivitätszahl (auch relative Dielektrizitätskonstante genannt) und μ_r die Permeabilitätszahl (auch relative Permeabilitätskonstante genannt). In der Praxis ist $\mu_r = 1$. Die Dielektrizitätskonstante kann bei leitfähigen Stoffen auch komplex sein.

Für den meist vorkommenden Welleneinfall aus Luft in ein festes Medium, zum Beispiel in das Erdreich, gilt für die Brechzahl:

$$n = \sqrt{\varepsilon_r - j60\sigma\lambda} \tag{1.68}$$

ε_r ist die reelle Permittivitätszahl, σ die Leitfähigkeit des Erdbodens und λ die Wellenlänge.

Fällt eine ebene Welle unter dem Winkel Ψ auf die Trennfläche, so wird sie zum Teil oder auch vollständig unter dem gleichen Winkel reflektiert (**Bild 1.36**). Der restliche Teil dringt in das Medium ein, wobei die Welle eine Richtungsänderung erfährt, das heißt, die Welle wird gebrochen. Das Verhältnis der Amplituden des elektrischen Feldvektors der reflektierten Welle zur einfallenden Welle ist die Reflexionszahl. Sie ist abhängig von der Brechzahl, der Wellenlänge bzw. Frequenz, der Polarisation und dem Einfallwinkel.

Bei der Ortung mit Satellitensystemen treten Reflexionen auf, wenn sich beispielsweise die Empfangsanlage zwischen hohen Gebäuden befindet und zum Satelliten keine Sicht besteht. Die an der Empfangsantenne eintreffende Welle hat in diesem Fall eine Wegstrecke zurückgelegt, die länger ist als die Wegstrecke einer direkten Welle (**Bild 1.37**). Die Folge ist, daß eine zu große Entfernung gemessen wird und ein entsprechender Ortungsfehler entsteht. Treffen an der Empfangsanlage sowohl eine direkte als auch eine reflektierte Welle oder mehrere reflektierte Wellen ein, so ergeben sich ebenfalls entsprechende Enfernungsmeß- und Ortungsfehler. Diese sogenannte Mehrwegeausbreitung tritt bei Empfangsanlagen in bebautem Gelände, Stadtgebieten und im Bergland auf (Bild 1.37b). Die Mehrwegeausbreitung kann unter Umständen eine Ortung wegen zu großer Fehler unmöglich machen.

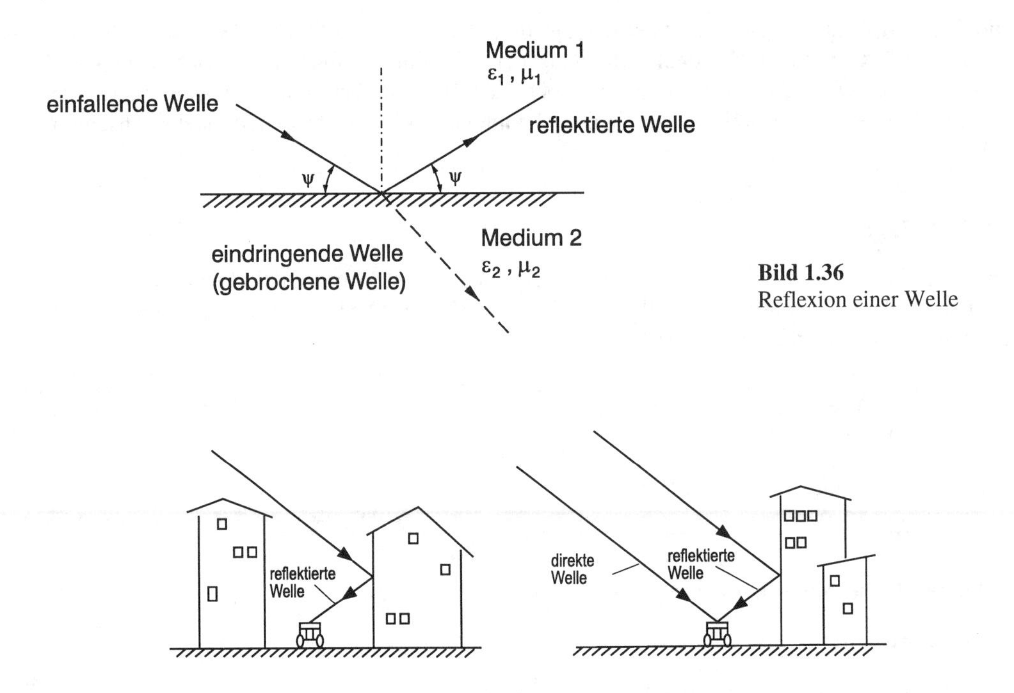

Bild 1.36
Reflexion einer Welle

Bild 1.37 Empfang der vom Satelliten abgestrahlten Wellen
a) reflektierte Welle
b) Summe von direkter Welle und reflektierter Welle

1.9.3 Brechung (Refraktion) in der Troposphäre und Ionosphäre

Die Erdatmosphäre kann durch eine annähernd konzentrische Schichtung von Bereichen mit unterschiedlicher Zusammensetzung und unterschiedlichen Eigenschaften beschrieben werden. Diese Schichtung bestimmt nach Gl.(1.67) die Brechzahl n und damit die Länge der von der Welle durchlaufenen Strecke. Der Vorgang wird als atmosphärische Brechung (Refraktion) bezeichnet. Die Brechung bewirkt auch eine Richtungsänderung (Bild 1.36) und somit eine Verlängerung der von der Welle durchlaufenen Strecke. Die entstehende Laufzeitveränderung ist jedoch verhältnismäßig klein gegenüber den Laufzeiteffekten, die durch die Veränderung der Signalgeschwindigkeit auftreten.

Wegen der unterschiedlichen Ausbreitungserscheinungen werden im Folgenden Troposphäre und Ionosphäre getrennt betrachtet.

Die *Troposphäre* erstreckt sich von der Erdoberfläche bis zu einer Höhe von etwa 15 km. In der Troposphäre vollziehen sich die Wettervorgänge. Bei der Wellenausbreitung bewirkt die Troposphäre durch ihre Schichtung eine Brechung der Welle. Bei Frequenzen oberhalb 10 GHz tritt zusätzlich eine atmosphärische Dämpfung auf. Mit zunehmender Höhe nehmen Temperatur, Druck und Feuchte ab.

Für die bei den Satellitenortungssystemen benutzten Frequenzbereiche von etwa 300 MHz bis zu etwa 15 GHz ist die Troposphäre ein nichtdispersives Medium (siehe Abschnitt 1.8.2) und daher besteht keine Abhängigkeit von der Frequenz. In der Troposphäre ist deshalb die Phasengeschwindigkeit v_p gleich der Gruppengeschwindigkeit v_g und es besteht kein Unterschied in der Brechzahl.

Mit Hilfe der meteorologischen Parameter kann rein empirisch die Brechzahl mit folgender Beziehung bestimmt werden [1.10]:

$$n = 1 + \frac{1}{10^6}\left(C_1 \frac{P-p}{T} + C_2 \frac{p}{T} + C_3 \frac{p}{T^2}\right). \tag{1.69}$$

Darin bedeuten:

C_1, C_2, C_3	Konstanten
P	Luftdruck
p	Partialdruck des Wasserdampfes
T	Temperatur in K

Eine Berechnung von n längs des Ausbreitungsweges ist aufwendig und vielfach wegen unzureichender Kenntnis der konkreten Zahlenwerte der Parameter nur bedingt möglich. Für die Satellitenortungssysteme wurden deshalb spezielle Modelle entwickelt, mit denen auf Grund von gemessenen Zahlenwerten auf der Erdoberfläche die Brechzahl in Abhängigkeit von der Höhe berechnet werden kann [1.10].

Wegen der Brechung ergibt sich eine Abweichung der Phasen- bzw. der Gruppengeschwindigkeit von der Lichtgeschwindigkeit. Dadurch entstehen Laufzeitverzögerungen und bei der Entfernungsmessung werden Werte ermittelt, die größer sind als die geometrischen Entfernungen zwischen dem Beobachter und dem Satelliten. Je länger der Ausbreitungsweg innerhalb der Troposphäre ist, desto größer ist die Laufzeitverzögerung. Somit nimmt der Entfernungsmeßfehler mit abnehmendem Erhebungswinkel der Richtung vom Beobachter zum Satelliten zu. Einen relativ hohen Einfluß auf die Brechzahl hat die Luftfeuchte. Je höher der Wasserdampfgehalt ist, desto geringer ist die Brechung und um so geringer sind die Entfernungsmeß- bzw. Ortungsfehler (**Bild 1.38**).

Die *Ionosphäre* erstreckt sich über einen Höhenbereich von etwa 60 km bis etwa 1000 km. In diesem Bereich erfolgt durch die ultraviolette Strahlung der Sonne die Ionisierung von Atomen und Molekülen. Die räumliche Verteilung von Elektronen und Ionen wird durch die photochemischen Prozesse der Sonnenstrahlung und durch die Bewegung der Ionisierung hervorgerufen. Dadurch bilden sich unterschiedliche Ionisierungsschichten in bestimmten Höhen. Der Zustand der Ionosphäre wird durch die Elektronendichte N_e angegeben, das ist die Anzahl der Elektronen je m^3. Die Höhenbereiche mit herausragenden Elektronendichten sind die ionosphärischen Schichten:

- D-Schicht Höhe etwa 60 km
- E_1-Schicht Höhe etwa 100 km
- E_2-Schicht Höhe etwa 140 km
- F_1-Schicht Höhe 140 bis 200 km
- F_2-Schicht Höhe 250 bis 1000 km

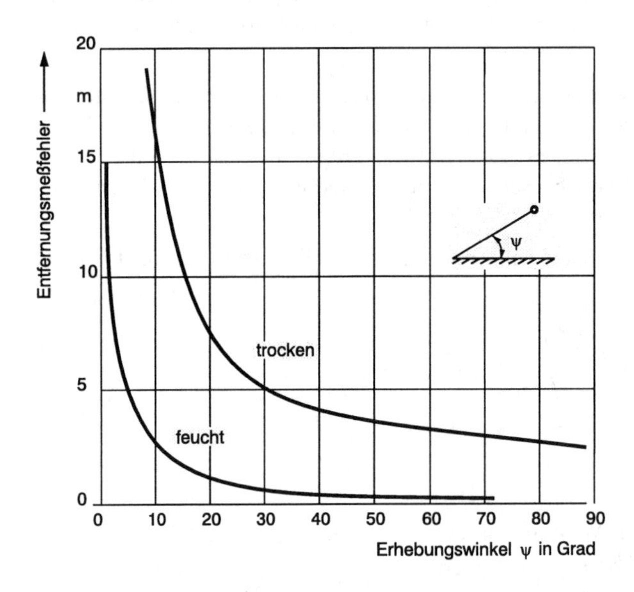

Bild 1.38
Entfernungsmeßfehler durch troposphärische Brechung
Parameter: Luftbeschaffenheit

Die Ionosphäre ist ein dispersives Medium, in dem die Brechzahl n frequenzabhängig ist. Es muß daher zwischen der Brechzahl für eine hochfrequente Trägerschwingung mit einer einzigen Frequenz und der Brechzahl für eine Gruppe von Frequenzen unterschieden werden. Entsprechend den Bezeichnungen Phasengeschwindigkeit v_p und Gruppengeschwindigkeit v_g wird zwischen Brechzahl n_p und Brechzahl n_g unterschieden. Nach Gl.(1.53) gelten die Beziehungen:

$$n_p = \frac{c}{v_p} \tag{1.70 a}$$

$$n_g = \frac{c}{v_g} \; . \tag{1.70 b}$$

Die Brechzahl für n_p kann als Potenzreihe dargestellt werden:

$$n_{\mathrm{p}} = 1 + \frac{c_2}{f^2} + \frac{c_3}{f^3} + \frac{c_4}{f^4} + \ldots\ldots \tag{1.71}$$

Die Koeffizienten c_2, c_3, c_4, ... sind vom Zustand der Ionosphäre abhängig, also von der Elektronendichte N_{e}, jedoch nicht von der Frequenz der betreffenden Trägerschwingung. Unter Vernachlässigung der Glieder höherer Ordnung gilt folgende Näherungsgleichung:

$$n_{\mathrm{p}} = 1 + \frac{c_2}{f^2} \ . \tag{1.72}$$

Bei Kenntnis der vorhandenen Elektronendichte kann die Brechzahl berechnet werden. Dafür gibt es brauchbare Modelle, deren Verwendung aber mit einem erheblichen rechnerischen Aufwand verbunden ist. Es wurden deshalb für bestimmte Satellitenortungssysteme spezielle Modelle entwickelt, deren Ergebnisse für die Praxis im Allgemeinen ausreichen. Nach Gl.(1.72) ist die Brechzahl vom Reziprokwert des Quadrates der Frequenz abhängig. Durch die gleichzeitige Beobachtung und Auswertung der vom Satelliten auf zwei verschiedenen Frequenzen gesendeten Signale kann der Koeffizient c_2 bestimmt werden. Von dieser Methode wird bei den Satellitenortungssystemen TRANSIT und GPS Gebrauch gemacht.

Für orientierende und weniger genaue Berechnungen ist die folgende Gleichung geeignet:

$$c_2 = -40{,}3 \cdot N_{\mathrm{e}} \ , \tag{1.73}$$

und nach Gl.(1.72) ist dann in Annäherung

$$n_{\mathrm{p}} = 1 - \frac{40{,}3 \cdot N_{\mathrm{e}}}{f^2} \ . \tag{1.74}$$

Nach Gl.(1.57) ist der Zusammenhang zwischen Phasenlaufzeit v_{p} und Gruppenlaufzeit v_{g} durch folgenden Ausdruck gegeben:

$$v_{\mathrm{g}} = v_{\mathrm{p}} - \lambda \frac{\mathrm{d}v_{\mathrm{p}}}{\mathrm{d}\lambda} \ . \tag{1.75}$$

Für die zugehörige Brechzahl n_{g} gilt dann entsprechend:

$$n_{\mathrm{g}} = n_{\mathrm{p}} + f \frac{\mathrm{d}n_{\mathrm{p}}}{\mathrm{d}f} \tag{1.76}$$

und mit Gl.(1.74) ist dann

$$n_{\mathrm{g}} = 1 + \frac{40{,}3 \cdot N_{\mathrm{e}}}{f^2} \ . \tag{1.77}$$

Die beiden Gleichungen (1.74) und (1.77) zeigen, daß der Einfluß der Ionosphäre auf die Phasen- und auf die Gruppenlaufzeit sich mit angenähert gleichem Betrag aber umgekehrtem Vorzeichen auswirkt. Von Bedeutung ist die Tatsache, daß die Brechzahl umgekehrt proportional dem Quadrat der Frequenz ist. Durch die Verwendung hoher Frequenzen könnten die Einflüsse der ionosphärischen Brechung reduziert und bei sehr hohen Frequenzen sogar völlig vermieden werden. Da jedoch mit steigender Frequenz die Dämpfungen durch die Atmosphäre zunehmen, muß ein Optimum bezüglich beider Effekte gesucht werden.

Bei Kenntnis der Elektronendichte N_e können die Brechzahl und die Laufzeiten berechnet werden. Aus den berechneten Laufzeitabweichungen lassen sich dann die Entfernungsmeßfehler bestimmen. Die Größenordnung der auftretenden Meßfehler in Abhängigkeit von der Frequenz und bei unterschiedlicher Elektronendichte ist aus **Bild 1.39** zu ersehen. Beobachtete maximale Meßfehler, Durchschnittswerte und die mit einer Wahrscheinlichkeit von 90% auftretenden Zahlenwerte sind aus **Bild 1.40** zu ersehen.

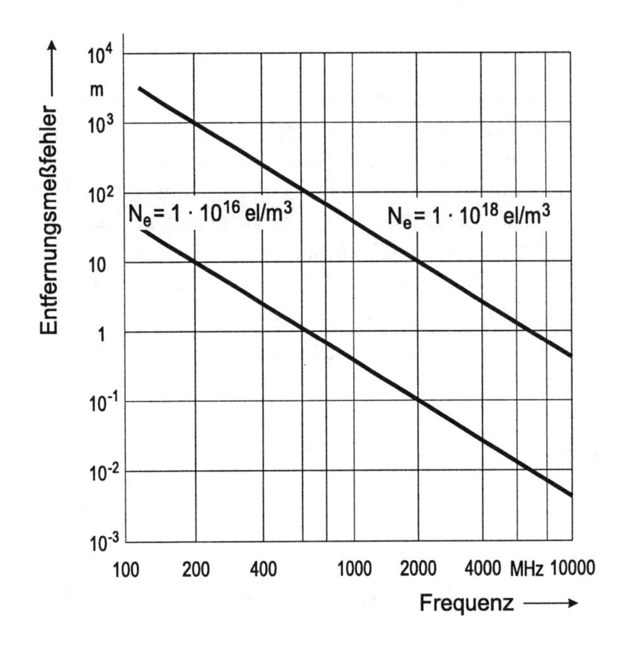

Bild 1.39
Entfernungsmeßfehler durch ionosphärische Brechung
Parameter: Elektronendichte N_e

1.9.4 Beugung

Elektromagnetische Wellen haben die Eigenschaft, sich um Hindernisse herum zu beugen und in ihren Schattenbereich einzudringen. Voraussetzung für diese Erscheinung ist, daß die Spitze des Hindernisses einen Radius hat, der in der Größenordnung der Wellenlänge und darunter liegt. Die Wellenlängen von Satellitenortungssystemen sind jedoch kleiner als 1 m, so daß der durch die Beugung erfaßte Entfernungsbereich mit einem Vielfachen der Wellenlänge verhältnismäßig klein ist und keine praktische Bedeutung hat. Zu beachten ist, daß durch die Beugung der Ausbreitungsweg der Welle gekrümmt wird und deshalb seine Länge größer ist als die geometrische Entfernung. Es treten daher Ortungsfehler auf.

1.9.5 Absorption

Ein Teil der Energie der sich ausbreitenden Welle wird unter bestimmten Bedingungen in der Atmosphäre absorbiert. Die dadurch entstehenden Energieverluste werden durch die Ausbreitungsdämpfung beschrieben. Die Ausbreitungsdämpfung a ist das Verhältnis der hochfrequenten Leistung am Eingang des Übertragungsweges P_1 zu der Leistung P_2 am Ausgang des Übertragungsweges. Sie wird durch den zehnfachen Logarithmus zur Basis 10 angegeben und mit Dezibel (dB) bezeichnet:

$$a = 10 \lg \frac{P_1}{P_2} . \tag{1.78a}$$

Bei gegebenem Dämpfungsverhältnis a in dB ist das Leistungsverhältnis gleich:

$$\frac{P_1}{P_2} = 10^{0,1 \cdot \alpha} \tag{1.78b}$$

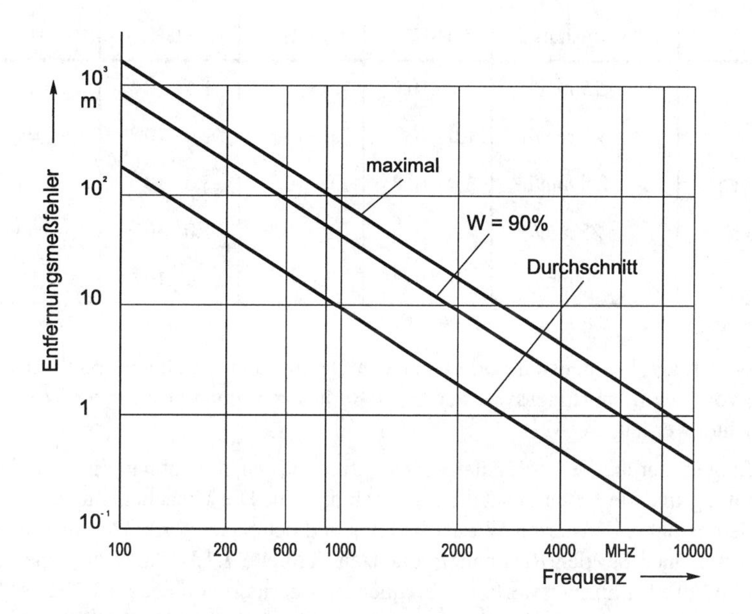

Bild 1.40 Entfernungsmeßfehler durch ionosphärische Brechung

Absorptionen entstehen durch:

- endliche Leitfähigkeit des Erdbodens
- dielektrische Verluste in Niederschlagspartikeln
- molekulare Resonanzabsorption

Die Absorption durch den Erdboden hat nur bei Frequenzen unterhalb einiger MHz eine zu beachtende Größe. In diesem Bereich arbeiten keine Satellitenortungssysteme.

Die Absorption durch Niederschlagspartikel, das sind Regentropfen, Eiskristalle und Nebeltröpfchen, und die Resonanzabsorption ergeben zusammen die atmosphärische Dämpfung [1.12,1.15].

Aus **Tabelle 1.12** können Zahlenwerte der durch Regen entstehenden Dämpfungen entnommen werden. Die horizontale Ausdehnung eines Regengebietes ist im Allgemeinen umso größer, je geringer die Regenintensität ist. Die vertikale Ausdehnung ist bei starken Niederschlägen meist sehr groß, da sich die großen Tropfen im Bereich niedriger Temperaturen in großen Höhen bilden. Bei der Berechnung der Dämpfung durch Regen ist der Erhebungswinkel der Verbindungslinie Satellit-Beobachter von Einfluß. Je kleiner der Erhebungswinkel ist, desto länger ist der Weg, den die Welle innerhalb des Regengebiets zu durchlaufen hat. Die Dämpfungen durch

Nebel und Schnee entsprechen annähernd der Dämpfung durch Regen bei etwa gleichen Wassermengen pro Volumeneinheit. Beispielsweise verursacht Nebel mit einer Sichtweite von 100 m eine gleiche Dämpfung wie Regen mit einer Niederschlagsintensität von etwa 1 mm/h.

Tabelle 1.12 Dämpfung in dB/km durch Niederschläge

Regen		Frequenz			
Art	Intensität	450 MHz	1 GHz	3 GHz	10 GHz
Sprühregen	0,25 mm/h	$2,2 \cdot 10^{-8}$	$1,5 \cdot 10^{-6}$	$1,5 \cdot 10^{-4}$	0,02
leichter Regen	5,0 mm/h	$1,0 \cdot 10^{-6}$	$2,0 \cdot 10^{-5}$	$1,0 \cdot 10^{-3}$	0,08
mäßiger Regen	12,5 mm/h	$3,0 \cdot 10^{-6}$	$7,0 \cdot 10^{-5}$	$3,0 \cdot 10^{-3}$	0,28
starker Regen	25 mm/h	$7,5 \cdot 10^{-6}$	$1,5 \cdot 10^{-4}$	$1,0 \cdot 10^{-2}$	0,60
Schauer	50 mm/h	$1 \cdot 10^{-5}$	$3 \cdot 10^{-4}$	$2,0 \cdot 10^{-2}$	1,50

Da die Niederschläge in Intensität und Dauer von Ort und Zeit abhängen, muß ihr Einfluß auf den Betrieb von Satellitenortungssystemen unter Berücksichtigung bestimmter Wahrscheinlichkeiten betrachtet werden.

Die Dämpfungen durch die molekulare Absorption bestehen unabhängig von der Niederschlagsdämpfung und sie treten zusätzlich und ständig auf. Die Ursachen sind die Resonanzen der Moleküle des unkondensierten Wasserdampfes und des Sauerstoffs. Die maximalen Dämpfungswerte erscheinen bei den Resonanzfrequenzen (**Tabelle 1.13**). Auch zwischen den Resonanzstellen sind die Dämpfungswerte bei Frequenzen oberhalb von etwa 10 GHz so hoch, daß sie die Leistungsbilanz der Funkverbindung entscheidend beeinflussen (**Bild 1.41**). Bei der Berechnung der durch molekulare Resonanzabsorption entstehenden Dämpfungen ist zu beachten, daß der Gehalt an Sauerstoffmolekülen in Höhen oberhalb von 100 km nach Null geht und der Gehalt an unkondensiertem Wasserdampf oberhalb 10 km ebenfalls. Die Dämpfungswerte sind daher nicht nur von der Frequenz, sondern auch von der Höhe abhängig.

1.9.6 Streuung

Die Streuung einer Welle entsteht, wenn sich im Ausbreitungsweg Inhomogenitäten befinden, deren Abmessungen groß zur Wellenlänge sind und deren Strukturen keine scharfen Grenzen haben. Die Streuung bewirkt eine diffuse Ablenkung der Strahlungsenergie aus der ursprünglichen Ausbreitungsrichtung. Mikrostrukturen derartiger Inhomogenitäten sind beispielsweise Niederschlagspartikel, Makrostrukturen sind Turbulenzen in der Atmosphäre. Die Streuungen durch Turbulenzen treten vor allem bei Wellen in Erscheinung, die unter einem geringen Erhebungswinkel die Atmosphäre durchlaufen. Da bei der Satellitenortung wegen der erforderlichen quasioptischen Sichtbedingung (siehe Abschn. 1.9.7) Erhebungswinkel unter etwa 10° vermieden werden, treten in der Praxis Streuungen durch Turbulenzen selten auf.

Resonanzfrequenz GHz	Moleküle	Dämpfung dB/km
22,2	H_2O	0,15
60	O_2	14
118	O_2	2,1
183	H_2O	28
320	H_2O	20
und weitere		

Tabelle 1.13
Dämpfung durch molekulare Resonanzabsorption

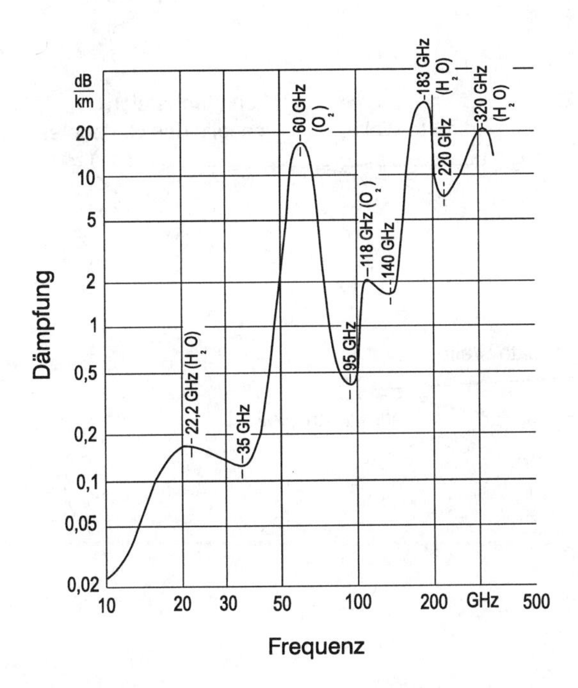

Bild 1.41
Atmosphärische Dämpfung durch molekulare Resonanzabsorption

1.9.7 Wellenarten

Eine Funkverbindung kann mit unterschiedlichen Wellenarten zustande kommen:

- Bodenwelle
- Duct-Welle
- Raumwelle
- direkte Welle bei optischer bzw. quasioptischer Sicht
- indirekte Welle

Die *Bodenwelle* breitet sich unmittelbar entlang oder dicht oberhalb der mehr oder weniger gut leitenden Erdoberfläche aus. (**Bild 1.42a**). Sie tritt bei Frequenzen zwischen etwa 50 kHz und 3000 kHz auf und hat maximale Reichweiten von einigen 100 km. Unterhalb 50 kHz breiten sich Wellen in einem Kanal (Duct) aus, der durch die leitenden unteren Schichten der Ionosphäre (60 bis 100 km) und die leitende Erdoberfläche gebildet wird (**Bild 1.42b**). Die Welle wird deshalb *Duct-Welle* genannt. Die maximale Reichweite liegt oberhalb 20 000 km, so daß mit der Duct-Welle erdumfassende Funkverbindungen hergestellt werden können. Für Satellitenortungssysteme, die in wesentlich höheren Frequenzbereichen arbeiten, haben Bodenwelle und Duct-Welle keine Bedeutung.

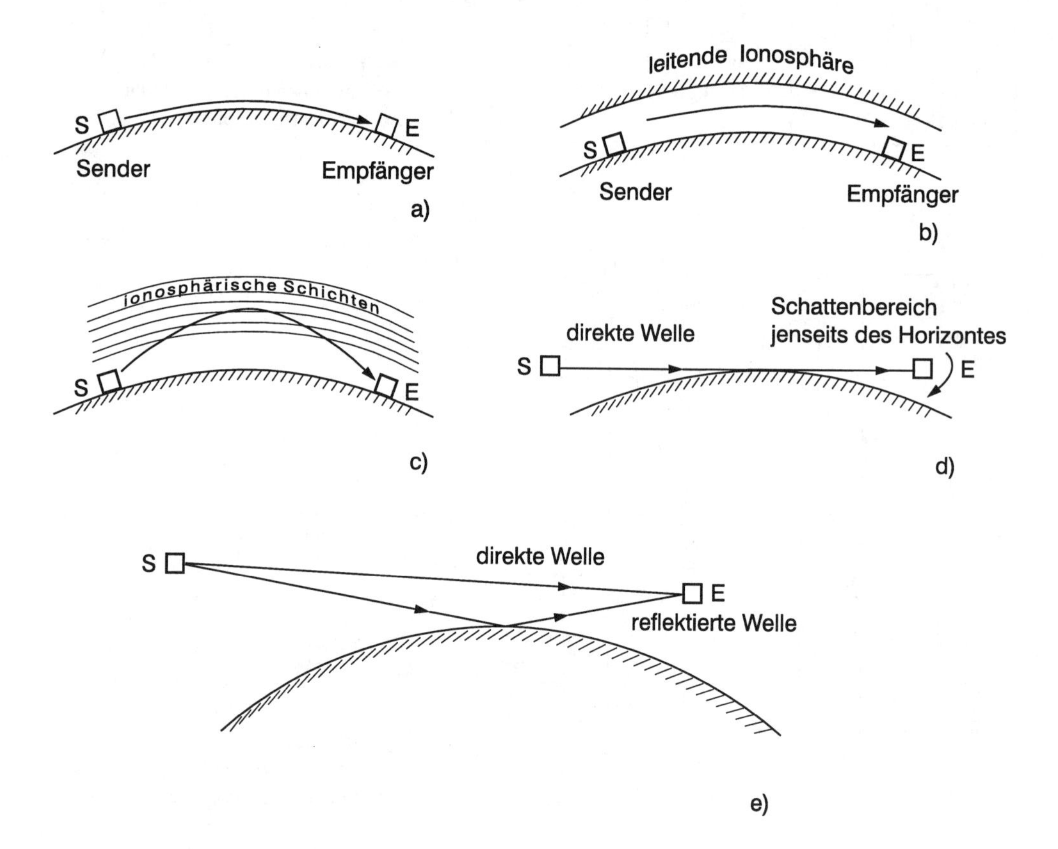

Bild 1.42 Wellenart der Ausbreitung
a) Bodenwelle
b) Duct-Welle
c) Raumwelle
d) direkte Welle bei geradliniger Ausbreitung
e) indirekte Welle durch Reflexion

Durch die Brechung an den ionosphärischen Schichten wird eine unter einem Erhebungswinkel abgestrahlte Welle zur Erde hin gebrochen (**Bild 1.42c**). Die Welle breitet sich demzufolge über den Raum aus und wird daher als *Raumwelle* bezeichnet. Sie tritt bei Frequenzen zwischen etwa 3 MHz und 50 MHz auf. Durch die Brechung ist der Ausbreitungsweg der Welle wesentlich größer als die geometrische Weglänge, so daß die Raumwelle für Ortungssysteme ungeeignet ist. In Frequenzbereichen oberhalb etwa 300 MHz breiten sich die Wellen umso mehr nach optischen Gesetzen aus, je höher die Frequenz ist. Jedes Objekt im Ausbreitungsweg, dessen Abmessungen gleich der Wellenlänge oder größer sind, stellt für die Ausbreitung der Welle ein Hindernis dar. Eine Funkverbindung kann nur bestehen, wenn eine optische Sicht bzw. eine quasioptische Sicht zwischen Sender und Empfänger vorhanden ist. Eine Welle, die sich längs eines solchen Weges ausbreitet, wird als *direkte Welle* bezeichnet. Ein vor allem bei Funkverbindungen zu Satelliten, bedeutendes Hindernis stellt die Erdkrümmung dar. Für Punkte jenseits des Horizontes besteht keine optische bzw. quasioptische Sicht (**Bild 1.42d**).

Eine Funkverbindung kann unter bestimmten Voraussetzungen auch ohne quasioptische Sicht bestehen, wenn die Welle nach einer Reflexion den Empfänger erreicht. Diese Welle wird als *reflektierte Welle* oder *indirekte Welle* bezeichnet (**Bild 1.42e** und 1.37). Da eine indirekte Welle einen längeren Weg zurücklegt, ergibt sich bei der Ortung mit Hilfe der Entfernungsmessung eine zu große Entfernung, so daß Ortungsfehler entstehen. Außerdem trifft eine indirekte Welle am Empfangsort aus einer Richtung ein, die nicht mit der Richtung zum Ursprungsort der Welle übereinstimmt. Bei einer Ortung mit Hilfe einer Richtungswinkel-Messung würde sich ein falsches Ergebnis einstellen. Aus beiden Fällen geht hervor, daß in der Funkortung nicht mit der indirekten Welle gearbeitet werden darf.

Für die in der Ortungstechnik benutzten Funkverbindungen in Frequenzbereichen oberhalb 100 MHz mit direkten Wellen wird die Reichweite in erster Linie von der Gewährleistung der quasioptischen Sicht bestimmt (siehe Abschnitt 1.9.1). Die quasioptische Sicht zwischen einem Sender und einem Empfänger hängt von der Höhe des Senders und Empfängers oberhalb der Erdoberfläche ab. Die optische Sichtweite ist gleich der geometrischen Entfernung von einem Beobachtungspunkt, der sich in der Höhe h über der Erdoberfläche befindet, bis zum Horizont (**Bild 1.43a**):

$$r_0 = 3{,}54 \cdot 10^3 \sqrt{h} \ , \tag{1.79a}$$

darin gelten r_0 und h in m. Ganz entsprechend kann ein Beobachter auf der Erdoberfläche ein Luftfahrzeug sehen, das sich in der Höhe h über der Erde befindet (**Bild 1.43b**). Die sich ergebenden Entfernungen r_0 stellen die Reichweiten für eine Funkverbindung dar. In der Ortungstechnik haben häufig sowohl Sender als auch Empfänger endliche Höhen h_s bzw. h_e. Die optische Sichtweite zwischen Sender und Empfänger setzt sich aus den beiden Teilstrecken r_1 und r_2 zusammen (**Bild 1.43c**). Die Reichweite der Funkverbindung ist somit gleich:

$$r = r_1 + r_2 = 3{,}54 \cdot 10^3 \left(\sqrt{h_s} + \sqrt{h_e}\right) \tag{1.79b}$$

In der Praxis wird die etwas größere sogenannte Funkreichweite in Rechnung gestellt, die sich durch die Brechung der Welle in der Normalatmosphäre für eine Zeit von etwa 71% (Mitteleuropa) ergibt:

$$r = 4{,}12\ 10^3 \left(\sqrt{h_s} + \sqrt{h_e}\right) \tag{1.80}$$

Die Abhängigkeit der Funkreichweite von der Höhe des Empfängers bei verschiedenen Höhen des Senders geht aus dem Diagramm in **Bild 1.44** hervor.

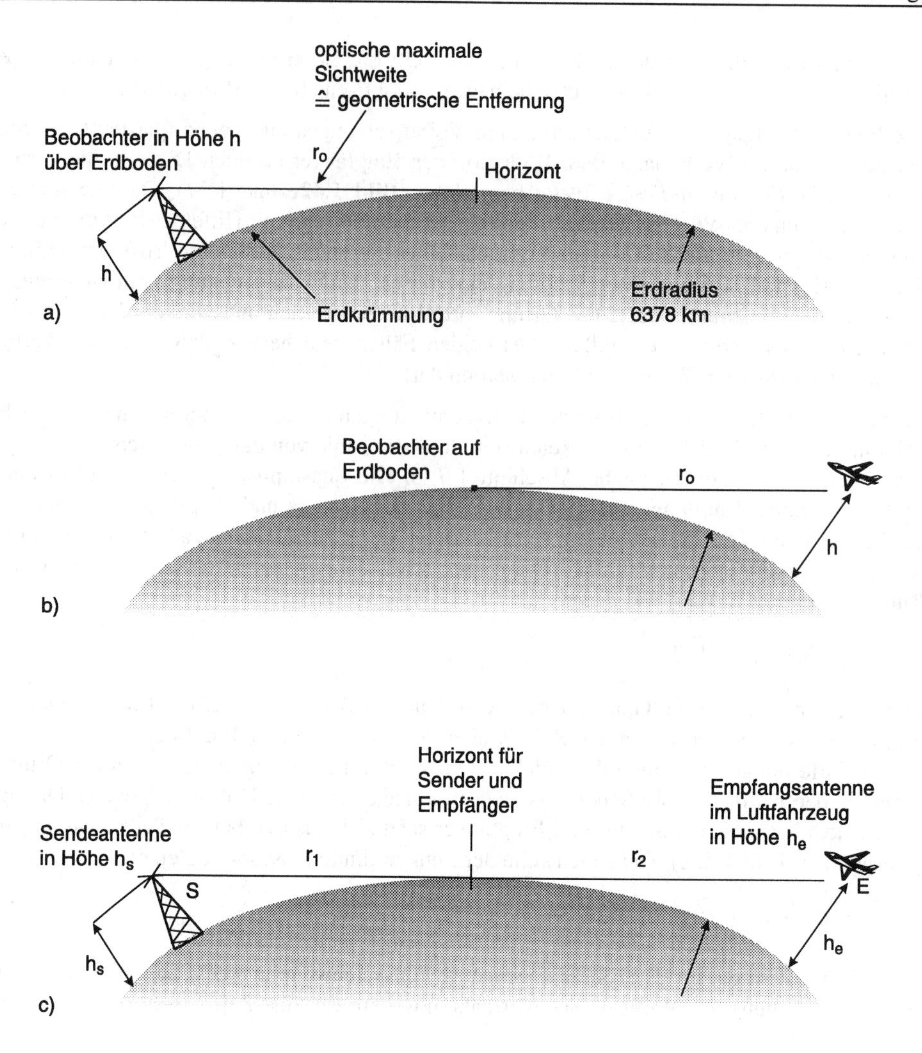

Bild 1.43 Reichweitendefinitionen

1.9.8 Beurteilung der zu wählenden Frequenz

Unter Berücksichtigung der Ausbreitungserscheinungen muß bei der Wahl des Frequenzbereichs für ein Satellitenortungssystem ein Optimum gesucht werden. Damit gewährleistet ist, daß für die Nutzung nur direkte Wellen zur Verfügung stehen, scheiden Frequenzbereiche unterhalb 300 MHz aus (siehe Abschn. 1.9.7). Um die durch Laufzeitverzögerungen entstehenden Ortungsfehler klein zu halten, müßten möglichst hohe Frequenzen gewählt werden (siehe Abschn. 1.9.3). Auch für eine günstige hochfrequente Leistungsbilanz bei vorgegebenen Antennenflächen sind hohe Frequenzen erforderlich. Doch steigen mit der Frequenz die atmosphärischen Dämpfungen an, so daß die Leistungsbilanz negativ beeinflußt wird (siehe Abschn. 1.9.1; 1.9.5).

Unter Beachtung der verschiedenen Einflußgrößen wurden für die zur Zeit bedeutendsten Satellitenortungssysteme Frequenzen im Bereich von 1 bis 2 GHz gewählt.

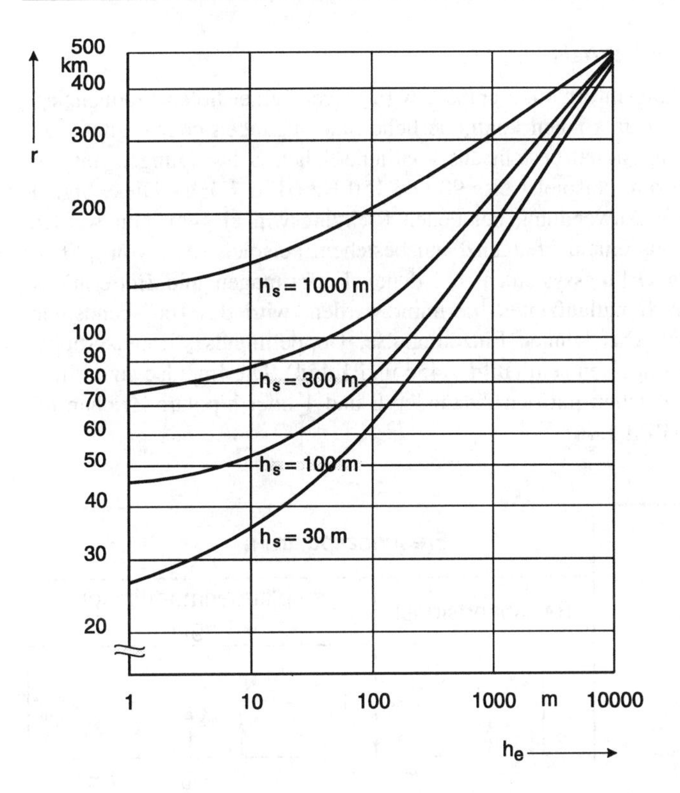

Bild 1.44
Funkreichweite r in Abhängigkeit der Höhe des Empfängers h_e bei verschiedenen Höhen des Senders h_s

1.10 Informationsübertragung

1.10.1 Verfahren zur Übertragung und Gewinnung der Ortungsinformation

Für die Gewinnung der Ortungsinformation mit Hilfe elektromagnetischer Wellen gibt es drei Verfahren:

- Die unmodulierte hochfrequente Welle liefert die Ortungsinformation, indem die zeit- und ortsabhängige momentane Phase der Welle für die Ortung verwendet wird.
  Das Ortungssignal besteht aus einer Schwingung mit einer einzigen, konstanten Frequenz.
- Die unmodulierte hochfrequente Welle liefert die Ortungsinformation, indem die bei der Bewegung der Quelle der hochfrequenten Welle durch den Doppler-Effekt verursachte Frequenzänderung als Meßgröße der Ortung verwendet wird.
  Das Ortungssignal besteht aus einer Schwingung mit einer veränderlichen Frequenz.
- Die hochfrequente Welle dient als Träger der Ortungsinformation, die im Basisbandsignal enthalten ist. Das Basisbandsignal wird dem Träger aufmoduliert. Er liefert nach Übertragung und Demodulation die Meßgröße.
  Das Ortungssignal besteht aus einer Gruppe von Schwingungen, die zusammen ein Frequenzband mit dem Träger als Mittelpunkt bilden.

1.10.2 Formen des Basisbandsignals

Das Ortungssignal, das die Ortungsinformation enthält, wird wegen seiner tiefen Frequenzlage als Basisbandsignal bezeichnet. Das können kontinuierliche Schwingungen oder digitale Zeichen sein. Das einfachste Ortungssignal besteht aus kontinuierlichen Schwingungen mit verhältnismäßig niedrigen Frequenzen, beispielsweise 90 und 150 Hz (**Bild 1.45a**). Diese Signalform findet in Ortungssystemen Anwendung, bei denen Richtungswinkel gemessen werden. Das Ortungssignal kann auch aus einem Frequenzband bestehen, beispielsweise von 300 bis 3000 Hz (**Bild 1.45b**). In den Ortungssystemen, bei denen Entfernungen und Entfernungsdifferenzen durch Messen der Signallaufzeiten bestimmt werden, wird das Basisbandsignal durch digitale Zeichen gebildet. Das können Einzelimpulse, Doppelimpulse, Impulsgruppen oder determinierte Folgen von Impulsen sein (**Bild 1.45c** und **1.45d**). Die Impulse sind binäre Zeichen. Es können unipolare Zeichen mit den Zuständen 0 und 1 oder bipolare Zeichen mit den Zuständen +1 und −1 sein (**Bild 1.46**).

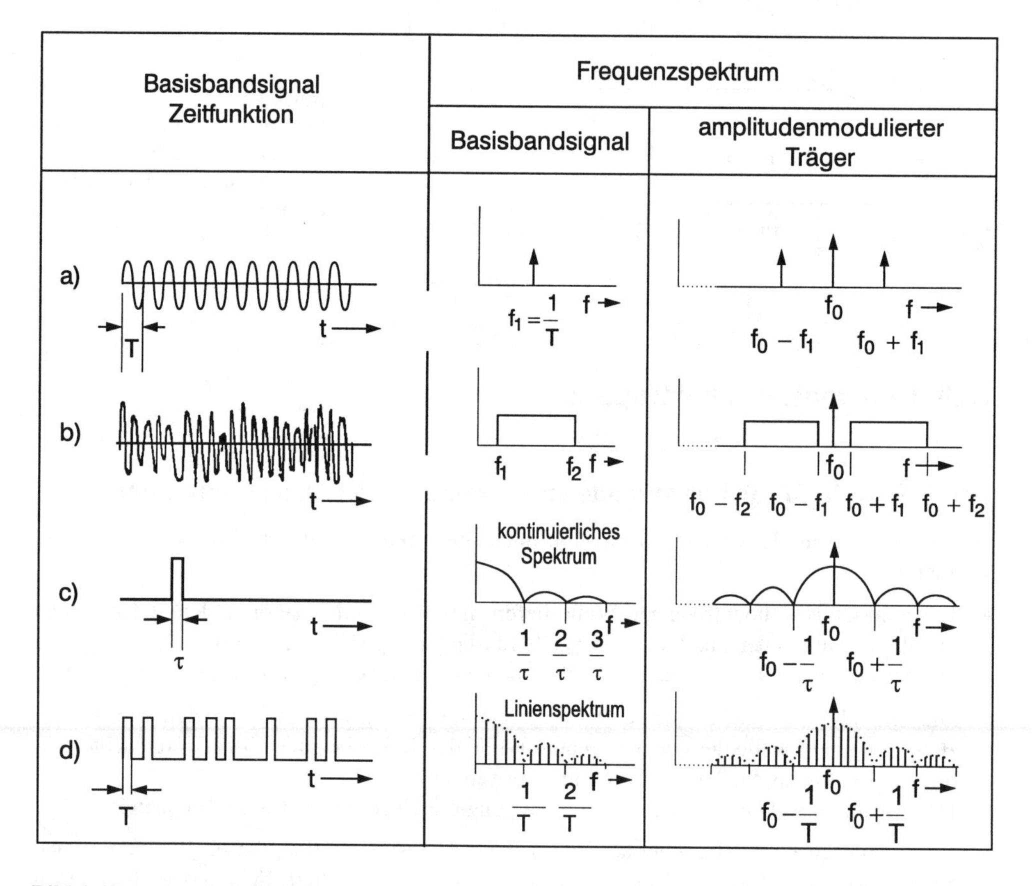

Bild 1.45 Basisbandsignale

Die gebräuchlichste Form determinierter Folgen von Impulsen sind die Codes. Dabei können zeitlicher Abstand und Länge der einzelnen Impulse nach einer bestimmten Funktion festgelegt werden. Durch Variation dieser Größen lassen sich die Codes ebenfalls variieren. Sie können daher zur Selektion von Informationskanälen benutzt werden.

Eine spezielle Art determinierter Folgen von Impulsen sind die Pseudozufallsfolgen (*pseudo random noise*, Abkürzung PRN, häufig auch nur PR). Es sind meist Codes mit einer verhältnismäßig großen Länge, so daß scheinbar eine statistische Verteilung vorliegt, die dem Rauschen gleicht. Tatsächlich liegt aber der Impulsfolge eine bestimmte Regel oder Gesetzmäßigkeit, beispielsweise in Form eines algebraischen Polynoms, zugrunde [1.4].

1.10.3 Multiplexverfahren

Für die Übertragung von mehreren (*multiplen*) Informationen innerhalb eines Systems müssen entsprechende Kanäle gebildet werden, zu denen ein wählbarer Zugang bestehen muß (*access*). Die Kanäle lassen sich in drei verschiedenen Formen bilden:

- Aufteilung des zur Verfügung stehenden Frequenzbandes, indem jedem Kanal eine bestimmte Frequenz bzw. ein Teil des Bandes zugeordnet wird. Das Verfahren wird als Frequenzmultiplex (*Frequency Division Multiple Access*, Abkürzung FDMA) bezeichnet.

  Dieses Verfahren wurde früher ausschließlich benutzt. Es findet auch jetzt noch eine breite Anwendung, zum Beispiel in der Rundfunk- und Fernsehtechnik. Aber auch moderne Satellitenortungssysteme wenden es noch an, beispielsweise TRANSIT und GLONASS (siehe Kapitel 2 und 5).

- Aufteilung der zur Verfügung stehenden Übertragungszeit eines Trägers, also einer Frequenz, indem jedem Kanal ein bestimmtes Zeitintervall zugeordnet wird. Das Verfahren wird als Zeitmultiplex (*Time Division Multiple Access*, Abkürzung TDMA) bezeichnet.
  Das Verfahren kommt vor allem in der Kommunikationstechnik zur Anwendung.

- Aufteilung der Impulsfolgen, indem jedem Kanal eine bestimmte, gekennzeichnete Impulsfolge, beispielsweise in Form eines Codes, zugeteilt wird. Das Verfahren wird als Codemultiplex (*Code Division Multiple Access*, Abkürzung CDMA) bezeichnet. Auch hierbei wird nur ein Träger, also nur eine Frequenz zur Übertragung vieler Kanäle benötigt.
  Das CDMA-Verfahren wird im Satellitenortungssystem GPS benutzt.

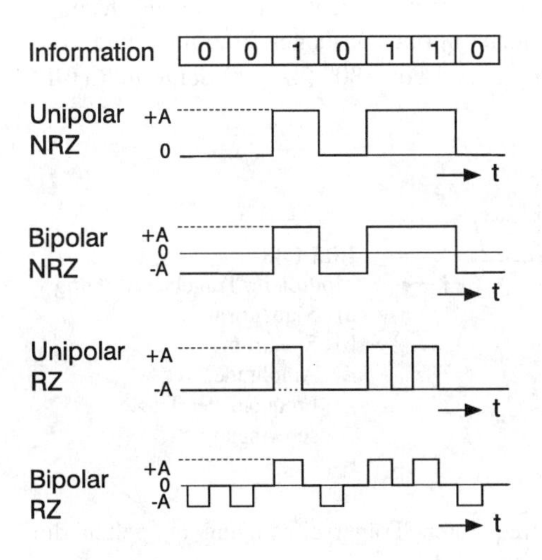

Bild 1.46
Binäre Signale
NRZ: non return zero
RZ: return zero

1.10.4 Modulation des hochfrequenten Trägers

Im Modulationsvorgang wird das Basisbandsignal, das die Ortungsinformation enthält, dem hochfrequenten Träger aufgeprägt. Der Vorgang erfolgt entweder analog oder digital. Bei der analogen Modulation wird der hochfrequente Träger proportional dem zeitlichen Verlauf des Basisbandsignals entweder in seiner Amplitude (Amplitudenmodulation), seiner Frequenz (Frequenzmodulation) oder seinem Phasenwinkel (Phasenmodulation) verändert.

Das durch Amplitudenmodulation entstehende Frequenzspektrum geht aus Bild 1.45 hervor.

Besteht das Basisbandsignal aus digitalen Zeichen, dann ist der Modulationsvorgang besonders einfach. Entsprechend dem jeweiligen Niveau 0 oder 1 bzw. –1 oder +1 wird der hochfrequente Träger in der Amplitude, der Frequenz oder dem Phasenwinkel zwischen zwei Extremwerten verändert. In der Praxis hat sich dabei die Phasenmodulation als besonders günstig erwiesen und zwar mit den Veränderungen des Phasenwinkels zwischen 0° und 180° (0 und π im Bogenmaß) oder $-90°$ und $+90°$ ($-\pi/2$ und $+\pi/2$ im Bogenmaß). Der Vorgang wird als Phasenumtastung (Phase Shift Keying, Abk. PSK) bezeichnet (**Bild 1.47**).

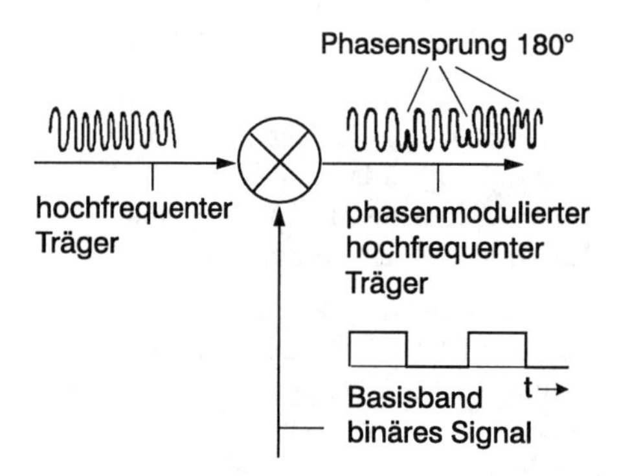

Bild 1.47
Prinzip der Phasenumtastung

Bei der Phasenumtastung werden die zu übertragenden Signalelemente durch die sinusförmige Schwingung des hochfrequenten Trägers der Frequenz f_0 mit konstanter Amplitude und konstanter Frequenz, aber mit einem Phasenwinkelunterschied von 180° (bzw. π) dargestellt (**Bild 1.48**).

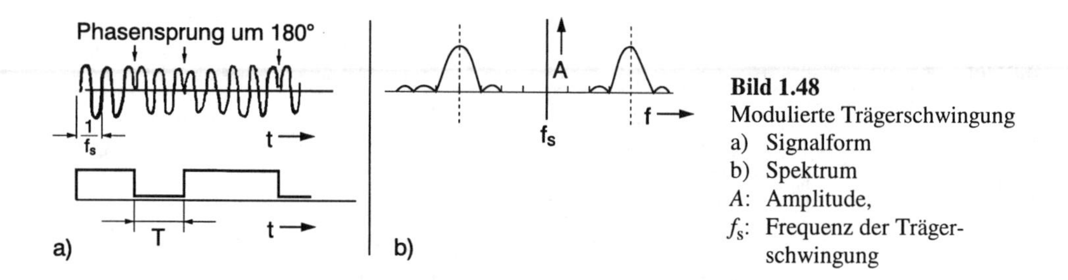

Bild 1.48
Modulierte Trägerschwingung
a) Signalform
b) Spektrum
A: Amplitude,
f_s: Frequenz der Trägerschwingung

Für die entstehenden Momentanwerte der hochfrequenten Trägerschwingung ω_s gelten die beiden Gleichungen:

$$i_1(t) = I \sin \omega_s t \tag{1.81}$$

$$\text{für } 0 < t < T_\text{b}$$

$$\begin{aligned} i_2(t) &= I \sin(\omega_\text{s} t + \pi) \\ &= -I \sin(\omega_\text{s} t) \end{aligned} \tag{1.82}$$

$$\text{für } 0 < t < T_\text{b}\,.$$

Darin bedeuten:

$\omega_\text{s} = 2\pi f_\text{s}$

T_b Dauer des Signalelementes (Bitdauer)

I maximale Amplitude

In Satellitenortungssystemen besteht das Basisbandsignal meist aus einem Codesignal. Die Codeelemente sind binäre Zeichen mit dem Niveau -1 und $+1$ oder 0 und 1 und der Dauer T_b (Bitdauer). Ein solches Codesignal wird durch folgenden Ausdruck beschrieben:

$$\sum_{n=-\infty}^{n=+\infty} a_\text{n}\, i(t - nT_\text{b}) \tag{1.83}$$

Für den Momentanwert eines mit diesem Codesignal modulierten hochfrequenten Träger gilt die Gleichung:

$$i_\text{m}(t) = \sum_{n=-\infty}^{n=+\infty} a_\text{n}\, i(t - nT_\text{b}) I \sin \omega_\text{s} t \tag{1.84}$$

In den Gleichungen ist a_n ein Faktor, der in Abhängigkeit des zu übertragenden Codeelementes für die Bitdauer T_b den Wert -1 oder $+1$ annimmt. Das Spektrum des modulierten Trägers kann mit folgender Gleichung berechnet werden:

$$S(\omega) = \frac{I^2 T_\text{b}}{4} \left\{ si^2\left[(\omega - \omega_\text{s})\frac{T_\text{b}}{2}\right] + si^2\left[(\omega + \omega_\text{s})\frac{T_\text{b}}{2}\right]\right\} \tag{1.85}$$

Die Spaltfunktion hat die Form:

$$\text{si}\, x = \frac{\sin x}{x}$$

Nach dieser Gleichung stimmt das Spektrum mit dem Spektrum überein, das bei der Amplitudentastung (ASK) entsteht, jedoch fehlt die Komponente des hochfrequenten Trägers.

Die bei den Ortungssystemen in Anspruch genommene Übertragungsbandbreite wird durch ein Tiefpaßfilter auf den Umfang des Modulationssignals (Basisbandsignal) begrenzt, so daß die Phasenumtastung keine größere Bandbreite im Übertragungsweg benötigt als die Amplitudentastung.

1.10.5 Spektrale Spreizung

Die spektrale Spreizung dient der Erhöhung der Störfestigkeit von zu übertragenden Nachrichten. Das Merkmal der spektralen Spreizung besteht darin, daß die Bandbreite $B_\text{Ü}$ des Übertragungskanals wesentlich größer als die Bandbreite der zu übertragenden Nachricht B_N gemacht wird [1.4]. Die Bandbreitenvergrößerung $B_\text{Ü} >> B_\text{N}$ kann prinzipiell sowohl mit kontinuierlichen (analogen) als auch mit wertdiskreten Signalen vorgenommen werden. Bevorzugt werden rauschähnliche Signale benutzt, um eine möglichst gleichmäßige Verteilung der Signalleistung über das gespreizte Frequenzband zu erreichen. Es werden digitale Signale in codierter Folge benutzt.

Zur Rückgewinnung des ursprünglichen Signals aus dem gespreizten Signal wird dieses im Empfänger mit dem zur Spreizung benutzten Code korreliert. Hierzu wird der im Empfänger erzeugte Code phasenrichtig auf den Empfangscode synchronisiert und mit dem Empfangssignal multipliziert. Das über den Frequenzbereich verteilte Signal wird damit wieder auf die ursprüngliche Bandbreite komprimiert. Dem Nachrichtensignal überlagerte schmalbandige Störungen werden spektral gespreizt und durch ein nachfolgendes Bandpaßfilter in ihrer Amplitude entsprechend dem Bandbreitenverhältnis reduziert.

Der durch die spektrale Spreizung erzielbare Gewinn des Signal/Störverhältnisses wird bei digitalen Signalen von dem Produkt aus Signaldauer T und der Übertragungsbandbreite $B_{Ü}$ bestimmt. Beispielsweise beträgt der Gewinn des Signal/Störverhältnisses etwa 20 dB bei $T \cdot B_{Ü} = 100$.

Das Verfahren der spektralen Spreizung wird im Satellitenortungssystem GPS benutzt, um die Übertragung der Navigationsmitteilung gegenüber Störungen zu sichern.

1.10.6 Frequenzumsetzung

Die Frequenzumsetzung ist ein relativ großes Gebiet der Nachrichtenübertragungstechnik. Sie beruht im Grundprinzip auf der Wirkung eines nichtlinearen Elementes, das sich im Übertragungskanal befindet. Zur Frequenzumsetzung gehören:

- Frequenzvervielfachung
- Frequenzteilung
- Mischung
  - Aufwärtsmischung
  - Abwärtsmischung
- Modulation

Im allgemeinen Fall liegen am Eingang des Übertragungskanals Signale mit unterschiedlicher Frequenz und am Ausgang befindet sich ein Filter, mit dem das durch das nichtlineare Element erzeugte Signal mit der gewünschten Frequenz herausgesiebt wird (**Bild 1.49**). Die Signale können singuläre Frequenzen oder Frequenzbänder sein, die sich um die Nennfrequenz lagern. Ein Sonderfall ist, daß am Eingang ein Signal mit nur einer Frequenz bzw. eines Frequenzbandes liegt. Das betrifft die Frequenzvervielfachung und die Frequenzteilung.

Die Frequenzumsetzung beruht auf der Aussteuerung eines elektronischen Elementes, das eine nichtlineare Übertragungskennlinie aufweist. Solche Elemente sind nichtlineare Widerstände, Halbleiterdioden, Transistoren und bei großen Leistungen auch Elektronenröhren. In der Praxis werden meist Halbleiterdioden eingesetzt.

Das Verhalten eines solchen nichtlinearen Elementes kann durch eine Potenzreihe für den spannungsgesteuerten Strom ausgedrückt werden:

$$i = C_0 + C_1 u + C_2 u^2 + C_3 u^3 + \ldots . C_n u^n + \qquad (1.86)$$

i Momentanwert des Stroms

u Momentanwert der steuernden Spannung

$C_1, C_2, C_3 \ldots$ Koeffizienten der Kennlinie

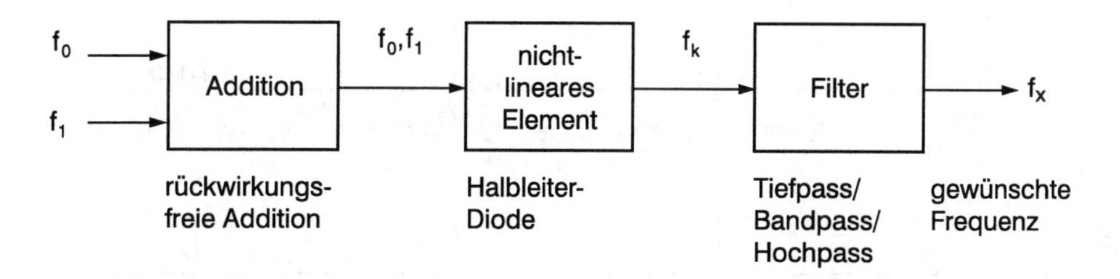

Bild 1.49 Prinzip der Frequenzumsetzung

Bei einer Übertragung nach Bild 1.49 liegen am Eingang zwei Signale mit den Frequenzen f_1 und f_0. Das nichtlineare Element hat eine Charakteristik nach Gl.(1.86). Am Ausgang tritt ein Spektrum auf, das aus den Kombinationsfrequenzen f_k besteht. Dafür gilt die Beziehung:

$$f_\mathrm{k} = \pm m f_1 \pm n f_0 \tag{1.87}$$

mit m, n = 0, 1, 2, 3 .....

Die jeweilige Zahl von m und n hängt von den Koeffizienten in Gl.(1.86) und von der Amplitude der steuernden Spannung u ab. Das entstehende Spektrum ist in **Bild 1.50a** dargestellt [1.19].

Frequenzvervielfachung

Am Eingang des Übertragungskanals liegt nur die Frequenz f_1, die auf das p-fache erhöht werden soll. Durch das nichtlineare Element entsteht das Spektrum:

$$f_\mathrm{k} = m \cdot f_1 \ . \tag{1.88a}$$

Gefordert wird die Frequenz mit $m = p$. Sie wird mit einem Bandpaßfilter, dessen Mittenfrequenz gleich $p\, f_1$ ist, herausgefiltert. Alle übrigen Spektrumanteile werden unterdrückt (**Bild 1.50b**).

Anwendung findet die Frequenzvervielfachung bei der Aufbereitung von Sendefrequenzen aus einem gemeinsamen Frequenznormal.

Aufwärtsmischung

Die Frequenzumsetzung aus einem bestimmten Frequenzbereich in einen beliebig anderen wird als Mischung bezeichnet. Es gibt die Aufwärtsmischung, bei der die Umsetzung in einen höheren Frequenzbereich erfolgt, und die Abwärtsmischung, bei der die Frequenzumsetzung in einen niedrigeren Frequenzbereich erfolgt.

Am Eingang des Übertragungskanals liegt ein Signal mit der Frequenz f_1 und gleichzeitig ein sogenannter Mischträger der Frequenz f_0 (**Bild 1.50c**). Für die Kombinationsfrequenz gilt für diesen Fall:

$$f_\mathrm{k} = \pm f_1 + f_0 \tag{1.88b}$$

Mit einem Bandpaßfilter wird die gewünschte Frequenz $f_0 + f_1$ herausgefiltert.

Anwendung findet die Aufwärtsmischung beispielsweise in Sendern, um ein bei einer niedrigen Frequenz aufbereitetes Signal in den Bereich der höheren Sendefrequenz umzusetzen.

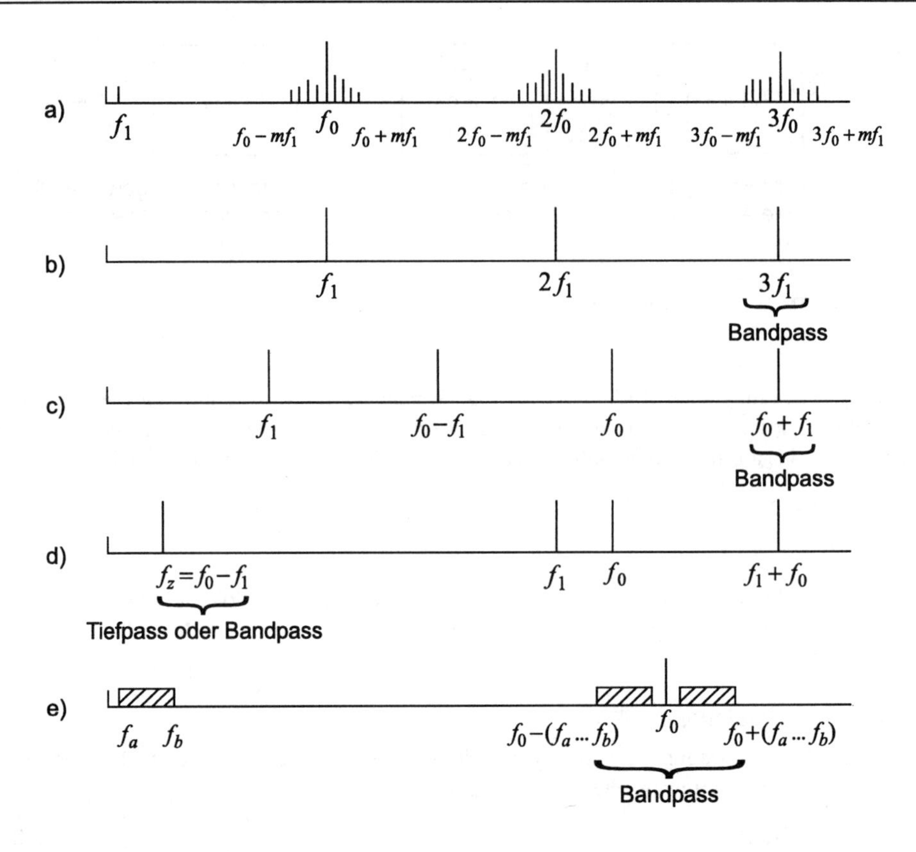

Bild 1.50 Frequenzspektrum bei der Frequenzumsetzung
a) allgemeine Form
b) Frequenzvervielfachung
c) Aufwärtsmischung
d) Abwärtsmischung
e) Modulation

Abwärtsmischung

Am Eingang liegt ein Signal mit der relativ hohen Frequenz f_1, das in einen niedrigeren Frequenzbereich umgesetzt werden soll. Dazu wird dem Eingang ähnlich wie bei der Aufwärtsmischung ein sogenannter Mischträger der Frequenz f_0 zugeführt. Diese Frequenz muß in der Größenordnung der Frequenz f_1 liegen. Die nach Gl.(1.88b) entstehende Differenzfrequenz $f_0 - f_1$ wird so gewählt, daß sie dem gewünschten niedrigen Frequenzbereich entspricht. Die Summenfrequenz $f_0 + f_1$, sowie die Frequenzen f_0 und f_1 werden durch ein Tiefpaß- oder Bandpaßfilter unterdrückt. Das Filter läßt nur die gewünschte Frequenz $f_0 - f_1$ passieren (**Bild 1.50d**).

Anwendung findet die Abwärtsmischung in Empfängern, in denen das empfangene hochfrequente Signal der Frequenz f_e in den Zwischenfrequenzbereich der niedrigeren Frequenz f_z umgesetzt wird. Bei der niedrigeren Frequenz ist die Signalverarbeitung wesentlich einfacher als im hochfrequenten Bereich. Auch sind Übertragungsqualität und Effektivität dabei höher.

Modulation

Am Eingang liegt das sogenannte Modulationssignal, das aus einem niederfrequenten Band mit der Nennfrequenz f_1 sowie der unteren Bandgrenze f_a und der oberen Bandgrenze f_b besteht. Dieses Signal wird zur Übertragung einem hochfrequenten Träger der Frequenz f_0 aufmoduliert. Die Amplituden des Frequenzbandes sind relativ klein gegenüber der Amplitude des hochfrequenten Trägers der Frequenz f_0. Es gilt daher die Beziehung:

$$f_k = \pm f_1 + n\, f_0 \tag{1.88c}$$

Das Ergebnis ist der modulierte hochfrequente Trägers:

$$f_s = f_0 \pm f_1 \tag{1.89}$$

$f_0 - (f_a \dots f_b)$ ist das untere Modulationsseitenband und $f_0 + (f_a \dots f_b)$ das obere Modulationsseitenband. Die Ausfilterung erfolgt mit einem Bandpaßfilter (**Bild 1.50e**)

1.10.7 Doppler-Frequenzverschiebung

Die von einem Sender ausgestrahlte Welle hat am Eingang eines entfernt liegenden Empfängers nur dann die gleiche Frequenz, wenn sich Sender und Empfänger in Ruhe befinden; das heißt, daß ihr Abstand konstant ist bzw. daß sie keine Relativgeschwindigkeit zueinander haben. Bewegt sich der Sender oder der Empfänger oder beide, dann ändert sich der Abstand zwischen Sender und Empfänger und es besteht eine Relativgeschwindigkeit zwischen ihnen. Die am Eingang des Empfängers eintreffende Welle hat dann eine von der Sendefrequenz abweichende Frequenz. Diese Erscheinung wurde zuerst von dem Physiker *Christian Doppler* im optischen Bereich bei der Beobachtung von Sternen wahrgenommen und wird daher *Doppler-Effekt* genannt. Zum Verständnis soll die folgende vereinfachte Darstellung dienen.

Ein sich bewegender Sender *S* strahlt zum Zeitpunkt $t = t_0$ eine Welle der Frequenz $f = 1/T$ aus (**Bild 1.51**). Während der Schwingungsdauer T bewegt sich der Sender in Richtung der sich ausbreitenden Welle um die Weglänge Δs. Aus der Geschwindigkeit der Bewegung des Senders

$$v = \frac{\Delta s}{T} \tag{1.90}$$

ergibt sich die Weglänge

$$\Delta s = vT = \frac{v}{f}\ . \tag{1.91}$$

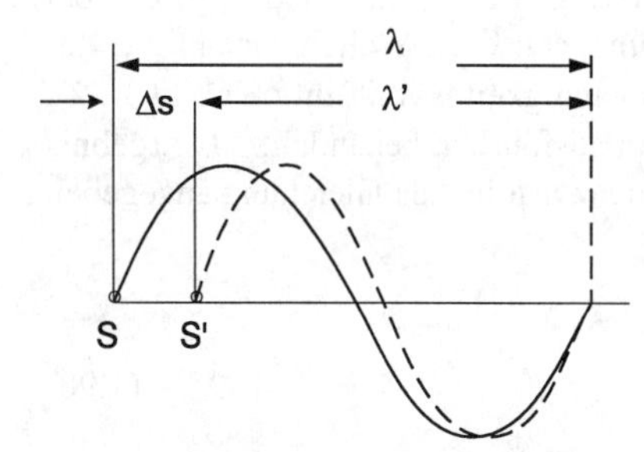

Bild 1.51
Prinzip des Doppler-Effektes

Zu dem Zeitpunkt, an dem die Schwingung den Anfangszustand wieder erreicht – das sind identische Phasen – hat sich die ursprüngliche Gesamtlänge des Weges, die gleich der Wellenlänge λ ist, um die Weglänge Δs verringert. Daraus ergibt sich eine verringerte Wellenlänge

$$\lambda' = \lambda - \Delta s = \lambda - \frac{v}{f} \tag{1.92}$$

Grundsätzlich ist die Wellenlänge über die Ausbreitungsgeschwindigkeit c der Welle mit der Frequenz verknüpft:

$$\lambda = \frac{c}{f}. \tag{1.93}$$

Somit kann die Gl.(1.92) wie folgt geschrieben werden.

$$\begin{aligned} \lambda' &= \frac{c}{f'} \\ &= \frac{c}{f} - \frac{v}{f} = \frac{c}{f}\left(1 - \frac{v}{c}\right). \end{aligned} \tag{1.94}$$

Die durch die Bewegung des Senders entstandene Verschiebung der Frequenz f auf f' heißt Doppler-Frequenzverschiebung. Nach Gl.(1.94) ist

$$f' = f\frac{1}{1 - \frac{v}{c}}. \tag{1.95}$$

Die Geschwindigkeit der Bewegung v des Senders ist gegenüber der Ausbreitungsgeschwindigkeit der Welle c sehr klein. Daher kann für Gl.(1.95) näherungsweise gesetzt werden:

$$f' = f\left(1 + \frac{v}{c}\right). \tag{1.96}$$

Die Differenz $(f' - f)$ ist die Doppler-Frequenz f_d

$$f_d = f\frac{v}{c}. \tag{1.97}$$

Für eine exakte Betrachtung des Doppler-Effektes müssen die relativistischen Einflüsse Berücksichtigung finden, wie die Untersuchungen entsprechender Vorgänge mit elektromagnetischen Wellen im Lichtwellenbereich gezeigt haben. Im Gegensatz zum Doppler-Effekt bei mechanischen Wellen (akustische Wellen) ist bei elektromagnetischen Wellen sowohl die Relativgeschwindigkeit ($v \cos \gamma$) als auch die absolute Geschwindigkeit v von Einfluß (**Bild 1.52**). In der Literatur der theoretischen Physik wird das Problem ausführlich behandelt. Als Ergebnis ist darin für die am Ort des Empfängers beobachtete Frequenz f_e folgende Gleichung angegeben [1.6, 1.11]:

$$f_e = f_s \frac{1 + \frac{v \cos \gamma}{c}}{\sqrt{1 - \left(\frac{v}{c}\right)}} \tag{1.98}$$

Darin bedeuten:

- f_s Sendefrequenz
- v Geschwindigkeit des Senders
  Vorzeichen positiv bei Verringerung des Abstandes Sender/Empfänger
  Vorzeichen negativ bei Vergrößerung des Abstandes Sender/Empfänger
- γ Winkel zwischen Geschwindigkeitsvektor und Richtung vom Sender zum Empfänger (Bild 1.52)

Für die praktische Auswertung ist eine Vereinfachung dieser Gleichung zweckmäßig. Mit einer Reihenentwicklung für den Quotienten

$$\frac{1}{\sqrt{1-\left(\frac{v}{c}\right)^2}}$$

kann für Gl.(1.98) gesetzt werden:

$$f_e = f_s\left(1+\frac{v\cos\gamma}{c}\right)\left(1+\frac{v^2}{2c^2}+\frac{v^4}{8c^4}+....\right) \tag{1.99a}$$

$$= f_s\left(1+\frac{v\cos\gamma}{c}\right)+f_s\left(1-\frac{v\cos\gamma}{c}\right)\Delta_1 \tag{1.99b}$$

$$\Delta_1 = \frac{v^2}{2c^2}+\frac{v^4}{8c^4}+.... \tag{1.100}$$

Der Term Δ_1 ist ein Maß für den transversalen Doppler-Effekt [1.13]. Er bringt zum Ausdruck, daß nach der Relativitätstheorie der Doppler-Effekt auch dann nicht verschwindet, wenn die Relativgeschwindigkeit ($v \cos \gamma$) Null ist.

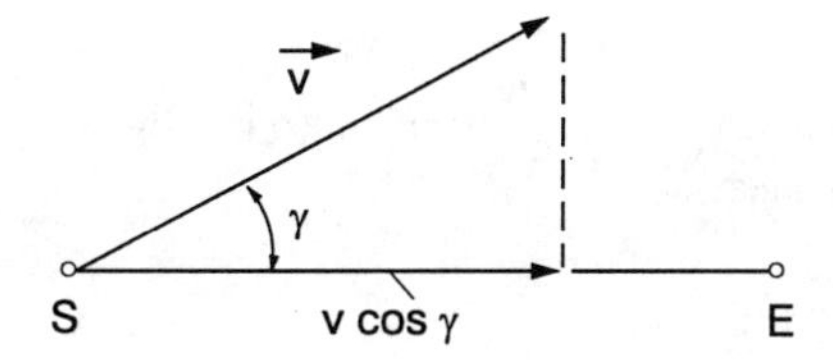

Bild 1.52
Geschwindigkeitskomponenten beim Doppler-Effekt

Im Allgemeinen wird der Term Δ_1 vernachlässigt, weil auch bei Satellitenortungssystemen c sehr groß zu v ist wie folgendes Beispiel zeigt: Bei einem in einer Bahnhöhe von 1000 km umlaufenden Satelliten beträgt die Geschwindigkeit v etwa 7,34 km/s. Mit der Ausbreitungsgeschwindigkeit der Welle von etwa 300 000 km/s ist das Verhältnis der Geschwindigkeiten etwa gleich $2{,}4 \cdot 10^{-5}$. Daher kann in der Praxis in erster Näherung mit folgender Gleichung gerechnet werden;

$$f_e = f_s\left(1+\frac{v\cos\gamma}{c}\right). \tag{1.101}$$

Die Doppler-Frequenz ist damit gleich

$$f_d = f_e - f_s = f_s \frac{v \cos\gamma}{c} \quad . \tag{1.102}$$

Die beiden Gleichungen stimmen mit Gl.(1.96) und (1.97) überein, die für $\gamma = 0$ gelten. Der Vorgang des Entstehens des Doppler-Effektes bei umlaufenden Satelliten geht aus **Bild 1.53** hervor. Die Änderung der Entfernung ρ zwischen Satellit und Empfänger in Abhängigkeit von der Zeit entspricht der Relativgeschwindigkeit. Je größer die Entfernungsänderung pro Zeiteinheit ist, desto größer ist die Doppler-Frequenzverschiebung. Zum Zeitpunkt des Entfernungsminimums ρ_{min} ist die Relativgeschwindigkeit Null und demzufolge auch die Doppler-Frequenz. Der Maximalwert der Doppler-Frequenz f_d tritt bei der maximalen Relativgeschwindigkeit auf. Die Empfangsfrequenz f_e ist größer als die Sendefrequenz f_s, wenn sich der Satellit dem Empfänger nähert, sie ist kleiner, wenn sich der Satellit entfernt. Dementsprechend ist die Doppler-Frequenz positiv bzw. negativ. Je geringer die Höhe h der Satellitenbahn ist, desto schneller ist der Übergang von der vergrößerten zur verringerten Empfangsfrequenz (**Bild 1.54**).

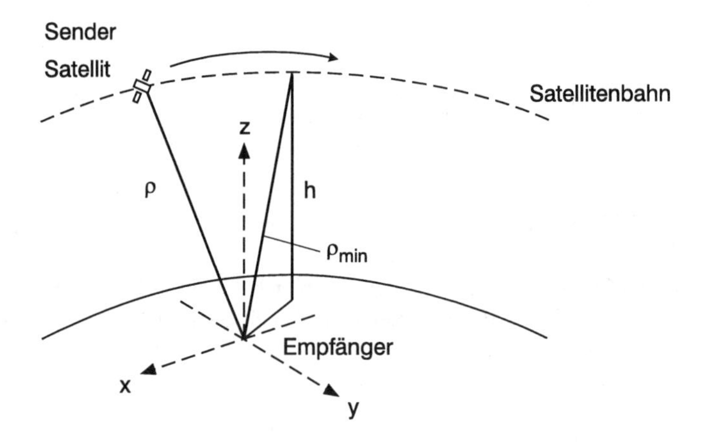

Bild 1.53 Entstehung der Doppler-Frequenzverschiebung bei umlaufenden Satelliten im Vorbeiflug
ρ momentane Schrägentfernung Satellit - Empfänger
ρ_{min} Minimum der Schrägentfernung

Durch Messung der Doppler-Frequenz f_d kann bei bekannter Frequenz f_s und bekanntem Winkel γ der Betrag der Geschwindigkeit v bestimmt werden:

$$v = \frac{c}{f_s \cos\gamma} f_d \tag{1.103}$$

Zur Messung muß das Empfangsgerät einen Oszillator besitzen, dessen Frequenz f_b mit der Frequenz f_s des Senders übereinstimmt. Praktisch ist das nur in Annäherung zu erreichen. Der Zusammenhang geht aus folgender Beziehung hervor.

Nach Gl.(1.101) gilt für die Messung:

$$f_d = \left| f_e - f_b \right| \tag{1.104a}$$

$$= f_s \left(1 + \frac{v \cos \gamma}{c} \right) - f_b \tag{1.104b}$$

$$= \left(f_s - f_b \right) + f_s \frac{v \cos \gamma}{c} \tag{1.104c}$$

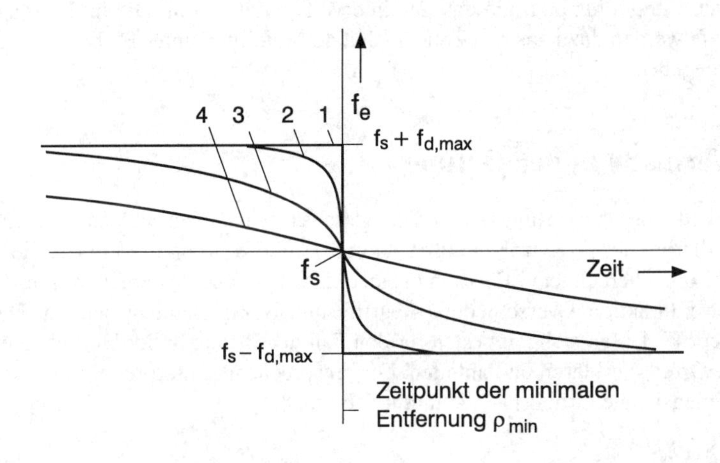

Bild 1.54 Änderung der Empfangsfrequenz f_e gegenüber der Sendefrequenz f_s von einem mit konstanter Geschwindigkeit umlaufenden Satelliten nach Bild 1.53
1: umlaufendes Objekt in der Höhe Null (Landfahrzeug)
2: Satellit in geringer Bahnhöhe
3: Satellit in mittlerer Bahnhöhe
4: Satellit in großer Bahnhöhe

Während dem Nutzer des Empfängers die Sendefrequenz f_s bekannt ist, hat er keine Kenntnis über den genauen Wert der Frequenz f_b des Oszillators. Dieser Wert bestimmt aber die Größe von ($f_s - f_b$) und damit die Größe der Doppler-Frequenz f_d. Auch der Zahlenwert des Winkels γ hat Einfluß auf die Größe von f_d. Während beispielsweise bei dem in der Luftfahrt verwendeten Doppler-Navigator [1.12] der Winkel γ, der zwischen der Richtung des Geschwindigkeitsvektors des Objektes mit dem Sender und der Richtung der abgestrahlten Welle besteht, eine konstante und bekannte Größe ist, ändert sich der Winkel bei Messungen mit vorbeifliegenden Objekten (Satelliten) und vorbeifahrenden (Landfahrzeugen) laufend. Der momentane Wert der Doppler-Frequenz kann in diesen Fällen nur in einem komplizierten und aufwendigen Verfahren ermittelt werden. Es ist daher zweckmäßig, die durch den Doppler-Effekt auftretende Änderung der Frequenz des Empfangssignals f_e gegenüber der Frequenz eines Bezugssignals f_b zu bestimmen. Das Bezugssignal wird von einem im Empfänger befindlichen Oszillator geliefert. Seine Frequenz muß eine außerordentlich hohe Frequenzstabilität besitzen. Gemessen wird über ein bestimmtes Zeitintervall, indem von der Schwingung mit der Differenzfrequenz $(f_e - f_b)$ die Nulldurchgänge gezählt werden. Das erfolgt durch Integration über die Zeit T_1 bis T_2. Das Ergebnis wird als Doppler-Count C_d bezeichnet:

$$C_d = \int_{T_1}^{T_2} (f_e - f_b) \; dt \tag{1.105}$$

C_d integrierter Doppler-Count zwischen T_1 und T_2
T_1 Zeitsignal am Anfang des Zählintervalls
T_2 Zeitsignal am Ende des Zählintervalls

Die Zeitsignale werden benutzt, um das Zählintervall zu definieren. Die im Empfänger wirksamen Zeitpunkte werden dazu aus den Zeitsignalen des Satelliten unter Einbeziehung der Signallaufzeiten angegeben.

1.11 Fehlermaße in der Ortung

Die Genauigkeit von Funkortungs- und Navigationssystemen wird erstens durch die Fehler beschrieben, die bei den Meßgrößen auftreten und zweitens durch die Fehler, die sich bei der aus den Meßgrößen berechneten Position des betreffenden Objektes ergeben. Für die Fehlerangaben werden international verschiedene Begriffe und Bezeichnungen benutzt. Die Definitionen dieser Begriffe lassen sich am besten für den Fall der Ortung in der Horizontalebene (zweidimensionale Ortung) erklären und ableiten. Die entsprechende Interpretation für die Ortung im Raum (dreidimensionale Ortung) ist dann relativ einfach.

1.11.1 Fehlerarten

Es ist grundsätzlich zwischen systematischen und zufälligen Fehlern zu unterscheiden. Systematische Fehler haben gleichbleibende Ursachen, die entsprechende Meßergebnisse in gleicher Weise verfälschen. Diese Fehler können meist experimentell bestimmt werden und lassen sich somit beispielsweise durch Korrekturen oder Kompensationsmaßnahmen eliminieren. Typische systematische Fehler sind Laufzeitverzögerungen in der Empfangsanlage.

Zufällige Fehler haben Ursachen, die laufenden Schwankungen unterliegen. Es bestehen keine Gesetzmäßigkeiten für Betrag und Richtung der entstehenden Fehler. Diese Fehler sind Zufallsgrößen im Sinne der mathematischen Wahrscheinlichkeitsrechnung, sie lassen sich nicht mit Einzelmessungen bestimmen. Nur mit einer den Gesetzen der Statistik entsprechenden hohen Anzahl von Einzelmessungen lassen sich Aussagen zu Betrag, Richtung und Häufigkeit der Fehler machen. Eine Korrektur oder Kompensation dieser Fehler ist nicht möglich. Typische zufällige Fehler sind Anomalien der Ausbreitung der elektromagnetischen Welle, nichtsystematische Störungen, Meßrauschen und Meßunsicherheiten.

Bei der Angabe der Genauigkeit von Funkortungssystemen werden im Allgemeinen nur Fehler berücksichtigt, die eine statistische Verteilung aufweisen und den Gesetzen der Wahrscheinlichkeit unterliegen (1.26, 1.27, 1.10).

1.11.2 Fehlermaße der Standlinie

Bei den Satellitenfunkortungssystemen ergeben die jeweiligen Meßgrößen entsprechende Standlinien. Sind die Meßgrößen Entfernungen, ergeben sich Kreise in der Horizontalebene, sind es Entfernungsdifferenzen so ergeben sich Hyperbeln in der Horizontalebene. Die Meßwerte x_i haben zufällige Fehler mit einer Gaußschen Verteilung (Normalverteilung). Das arithmetische Mittel $\overline{x}$ aller Meßwerte x_i von n Messungen ist:

$$\overline{x} = \frac{1}{n}\sum_{i=1}^{n} x_i \quad . \tag{1.106}$$

Das ist derjenige Wert einer Gaußschen Verteilung, der am wahrscheinlichsten auftritt; er wird als *Erwartungswert* bezeichnet. Die Abweichungen der einzelnen Meßwerte vom arithmetischen Mittelwert sind die Meßfehler:

$$\Delta x = x_i - \overline{x} \,. \tag{1.107}$$

Bei der Gaußschen Verteilung treten positive und negative Abweichungen vom arithmetischen Mittelwert mit gleichem Betrag gleichhäufig auf; das heißt, die Fehlerhäufigkeit in Abhängigkeit von Betrag und Vorzeichen hat einen symmetrischen Verlauf. Die *Streuung* der Meßwerte ist

$$s = \sqrt{\frac{1}{n-1}\sum_{i=1}^{n}\left(x_i - \overline{x}\right)^2} \tag{1.108a}$$

Geht die Anzahl der Meßwerte n nach Unendlich, so wird aus der Streuung die Standardabweichung σ (*standard deviation*):

$$s = \sigma \quad \text{für} \quad n \to \infty \tag{1.108b}$$

Die Gaußsche Verteilung wird mit der *Wahrscheinlichkeitsdichtefunktion* $\varphi(x)$ beschrieben:

$$\varphi(x) = \frac{1}{\sigma\sqrt{2\pi}} \exp\left(-\frac{x_i - \overline{x}}{2\sigma^2}\right) . \tag{1.109}$$

Darin bedeuten:

x_i fehlerbehafteter Meßwert (Zufallsgröße),
$\overline{x}$ wahrscheinlichster Wert (Erwartungswert),
σ Standardabweichung.

$\varphi(x)$ gibt das Maß der Wahrscheinlichkeit für das Auftreten des betreffenden Meßwertes an. Die Kurve dieser Funktion, die sog. Gaußsche Glockenkurve (**Bild 1.55**) hat ihr Maximum bei $x = \overline{x}$ und weist Symmetrie zur Geraden $x = \overline{x}$ auf. Wendepunkte liegen bei $x = \overline{x} - \sigma$ und $x = \overline{x} + \sigma$.

Die *Wahrscheinlichkeitsverteilungsfunktion* ergibt sich durch Integration von $\varphi(x)$:

$$\phi(x) = \int_{-\infty}^{x} \varphi(x)\mathrm{d}x \ . \tag{1.110}$$

Die Funktionen $\varphi(x)$ und $\phi(x)$ können tabelliert mathematischen Handbüchern entnommen werden. Die dort angegebenen Tabellen gelten meist für die standardisierte Form, für die $\overline{x} = 0$ (Zentrierung) und $\sigma = 1$ (Normierung) gesetzt wurde. Die Gleichung (1.109) lautet dann

$$\varphi(x)_{0,1} = \frac{1}{\sqrt{2\pi}} \exp\left(-\frac{x^2}{2}\right) \quad , \quad \text{wobei} -\infty < x < +\infty. \tag{1.111}$$

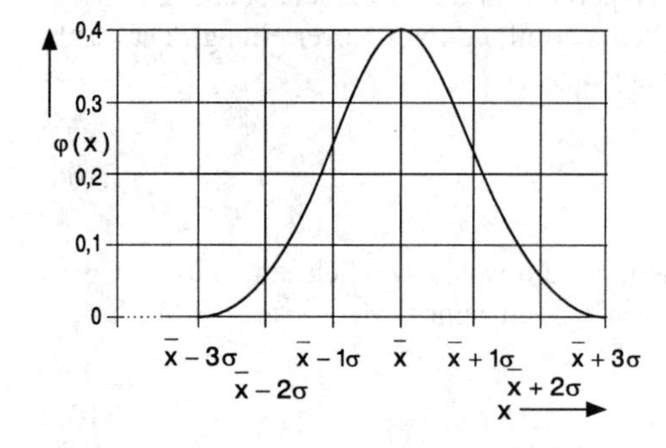

Bild 1.55
Wahrscheinlichkeitsdichtefunktion $\varphi(x)$ der standardisierten Gaußschen Verteilung (Normalverteilung) Standardabweichung $\sigma = 1$

In **Bild 1.56** sind einige Intervalle und die ihnen zugeordneten Wahrscheinlichkeiten angegeben. Beispielsweise gehört zu dem Meßintervall $\bar{x}-\sigma$ bis $\bar{x}+\sigma$ die Wahrscheinlichkeit $W = 0{,}683$; das bedeutet, daß mit einer Wahrscheinlichkeit von 68,3 % die Meßfehler $|x_i - \bar{x}|$ kleiner als die Standardabweichung σ sind, oder mit anderen Worten, daß etwa 68 von 100 Messungen Fehler haben, die kleiner als σ sind.

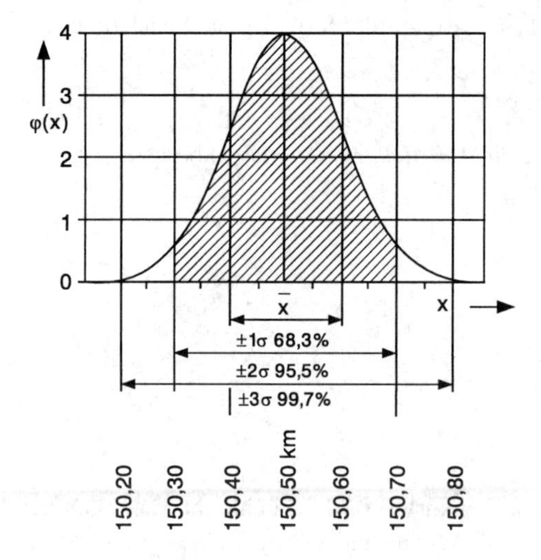

Bild 1.56
Beispiel der Fehlerverteilung der gemessenen Entfernung x_i
Wahrer Wert $\bar{x}$ = 150,5 km, σ = 0,1 km.

Mit einer Wahrscheinlichkeit von 95,5 % liegt der gemessene Wert im Bereich ± 2 σ beiderseits des wahren Wertes. Oder anders ausgedrückt: Von 100 Meßwerten liegen 95 zwischen 150,3 und 150,7 km (schraffierte Fläche).

In der Praxis hat es sich als vorteilhaft erwiesen, den Standlinienfehler mit einer Wahrscheinlichkeit von 95% anzugeben, für sie ist ein Standlinienfehler nicht größer als 2σ (exakt 1,96σ). Der Bereich ± 2σ beiderseits der wahren Standlinie ist der Streubereich.

Beispiel für die Angabe eines Streubereiches:

- Standlinie: Gerade (Azimutwinkel Θ)
- Standardabweichung: $\sigma = 0{,}4°$
- fehlerfreier Meßwert (wahre Standlinie): $\Theta_0 = 30°$
- wahrscheinliche Meßwerte für $W = 95$ % im Bereich $\Theta_0 - 2\sigma$ bis $\Theta_0 + 2\sigma$: 29,2° bis 30,8°

1.11.3 Fehlermaße des Standortes

Der Standort in der Horizontalebene ergibt sich aus dem Schnittpunkt von zwei Standlinien. Wenn die aus den Messungen gewonnenen Standlinien S_1' und S_2' gegenüber den wahren Standlinien S_1 und S_2 eine fehlerhafte Abweichung x und y haben, weicht der sich aus dem Schnittpunkt gewonnene Standort P vom wahren Standort P_W ab (**Bild 1.57**). Die Strecke von P_W bis P ist der vektorielle Standortfehler ε (Ortungsfehler), er ist abhängig von den Standlinienfehlern x und y sowie vom Schnittwinkel β der beiden Standlinien. Da die Standlinienfehler zufällige Fehler sind, ist auch der Standortfehler mit Betrag und Winkel eine Zufallsgröße.

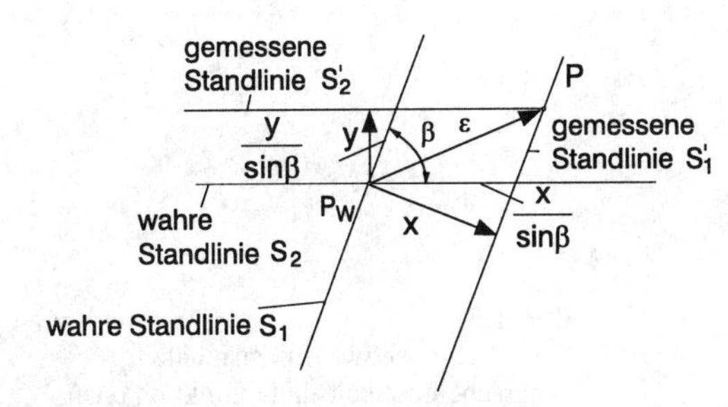

Bild 1.57 Standortfehler infolge der Fehler bei der Standlinienmessung
P_W wahrer Standort
P fehlerhafter Standort
x Fehler bei der Messung der Standlinie S_1
y Fehler bei der Messung der Standlinie S_2
ε vektorieller Standortfehler (Ortungsfehler)
β Schnittwinkel der Standlinien

Für den Standort im Raum müssen diese Betrachtungen noch um die dritte Dimension erweitert werden; im Prinzip gelten die gleichen Beziehungen.

Zur Vereinfachung der Betrachtungen wird auch in den weiteren Ausführungen die zweidimensionale Ortung zugrunde gelegt.

International sind drei Fehlermaße für den Standortfehler gebräuchlich: Fehlerellipse, mittlerer Punktfehler d_{rms} und Fehlerkreis (CEP). Sie werden in den folgenden Abschnitten erläutert.

1.11.3.1 Fehlerellipse

Das **Bild 1.58** zeigt ähnlich wie Bild 1.57 zwei sich schneidende wahre Standlinien, deren Schnittpunkt der wahre Standort P_W ist. Außerdem sind bei den Standlinien die Kurven der Wahrscheinlichkeitsdichtefunktion (siehe Bild 1.55) eingetragen, die den Meßfehlern der Standlinien entsprechen. Für einen Meßfehler vom Betrag einer Standardabweichung gelten die gestrichelten Standlinien. Die Standardabweichungen für die beiden Standlinien sind im Allgemeinen ungleich, so daß auch die Dichtefunktionen unterschiedliche Maximalwerte haben.

Die Ursachen der Standlinienfehler können korreliert sein; das wird mit dem Korrelationskoeffizienten k ausgedrückt. Bei voller Korrelation ist $k = 1$ (tritt aus physikalischen Gründen bei dieser Art der Ortung nicht auf), ohne Korrelation ist $k = 0$ (dieser Fall tritt häufig auf). Meist liegt k zwischen 0 und 0,3.

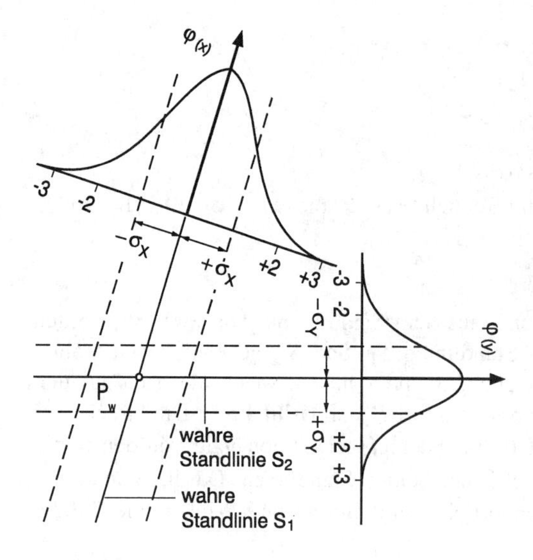

Bild 1.58
Standortfehler infolge der Fehler bei der Standlinienmessung (ähnlich Bild 1.57) mit den zugehörigen Wahrscheinlichkeitsdichtefunktionen

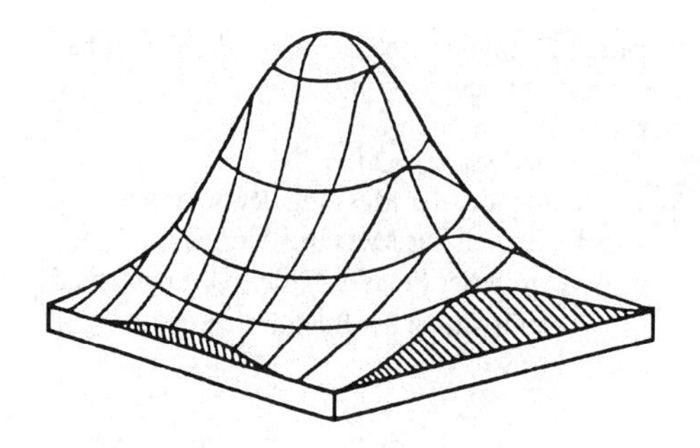

Bild 1.59
Oberfläche der zweidimensionalen Wahrscheinlichkeitsdichtefunktion nach Normierung.

Um eine Vorstellung von der zweidimensionalen Fehlerverteilung bei der Ortung zu erhalten, wird angenommen, daß der Korrelationskoeffizient $k = 0$ ist, ferner werden die Wahrscheinlichkeitsdichtefunktionen für die zwei Standlinien so normiert, daß ihre Maxima die gleiche Höhe haben. Beide Kurven werden dann in einem räumlichen Koordinatenbild unter dem Schnittwinkel β vertikal aufgezeichnet, so daß sie die Schnittflächen eines Körpers bilden (**Bild 1.59**). Der Körper gibt bildlich die zweidimensionale Wahrscheinlichkeitsdichtefunktion wieder, wie sie für den Standortfehler gilt. Die Linien gleicher Höhe auf der Oberfläche entsprechen bestimmten Fehlerbeträgen. Diese *Höhenlinien* haben die Form von Ellipsen; sie sind der geometrische Ort der Standortfehler mit gleicher Wahrscheinlichkeit.

Die Ellipse läßt sich auch rechnerisch bestimmen. Für den allgemeinen Fall, daß eine Korrelation mit dem Korrelationskoeffizienten k besteht, ist der geometrische Ort konstanter Wahrscheinlichkeitsdichte durch folgende Beziehung gegeben:

$$\frac{1}{2\left(1-k^2\right)}\left(\frac{X^2}{\sigma_x{}^2}+\frac{Y^2}{\sigma_y{}^2}-2k\,\frac{XY}{\sigma_x\,\sigma_y}\right) = c_e{}^2 \quad . \tag{1.112}$$

Diese Gleichung stellt eine Ellipse im X-Y-Koordinatensystem mit der Ellipsenkonstante $c_e{}^2$ dar; sie ist der geometrische Ort aller vektoriellen Ortungsfehler $P_W P$ gleicher Wahrscheinlichkeit. Die Ortungsfehler haben somit unterschiedliche Beträge und unterschiedliche Richtungswinkel. Die Ellipse mit $c_e^2 = 1$ wird meist gemeint, wenn allgemein die Fehlerellipse angeführt wird. Bei ihr liegen mit einer Wahrscheinlichkeit von 39,3 % alle Ortungsfehler innerhalb der Ellipse; das bedeutet, daß von 100 Meßergebnissen bei 39 die Fehler innerhalb der Ellipse liegen.

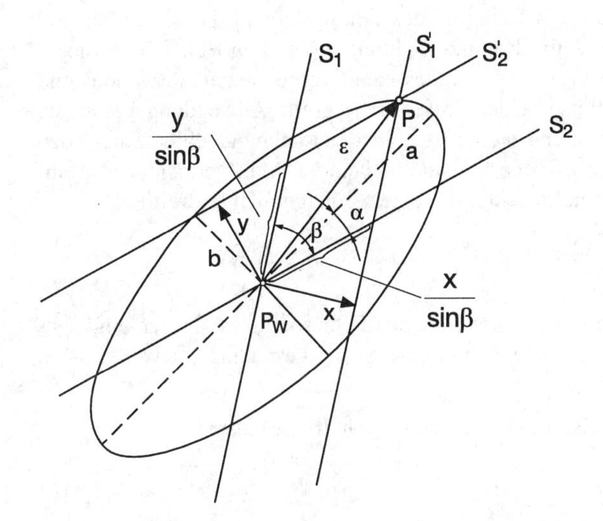

Bild 1.60
Fehlerellipse
Alle Orte P, die auf der Ellipse mit der Konstanten c_e^2 liegen, haben gleiche Wahrscheinlichkeiten

Die Halbachsen der Ellipse lassen sich für den Fall, daß $k = 0$ ist, aus folgender Beziehung berechnen (**Bild 1.60**):

$$a,b = \frac{1}{2\sin\beta}\left[\sqrt{\sigma_x^2 + \sigma_y^2 + 2\sigma_x\sigma_y\sin\beta} \pm \sqrt{\sigma_x^2 + \sigma_y^2 - 2\sigma_x\sigma_y\sin\beta}\right] \quad . \tag{1.113}$$

Dabei gilt vor der 2. Wurzel das Vorzeichen + für a und das Vorzeichen – für b. Für den Winkel α, den die große Halbachse a mit der Standlinie S_2 bildet, gilt:

$$\tan 2\alpha = \frac{\sin 2\beta}{\left(\frac{\sigma_x}{\sigma_y}\right)^2 + \cos 2\beta} \tag{1.114}$$

Es lassen sich auch Ellipsen definieren, die für eine größere Wahrscheinlichkeit als 39,3% gelten; in diesen Fällen nimmt c_e^2 Werte > 1 an (**Tabelle 1.14**). Die Halbachsen der Ellipse sind dann um den Faktor c_e vergrößert.

Tabelle 1.14 Wahrscheinlichkeit W, für die der Standortfehler innerhalb der Ellipse liegt, in Abhängigkeit von der Ellipsenkonstanten c_e

c_e	W %
1,00	39,3
1,17	50,0
1,50	67,5
2,00	86,5
2,50	95,6
3,00	98,9

Für den Fall, daß die Standlinien senkrecht zueinander verlaufen, d.h. für $\beta = 90°$, sind die Halbachsen gleich den Standardabweichungen:

$$a = \sigma_x \; ; \quad b = \sigma_y \; . \tag{1.115}$$

Die große Halbachse fällt mit der Standlinie S_2 zusammen.

Die Fehlerellipse ist ein Maß für Betrag und Richtung des Ortungsfehlers. Da sie durch drei Bestimmungsgrößen – kleine und große Halbachse und Richtung der großen Halbachse – gegeben ist, muß sie jeweils erst berechnet werden. Wegen des damit verbundenen Aufwandes und der erforderlichen Zeit hat die Fehlerellipse in der Praxis keine breite Anwendung gefunden, vor allem nicht in der Luftfahrt. Statt dessen werden die beiden skalaren Fehlerkenngrößen mittlerer Punktfehler und Fehlerkreis bzw. Fehlerkreisradius benutzt. Man verzichtet also auf die Angabe der Richtung und gibt den Standortfehler mit einem einzigen Zahlenwert an.

1.11.3.2 Mittlerer Punktfehler d_{rms}

Der mittlere Punktfehler ist der quadratische Mittelwert des Fehlerbetrages. In der englischsprachigen Literatur wird er mit *distance root mean square* (d_{rms}) bezeichnet (zuweilen auch drms geschrieben).

Der Betrag des Ortungsfehlers ε ist nach Bild 1.57 gegeben durch die Beziehung

$$\varepsilon^2 = \frac{1}{\sin^2 \beta}\left(x^2 + y^2 + 2\,x\,y \cos\beta\right) \; . \tag{1.116}$$

Da die Standlinienfehler Zufallsgrößen sind, ist auch ε eine Zufallsgröße. Werden für die Standlinien die Standardabweichungen σ_x und σ_y eingesetzt und wird eine Korrelation mit dem Korrelationskoeffizienten k der Meßwerte der beiden Standlinien angenommen, so ergibt sich mit einer bestimmten Wahrscheinlichkeit der Erwartungswert des Ortungsfehlers aus folgender Gleichung:

$$E\left(\varepsilon^2\right) = \frac{1}{\sin^2 \beta}\left(\sigma_x^2 + \sigma_y^2 + 2k\,\sigma_x \sigma_y \cos\beta\right) \; . \tag{1.117}$$

Die Wurzel daraus ist der mittlere Punktfehler

$$d_{rms} = \frac{1}{\sin\beta}\sqrt{\sigma_x^2 + \sigma_y^2 + 2k\,\sigma_x \sigma_y \cos\beta} \; . \tag{1.118}$$

Die Gleichung zeigt, daß der mittlere Punktfehler von der Elliptizität des Ortungsfehlers abhängt.

Für den Fall, daß zwischen den beiden Standlinienwerten keine Korrelation besteht, wird $k = 0$ und (1.118) vereinfacht sich zu

$$d_{rms} = \frac{1}{\sin\beta}\sqrt{\sigma_x^2 + \sigma_y^2} \; . \tag{1.119}$$

Diese Beziehung ergibt sich auch bei Anwendung der Gesetze der Statistik. Danach kann eine zweidimensionale Fehlerverteilung dadurch gewonnen werden, daß die Varianzen (Quadrate der Standardabweichungen) von zwei unkorrelierten Standlinienfehlern einfach addiert werden.

Wird in (1.118) und (1.119) anstelle der Zahlenwerte von σ der doppelte Wert 2σ eingesetzt, so erhält man betragsgleich den *double distance root mean square* $2d_{rms}$.

Im Gegensatz zu den anderen Fehlermaßen ist die Wahrscheinlichkeit W beim mittleren Punktfehler in begrenztem Maße vom Verhältnis $\nu = \sigma_x/\sigma_y$ abhängig (**Bild 1.61**). Bei $\nu = 0$, also $\sigma_x = 0$, wird der eindimensionale Fall erreicht, und die Wahrscheinlichkeit hat den Wert wie bei einer Standlinienmessung, nämlich $W = 68{,}3$ %. Bei $\nu = 1$ wird der für die kreisförmige Fehlerfunktion geltende Wert $W = 63{,}3$ % erreicht.

Zur Auswertung des mittleren Punktfehlers wird ein Kreis um den wahren Standort mit dem Radius d_{rms} bzw. $2d_{rms}$ gezogen. Dann liegen die Ortungsfehler mit der Wahrscheinlichkeit von 63 ... 68 % bzw. 93 ... 98 % innerhalb des Kreises.

1.11.3.3 Fehlerkreis (CEP)

Die einfachste Art der Angabe der Genauigkeit bei der Standortbestimmung ist die Formulierung eines Fehlerkreises. Sie bezieht sich auf den Radius des Kreises, innerhalb dessen der Fehler mit einer bestimmten Wahrscheinlichkeit liegt. Das heißt, daß der auftretende Fehler mit dieser Wahrscheinlichkeit in beliebiger Richtung kleiner als der Radius ist. Der Mittelpunkt des Kreises ist der wahre Standort und daher der Punkt mit dem Fehler null. Wird für den Fehlerkreis eine Wahrscheinlichkeit von beispielsweise 95 % genannt, dann liegen 95 von 100 Ortungsergebnissen innerhalb des Fehlerkreises. In der englischsprachigen Literatur ist die Bezeichnung *circular error probability*, abgekürzt CEP, gebräuchlich.

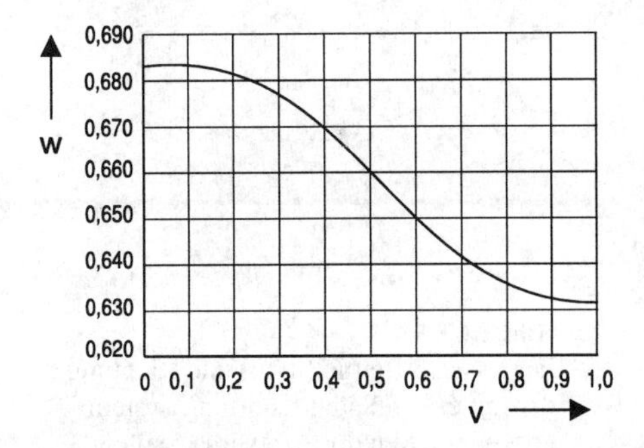

Bild 1.61
Wahrscheinlichkeit W in Abhängigkeit vom Verhältnis $\nu = \sigma_x/\sigma_y$ der Standardabweichungen

Der Vorteil des Fehlerkreises besteht darin, daß feste Aussagen zur Wahrscheinlichkeit gemacht werden, indem die Berechnung des Fehlerkreises von einer vorgegebenen Wahrscheinlichkeit ausgeht. Die exakte Berechnung des Fehlerkreises ist aufwendig, jedoch gibt es Näherungsformeln, die für die Praxis ausreichend genau sind. Die zu einem Fehlerkreisradius R bzw. CEP gehörende Wahrscheinlichkeit wird als Index angefügt, beispielsweise schreibt man R_{50} oder CEP_{50} für eine Wahrscheinlichkeit von 50 %. Er läßt sich nach folgender Näherungsformel mit Hilfe der Standardabweichungen σ_x und σ_y in einem orthogonalen x-y-Koordinatensystem berechnen:

$$R_{50} = CEP_{50} = 0{,}59\left(\sigma_x + \sigma_y\right) \pm 3\,\%\,, \quad \text{gültig für} \quad \frac{\sigma_y}{3} < \sigma_x < 3\sigma_y \tag{1.120}$$

Zur Beurteilung von Funkortungssystemen wird die Genauigkeit meist mit dem Fehlerkreis R_{95} bzw. CEP_{95} für $W = 95\%$ oder dem doppelten mittleren Punktfehler $2d_{rms}$, der ebenfalls für etwa 95% gilt, angegeben.

Für beliebige Wahrscheinlichkeiten W und Standardabweichungen σ_x und σ_y unkorrelierter Meßergebnisse kann der Fehlerkreisradius R nach **Bild 1.62** berechnet werden. Daraus wurden auch für einige Faktoren zur Vervielfachung der Fehlerkreisradien die zugehörigen Wahrscheinlichkeiten entnommen, mit der ein Ortungsfehler innerhalb des Fehlerkreises liegt (**Tabelle 1.15**).

Einen anschaulichen Vergleich der verschiedenen Fehlerangaben bietet **Bild 1.63**, das die Fehler der mit einem Satellitenortungssystem ermittelten Standorte als Abweichungen in einem rechtwinkligen Koordinatensystem enthält. Die eingezeichnete Fehlerellipse, der mittlere doppelte Punktfehler 2 d_{rms} und der Fehlerkreisradius R_{95} wurden berechnet. Eine Auszählung der etwa 115 Meßergebnisse zeigt eine gute Übereinstimmung mit der Berechnung.

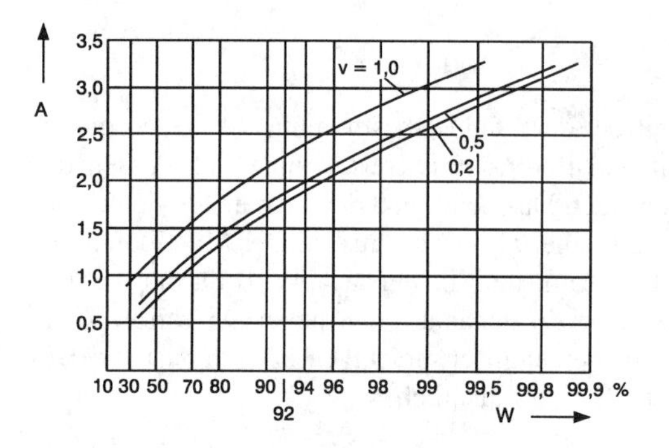

Bild 1.62
Normierter Fehlerkreisradius $A = R/\sigma_y$ in Abhängigkeit von der Wahrscheinlichkeit W.
Parameter: Verhältnis der Standardabweichungen $v = \sigma_x/\sigma_y$

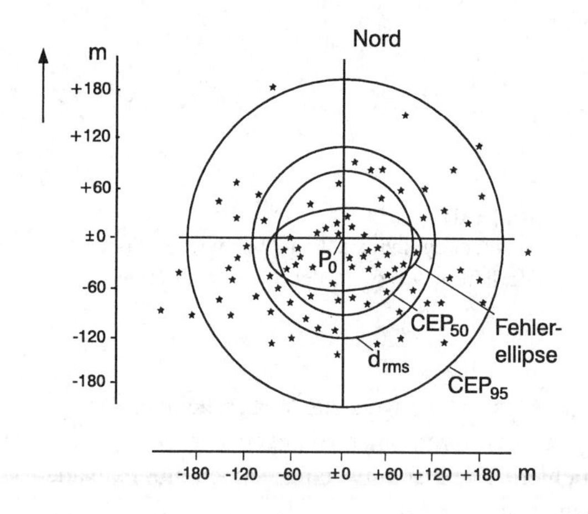

Bild 1.63
Fehler nach Betrag (in m) und Richtung der mit einem Satellitenortungssystem ermittelten Standorte (etwa 115) und die zugehörigen Fehlergrößen.
P_0: wahrer Standort

F	W in %	
	$v = 0{,}2$	$v = 1$
1,0	50,0	50,0
1,5	71,4	78,1
2,0	83,3	93,3
2,5	91,5	98,7
3,0	96,4	99,8

Tabelle 1.15
Wahrscheinlichkeit W, für die der Standortfehler innerhalb des Fehlerkreises liegt, dessen Radius um den Faktor F erhöht wurde

Parameter:
$v = \sigma_x/\sigma_y$
bei $\sigma_x \leq \sigma_y$

2 Satellitensysteme für Ortung und Navigation

Nach dem Start des ersten künstlichen Erdsatelliten namens *Sputnik* am 4.Oktober 1957 begann in USA und in der damaligen Sowjetunion die Entwicklung von Satelliten für die Kommunikation, für die Positionsbestimmung und die Navigation.

Die Entwicklung von Satellitenortungssystemen nahm ihren Anfang in der *Johns-Hopkin-University* in Baltimore (USA). Dort hatten Mitarbeiter die Aufgabe, die jeweilige Position des *Sputnik* von festen Stationen aus mit möglichst großer Genauigkeit zu bestimmen. Dazu wurden die vom umlaufenden Satelliten abgestrahlten Funksignale beobachtet und die durch den Doppler-Effekt verursachte Frequenzänderung gemessen. Nachdem sich das benutzte Meßprinzip als sehr wirkungsvoll erwiesen hatte, lag es nahe, eine Umkehr des Meßprinzips zur Ortung von Fahrzeugen auf der Erde zu benutzen, wobei die Position des Satelliten zum Zeitpunkt der Messung als bekannt vorausgesetzt wird. Die positiven Ergebnisse der angelaufenen Arbeiten führten zu dem Beschluß, ein spezielles Satellitenortungssystem zu entwickeln. Es erhielt die Bezeichnung TRANSIT. Weitere Entwicklungen mit zum Teil sehr unterschiedlichen Konzeptionen folgten.

In den anschließenden Abschnitten dieses Buches werden die international bestehenden Satellitensysteme, die für eine Positionsbestimmung von festen und sich bewegenden Objekten oder Punkten entwickelt worden sind, kurz erläutert. Dabei muß unterschieden werden zwischen Systemen, bei denen die betreffenden Satelliten ausschließlich der Ortung dienen und Systemen, bei denen die für die Ortung eingesetzten Einrichtungen nur einen relativ kleinen Teil der Nutzlast des Satelliten darstellen. Derartige Einrichtungen werden als Satellitensubsysteme bezeichnet.

Die Satellitensysteme sind mit unterschiedlichen Zielstellungen für die Anwendungen entwikkelt worden. Neben Systemen, die für die Navigation auf See bestimmt waren, gab es andere, die zur Lösung geodätischer Aufgaben vorgesehen waren.

Während der Zeit der praktischen Anwendung ergab sich häufig eine erhebliche Erweiterung der Nutzungsbereiche. Beispielsweise wurden die ersten Satellitenortungssysteme erst nach einer längeren Nutzungszeit auch für geodätische Aufgaben eingesetzt.

2.1 TRANSIT

2.1.1 Einführung

Das erste Ortungssystem, bei dem die Ortungsinformation mit Hilfe von funktechnischen Anlagen, die sich in Satelliten befanden, gewonnen wurden, beruhte auf den bei der Beobachtung des Satelliten *Sputnik* gewonnenen Erfahrungen. Der für die Untersuchungen eingesetzte Satellit trug die Bezeichnung TRANSIT und dieser Name wurde dann auf ein umfassendes Ortungssystem der USA ausgedehnt. Da das System von der Marine benutzt wurde, erhielt es schließlich die offizielle Bezeichnung *Navy Navigation Satellite System* (Abkürzung NNSS). Dieses 1958 konzipierte System wurde ab 1964 für die Navigation der U-Boot-Flotille der USA eingesetzt. Die Freigabe für die zivile Nutzung erfolgte 1967 [1.17, 2.4, 2.5, 2.9].

Mit diesem System stand erstmals ein Ortungssystem zur Verfügung, das eine erdumfassende Nutzung zur Navigation in der Seefahrt und später auch für geodätische Aufgaben bei einer außerordentlich hohen Genauigkeit der Positionsbestimmung ermöglichte.

Das angewandte Ortungsverfahren beruht auf der Messung der Doppler-Frequenzverschiebung infolge der Bewegung des Satelliten. Aus der Frequenzverschiebung läßt sich die Relativgeschwindigkeit bzw. die Entfernungsänderung oder Entfernungsdifferenz berechnen (siehe Abschnitt 1.10.7). Dem Ortungsprinzip nach gehört das System zur Gruppe der Hyperbelortungssysteme [1.12].

2.1.2 Systembestandteile

Das System besteht aus dem Raumsegment, dem Kontrollsegment am Boden und dem Nutzersegment (Tabelle 1.1, Nr. 6) (**Bild 2.1**).

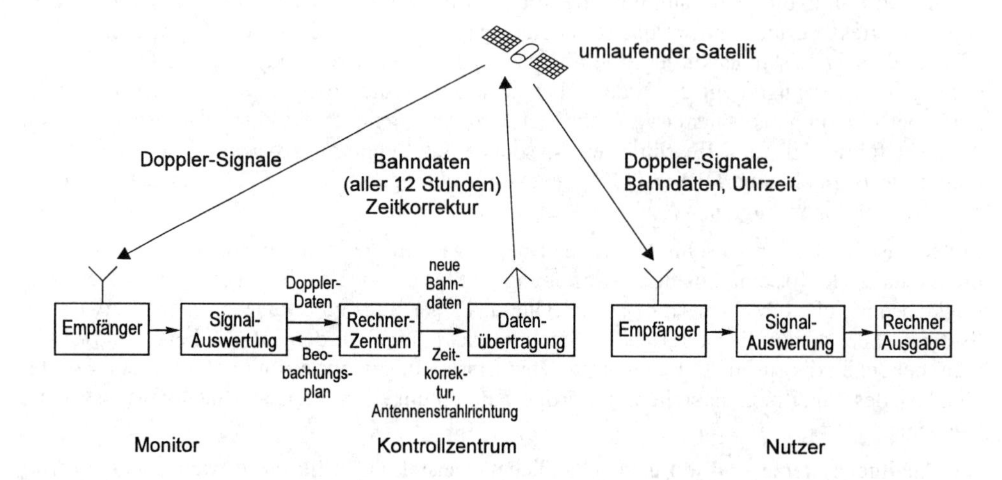

Bild 2.1 Funktionsschema von TRANSIT

2.1.2.1 Raumsegment

Das Raumsegment umfaßt zur Zeit sechs Satelliten, mindestens vier Satelliten sind für die Navigation in der Seefahrt notwendig. Die Satelliten bewegen sich auf kreisförmigen, polaren Bahnen in Höhen von 1075 km (**Bild 2.2**).

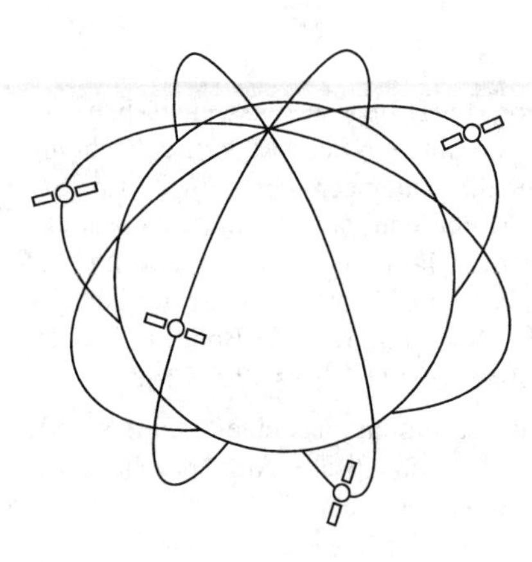

Bild 2.2
Satellitenbahnen von TRANSIT mit 4 Satelliten

Die Umlaufzeit eines Satelliten beträgt 107 Minuten. Bei jedem Umlauf überqueren die Satelliten den Äquator auf einer geographischen Länge, die sich bei jedem Umlauf infolge der Erddrehung von 15 Grad je Stunde um 26 Grad nach Westen verschiebt (siehe Bild 1.19). Je nach Verteilung der Bahnebenen beträgt die Zeit zwischen zwei Satellitendurchgängen etwa zwei Stunden am Äquator und etwa 30 Minuten in der Nähe der Pole. Das hat zur Folge, daß eine kontinuierliche Ortung nicht möglich ist. Der einzelne Durchgang dauert je nach der Erhebung des Satelliten über dem Horizont 16 bis 20 Minuten. Die Satelliten weisen einen Sichtbarkeitswinkel (siehe Abschnitt 1.4.3 und Gl. 1.19) von etwa 30 Grad auf, so daß ein Satellit gleichzeitig von etwa 7 % der Erdoberfläche aus sichtbar ist.

Jeder Satellit sendet zwei hochfrequente Träger aus. Die Frequenzen der beiden Träger (Radio-Frequenz, Abkürzung RF) sind

$$f_1 = 399{,}968 \text{ MHz}$$

$$f_2 = (3/8)\ 399{,}968 \text{ MHz} = 149{,}988 \text{ MHz}\,.$$

Mit diesen RF-Trägern werden von den Satelliten die für die Ortung erforderlichen Informationen geliefert:

- mit den Trägern selbst die Doppler-Frequenzverschiebung
- mit der Modulation der Träger die Zeitsignale im Abstand von zwei Minuten
- mit der Modulation außerdem die Ephemeriden (Bahndaten).

Ein Nutzer des Systems kann bei jedem Satellitendurchgang die Signale von mindestens vier, maximal von acht Zweiminuten-Intervallen empfangen.

2.1.2.2 Kontrollsegment

Das Kontrollsegment untersteht der *Navy Astronautics Group*. Zum Kontrollsegment gehören vier Beobachtungsstationen des *Operational Network* mit folgenden Standorten: Maine, Minnesota, California, Hawaii. Auf Grund der Beobachtungsergebnisse der Beobachtungsstationen berechnet die *Navy Astronautics Group* die Ephemeriden, die mit den Navigationsmitteilungen von den Satelliten ausgesendet werden (sogenannte broadcast-ephemeriden). Die Bahnberechnung erfolgt einmal täglich auf der Basis von 36-Stunden-Beobachtungsmaterial. Außerdem werden die Bahndaten auf weitere 36 Stunden extrapoliert. Die vorausberechneten Bahndaten werden zweimal täglich über Bodensendestationen (*Injection Station*) in den Speicher des Satelliten eingespeist. Auf Grund der Beobachtungen von etwa 20 global verteilten Stationen werden zusätzlich für die Satelliten Präzisions-Ephemeriden berechnet. Da es sich dann nicht um vorhergesagte, sondern um aus aktuellen Messungen abgeleitete Bahndaten handelt, ist die Genauigkeit wesentlich größer als die von den Satelliten ausgesendeten Daten.

2.1.2.3 Nutzersegment

Das Nutzersegment umfaßt die Empfangsanlagen der verschiedenen Nutzer, insbesondere in der Seefahrt und bei geodätischen Diensten.

Eine Empfangsanlage besteht aus Antenne, RF-Verstärker mit Frequenzumsetzer, Signalauswerter mit Frequenzzähler, Datenprozessor, Speicher und Display.

Es gibt Einkanal- und Zweikanalempfänger. Die Einkanalempfänger sind nur zum Empfang des RF-Trägers mit der Frequenz 399,968 MHz bestimmt, sie werden vor allem zur Navigation in der Seefahrt verwendet. Die Zweikanalempfänger können beide RF-Träger empfangen. Damit ist es möglich, die durch Laufzeitverzögerungen infolge der Brechung in der Ionosphäre entstehenden Fehler zu eliminieren (siehe Abschnitt 1.9.3). Diese Empfänger sind wegen des größeren Aufwandes zwar teurer, liefern aber Ortungsergebnisse mit wesentlich höherer Genauigkeit. Sie finden vor allem im Vermessungswesen Anwendung.

2.1.3 Ortungsverfahren

Das benutzte Ortungsverfahren beruht auf dem Prinzip der Bestimmung der Entfernungsdifferenzen zu zwei Bezugspunkten und den sich daraus ergebenden Hyperboloid-Standflächen im Raum bzw. Hyperbel-Standlinien auf der Erdoberfläche. Während bei den bekannten und international benutzten Hyperbelortungssystemen die Bodenstationen mit ihren Sendern die Bezugspunkte bilden, sind es bei dem System TRANSIT die umlaufenden Satelliten, die auf ihrer Umlaufbahn sich ständig ändernde Positionen einnehmen. Die Satelliten bilden die Brennpunkte der Hyperbelschar. Die Entfernungsdifferenz wird aus der Messung der Doppler-Frequenz gewonnen, die in bestimmten Zeitintervallen erfolgt.

Das Ortungsverfahren läßt sich an dem in **Bild 2.3** dargestellten Beispiel erklären. Zum Zeitpunkt t_1 befindet sich der auf der Satellitenbahn umlaufende Satellit im Punkt B_1, zum Zeitpunkt t_2 im Punkt B_2 usw. Aus der im Punkt P (Standort des Nutzers, Empfängers) gemessenen Doppler-Frequenz wird über die daraus berechnete Geschwindigkeit und dem vorgegebenen Zeitintervall die Entfernungsänderung berechnet.

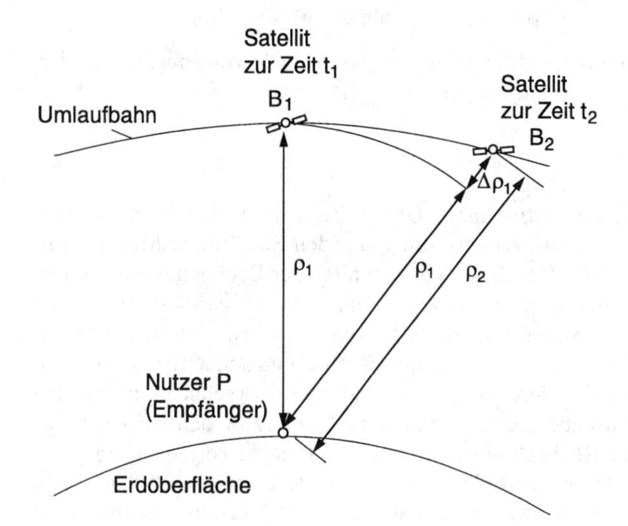

Bild 2.3
Bestimmung der Entfernungsdifferenz

Das ist gleichbedeutend der Bestimmung der Entfernungsdifferenz zwischen den Punkten B_1 und B_2 auf der Satellitenbahn. Die räumlichen Koordinaten von B_1 und B_2 sind dem Nutzer (ortendes Objekt) bekannt, da sie im Rahmen der sogenannten Navigationsmitteilungen von den Satelliten gesendet werden.

Alle Punkte, an denen die gleiche Entfernungsdifferenz auftritt, liegen auf der Oberfläche eines Hyperboloids mit den Brennpunkten B_1 und B_2. Die Schnittlinie des Hyperboloids mit der als eben angenommenen Erdoberfläche ist eine Hyperbel, sie stellt die Standlinie dar. Bei einem Zeitintervall $t_2 - t_1$ von zwei Minuten beträgt der Abstand zwischen zwei Positionen B_1 und B_2 auf der Satellitenbahn etwa 850 km. Dieser Abstand ist ausreichend, um ein für die Ortung geeignetes Hyperbelnetz zu bilden [1.12]. Nachfolgende Messungen in gleichen Zeitintervallen ergeben weitere Hyperbeln. Der Schnittpunkt liefert dann den gesuchten Standort des ortenden

Objektes. Da die einzelnen Messungen entsprechend der Bewegung des Satelliten nacheinander ausgeführt werden, müssen die Ergebnisse bis zum Vorliegen aller erforderlichen Zahlenwerte gespeichert werden.

Dieses Verfahren mit der direkten Messung der Doppler-Frequenz läßt sich nur schwer realisieren , da sich die Doppler-Frequenz kontinuierlich entsprechend der Bewegung des Satelliten verändert. Es wird deshalb anstatt der Doppler-Frequenz der Doppler-Count benutzt (siehe Abschnitt 1.10.7).

Die einzelnen Satelliten senden zu jeder geraden Weltminute ein Zeitsignal. Diese Zeitsignale werden benutzt, um das Zählintervall für den Doppler-Count zu definieren. Für den Doppler-Count war Gl.(1.105) angegeben worden:

$$C_\mathrm{d} = \int_{T_1}^{T_2} \left(f_0 - f_\mathrm{e}\right) dt \,, \tag{2.1}$$

darin bedeuten:

- T_1 Zeitsignal: Anfang des Zählintervalls
- T_2 Zeitsignal: Ende des Zählintervalls
- f_0 Frequenz des Bezugssignals
- f_e Frequenz des empfangenen RF-Trägers des Satelliten

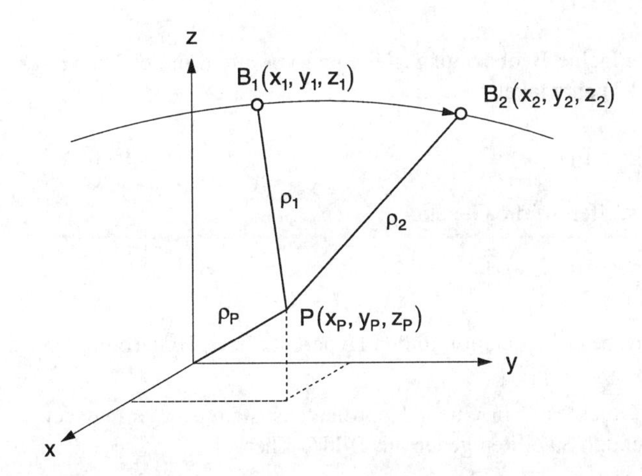

Bild 2.4
Ortungskoordinaten von TRANSIT

Nach **Bild 2.4** befindet sich der umlaufende Satellit zum Zeitpunkt t_1 an der Stelle B_1. Zu diesem Zeitpunkt sendet der Satellit sein 1. Zeitsignal aus. Das Zeitsignal kommt zur Zeit T_1 am Empfänger im Punkt P an, es hat dabei die Wegstrecke ρ_1 zurückgelegt. Somit gilt für die Zeit

$$T_1 = t_1 + \frac{\rho_1}{c} \,, \tag{2.2a}$$

wobei c die Ausbreitungsgeschwindigkeit der Welle ist.

Zur Zeit t_2 ist der Satellit an der Stelle B_2, der Satellit sendet sein 2. Zeitsignal aus. Das Zeitsignal kommt zur Zeit T_2 am Empfänger an und hat dabei die Wegstrecke ρ_2 zurückgelegt. Für die Zeit gilt ähnlich Gl. (2.2a)

$$T_2 = t_2 + \frac{\rho_2}{c} \,. \tag{2.2b}$$

Mit diesen Zeitmaßen erhält die Gl.(2.1) die Form

$$C_\mathrm{d} = \int_{t_1+\frac{\rho_1}{c}}^{t_2+\frac{\rho_2}{c}} \left(f_0 - f_\mathrm{e}\right) dt \,. \tag{2.3}$$

Die Gleichung zeigt, daß über die Integrationsgrenzen der Zusammenhang zwischen dem Doppler-Count und der Entfernungsänderung

$$\Delta\rho = \rho_2 - \rho_1$$

besteht. Die vom Satelliten im Zeitintervall $(t_2 - t_1)$ abgestrahlte Anzahl der Schwingungen des Sendesignals der Frequenz f_s muß gleich sein der im Zeitintervall $(T_2 - T_1)$ empfangenen Anzahl der Schwingungen des Empfangssignals der Frequenz f_e. Als Formel ausgedrückt:

$$\int_{t_1}^{t_2} f_\mathrm{s}\, dt = \int_{t_1+\frac{\rho_1}{c}}^{t_2+\frac{\rho_2}{c}} f_\mathrm{e}\, dt \,. \tag{2.4}$$

Für den Meß- und Auswertevorgang gibt es in der internationalen Literatur ausführliche Angaben. Sie stammen meist von Geodäten, die das System TRANSIT in seinem Potential bis zum Äußersten ausgeschöpft haben.

Nach [1.17] findet die folgende vereinfachte Beobachtungsgleichung vor allem in der Navigation Anwendung. Sie wurde aus Gl.(2.3) entwickelt:

$$C_\mathrm{d} = \left(f_0 - f_\mathrm{s}\right)\left(t_2 - t_1\right) + \frac{f_0}{c}\left(\rho_2 - \rho_1\right). \tag{2.5a}$$

Daraus ergibt sich für die Entfernungsdifferenz die Gleichung:

$$\Delta\rho = \rho_2 - \rho_1 = \frac{1}{f_0} c \left[C_\mathrm{d} - \left(f_0 - f_\mathrm{s}\right)\left(t_2 - t_1\right)\right]. \tag{2.5b}$$

Diese Gleichung findet ihre geometrische Interpretation in den Hyperbeln bzw. Hyperboloiden nach **Bild 2.5**.

Die Angabe der Koordinaten eines Objektes P in einem Koordinatensystem x, y, z und der Koordinaten der Position des umlaufenden Satelliten gehen aus Bild 2.4 hervor.

Für die Entfernungen gelten die Beziehungen:

$$\rho_1^2 = (x_1 - x_\mathrm{p})^2 + (y_1 - y_\mathrm{p})^2 + (z_1 - z_\mathrm{p})^2 \tag{2.6a}$$

$$\rho_2^2 = (x_2 - x_\mathrm{p})^2 + (y_2 - y_\mathrm{p})^2 + (z_2 - z_\mathrm{p})^2 \,. \tag{2.6b}$$

Daraus folgt die Beobachtungsgleichung:

$$\begin{aligned} C_\mathrm{d} = \frac{f_0}{c} \Big\{ & \left[(x_2 - x_\mathrm{p})^2 + (y_2 - y_\mathrm{p})^2 + (z_2 - z_\mathrm{p})^2\right]^{1/2} \\ & - \left[(x_1 - x_\mathrm{p})^2 + (y_1 - y_\mathrm{p})^2 + (z_1 - z_\mathrm{p})^2\right]^{1/2} \Big\} \\ & + \left(f_\mathrm{o} - f_\mathrm{s}\right)\left(t_2 - t_1\right) \end{aligned} \tag{2.7}$$

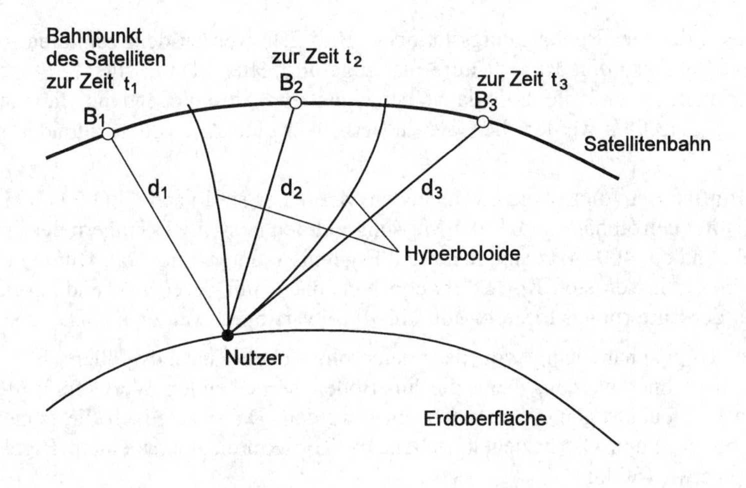

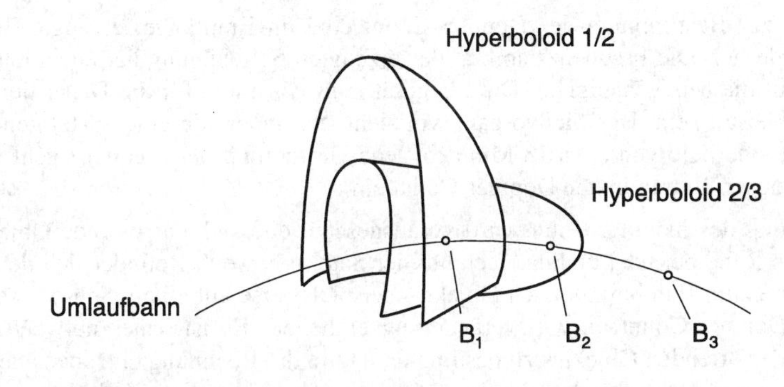

Bild 2.5 Ortung nach dem Entfernungsdifferenzverfahren (Hyperbelverfahren)
a) Schematische Darstellung in der Vertikalebene
b) Schematische Darstellung im Raum

Durch Messung des Doppler-Count lassen sich also bei bekannten Koordinaten des Satelliten die Koordinaten des Punktes P berechnen.

2.1.4 Genauigkeit und Fehlerursachen

Die Ortungsgenauigkeit wird durch folgende Einflüsse bestimmt:

- Genauigkeit der Zeitmarken des Doppler-Count
- Genauigkeit der Angaben in den Navigationsmitteilungen, vor allem bei den Bahndaten
- Einflüsse der Troposphäre und der Ionosphäre durch Brechung der Welle
- Stabilität des Oszillators im Empfänger
- Genauigkeit bei der Bestimmung des Geschwindigkeitsvektors bei sich bewegenden orten-den Objekten.

Die von den Satelliten gesendeten und von den Beobachtungsstationen empfangenen Zeitmarken werden zur Gewährleistung einer möglichst hohen Genauigkeit mit der Uhrzeit verglichen, die vom *US-Naval-Observatory* geliefert wird. Erforderlichenfalls erfolgen auch Korrekturen der Zeitmarken.

Die Meßergebnisse der vier Beobachtungsstationen (Bild 2.1) werden dem zentralen Rechenzentrum im *Head Quarter Point Muga* (California) zugeführt. Hier werden aller 12 Stunden die Positionen der Satelliten und die Bahndaten berechnet und anschließend an die Satelliten übermittelt. In den Satelliten werden die Daten jeweils über eine Zeit von 16 Stunden gespeichert.

Die durch den Einfluß der Ionosphäre entstehenden Meßfehler sind nach Gl.(1.74) und (1.77) (Abschnitt 1.9.3) frequenzabhängig. Bei der Messung mit den beiden RF-Trägern der Frequenzen ca. 150 MHz und ca. 400 MHz sind daher die Ergebnisse unterschiedlich. Durch den Vergleich der Ergebnisse lassen sich Korrekturwerte berechnen, mit deren Anwendung der verbleibende Fehler der Entfernungsdifferenz auf 1 bis 10 m verringert werden kann.

Der Einfluß der Troposphäre hängt von den meteorologischen Zustandsgrößen ab. Er kann näherungsweise berechnet werden, wenn die am Boden herrschenden Werte für Luftdruck, Temperatur und Luftfeuchte gemessen und benutzt werden. Da sich jedoch die gemessenen Werte auf den betreffenden Ort beziehen, gelten die Korrekturen nur in einem Bereich mit einem Radius von etwa 150 km.

Nach Gl.(2.1) ist zur Bestimmung des Doppler-Count eine im Empfänger erzeugte Bezugsschwingung erforderlich Die Frequenzstabilität der erzeugten Schwingung hat einen entscheidenden Einfluß auf die Meßgenauigkeit. Die Stabilität muß vor allem für die Dauer des Meßvorganges gewährleistet sein. Der Meßvorgang vollzieht sich innerhalb eines Satellitendurchganges und damit innerhalb von etwa 18 Minuten. Jede Unstabilität der Frequenz geht unmittelbar mit dem gleichen Betrag in den Doppler-Count ein.

Bei der Bestimmung des Doppler-Count wird vorausgesetzt, daß sich das ortende Objekt mit dem Empfänger in Ruhe befindet und daß sich nur der Satellit bewegt. Befindet sich der Empfänger dagegen in einem sich bewegenden Objekt – beispielsweise auf einem Schiff – so ist in dem ermittelten Doppler-Count die Ortsveränderung enthalten. Es ist daher notwendig, die Geschwindigkeit des ortenden Objektes zu bestimmen und in die Rechnung einzubeziehen. Die Größe des bei ungenauer Angabe der Geschwindigkeit auftretenden Ortungsfehlers geht aus dem in **Bild 2.6** gezeigtem Beispiel hervor. [1.17]

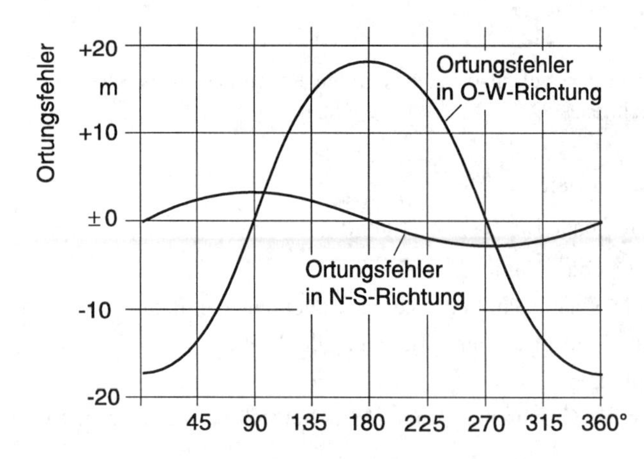

Bild 2.6
Ortungsfehler bei TRANSIT in Abhängigkeit vom Geschwindigkeitsfehler

Bei der Angabe der Genauigkeit einer Ortung sind die Betriebsbedingungen zu beachten. Es sind vier mögliche Fälle zu unterscheiden:

- Nutzer ist stationär
- Nutzer ist in Bewegung
- Nutzer verwendet Einkanalempfänger, er empfängt einen RF-Träger (eine Frequenz)
- Nutzer verwendet Zweikanalempfänger, er empfängt beide RF-Träger (zwei Frequenzen)

Bei stationärer Beobachtung (Dauer einige Tage) und Verwendung von Geodäsie-Zweikanalempfängern und bei differentieller Auswertung kann mit einem relativen Ortungsfehler kleiner 15 cm gerechnet werden [1.2]. Bei Verwendung von Einkanalempfängern und bei sofortiger Auswertung liegt der Ortungsfehler bei mindestens 15 m.

Wesentlich ungenauer ist eine Ortung bei sich bewegenden Nutzern. In der Seefahrt wird bei Kenntnis der Eigengeschwindigkeit mit einem Fehlerkreis bei einem Radius von 250 m mit einer Wahrscheinlichkeit von 95 % gerechnet.

2.1.5 Perspektive

TRANSIT wird zur Zeit noch in umfangreichem Maße benutzt. Es wird geschätzt, daß weltweit mehr als 100 000 Empfangsanlagen in Gebrauch sind, wobei 90 % für die Navigation in der Seefahrt eingesetzt sind. Die übrigen Anlagen dienen meist geodätischen Aufgaben.

Die große Anzahl von Empfangsanlagen hat ihre Ursache in der Tatsache, daß für TRANSIT bereits ab 1969 international von mehreren Herstellern Empfangsanlagen bei nicht zu hohen Kosten auf den Markt gebracht wurden.

Der Nachteil von TRANSIT besteht darin, daß keine kontinuierlichen Ortungen möglich sind. Beispielsweise kann der Abstand zwischen zwei Ortungen für einen Nutzer in der Nähe des Äquators bis zu zwei Stunden betragen. Dieser Nachteil ist auch der Grund, weshalb TRANSIT für die Navigation in der Luftfahrt nicht eingesetzt werden kann.

Wegen der ständigen Ortungsverfügbarkeit und der höheren Genauigkeit wird in Zukunft in größerem Umfang das Satellitenortungssystem GPS für die Navigation auf See zur Anwendung kommen. Der Vergleich in der **Tabelle 2.1** zeigt die Überlegenheit von GPS gegenüber TRANSIT.

2.2 CIKADA

In der ehemaligen UdSSR wurde in den Jahren 1962 - 1965 ein satellitengestütztes Funkortungssystem entwickelt. Es war von Anfang an für die Navigation in der Seefahrt bestimmt. Es kam ab 1966 unter dem Namen CIKADA zum Einsatz. Erst viel später fand es auch in der Geodäsie Anwendung. Das Wirkungsprinzip ist dem System TRANSIT sehr ähnlich. Auch bei CIKADA wird durch Messung der Doppler-Frequenz die Entfernungsänderung bestimmt und nach dem Hyperbelverfahren der Standort auf der Erdoberfläche berechnet. Jeder Satellit des Systems strahlt zwei hochfrequente Träger aus, ihre Frequenzen liegen bei 150 MHz und bei 400 MHz. Die Sendeleistung beträgt etwa 3 W. Die Träger sind mit Subträgern der Frequenz 3,5 kHz und 7,0 kHz in der Phase moduliert. Bei einer Geschwindigkeit von etwa 100 km/h beträgt die maximale Doppler-Frequenz 3,75 kHz bei dem 150-MHz-Träger und 10 kHz bei dem 400-MHz-Träger. Mit dem 150-MHz-Träger werden die Bahndaten und die Zeitinformationen übertragen [2.6].

Die Satelliten bewegen sich auf nahezu kreisförmigen Bahnen in einer Höhe von etwa 1000 km und mit einer Neigung von 83 Grad gegenüber der Äquatorebene. Jeder Satellit umkreist die Erde in 105 Minuten. Die Satellitenzeit bezieht sich auf die Moskauer Winterzeit.

Tabelle 2.1 Vergleich der wesentlichen Kennwerte von TRANSIT und GPS

Parameter	NNSS (TRANSIT)	GPS
Anzahl der Satelliten	4 bis 6	21 + 3
Umlaufperiode	105 Minuten	12 Stunden
Bahnhöhe über der Erde	≈ 1000 km	20 200 km
Ortungsverfügbarkeit	15 bis 20 Minuten bei einem Durchgang	ständig
Ergebnis der Messungen	zweidimensionale Ortung mit den geographischen Koordinaten Länge und Breite	• dreidimensionale Ortung mit den Koordinaten x, y, z • Geschwindigkeit • Zeitinformation
Radiofrequenz	ca. 150 MHz ca. 400 MHz	ca. 1228 MHz ca. 1575 MHz
Frequenznormal im Satellit	Quarz-Oszillator	Atomfrequenznormal
Ortungsgenauigkeit	30 m bei exakt bekannter Eigengeschwindigkeit des Nutzers	• mit C/A-Code etwa 100 m • mit P(Y)-Code etwa 15 m

Die Nutzung der Satelliten ist auf einen Erhebungswinkelbereich zwischen 15 und 75 Grad beschränkt. Bei stationären Nutzern ist der Ortungsfehler mit einer Wahrscheinlichkeit von 95 % kleiner als 100 m. Für mobile Nutzer gelten die gleichen Werte, wenn die Eigengeschwindigkeit des Nutzers genau bekannt ist und bei der Berechnung des Standortes berücksichtigt wird. Bei einem Fehler bei der Angabe der Eigengeschwindigkeit von 2 km/h entsteht eine zusätzliche Ungenauigkeit bei der Ortung von 350 m. In der Seefahrt wird allgemein mit einer Ungenauigkeit gerechnet, die durch einen Fehlerkreis mit einem Radius von 1000 m bei einer Wahrscheinlichkeit von 95 % beschrieben wird. Wie bei TRANSIT sind keine kontinuierlichen Ortungen möglich, die Zeitdifferenz zwischen zwei Ortungen kann etwa 30 Minuten betragen.

2.3 NAVSTAR-GPS

Das in den USA entwickelte und vom *Department of Defense* seit 1988 unter dem Namen *Navigation System Using Time and Ranging – Global Positioning System* (Abkürzungen: NAVSTAR-GPS) betriebene Funkortungssystem stellt weltweit das leistungsfähigste System für die Ortung und Navigation dar. Wegen seiner großen Bedeutung wird es im folgenden Kapitel 3 ausführlich betrachtet.

2.4 GLONASS

In der ehemaligen UdSSR wurde unmittelbar nach den ersten Versuchen der USA mit dem System NAVSTAR-GPS die Entwicklung eines ähnlichen Systems aufgenommen. Es erreichte 1992 im praktischen Einsatz seine volle Betriebsfähigkeit. Auch dieses System wird gesondert im Kapitel 5 betrachtet.

2.5 EUTELTRACS

2.5.1 Einführung

In USA ist seit 1988 ein Zweiwege-Kommunikationssystem mit der Bezeichnung OMNITRACS in Betrieb, das mit Hilfe von Satelliten den Informationsaustausch zwischen Transportunternehmen und ihren Fahrzeugflotten besorgt. Um auch die für ein solches System wünschenswerte Positionsbestimmung einzubeziehen, wurde zunächst das Funkortungssystem LORAN-C [1.12] für eine gleichzeitige Nutzung gewählt. In letzter Zeit wird jedoch wegen der größeren Genauigkeit GPS vorgezogen.

In Anlehnung an OMNITRACS hat die Firmengruppe ALCATEL, dabei vor allem SEL/ALCATEL, dieses System für Europa modifiziert und die Ortung zum integrierten Bestandteil gemacht. Es werden dazu die Funkdienste von zwei Satelliten der *European Telecommunication Satellite Organization* (EUTELSAT) benutzt. Das System bekam deshalb die Bezeichnung EUTELTRACS. Es wird in Europa einschließlich Südosteuropa und Nordafrika seit 1991 für das Verkehrsmanagement von Fahrzeugflotten eingesetzt [2.2, 2.14].

2.5.2 Systembestandteile

Nach **Bild 2.7** umfaßt das System die drei Segmente:

- Raumsegment mit zwei Satelliten
- Kontrollsegment
- Nutzersegment.

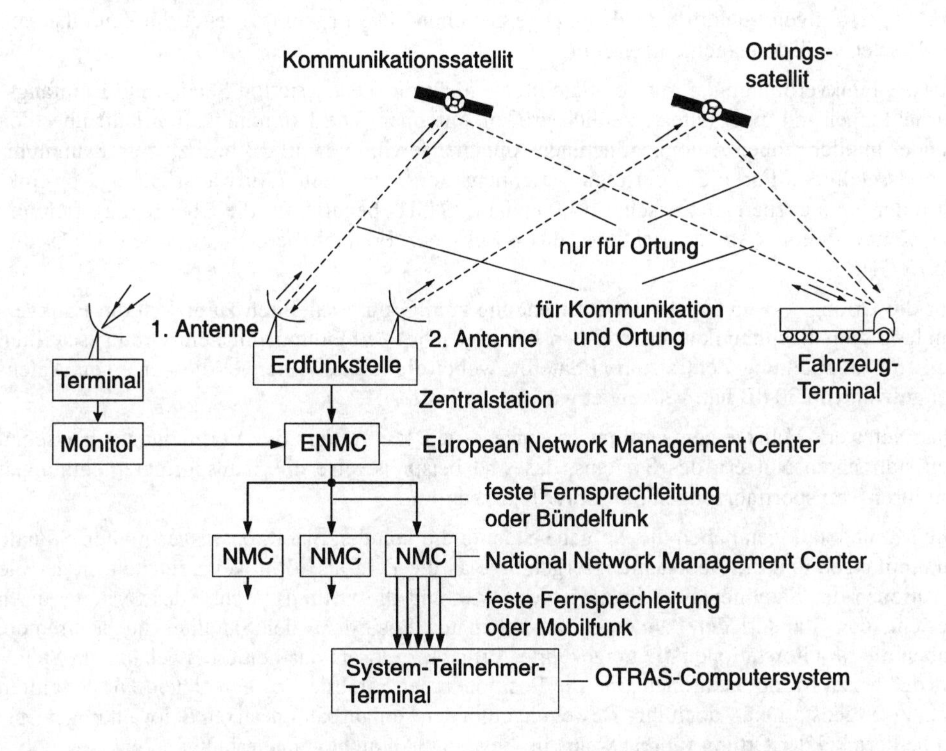

Bild 2.7 Funktionsschema von EUTELTRACS

2.5.2.1 Raumsegment

Das System besitzt keine speziell dafür konzipierte Satelliten, sondern es wird die freie Kapazität von zwei Satelliten aus der Serie von Telekommunikationssatelliten der EUTELSAT benutzt. Der eine dieser zwei Satelliten dient sowohl der Kommunikation als auch der Ortung; er wird als *Kommunikationssatellit* bezeichnet. Der andere Satellit wird innerhalb des Systems nur zur Ortung benutzt und deshalb auch *Ortungssatellit* genannt. Die Satelliten sind geostationäre Satelliten mit einer Bahnhöhe von etwa 36 000 km. Von der Erde aus gesehen haben die Satelliten einen Abstand voneinander, der einem Winkel (Abstandswinkel) von 3 oder 9 Grad entspricht.

2.5.2.2 Kontrollsegment

Das Kontrollsegment umfaßt die folgenden Bodenstationen:

- Zentralstation
  (European Network Management Center, Abkürzung ENMC)
- Netzwerk-Managementzentrum
  (National Network Management Center, Abkürzung NMC)
- Monitorstationen.

Die Zentralstation (auch Hubstation genannt) mit der Erdfunkstelle hat die Aufgabe, den gesamten Informationsaustausch zu organisieren und zu kontrollieren. Von den Monitorstationen erhält sie die Beobachtungsergebnisse, aus denen sie die Positionen der Satelliten berechnet. Aus den von den Terminals der Fahrzeuge gelieferten Signalen werden dann in der Zentralstation die jeweiligen Standorte der Fahrzeuge berechnet. Die Ergebnisse leitet die Zentralstation an das Netzwerk-Managementzentrum.

Für die Funkverbindungen mit den Satelliten enthält die Zentralstation Sende- und Empfangseinrichtungen mit zwei unterschiedlich großen Antennen. Die Kommunikation läuft über den Sender mit der großen Antenne, die einen Antennengewinn von 40 dB besitzt, zum Kommunikationssatelliten. Für die Übertragungsrichtung zum Satelliten (Aufwärtsrichtung, up-link) wird der Frequenzbereich zwischen 14,0 und 14,25 GHz benutzt, für die Übertragungsrichtung zur Zentralstation (Abwärtsrichtung, down-link) der Frequenzbereich zwischen 10,95 und 12,75 GHz.

Für die Ortung wird außer der Funkverbindung zum Ortungssatelliten zusätzlich die Funkverbindung zum Kommunikationssatelliten benötigt. Die Verbindung mit dem Ortungssatelliten läuft nur in Richtung Zentralstation-Satellit, wobei die kleine Antenne, die nur einen Antennengewinn von 30 dB hat, verwendet wird.

Das Netzwerk-Managementzentrum organisiert und kontrolliert die Verbindungen zwischen den stationären Nutzern des Systems, das sind beispielsweise die Transportunternehmungen mit ihren Transportfahrzeugen bzw. ihrer Fahrzeugflotte .

Die Monitorstationen haben die Aufgabe, ständig die von den Satelliten ausgestrahlten Signale zu empfangen und die Beobachtungsergebnisse an die Zentralstation weiterzuleiten, in der die Positionen der Satelliten berechnet werden. Während die Ortungsaufgabe des Systems darin besteht, den Standort der Fahrzeuge bei bekannten Positionen der Satelliten zu bestimmen, haben die Monitorstationen die umgekehrte Aufgabe zu lösen, das heißt, bei bekanntem Standort der festen Monitorstationen sind die Positionen der Satelliten zu berechnen. Die Satelliten sind zwar geostationär, doch ihre Bewegungen in der Umlaufbahn besitzen Schwankungen, die zu Fehlern bei der Ortung führen, wenn die Bewegungen nicht genau erfaßt werden.

Eine der fünf Monitorstationen befindet sich bei der Zentralstation in Italien, die anderen in Orten an den Grenzen Europas. Damit wird eine hohe Genauigkeit bei der Bestimmung der Positionen der Satelliten gewährleistet.

2.5.2.3 Nutzersegment

Zum Nutzersegment gehören die landesweit verteilten Nutzer des Systems, das sind in erster Linie die Transportunternehmungen mit der Vielzahl der Terminals ihrer Fahrzeugflotten.

2.5.3 Ortungsverfahren

Die Ortung der Fahrzeuge erfolgt nach dem Prinzip der Fremdortung, indem aus den von den Terminals der Fahrzeuge gelieferten Meßwerten in der Zentralstation die Standortkoordinaten berechnet und dem Nutzer dann mitgeteilt werden.

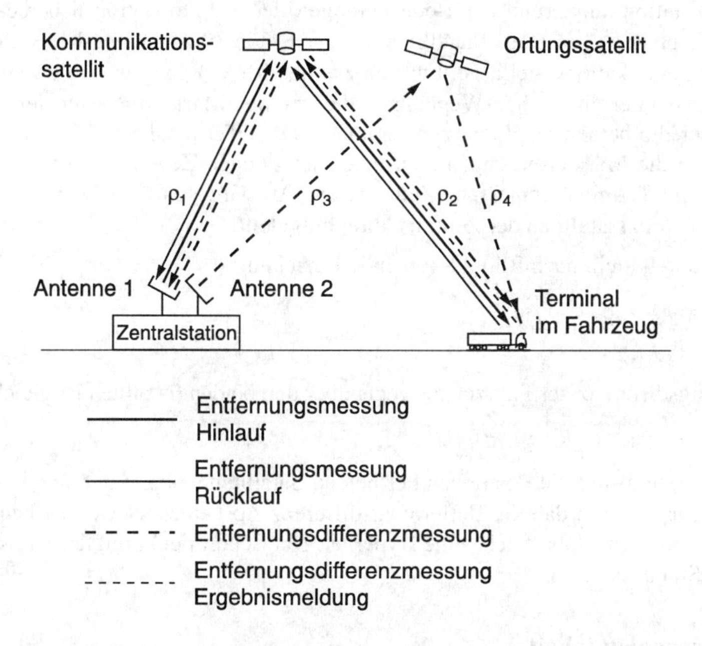

Bild 2.8 Ortungsablauf bei EUTELTRACS

Zur Ortung werden zwei verschiedene Messungen vorgenommen (**Bild 2.8**). Bei dem ersten Meßvorgang wird eine Entfernung gemessen, die als Standlinie auf der Erdoberfläche einen Kreis ergibt. Bei dem zweiten Meßvorgang wird eine Entfernungsdifferenz gemessen, die auf der Erdoberfläche eine Hyperbel liefert. Der Schnittpunkt der beiden Standlinien ist der gesuchte Standort des Fahrzeuges (Tabelle 1.1, Nr.9).

Zum Ablauf der Ortung werden von den beiden Sendern der Zentralstation über die Antenne 1 und die Antenne 2 auf unterschiedlichen Frequenzen im Frequenzbereich von 14,0 ...14,25 GHz synchrone Markierungssignale ausgestrahlt. Diese werden von dem Kommunikationssatelliten und dem Ortungssatelliten empfangen und unmittelbar auf einer anderen Frequenz im Frequenzbereich von 10,95 ... 12,75 GHz wieder ausgestrahlt und vom Empfänger des Terminals im Fahrzeug aufgenommen.

Bei dem ersten Meßvorgang wird das vom Kommunikationssatelliten gesendete Markierungssignal vom Terminal im Fahrzeug aufgenommen und anschließend als Meßsignal wieder ausgesendet, dann vom Kommunikationsatelliten empfangen und von ihm an die Zentralstation gesendet. In der Zentralstation wird aus der Ankunftszeit des Meßsignals und der Sendezeit des Markierungssignals die gesamte Signallaufzeit t_s für Hin- und Rücklauf bestimmt. Für den Vorgang bestehen nach Bild 2.8 folgende Beziehungen:

$$\left(\frac{\rho_1}{c}+\frac{\rho_2}{c}\right)+\left(\frac{\rho_2}{c}+\frac{\rho_1}{c}\right)=t_s \tag{2.8}$$

Die Entfernung des Terminals im Fahrzeug zum Kommunikationssatelliten ist dann gleich:

$$\rho_2=\frac{c\,t_s}{2}-\rho_1 \tag{2.9}$$

Die Entfernung ρ_1 von der Zentralstation zum Kommunikationssatelliten ist bekannt, sie wird in der Zentralstation auf Grund der Beobachtungen der Monitorstationen berechnet. Die errechnete Entfernung ρ_2 liefert als Standlinie auf der Erdoberfläche einen Kreis, dessen Mittelpunkt der Kommunikationssatellit ist. Für den zweiten Meßvorgang wird die Zeitdifferenz Δt_s gemessen. Wegen der ungleichen Weglängen, die von den Markierungssignalen von der Zentralstation über die beiden Satelliten zum empfangenden Terminal im Fahrzeug zurückgelegt werden, treffen die Markierungssignale zu unterschiedlichen Zeiten im Terminal beim Fahrzeug ein. Die im Terminal gemessene Zeitdifferenz Δt_s wird vom Sender des Terminals über den Kommunikationssatelliten der Zentralstation mitgeteilt.

Für den Vorgang besteht nach Bild 2.8 folgende Beziehung:

$$\left(\frac{\rho_1}{c}+\frac{\rho_2}{c}\right)-\left(\frac{\rho_3}{c}+\frac{\rho_4}{c}\right)=\Delta t_s\,. \tag{2.10}$$

Die Entfernungsdifferenz des Fahrzeuges gegenüber den beiden Satelliten ist gleich

$$\Delta\rho=\rho_2-\rho_4=c\Delta t_s-(\rho_1-\rho_3)\,. \tag{2.11}$$

In der Zentralstation sind die Positionen der beiden Satelliten bekannt und damit auch die Entfernungen ρ_1 und ρ_3 , so daß die Entfernungsdifferenz $\Delta\rho$ berechnet werden kann. Sie liefert als Standlinie auf der Erdoberfläche eine Hyperbel. Der Schnittpunkt mit der Kreisstandlinie ist der gesuchte Standort.

2.5.4 Ortungsgenauigkeit

Die Hauptursachen der Ortungsfehler sind Zeitabweichungen der Markierungssignale, ungenaue Positionswerte der Satelliten und fehlerhafte Angabe des Abstandswinkels (Winkel , unter dem die beiden Satelliten von der Erde aus zu sehen sind). Das Diagramm in **Bild 2.9** zeigt die Abhängigkeit des Ortungsfehlers von dem Abstandswinkel. Aus dem Diagramm in **Bild 2.10** geht die Streuung der Ortungsfehler bei zwei verschiedenen Abstandswinkeln hervor.

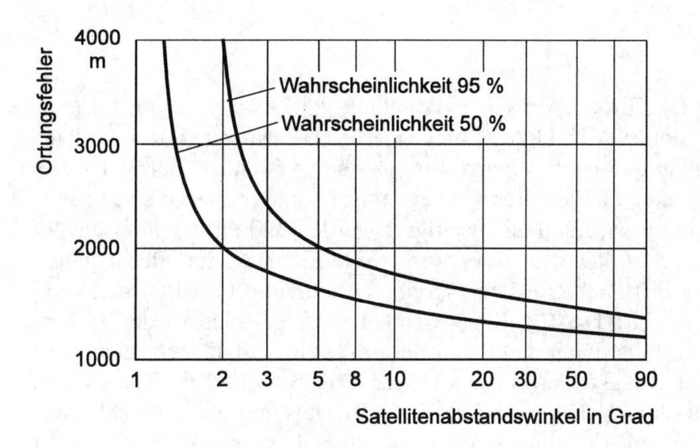

Bild 2.9
Ortungsfehler bei EUTELTRACS in Abhängigkeit vom Abstandswinkel

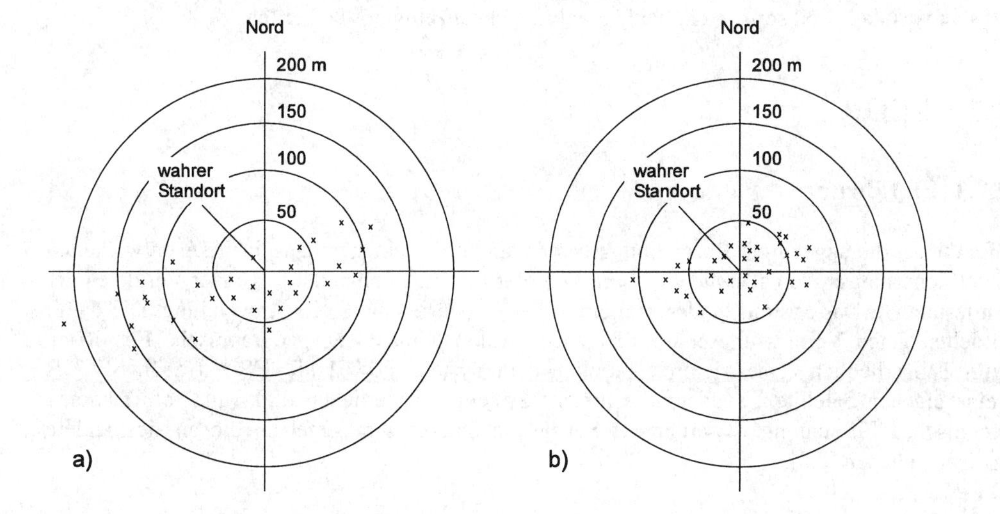

Bild 2.10 Ortungsfehlerverteilung bei EUTELTRACS
a) Abstandswinkel 3°
b) Abstandswinkel 9°

2.5.5 Perspektive

Das System EUTELTRACS wird als Flottenmanagementsystem fast ausschließlich zur großräumigen Übersicht der Bewegungen von Kraftfahrzeugen und zu ihrer Führung in Europa, einschließlich Südosteuropa und Nordafrika, eingesetzt. Der Vorteil des Systems ist, daß es sowohl eine Kommunikation als auch eine Ortung bietet. Die Ortung der Fahrzeuge erfolgt dabei mit einer Genauigkeit, die für den Verwendungszweck ausreichend ist. Ähnliche Flottenmanagementsysteme benutzen für die Ortung andere Verfahren oder Systeme, die zwar eine höhere Ortungsgenauigkeit aufweisen, aber keine Kommunikation ermöglichen. Sie benötigen für die Kommunikation ein zusätzliches Nachrichtenübertragungssystem. Zur Zeit werden durch EUTELTRACS etwa 50 000 Kraftfahrzeuge erfaßt.

2.6 QASPR

In der *Einführung* zum System EUTELTRACS (siehe Abschnitt 2.5.1) wurde auf das satellitengestützte Kommunikationssystem OMNITRACS hingewiesen. Die Nutzer dieses Systems müssen bei Bedarf einer Ortung ein gesondertes Funkortungssystem verwenden, beispielsweise LORAN-C oder GPS. Das bedeutet für den Verkehrsteilnehmer, daß er zwei verschiedene Funkgerätesätze benötigt. Um diesen Nachteil zu beseitigen, wurde 1990 ein Positionsmeldesystem in OMNITRACS integriert. Dieses erweiterte System führt die Bezeichnung *QUALCOM Automatic Satellite Position Reporting Service* (Abkürzung QASPR) [2.1]. Im Prinzip gleicht es dem System EUTELTRACS. Ein wesentlicher Unterschied ist der größere Abstand der Satelliten auf ihrer Umlaufbahn und damit die größeren Abstandswinkel von 12 bis 24 Grad. Dadurch sinkt der Ortungsfehler um den Faktor 2 bis 3 (Bild 2.9). Der größere Abstandswinkel kann jedoch zu einer Verringerung der Empfangsleistung beim Verkehrsteilnehmer führen, denn meist werden zur Erzielung einer hohen Empfangsleistung Antennen mit einem großen Antennengewinn verwendet, die einen entsprechend geringen Halbwertswinkel der Strahlungscharakteristik haben. Der Halbwertswinkel darf aber nicht kleiner sein als der Abstandswinkel, weil sonst nicht beide Satelliten gleichzeitig erfaßt werden.

2.7 SECOR

2.7.1 Einführung

SECOR ist die abgekürzte Bezeichnung des Anfang der sechziger Jahre in USA entwickelten Satellitenortungssystems *Sequential Collation of Range* („Aufeinander folgender Vergleich der Entfernung“). Das System fand vor allem in der Geodäsie eine breite Anwendung. Die damit erzielten guten Vermessungsergebnisse waren Anlaß, vorhandene geographische Positionen zum Teil erheblich zu korrigieren. Ähnlich dem System EUTELTRACS hat auch SECOR keine eigenen Satelliten, sondern die für das System erforderlichen funk- und informationstechnischen Einrichtungen werden als Subsystem Satelliten beigegeben, die an sich andere Aufgaben haben [2.8].

2.7.2 Systembestandteile

Das Raumsegment wird aus mehreren Satelliten gebildet, die in Höhen zwischen 330 und 3600 km in polnahen Bahnen umlaufen. Jeder Satellit trägt einen aus Sender und Empfänger bestehenden Transponder, der im Frequenzbereich von einigen 100 MHz arbeitet. Bis 1978 wurden insgesamt 16 Satelliten mit SECOR-Transpondern ausgerüstet. Darunter waren auch die Satelliten GEOS 1 und GEOS 2.

Das Bodensegment besteht aus der Leitstation und zwei Nebenstationen. Alle Stationen sind mit Interrogatoren zur Zweiwege-Entfernungsmessung ausgerüstet. Der Interrogator (Abfrager) enthält einen Sender, der das Abfragesignal ausstrahlt, und einen Antwortempfänger, der das vom Transponder im Satelliten gesendete Antwortsignal aufnimmt. Die Leitstation hat Einrichtungen zur Entgegennahme von Ortungsanforderungen und zur rechnerischen Auswertung der mit den Antwortsignalen eintreffenden Meßergebnisse. Außerdem leitet die Leitstation das Ortungsergebnis an die betreffende Stelle weiter, von der die Ortungsanforderung kam.

Das Nutzersegment wird von den technischen Einrichtungen gebildet, die sich in den Objekten befinden, deren geographische Koordinaten bestimmt werden sollen.

2.7.3 Ortungsverfahren

Die Ortung erfolgt als Fremdortung und beruht auf der Bestimmung der Entfernung durch Messung der Laufzeit. Für eine dreidimensionale Standortbestimmung sind drei Entfernungsmessungen erforderlich. Dazu wird ein sogenanntes Quad gebildet, das aus vier im Prinzip gleichartig arbeitenden Bodenstationen besteht. Bei drei der vier Bodenstationen ist der Standort, ausgedrückt durch die geographischen Koordinaten, exakt bekannt. Die vierte Bodenstation befindet sich in dem Objekt bzw. an dem Ort, dessen Standort unbekannt ist und bestimmt werden soll. Der Ortungsvorgang gliedert sich in zwei unmittelbar aufeinander folgende Abschnitte:

- Bestimmung der Position des benutzten Satelliten
- Bestimmung des Standortes des Objektes.

Das Ortungsverfahren ist für beide Abschnitte gleich, lediglich die Zuordnungen sind entgegengesetzt. Der Ablauf geht aus **Bild 2.11** hervor. Für die Bestimmung der Position des Satelliten werden die Entfernungen zwischen den Bodenstationen (Leitstation und zwei Nebenstationen) und dem Satelliten nach dem Zweiwege-Verfahren ermittelt, indem die drei Bodenstationen mit einem Interrogator nacheinander Abfragesignale senden, die von dem Satelliten empfangen und als Antwortsignale zurückgesendet werden. Aus den drei Signallaufzeiten ergeben sich die Entfernungen und daraus die drei räumlichen Koordinaten des Satelliten.

In dem sich anschließenden zweiten Meßabschnitt veranlaßt die Leitstation den Satelliten, Abfragesignale an den Transponder des zu ortenden Objektes zu senden. Vom Transponder wird das Abfragesignal aufgenommen und als Antwortsignal an den Satelliten zurückgesendet. Aus der Signallaufzeit ergibt sich eine Entfernung. Nachdem der Satellit auf seiner Umlaufbahn seine Position hinreichend verändert hat, wird dieser Meßvorgang wiederholt, so daß sich eine zweite Entfernung ergibt. Mit einer weiteren Messung wird dann eine dritte Entfernung gewonnen. Die drei Entfernungswerte werden vom Satelliten an die Leitstation übermittelt, in der daraus die Koordinaten des zu ortenden Objektes berechnet werden. Das Ortungsergebnis wird anschließend von der Leitstation dem ortenden Objekt mitgeteilt.

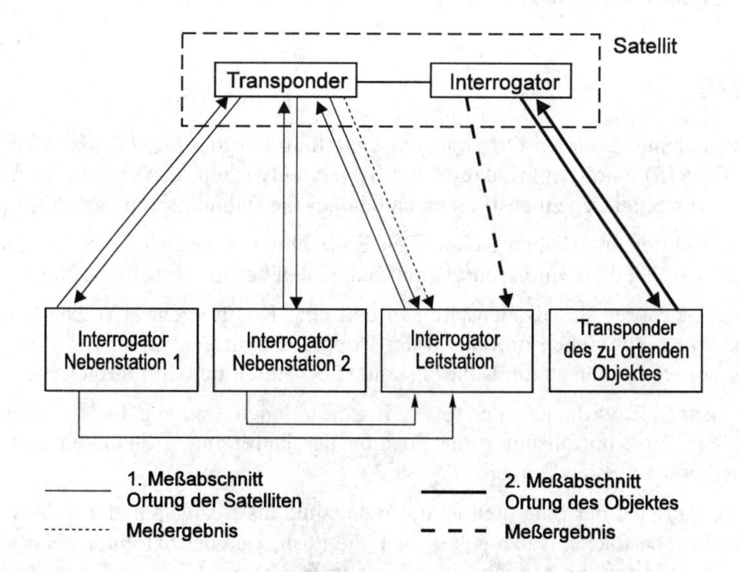

Bild 2.11 Ortungsablauf bei dem System SECOR

Die Funkverbindungen von den Bodenstationen zum Satelliten erfolgen mit einem Träger der Frequenz 420,9 MHz, die Verbindung vom Satelliten zu den Bodenstationen mit zwei Trägern der Frequenzen 224,5 MHz und 449,0 MHz. Zwei Frequenzen werden benutzt, um die durch die ionosphärische Brechung entstehenden Laufzeitverzögerungen erfassen zu können. Daraus lassen sich Korrekturwerte berechnen und die Meßfehler korrigieren (siehe Abschnitt 1.9.3, Gl.1.74 und 1.77)

Die Abfrageperiode beträgt für alle Stationen 50 ms, so daß je Sekunde 20 Entfernungsmessungen durchgeführt werden können.

2.7.4 Ortungsgenauigkeit

Nach den über viele Jahre ermittelten Zahlenwerten beträgt der Fehler bei der Entfernungsmessung 3 m bei einer Wahrscheinlichkeit von 68 % und der Fehler des ermittelten Standortes etwa 15 m.

Das System SECOR fand bevorzugt in der Geodäsie eine breite Anwendung. Durch die Inbetriebnahme der Systeme TRANSIT und GPS hat es an Bedeutung verloren.

2.8 STARFIX

STARFIX ist ein privat betriebenes Satellitenortungssystem der USA . Es ist zur Navigation von Fahrzeugen verschiedener Verkehrsträger bestimmt. Vier geostationäre Satelliten ermöglichen die dreidimensionale Ortung. In der Praxis wird jedoch nur die zweidimensionale Ortung betrieben. Das System kann im gesamten Gebiet der USA einschließlich der Küstenbereiche benutzt werden. Das Ortungsverfahren gleicht dem von GPS (Kapitel 3). Der Ortungsfehler liegt mit einer Wahrscheinlichkeit von 95 % bei 10 m.

Die Kontrollstationen des Systems übernahmen jetzt zusätzlich die Aufgabe von Referenzstationen für das Differential-GPS (siehe Abschnitt 4.1). Die in den Kontrollstationen errechneten Korrekturdaten werden von den Satelliten des Systems ausgestrahlt. Die Daten stehen dann den Nutzern von GPS zur Verfügung.

2.9 DORIS

Mit der Bezeichnung *Doppler Orbitography and Radiopositioning Integrated by Satellites* (Abkürzung DORIS) wurde in Frankreich ein System entwickelt, das primär die Aufgabe hat, die Positionen von Satelliten zu bestimmen und daraus die Bahndaten zu berechnen [2.3].

Die für die Ortung erforderlichen technischen Einrichtungen werden als Subsystem in Form einer Box von den Satelliten mitgeführt, deren Bahndaten bestimmt werden sollen.

Zu dem System gehören drei Bodenstationen und eine Kontrollzentrale. Die Bodenstationen senden Signale aus, von denen im Satellit der Doppler-Count gemessen wird. Die Meßergebnisse werden vom Satelliten an die Kontrollstation übermittelt und dort ausgewertet.

Die geographischen Koordinaten der festen Bodenstationen sind mit hoher Genauigkeit bekannt, so daß in der Kontrollstation die Position des betreffenden Satelliten und daraus die Bahndaten berechnet werden können.

Die sekundäre Aufgabe der Satelliten ist die Benutzung als Bezugspunkt zur Ortung von Objekten auf der Erdoberfläche. Dabei gelten dann die Positionen der Satelliten als bekannt. Es ist die Umkehrung der primären Aufgabe dieses Systems.

2.10 LAGEOS

Eine besondere Art der Verwendung von Satelliten für Ortungsaufgaben hat sich aus der Laser-Rückstrahltechnik entwickelt, wie beispielsweise bei *Laser Geodynamic Satellite* (Abkürzung LAGEOS). Dieser Satellit bewegt sich in einer Umlaufbahn in einer Höhe von 5900 km. Die Bahn und damit die jeweiligen momentanen Positionen lassen sich einen Monat im voraus berechnen, wobei die Ungenauigkeit nicht größer als 30 cm ist. Damit können die geometrischen Koordinaten von Beobachtungsstationen auf der Erde mit der gleichen Genauigkeit aus Laser-Messungen getestet werden [1.17].

2.11 PRARE

2.11.1 Einführung

Mit *Precise Range and Ranging-Rate Experiment* (Abkürzung PRARE) wurde ein Ortungs- und Bahnverfolgungssystem geschaffen, mit dem präzise Bestimmungen der Bahndaten von Satellitenmissionen erreicht werden sollen [2.7].

2.11.2 Systembestandteile

Das Raumsegment besteht aus einer Box mit den funk-, meß- und informationstechnischen Einrichtungen, die als Subsystem dem zu untersuchenden Satelliten beigegeben wird.

Das Kontrollsegment wird durch eine zentrale Überwachungsstation gebildet, in der alle anfallenden Daten des Systems gesammelt und ausgewertet werden.

Das Bodensegment umfaßt eine Anzahl von kleinen, transportablen und automatisch arbeitenden Funkstationen.

2.11.3 Ortungsverfahren

Die Bestimmung der Position des betreffenden Satelliten erfolgt durch die Messung der Entfernung vom Satelliten zur Bodenstation nach dem Zweiwege-Verfahren. Die geographischen Koordinaten der Bodenstationen sind mit hoher Genauigkeit bekannt. Für die Bestimmung der räumlichen Koordinaten sind Entfernungsmessungen zu drei Bodenstationen erforderlich, deren Abstände zur Gewährleistung einer hohen Genauigkeit nicht zu klein gewählt werden dürfen. Zur Eliminierung der durch die Brechung der Welle in der Ionosphäre entstehenden Entfernungsmeßfehler erfolgt die Übertragung der Meßsignale vom Satelliten zu den Bodenstationen mit zwei unterschiedlichen Frequenzen. Damit lassen sich die entstehenden Laufzeitverzögerungen bestimmen und Korrekturwerte berechnen.

Das Ortungsverfahren geht aus **Bild 2.12** hervor. Vom Satelliten wird ein codiertes Meßsignal gleichzeitig mit den zwei Trägern der Frequenzen 2,2 GHz (S-Band) und 8,5 GHz (X-Band) übertragen. In den Bodenstationen werden die beiden Signale empfangen. Durch die Brechung in der Ionosphäre treffen die Signale, die mit dem Träger der Frequenz 2,2 GHz und dem Träger der Frequenz 8,5 GHz übertragen werden, zu unterschiedlichen Zeiten ein. Die Zeitdifferenz wird mit einen Fehler kleiner 10^{-9} gemessen und dem Satelliten zur Berechnung der Korrekturwerte mitgeteilt. Das erfolgt mit dem Träger der Frequenz 7,2 GHz, der mit dem aufmodulierten codierten Meßsignal zur Messung der Laufzeit von der Bodenstation zum Satelliten dient. Außerdem werden mit diesem Träger die in der Bodenstation vorliegenden meteorologischen Daten dem Satelliten mitgeteilt. Damit lassen sich auch die durch die Brechung in der Troposphäre entstehenden Entfernungsmeßfehler reduzieren.

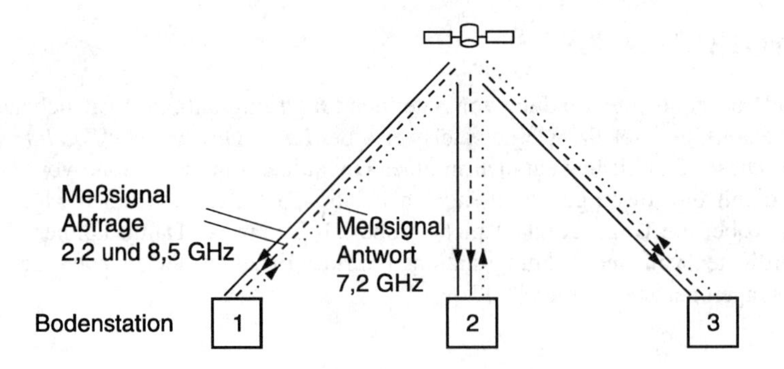

Bild 2.12 Ortungsablauf bei dem System PRARE

Unabhängig von der Ortung wird an Bord des Satelliten noch die Doppler-Frequenzverschiebung des von der Bodenstation ausgestrahlten Trägers der Frequenz 7,2 GHz gemessen. Damit läßt sich die relative Geschwindigkeit des Satelliten gegenüber der Bodenstation bestimmen.

2.11.4 Ortungsgenauigkeit

Unter Berücksichtigung der vielfältigen Fehlerursachen sind die Abweichungen der aus den Meßwerten berechneten Koordinaten der Satellitenposition von den wahren Koordinaten nicht größer als 10 cm. Somit ist die Genauigkeit gleich der vom Laser- Entfernungsmeßsystem.

2.11.5 Perspektive

Eine Box mit den Einrichtungen von PRARE wurde 1991 mit dem Satelliten ERS-1 in die Umlaufbahn gebracht. Der durch Protonen verursachte Ausfall des Speichers verhinderte die Aktivierung. Eine entsprechende verbesserte Ausführung wurde erfolgreich auf dem russischen Satelliten Meteor eingesetzt. Zur Zeit wird PRARE auf dem Satelliten ERS-2 betrieben.

3 Global Positioning System (GPS)

3.1 Einführung

Das USA-Verteidigungsministerium (Department of Defense, Abkürzung DOD) erteilte 1973 den Auftrag, ein satellitengestütztes System zu entwickeln, das die Bestimmung von Position und Geschwindigkeit von beliebigen ruhenden und sich bewegenden Objekten ermöglichte, um damit eine weltweite Navigation mit hoher Genauigkeit zu gewährleisten. Darüber hinaus sollte auch eine genaue Zeitinformation zur Verfügung gestellt werden. Die Ergebnisse sollten in Echtzeit, also ohne Zeitverzug unmittelbar nach der Messung zur Verfügung stehen. Die Nutzung des Systems sollte an jedem Ort auf der Erde und im erdnahen Raum, sowie zu jeder Zeit und unter beliebigen meteorologischen Verhältnissen gewährleistet sein. Zusammenfassend ergaben sich im Wesentlichen folgende Forderungen:

- dreidimensionale Positionsbestimmung (Ortung) in Echtzeit von ruhenden und bewegten Objekten auf der Erde und im erdnahen Raum
- Bestimmung der Geschwindigkeit bewegter Objekte
- Lieferung von Zeitinformation
- unbegrenzte Anzahl gleichzeitig tätiger Nutzer
- Unabhängigkeit von meteorologischen Verhältnissen
- hohe Sicherheit gegenüber zufälligen und gegenüber gewollten Störungen
- hohe Genauigkeit der Positionsbestimmung (Ortung) mit einem mittleren quadratischen Fehler von 30 m und Eindeutigkeit des Ergebnisses
- hohe Genauigkeit der Geschwindigkeitsbestimmung mit einem mittleren quadratischen Fehler von 0,3 m/s
- hohe Genauigkeit der erteilten Zeitinformation mit einem mittleren quadratischen Fehler von 10 ns
- Zeitbedarf für die erstmalige Bestimmung einer Position in der Größenordnung von einigen Minuten, für nachfolgende Bestimmungen weniger als 30 s.

Für die Konzeption eines Systems wurden folgende Festlegungen getroffen:

- Sende- und Empfangsbereich

  Zur Erzielung einer Ortung mit hoher Genauigkeit und Eindeutigkeit wird für die funktechnische Übermittlung der Ortungsinformation eine verhältnismäßig große Bandbreite in der Größenordnung von einigen MHz benötigt. Solche Übertragungsbandbreiten stehen nur in Frequenzbereichen oberhalb 1000 MHz zur Verfügung.

  Der Frequenzbereich ist auch maßgebend für die Abmessungen der Antennen und für die Form der Strahlungscharakteristik bei vorgegebenen Abmessungen. Günstige Lösungen sind ebenfalls bei Frequenzen oberhalb von 1000 MHz zu erhalten.

  Mit zunehmender Frequenz steigt jedoch die Dämpfung im Ausbreitungsweg der elektromagnetischen Welle in der Atmosphäre (siehe Abschnitt 1.9.5, Tabelle 1.12 und 1.13), so daß eine niedrige Frequenz von Vorteil wäre. Als optimaler Frequenzbereich wurde für die Funkverbindung zwischen Satelliten (Sender) und Nutzer (Empfänger) das L-Band (1 bis 2 GHz, siehe Tabelle 1.9) gewählt.

- Satellitenbahn

  Die Forderung nach uneingeschränkter weltweiter Nutzung war für die Wahl der Satellitenbahn entscheidend. Zur Gewährleistung einer globalen Nutzung wurde ein Konzept mit mehreren umlaufenden Satelliten gewählt, deren Bahnen gegenüber dem Äquator geneigt sind und eine Höhe von etwa 20 000 km haben.

- Signalform

  Die große Entfernung zwischen sendenden Satelliten und empfangendem Nutzer auf der Erde ergibt bei einer Sendeleistung von etwa 50 Watt nur eine sehr geringe Empfängereingangsleistung. Da die Störbarkeit umgekehrt proportional zur Empfängereingangsleistung ist, wurde für die Übertragung der Ortungsinformation als weitgehend störsichere Signalform eine codierte Impulsfolge gewählt.

Die auf Grund der gestellten Forderungen und Festlegungen durchgeführten Arbeiten führten zu einem System mit der Bezeichnung *Navigation System with Time and Ranging* (Abkürzung NAVSTAR). Es wurde in der ersten Ausbaustufe mit vier Satelliten ab 1978 von der US Air Force erprobt und ab 1980 unter der Bezeichnung *Global Positioning System* (Abkürzung GPS) teilweise zur zivilen Nutzung freigegeben. Der weitere Ausbau mit einer Vergrößerung der Anzahl der Satelliten erstreckte sich über ein Jahrzehnt hin. Der Vollausbau und damit die vollständige Nutzung des Systems wurde 1992 erreicht [3.56; 3.57].

Mit GPS wurde für die Ortung und speziell für die Navigation eine neue Qualität erreicht, die zu außerordentlichen Veränderungen in den entsprechenden Anwendungsgebieten geführt hat. GPS ist primär ein Ortungs- und Navigationssystem. Das Prinzip der Ortung beruht auf der Messung der Entfernungen zwischen dem Nutzer bzw. dem zu ortenden Objekt und drei Satelliten (siehe Tabelle 1.1, Nr. 11). Jede Entfernung ergibt als Standfläche der Ortung die Oberfläche einer Kugel. Der Schnittpunkt von drei Kugeloberflächen ist der gesuchte Standort (Position) des ortenden Objektes (siehe Abschnitt 1.2, Bild 1.5d). Die Koordinaten der Satelliten sind entsprechend der Systemkonzeption dem Nutzer bekannt, so daß er die Koordinaten seines Standortes bestimmen kann. Die Entfernungen werden durch Messung der Laufzeit von impulsförmigen Signalen in der Einweg-Methode bestimmt (siehe Abschnitt 1.2). Die Ortungssignale werden vom Satelliten als Modulation mit einer Trägerwelle hoher Frequenz bzw. zwei Trägerwellen (Kurzbezeichnung *Träger*) übertragen. Die Verwendung der Einweg-Methode setzt voraus, daß die Uhrzeit in den Satelliten mit der im Empfänger des Nutzers übereinstimmt. Da diese Bedingung praktisch nicht zu erfüllen ist, weichen die gemessenen Entfernungen von den geometrischen Entfernungen ab. Die gemessenen Entfernungen werden deshalb Pseudoentfernungen genannt (**Bild 3.1**). Für die dreidimensionale Ortung werden drei Satelliten benötigt, zu denen die Entfernungen gemessen werden. Mit der Messung einer vierten Entfernung zu einem vierten Satelliten wird die Abweichung der Uhrzeiten berechnet.

Zur Erzielung extrem hoher Genauigkeiten wird die Entfernung nicht durch Messung der Laufzeit von impulsförmigen Signalen (Impulsverfahren) bestimmt, sondern durch Messung der Phasenwinkel des von den Satelliten ausgestrahlten hochfrequenten Trägers (CW-Verfahren, siehe Abschnitt 1.2.2). Der erhebliche Nachteil dieses Verfahrens ist die Mehrdeutigkeit der gemessenen Entfernungen. Die Herstellung der Eindeutigkeit benötigt einen höheren Aufwand und verlängert die Zeit des Meßvorganges. Das Verfahren wird im Vermessungswesen benutzt, bei dem die Meßzeit von geringerer Bedeutung ist [3.4; 3.23; 3.48].

Die in der **Tabelle 3.1** zusammengestellten Kennwerte stellen eine Übersicht zur Gesamtkonzeption dar. In den folgenden Abschnitten wird das System in seiner Wirkungsweise erläutert [3.32; 3.35].

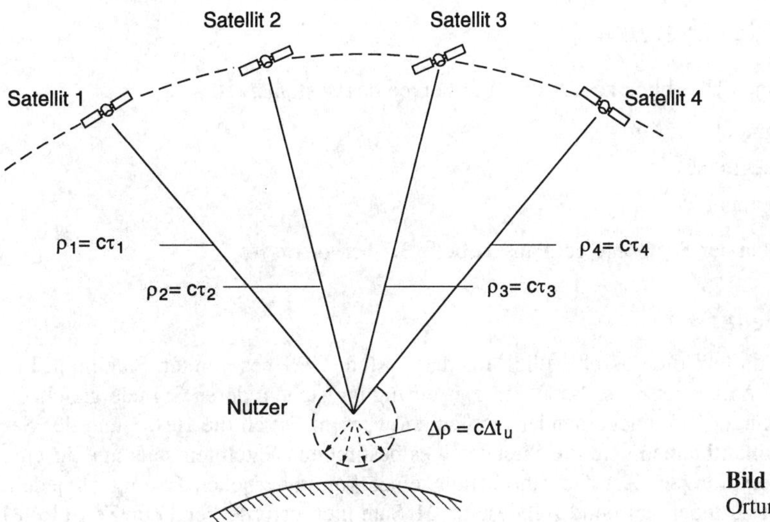

Bild 3.1
Ortungsprinzip von GPS

Tabelle 3.1 Übersicht zur Grundkonzeption von GPS

Vorgabe	Konzeption
Aufgabe	Positionsbestimmung (Ortung) Geschwindigkeitsbestimmung Zeitinformationsgewinnung
Ortungsverfahren	Entfernungsmeßverfahren
Ortungsumfang	dreidimensional
Satelliten Art Anzahl Bahnhöhe	 umlaufend 24 20 230 km
Sendefrequenzen der Satelliten Träger L1 Träger L2	 1575,42 MHz 1227,60 MHz
Ortungssignal	codierte Impulsfolge
Navigationsmitteilung	binäre Daten
Meßgrößen	Entfernung durch Messen von – Signallaufzeiten (Impulslaufzeitverfahren) – Trägerphasendifferenz (kontinuierliche Schwingungen, CW-Verfahren)
Genauigkeit der Positionsbestimmung – bei Messung der Signallaufzeit – bei Messung der Trägerphasendifferenz	Positionsfehler bei Wahrscheinlichkeit W = 95% = 30 ... 100 m = 3 ... 30 cm
Genauigkeit der Geschwindigkeitsbestimmung	Geschwindigkeitsfehler: 3 m/s
Genauigkeit der Zeitinformation	Zeitfehler: 100 ns

3.2 Segmente des Systems

Das **Bild 3.2** gibt einen Überblick zu den drei Segmenten des Systems:

- Raumsegment
- Kontrollsegment
- Nutzersegment.

Das Zusammenwirken der Segmente geht aus **Tabelle 3.2** hervor.

3.2.1 Raumsegment

Das Raumsegment umfaßt die ausschließlich für das System GPS bestimmten Satelliten. Für eine Ortung müssen mindestens vier Satelliten zur Verfügung stehen, deren Signale gleichzeitig oder innerhalb kurzer Zeit nacheinander empfangen werden. Durch die Bewegung der Satelliten auf ihren Umlaufbahnen sind die Signale eines bestimmten Satelliten stets nur für eine begrenzte Zeit zu empfangen. Zur Gewährleistung einer kontinuierlichen Ortung an jedem Punkt der Erde und zu jeder Zeit sind mindestens 21 Satelliten erforderlich. Zur Zeit (1998) befinden sich 25 Satelliten im Weltraum, davon stehen 24 für die Nutzer zur Verfügung.

Tabelle 3.2 Funktionen und Ergebnisse der drei Segmente von GPS

Segment	ankommende Signale bzw. Informationen	Funktion	Ergebnis
Raumsegment	von Bodenstationen: Navigationsmitteilung	Erzeugen: – hochfrequente Träger – Ortungssignale – Navigationsmitteilung	Senden: – hochfrequente Träger L1 und L2 – C/A-Code, P(Y)-Code – Datenstrom
Kontrollsegment	von Satelliten: – P(Y)-Code – Uhrzeit Außerdem: Beobachtung der Satelliten	Berechnen: Ephemeriden Erzeugen: GPS-Zeit	Navigationsmitteilung
Nutzersegment	von Satelliten: – hochfrequente Träger L1, L2 – Ortungssignal (Code) – Navigationsmitteilung	– Ortung (Positionsbestimmung) – Geschwindigkeitsbestimmung – Zeitinformationsgewinnung	Ausgabe (Anzeige): – Position (Standortkoordinaten) – Geschwindigkeit – Zeit

Die Satelliten bewegen sich gruppenweise auf Bahnen, deren Ebenen gegenüber der Äquatorebene eine bestimmte Neigung haben (**Bild 3.3**).

Die Satelliten senden mit zwei hochfrequenten Trägern die Ortungssignale und die Daten der Navigationsmitteilungen aus, die vom Nutzer empfangen und ausgewertet werden.

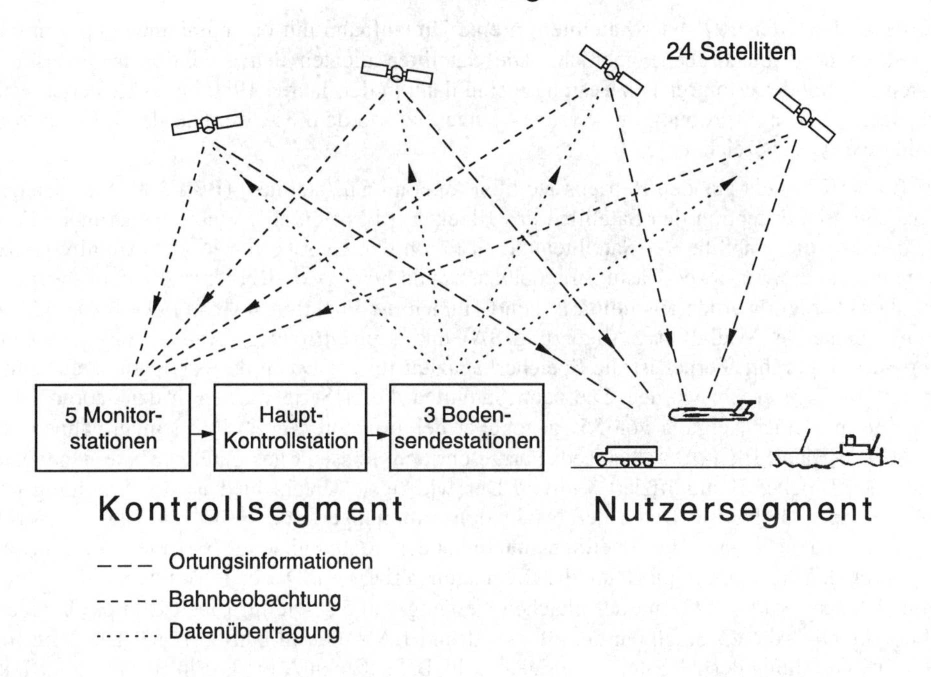

Bild 3.2 Segmente von GPS

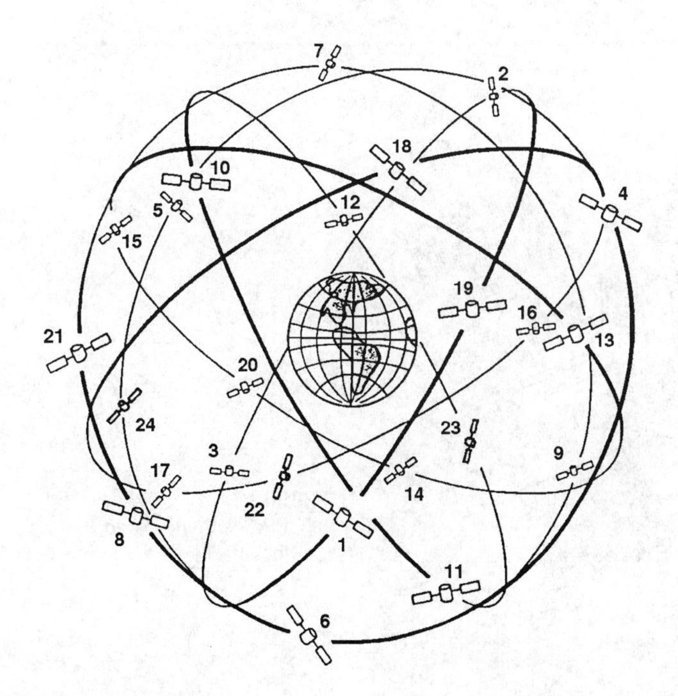

Bild 3.3
Umlaufbahnen der GPS-Satelliten

3.2.1.1 Satelliten

Als Block I wurden 1978 vier Satelliten in eine Umlaufbahn mit einer Bahnneigung von 63° gegenüber der Äquatorebene gebracht. Die Satelliten dienten dem Funktionsnachweis des Systems. Nach der erfolgreichen Testphase sind dann in den Jahren 1980 bis 1985 sieben weitere Satelliten zur Erprobung des Systems eingesetzt worden. Sie werden als *Gültigkeitstyp* (validative-type) bezeichnet [3.10].

Der Block II besteht aus den Betriebssatelliten (operational satellites) (**Bild 3.4**). Sie gleichen in der Gesamtkonzeption den Satelliten des Blockes I, besitzen aber einige Neuerungen. Vor allem wurde die Stabilität der Satellitenuhrzeit durch den Einsatz von je vier Atomfrequenznormalen, und zwar zwei Cäsium-Frequenznormale und zwei Rubidium-Frequenznormale erhöht. Außerdem wurden aus militärischen Gründen die Funktionen *Genauigkeitsverschlechterung* (Selective Availability, Abkürzung SA) und *Anti-Fälschung* (Anti-Spoofing, Abkürzung AS) eingeführt. Ferner ist die Speicherkapazität für die Daten der Navigationsmitteilungen auf 14 Tage erhöht worden. Die neun Satelliten dieser Serie wurden in den Jahren 1989 und 1990 mit einer Neigung von 55° gegenüber der Äquatorebene in ihre Umlaufbahnen gebracht. Der Block IIA („A“: advanced, Fortgeschrittene) besteht aus Satelliten, die gegenüber denen des Blockes II modifiziert wurden. Der wichtigste Unterschied ist die Erhöhung der Speicherkapazität für die Daten der Navigationsmitteilungen von bisher 14 Tagen auf 180 Tage. Außerdem können die Satelliten untereinander kommunizieren. Beispielsweise lassen sich durch den Austausch von Daten die Bahndaten verbessern. Der erste von den 15 Satelliten dieses Blockes wurde 1990 mit der gleichen Neigung von 55° wie im Block II in die Umlaufbahn gebracht. Alle 24 Satelliten der Blöcke II und IIA sind voll betriebsfähig. Das **Bild 3.5** zeigt die Verteilung der 24 Satelliten in den sechs Bahnebenen A bis F. Ein Satellit des Blokkes I ist noch betriebsfähig, er hat in der Umlaufbahn A eine Position gemeinsam mit einem Satelliten des Blockes II A.

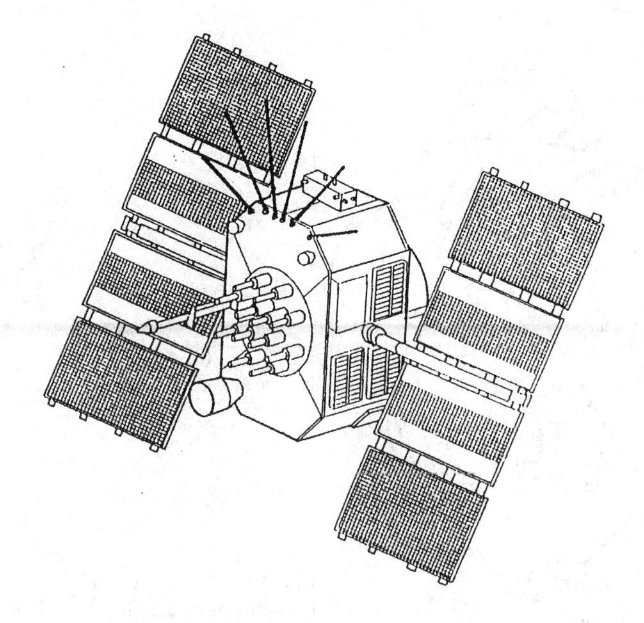

Bild 3.4
GPS-Satellit der Serie Block II

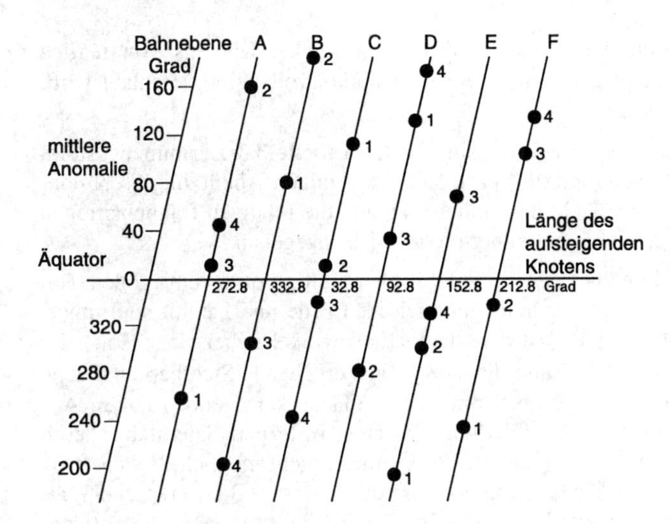

Bild 3.5
Verteilung der 24 GPS-Satelliten auf den 6 Umlaufbahnen

Der neue, im Aufbau befindliche Block IIR („R": replenishment, Ersatz) besteht aus weiterentwickelten Satelliten, die als Ersatz für ältere Satelliten und zur Ergänzung bestimmt sind. Diese neuen Satelliten können ihre Bahndaten autonom durch gegenseitige Entfernungsmessungen bestimmen und daraus die Daten der Navigationsmitteilungen unabhängig von der Hauptkontrollstation berechnen. Mit einer erheblich erweiterten Prozessorkapazität sind die Satelliten dann in der Lage, etwa ein halbes Jahr ohne Unterstützung durch das Kontrollsegment auf der Erde zu operieren. Eine Verringerung der Ortungsgenauigkeit und sonstige Nachteile für den Nutzer treten nicht ein. Vorgesehen ist auch, die bisher eingesetzten Rubidium- und Cäsium-Frequenznormale (Atomuhren) durch Wasserstoff-Maser-Frequenznormale zu ersetzen, um die Stabilität der Uhrzeit noch zu erhöhen. Die Erweiterung der Funktion zeigt sich auch in der Erhöhung des Gewichts von 1000 kg der Block-I-Satelliten auf etwa 2000 kg. Die Inbetriebnahme der ersten Satelliten dieses Blockes steht unmittelbar bevor.

Der zukünftige Block II F („F": follow-on, nachfolgend) soll aus Satelliten bestehen, die im Prinzip den bisherigen Satelliten gleichen, aber ihre Effektivität wesentlich steigern und damit die Leistungsfähigkeit des gesamten Systems erhöhen. Ein Einsatz des Blockes ist nicht vor Anfang des nächsten Jahrzehnts zu erwarten. Diese Weiterentwicklung zeigt, daß man in den USA dem GPS auch in der Zukunft eine große Bedeutung beimißt.

3.2.1.2 Satellitenbahn

Bei dem erreichten Vollausbau des Systems besteht das Raumsegment aus 24 Satelliten, das sind 21 Betriebssatelliten und 3 aktive Ersatzsatelliten (**Bild 3.5**). Die Satelliten bewegen sich in 6 Bahnebenen, die eine Neigung von 55° gegenüber der Äquatorebene haben. Der Rektaszensionsunterschied zwischen zwei benachbarten Bahnebenen beträgt 60°. Die Satelliten laufen in einer nahezu kreisförmigen Bahn mit einer Höhe von 20230 km. Das entspricht einer Umlaufzeit von 12 Stunden bezogen auf Sternzeit. Eine identische Konstellation wiederholt sich jeden Tag, jedoch stets 3 Minuten 56 Sekunden früher mit Bezug auf die Weltzeit. Das bedeutet, daß die Satellitenspur – das ist die Projektion der Umlaufbahn auf die Erdoberfläche – täglich um etwa 1° westwärts wandert (siehe Gl. 1.18). In Bild 3.5 sind die auf einer Kugeloberfläche verteilten Satellitenbahnen, die mit den Buchstaben A bis F bezeichnet werden, auf eine flache Ebene abgewickelt. Die Position eines Satelliten auf der Bahn wird durch das Argument der Breite (mittlere Anomalie) festgelegt. Der Schnittpunkt mit dem Äquator wird durch die Rektaszension des aufsteigenden Knotens bestimmt.

Wegen der Erdabplattung tritt eine Verschiebung des aufsteigenden Knotens von täglich -0,04187° auf. Eine jährliche Bahnkorrektur, die von der Hauptkontrollstation veranlaßt wird, hält die Bahn in der vorgesehenen Lage.

Die bisher in Umlaufbahnen gebrachten Satelliten sind in der **Tabelle 3.3** zusammengestellt. Der Reihenfolge liegen die Satellitennummern (Space Vehicle Number, Abkürzung SVN oder nur SV) zugrunde. In der Tabelle sind auch die Bahnebenen und die relativen Bahnpositionen (siehe Bild 3.5), sowie die PRN-Impulsfolgenummern des Codes angegeben.

Wegen der großen Höhe der Satellitenbahn ist ein Satellit gleichzeitig von einem großen Teil der Erdoberfläche aus sichtbar und Funkverbindungen zwischen Erde und Satellit sind innerhalb dieser Fläche möglich. Nach Gl.(1.19) ist der Sichtbarkeitswinkel α bei einer Höhe der Satellitenbahn von 20230 km gleich 152,2° und die sich daraus ergebende Sichtbarkeitsfläche beträgt 37,8 % der Erdoberfläche. Dieser Winkel bzw. diese Fläche kann jedoch nur in Anspruch genommen werden, wenn die Funkverbindung zwischen Erde und Satellit bis herab zum Horizont hergestellt werden kann. Das ist in der Praxis meist nicht möglich. Erstens verhindert die Beschaffenheit der Erdoberfläche, beispielsweise durch Berge, Bauwerke und Wälder die quasioptische Sicht, die bei Funkverbindungen im Bereich hoher Frequenzen notwendig ist. Zweitens muß die elektromagnetische Welle bei Verbindungen unter sehr flachem Winkel die Troposphäre über eine Strecke von maximal 300 km durchlaufen, so daß durch die Brechung der Welle Laufzeitverzögerungen und entsprechende Meßfehler auftreten. Auch die in der Ionosphäre zu durchlaufende Strecke erhöht sich um Faktoren, jedoch lassen sich die entstehenden Meßfehler eliminieren (siehe Abschnitt 1.9.3). In der Praxis werden deshalb Verbindungen zu Satelliten nur bei Erhebungswinkeln, bezogen auf die Erdhorizontale, (mask angle) oberhalb 5°, meist 10° benutzt (siehe Abschnitt 1.4.3, Bild 1.21). Durch diese Einschränkung geht der Sichtbarkeitswinkel α von 152,2° beim Erhebungswinkel Null auf 132° beim Erhebungswinkel 10° zurück. Die Sichtbarkeitsflächen gehen von 37,8 % auf 30,0 % der Erdoberfläche zurück (siehe Bild 1.23).

Durch die Bewegung der Erde um die Sonne gibt es in jedem Jahr zwei kurze Perioden, in denen ein Satellit durch den Erdschatten läuft. Der volle Schatten entsteht bei ganzer Abdekkung über eine Zeit von weniger als einer Stunde. Während dieser Zeit erzeugen die Solarflächen des Satelliten keine elektrische Energie, so daß die an Bord des Satelliten gespeicherte Energie zur Verfügung stehen muß.

3.2.2 Kontrollsegment

Das Kontrollsegment hat folgende Aufgaben:

- Kontrolle der Funktion des gesamten Systems
- Beobachtung der Satellitenbewegungen
- Beobachtung der Satellitenuhrzeiten
- Vorausberechnung der Satelliten-Ephemeriden und der Satellitenuhrzeit.

Das Kontrollsegment umfaßt:

- Hauptkontrollstation
- 5 Monitorstationen
- 3 Bodensendestationen.

Tabelle 3.3 Gestartete GPS-Satelliten

Satelliten-Nummer (SVN)	Startzeitpunkt		Block	Bahnposition Bahnebene	PRN-Nummer (Code-Nummer)	in Betrieb
1	22. Feb	78	I		04	nein
2	13. Mai	78	I		07	nein
3	06. Okt	78	I		06	nein
4	10. Dez	78	I		08	nein
5	09. Feb	80	I		05	nein
6	26. Apr	80	I		09	nein
7	18. Dez	81	I			Fehlstart
8	04. Mai	83	I		11	nein
9	13. Jun	84	I	C1	13	nein
10	08. Sep	84	I	A1	12	ja
11	09. Okt	85	I	C4	03	nein
14	14. Feb	89	II	E1	14	ja
13	10. Jun	89	II	B3	02	ja
16	18. Aug	89	II	E3	16	ja
19	21. Okt	89	II	A4	19	ja
17	11. Dec	89	II	D3	17	ja
18	24. Jan	90	II	F3	18	ja
20	26. Mär	90	II	B2	20	ja
21	02. Aug	90	II	E2	21	ja
15	01. Okt	90	II	D2	15	ja
23	26. Nov	90	IIA	E4	23	ja
24	04. Jul	91	IIA	D1	24	ja
25	23. Feb	92	IIA	A2	25	ja
28	10. Apr	92	IIA	C5	28	ja
26	07. Jul	92	IIA	F2	26	ja
27	09. Sep	92	IIA	A3	27	ja
32	22. Nov	92	IIA	F1	01	ja
29	18. Dez	92	IIA	F4	29	ja
22	30. Mär	93	IIA	B1	22	ja
31	30. Mär	93	IIA	C3	31	ja
37	13. Mai	93	IIA	C4	07	ja
39	26. Jun	93	IIA	A1	09	ja
35	30. Aug	93	IIA	B4	05	ja
34	26. Okt	93	IIA	D4	04	ja
36	10. Mär	94	IIA	C1	06	ja
33	28. Mär	96	IIA	C2	03	ja
40	16.Jul	96	IIA	E2	10	ja
30	12.Sep	96	IIA	B2	30	ja

Das Zusammenwirken der Stationen geht aus **Bild 3.6** hervor.

Die Hauptkontrollstation (Master Control Station, Abkürzung MCS) liegt in der Nähe von Colorado Springs (Colorado, USA). Die Standorte der fünf Monitore (**Bild 3.7**) sind:

- Colorado Springs (bei der Hauptkontrollstation)
- Hawaii
- Ascension Islands (südlicher Atlantik)
- Diego Garcia (Indischer Ozean) und
- Kwajalein (Pazifischer Ozean).

Die drei Bodensendestationen stehen an Orten, an denen sich auch Monitorstationen befinden, nämlich Ascension Islands, Diego Garcia und Kwajalein. Die Monitorstationen bilden zusammen mit den Bodensendestationen das operative Kontrollsystem (Operational Control System, Abkürzung OCS).

3.2.2.1 Hauptkontrollstation

Die Hauptkontrollstation ist die zentrale Informations- und Rechenstelle. In ihr werden aus den von den Monitorstationen gelieferten Beobachtungsergebnissen die Ephemeriden (Bahndaten) sämtlicher Satelliten des Systems und das Verhalten der Satellitenuhren berechnet. Aufgrund der berechneten Werte werden die Navigationsmitteilungen formuliert bzw. auf den neuesten Stand gebracht. Die Navigationsmitteilungen gehen dann an die Bodensendestation, von der sie ausgestrahlt werden. Die Satelliten empfangen sie und aktualisieren damit ihre gespeicherten Navigationsmitteilungen, die sie dann ausstrahlen. Das Bestreben ist es, mit diesem Vorgang dem Nutzer stets genaue Navigationsmitteilungen zu liefern und ihm damit eine Ortung mit höchstmöglicher Genauigkeit zu gewährleisten.

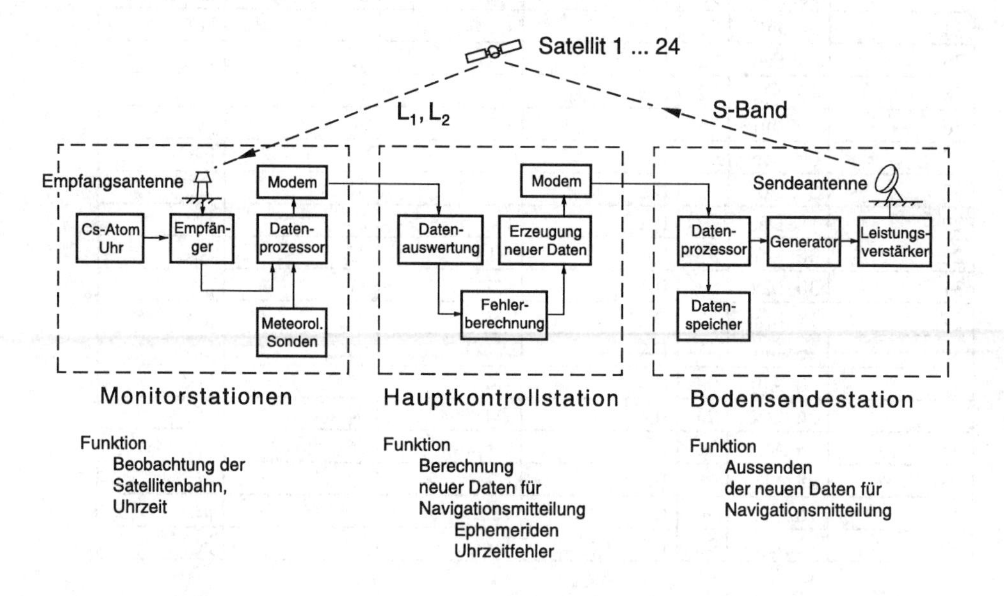

Bild 3.6 Kontrollsegment

3.2.2.2 Monitorstationen

Die Monitorstationen besitzen spezielle GPS-Empfangsanlagen, die u.a. mit hochpräzisen Frequenznormalen ausgerüstet sind. Zur Zeit sind das Cäsium-Frequenznormale, die in Zukunft durch Wasserstoff-Maser-Frequenznormale ersetzt werden sollen. Außerdem hat jede Monitorstation noch Sensoren zur Sammlung örtlicher meteorologischer Daten.

Die Monitorstationen empfangen die Signale von allen Satelliten des Systems und werten sie aus. Die durch die Brechung der elektromagnetischen Welle in der Troposphäre und in der Ionosphäre entstehenden Entfernungsmeßfehler werden weitgehend korrigiert. Zur Korrektur der troposphärischen Einflüsse werden die gesammelten meteorologischen Daten verwendet. Durch die Anwendung umfangreicher statistischer Verfahren werden sonstige Fehlereinflüsse weitgehend eliminiert, so daß die Endergebnisse eine hohe Genauigkeit aufweisen. Alle Monitore übermitteln ihre Ergebnisse über eine Datenverbindung an die Hauptkontrollstation.

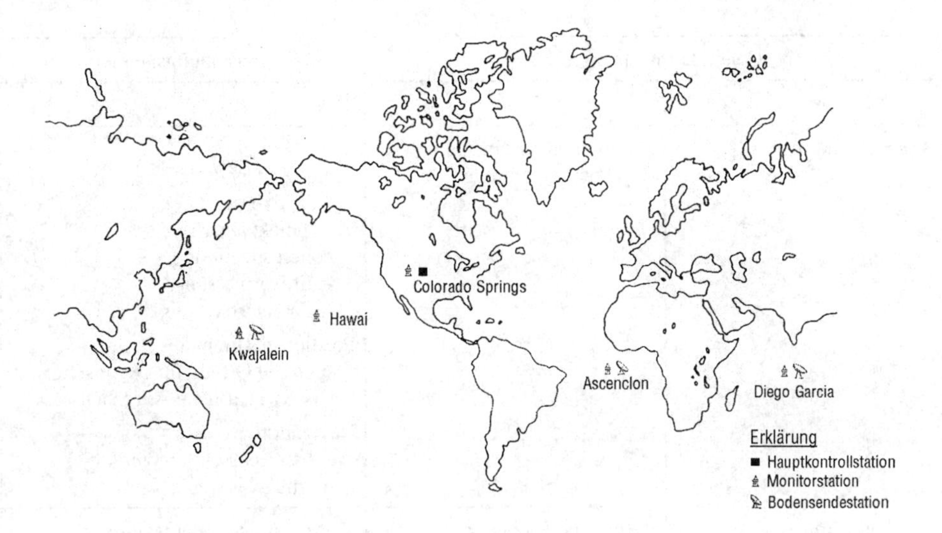

Bild 3.7 Weltweite Verteilung der Stationen des Kontrollsegmentes

3.2.2.3 Bodensendestationen

Die Bodensendestationen (Systembezeichnung *Ground Antenna*) sind Sendeanlagen mit verhältnismäßig großen Richtstrahlantennen. Sie senden an die jeweils in ihrem Erfassungsbereich auftretenden Satelliten die Navigationsmitteilungen und sonstige für die Funktion der Satelliten relevante Daten. Die Funkverbindung erfolgt im S-Band (2 bis 4 GHz). Die detaillierten Frequenzen werden vom Betreiber des Systems aus Sicherheitsgründen nicht veröffentlicht, zumal sie der Nutzer des Systems nicht braucht.

Die weiträumige Verteilung der drei Bodensendestationen auf der Erde ermöglicht maximal drei Kontakte pro Tag zwischen dem Kontrollsegment und jedem einzelnen Satelliten. Alle Kontakte werden voll genutzt, um kontinuierlich die Navigationsmitteilungen stets auf dem aktuellen Stand zu halten. Der Umfang des operativen Kontrollsystems (OCS), insbesondere die Stationsverteilung, genügt den Anforderungen für die Nutzung des Systems zur Navigation. Zur Lösung geodätischer und vor allem geodynamischer Aufgaben werden höhere Anforderungen an die Genauigkeit der Bahnbestimmung gestellt. Es wurde deshalb ein umfassendes

Netz von Beobachtungsstationen, zum Teil auf kommerzieller Basis, aufgebaut. Das Netz umfaßte 1997 etwa 45 Beobachtungsstellen, weitere sollen aufgebaut werden.

3.2.3 Nutzersegment

Das Nutzersegment setzt sich aus der großen Anzahl der mit GPS-Empfängern ausgestatteten Nutzern zusammen, die aus verschiedenen Bereichen kommen und daher auch unterschiedliche Zielstellungen bei der Nutzung haben.

Die Nutzer können nach der Art der Verwendung der von GPS gelieferten Informationen und der Meßergebnisse gegliedert werden (**Tabelle 3.4**). Eine andere Gliederung der Nutzer geht von der potentiellen Genauigkeit des Systems aus (**Tabelle 3.5**).

Tabelle 3.4 Nutzer-Einteilung nach Art der von GPS gelieferten Informationen

Genutzte Information		Anwendungsbereich
Art	Größe	
Position (Standort)	räumliche Koordinaten von Objekten und Punkten	Vermessung niedere Geodäsie – Feldvermessung – Objektvermessung höhere Geodäsie – Erdvermessung – Landvermessung Positionsbestimmung statische Ortung für technische und wissenschaftliche Aufgaben Navigation dynamische Ortung zur Objekt-führung
Geschwindigkeit	Betrag und Richtung	Verkehrswesen, Bautechnik – Steuerung von Bewegungen Überwachung von Bewegungen – Sicherheitsaufgaben – wissenschaftliche Aufgaben
Zeit	– systemeigene Uhrzeit – UTC – bezogene Uhrzeit	Wissenschaftliche Aufgaben Registrierung zeitabhängiger Vorgänge Nachrichtentechnik Synchronisation bei Informations-übertragung

Tabelle 3.5 Einteilung der Nutzer von GPS nach Genauigkeitskriterien

Positionsbestimmung für Vermessungen (statische Ortung)	geforderte relative Genauigkeit (Verhältnis des Positionsfehlers zur Objektentfernung)	Typischer Zahlenwert des Positionsfehlers
Erderkundung	$1 : 10^4$	1 ··· 50 m
Lagerstättenerkundung	$1 : 10^4$	1 ··· 10 m
Großräumige Kartenaufnahme	$1 : 10^5$	0,5 ··· 5 m
Großräumige Straßenprojekte	$1 : 10^5$	0,5 ··· 5 m
Technische Projekte (Bauwerke)	$1 : 10^3$	0,1 ··· 1 m
Geodäsie	$1 : 10^6$	1 ··· 20 cm
Geodynamik	$1 : 10^7$	1 ··· 20 mm

Navigation (dynamische Ortung)	Maximal zulässige Positionsabweichung bei W = 95%	für zivile Nutzer zur Zeit erreichbar
Luftfahrt		
Streckenflug		100 m
horizontal	300 m	
vertikal	60 m	
Landeanflug		
horizontal	30 m	besser 3 m mit Differential-GPS
vertikal	3 m	
Landung		
horizontal	3 m	desgl.
vertikal	0,3 m	
Seefahrt		
offene See	300 m	100 m, besser 3 m mit Differential-GPS
Küstenbereich	30 m	
Hafen und Binnengewässer	5 m	
Landverkehr		
Fernstraßen	30 m	100 m, besser 3 m mit Differential-GPS
Stadtstraßen	3 m	
Schiene	3 m	

3.3 Satellitensignale

3.3.1 Übersicht

Die fundamentale Aufgabe von GPS ist die Ortung (Positionsbestimmung). Die Ortung erfolgt nach dem Entfernungsmeßverfahren mit der Einweg-Methode. Das bedeutet, nur von den Satelliten werden Signale gesendet und der Nutzer ist passiver Bestandteil des Systems. Die Messung der Entfernung zwischen Satellit und Nutzer beruht auf der Bestimmung der Signallaufzeit (siehe Abschnitt 1.3.2.2) [3.39; 3.48; 3.49].

Die Entfernungsmessung nach der Einweg-Methode setzt voraus, daß zur Bestimmung der Signallaufzeit die Uhrzeiten der Satelliten mit der Uhrzeit des Empfängers übereinstimmen. Diese Voraussetzung ist im Allgemeinen nicht erfüllt. Die gemessene Signallaufzeit enthält daher einen systematischen Zeitfehler und die aus der Signallaufzeit berechnete Entfernung besitzt somit einen entsprechenden Fehleranteil. Die gemessenen Entfernungen werden daher *Pseudoentfernungen* genannt. Für die dreidimensionale Ortung sind drei zu messende Entfernungen erforderlich. Um die dem Nutzer unbekannte Uhrzeit bestimmen zu können, muß eine vierte Entfernung gemessen werden. Mathematisch betrachtet ergeben sich aus den vier Messungen vier Gleichungen. Da die Systemkonzeption voraussetzt, daß die räumlichen Koordinaten des betreffenden Satelliten bekannt sind, enthalten die vier Gleichungen vier Unbekannte, nämlich die räumlichen Koordinaten des Nutzers (ortende Stelle) und die Uhrzeitabweichung.

Die von den Satelliten gesendeten Ortungssignale müssen eine Ortung in Echtzeit unter Erfüllung der sonstigen Forderungen (siehe Abschnitt 3.1) ermöglichen. Das wird durch die Verwendung von codierten Impulsfolgen mit statistischer Verteilung erreicht. Diese Impulsfolgen bestehen aus binären Zeichen mit der Wertigkeit 0 und 1 oder –1 und +1 und zeigen infolge ihrer statistischen Verteilung die Merkmale des Rauschens. Da sie jedoch determiniert sind, liegt hier eine pseudostatistische Verteilung vor (pseudo random noise, Abkürzung PRN).

Als Ortungssignale verwendet GPS derartige PRN-Impulsfolgen in der Form zweier verschiedener Codes. Diese Ortungssignale werden zwei hochfrequenten Trägerschwingungen aufmoduliert und von den Satelliten ausgestrahlt.

Das System GPS ist für zwei unterschiedliche Genauigkeitspotentiale der Ortung, das ist die dreidimensionale Positionsbestimmung, konzipiert:

- Standard-Ortungsservice (Standard Positioning Service, Abkürzung SPS).

  Das dazu benutzte Ortungssignal ist eine codierte PRN-Impulsfolge. Der Code führt die Bezeichnung C/A-Code. Die Buchstaben C/A gelten für *clear/aquisation, clear/access* oder *coarse/access* (das heißt *freie Erfassung* oder *freier bzw. grober Zugang*). Der C/A-Code dient grundsätzlich für den Einstieg in das System, außerdem steht er für die Nutzung allgemein zur Verfügung.

- Präzision-Ortungsservice (Precise Positioning Service, Abkürzung PPS)

  Das dazu benutzte Ortungssignal ist ebenfalls eine codierte PRN-Impulsfolge. Der Code führt die Bezeichnung P-Code. Der Buchstabe P steht für *Precision*. Der P-Code ist nicht allgemein zugängig, seine Verwendung ist in erster Linie militärischen Institutionen der USA vorbehalten.

3.3.2 Hochfrequente Träger

Mit den hochfrequenten Trägern werden die für die Bestimmung der Pseudoentfernungen erforderlichen Signale und systemeigenen Daten übertragen, indem die Trägerschwingungen in ihrer Phase moduliert werden. Unabhängig von ihrer Aufgabe als Modulationsträger kann die Trägerschwingung im speziellen Fall selbst zur Messung der Entfernung verwendet werden, indem der Phasenwinkel als Meßgröße benutzt wird. Für die Wahl des L-Bandes (1 bis 2 GHz) für die Träger waren entscheidend (siehe auch Abschnitt 3.1):

- Die Übertragung der Ortungssignale erfordert eine verhältnismäßig große Bandbreite von 20 MHz. Solche Bandbreiten stehen nur im Frequenzbereich oberhalb 1000 MHz zur Verfügung.

- Die durch die Brechung der elektromagnetischen Wellen in der Ionosphäre entstehenden Laufzeitverzögerungen sind umgekehrt proportional zum Quadrat der Frequenz (siehe Gl. 1.74 und 1.77), deshalb sind hohe Frequenzen günstiger.
- Bei vorgegebenen Antennenflächen ist die Empfangsleistung proportional zum Quadrat der Frequenz (siehe Gl. 1.65), so daß auch hier hohe Frequenzen Vorteile bringen.
- Durch den Einfluß der Atmosphäre treten mit zunehmender Frequenz Ausbreitungsdämpfungen auf, die oberhalb 5 GHz zur Beeinträchtigung der Funkverbindung und oberhalb 10 GHz zur Unterbrechung führen können. Niedrigere Frequenzen sind daher günstiger.
- Das L-Band stellt insgesamt ein Optimum dar.

Das System arbeitet mit zwei hochfrequenten Trägern L1 und L2, deren Frequenzen im Verhältnis 1:0,78 stehen. Die Entfernungsmessungen bei zwei verschiedenen Frequenzen führen zu abweichenden Ergebnissen, aus denen sich nach Gl. (1.74) bzw. (1.77) die Laufzeitverzögerung berechnen läßt. Damit ist es möglich, die durch die Brechung in der Ionosphäre entstehenden Laufzeitverzögerungen rechnerisch zu eliminieren.

Die von den Satelliten des Systems ausgestrahlten Träger L1 haben alle die gleiche Frequenz f_1 und die ebenfalls von den Satelliten ausgestrahlten Träger L2 haben alle die gleiche Frequenz f_2. In jedem Satellit werden die Frequenzen von der in den Satelliten erzeugten Grundfrequenz f_0 = 10,23 MHz abgeleitet. Die Frequenz f_0 = 10,23 MHz ist der Nennwert der Grundfrequenz. Sie wird vom Empfänger am Boden wahrgenommen und bei der Meßwertverarbeitung benutzt. Durch relativistische Einflüsse treten jedoch zwischen Satellit und Empfänger geringfügige Frequenzänderungen auf. Um sie zu kompensieren, werden die von den Satelliten ausgestrahlten hochfrequenten Träger und Signale auf eine korrigierte Grundfrequenz $(f_0)_{corr}$ bezogen, die geringfügig vom Nennwert f_0 = 10,23 MHz abweicht (siehe Abschnitt 3.3.6). In den weiteren Betrachtungen wird der Nennwert der Grundfrequenz f_0 benutzt [3.25].

Diese Grundfrequenz f_0 ist durch die an Bord der Satelliten befindlichen Atomfrequenznormale (auch *Atomuhren* genannt) stabilisiert. Die jetzigen GPS-Satelliten haben zwei Rubidium- und zwei Cäsium-Frequenznormale an Bord (siehe Abschnitt 1.7). Mit Frequenzvervielfachern werden aus der Grundfrequenz f_0 = 10,23 MHz die Träger erzeugt:

Träger L1: f_1 = 154 x 10,23 MHz = 1575,42 MHz

Träger L2: f_2 = 120 x 10,23 MHz = 1227,60 MHz.

Mit den hochfrequenten Trägern werden sämtliche für die Bestimmung der Pseudoentfernungen erforderlichen Signale und systemeigenen Daten übertragen, indem die Trägerschwingungen in ihrer Phase moduliert werden.

Die Signale und Daten sind Binärzeichen mit den Werten 0 und 1 oder -1 und +1. Die Phasenmodulation wird daher zu einer Phasenumtastung (phase shift keying, Abkürzung PSK) mit den Zuständen der Phase φ_0 und $\varphi_0 + 180°$ (siehe Abschnitt 1.10.1). Das durch die Modulation mit den codierten PRN-Impulsfolgen erzeugte Frequenzspektrum hat bei dem C/A-Code eine Breite von etwa 2 MHz und bei dem P-Code etwa 20 MHz. Diese Bandbreiten müssen die im Übertragungsweg liegenden funktechnischen Einrichtungen des Satelliten und des Empfängers beim Nutzer haben.

3.3.3 Ortungssignale

Die Ortungssignale sind PRN-Impulsfolgen in Form des C/A-Codes bzw. des P-Codes. Mit der Verwendung einer codierten PRN-Impulsfolge wird der von den Satelliten gesendete Datenstrom der Navigationsmitteilung in seinem Spektrum gespreizt (spread spectrum, siehe Abschnitt 1.10.5). Durch diese Spektrumspreizung ist es möglich, das Signal bei einem Empfangspegel, der weit unterhalb des Rauschpegels liegt, mit Hilfe des Korrelationsverfahrens noch auszuwerten [1.4].

Jedem einzelnen der 24 Satelliten ist ein ganz bestimmter C/A-Code und ein ganz bestimmter P-Code zugeordnet. Die einzelnen Satelliten lassen sich damit im Empfangsgerät durch die unterschiedlichen Codierungen unterscheiden. Mit diesem Codemultiplex-Verfahren (CDMA, siehe Abschnitt 1.10.3) wird die Selektion der einzelnen Satelliten erreicht und alle Satelliten können die gleichen Trägerfrequenzen f_1 und f_2 benutzen.

In der **Tabelle 3.6** sind die Zahlenwerte der Frequenzen und Signale von GPS zusammengestellt [3.47].

3.3.3.1 Erzeugung der PRN-Impulsfolgen

Die Erzeugung von PRN-Impulsfolgen, wie sie in den Codes verwendet werden, beruht auf Rückkopplungsschieberegistern. Als Beispiel zeigt **Bild 3.8** ein 4-Bit-Schieberegister. Die damit erzeugte Impulsfolge an den vier Ausgängen ist aus der **Tabelle 3.7** zu ersehen. Die Impulsfolge ist an den einzelnen Ausgängen gleich, jedoch um einen oder mehrere Takte verschoben.

Tabelle 3.6 Frequenzen und Signalkennwerte von GPS

Nenngröße	Nennwert
Atomfrequenznormal	
Rubidium	$6{,}834\,682\,613 \cdot 10^9$ Hz
Cäsium	$9{,}192\,631\,770 \cdot 10^9$ Hz
Grundfrequenz	10,23 MHz
hochfrequenter Träger L1	
Frequenz	154 × 10,23 MHz = 1575,42 MHz
Wellenlänge	19,042 ... cm
hochfrequenter Träger L2	
Frequenz	120 × 10,23 MHz = 1227,60 MHz
Wellenlänge	24,437 ... cm
C/A-Code	
Taktfrequenz	1,023 MHz
Chiprate	$1{,}023 \cdot 10^6$ chip/s
Zykluslänge	1 ms
Art	Gold-Code
P-Code	
Taktfrequenz	10,23 MHz
Chiprate	$10{,}23 \cdot 10^6$ chip/s
Zykluslänge	
gesamt	267 Tage
je Satellit	7 Tage
Art	Produktfolge
Daten	
Bitrate	50 bit/s
Zykluslänge	30 s

Tabelle 3.7 Erzeugte Impulsfolge an den vier Ausgängen des Generators mit 4 Bit nach Bild 3.8

Zeit	0	1	2	3	4	5	6	7	8	9	10	11	12	13	14	15
Ausgänge																
Q_1	1	0	0	1	1	0	1	0	1	1	1	1	0	0	0	1
Q_2	0	1	0	0	1	1	0	1	0	1	1	1	1	0	0	0
Q_3	0	0	1	0	0	1	1	0	1	0	1	1	1	1	0	0
Q_4	0	0	0	1	0	0	1	1	0	1	0	1	1	1	1	0
Y	0	0	1	1	0	1	0	1	1	1	1	0	0	0	1	0

Für Schieberegister mit 3 bis 20 Elementen (Flip-Flop) zeigt **Tabelle 3.8** die Rückkopplung über eine Exclusiv-Oder-(XOR-)Schaltung zum ersten Element. Meist sind zwei Eingänge, in einigen Fällen vier Eingänge, erforderlich. Die Periode der PRN-Impulsfolge hat bei n Elementen eine Länge von N_i Takten, wobei

$$N_i = 2^n - 1 \,. \tag{3.1}$$

Bei 10 Elementen sind das 1023 Takte.

Zur Unterscheidung wird ein Binärzeichen in einem Code als Chip und ein Binärzeichen in einem Datenstrom als Bit bezeichnet. Das einzelne Chip enthält keine Informationen.

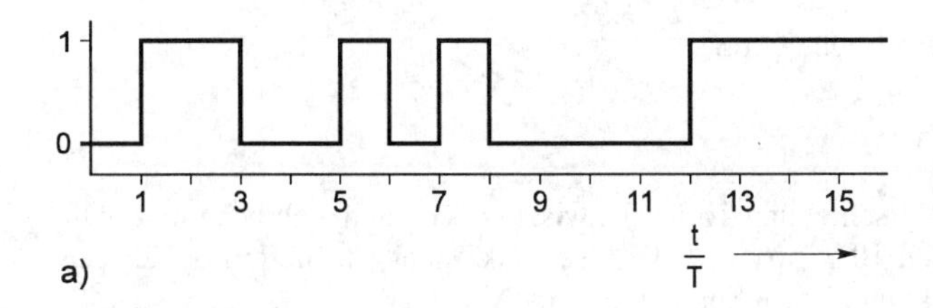

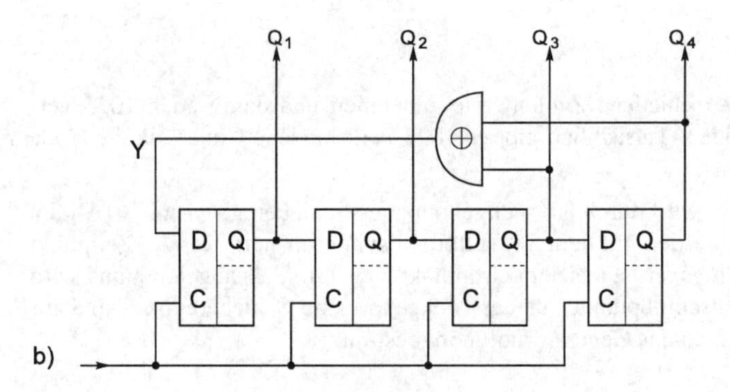

Bild 3.8
Erzeugung von Pseudozufall-Impulsfolgen (PRN-Impulsfolgen)
a) Beispiel einer PRN-Impulsfolge
b) Zufallsgenerator mit rückgekoppeltem 4-Bit-Schieberegister

Tabelle 3.8 Rückkopplungsanschlüsse für Pseudozufallsgeneratoren

n	3	4	5	6	7	8	9	10	11	12	13	14	15	16	17	18	19	20
Anschlüsse	3	4	5	6	7	8	9	10	11	12	13	14	15	16	17	18	19	20
Anschlüsse	2	3	3	5	4	7	5	7	9	11	10	13	14	14	14	11	18	17
Anschlüsse						5				8	6	8		13			17	
Anschlüsse						3				6	4	4		11			14	

3.3.3.2 C/A-Code

Der C/A-Code ist ein verhältnismäßig kurzer Code mit 1023 chip und einer Dauer von 1 ms, die Chiprate beträgt somit $1{,}023 \cdot 10^6$ chip/s. Für jeden Satelliten i gibt es einen ihm zugeordneten Code. Der C/A-Code ist vom Typ der Gold-Impulsfolgen [3.14]. Sie weisen eine vergleichsweise geringe Kreuzkorrelation auf und gewährleisten im Empfänger eine hohe und ausreichende Entkopplung der Signale der verschiedenen Satelliten. Der Code selbst ist leicht zu identifizieren, denn die Autokorrelation bei Übereinstimmung ist fast gleich 1, sonst nahe 0.

Der C/A-Code besteht aus dem Produkt von zwei PRN-Folgen der Code G1 und G2 mit einer Länge von je 1023 chip und einer Chiprate von $1{,}023 \cdot 10^6$ chip/s. Der C/A-Code wird durch folgende Gleichung beschrieben:

$$G_{\mathrm{i}}(t) = \mathrm{G1}(t)\,\mathrm{G2}(t + N_{\mathrm{i}}(10T))\,. \tag{3.2}$$

Darin bedeuten

t Zeit, unabhängig veränderliche Größe
i Indice der Satelliten
N_{i} Taktanzahl nach Gl. (3.1).

Mit N_{i} wird die zeitliche Chip-Verschiebung (offset) zwischen G1 und G2 bestimmt. Die Dauer (Länge) eines Chip ist gleich 10 T, wobei T die Grundtaktdauer ist. Sie ergibt sich aus der Grundfrequenz $f_0 = 10{,}23$ MHz und ist (in Sekunden) gleich

$$T = \frac{1}{f_0} = \frac{1}{10{,}23 \cdot 10^6} \tag{3.3}$$

Nach Gl.(3.1) kann N_{i} 1023 verschiedene Zahlenwerte annehmen und damit auch 1023 verschiedene Codes dieser Art bilden. Tatsächlich gibt es 1025 verschiedene Codes, da die Code G1 und G2 noch hinzukommen.

Jeder der Einzelcode G1 und G2 wird durch ein rückgekoppeltes Schieberegister mit 10 Stufen erzeugt. Beide Schieberegister werden mit dem $X1$-Zeitpunkt synchronisiert. Der $X1$-Zeitpunkt wird aus dem P-Code übernommen, er ist aus dem Grundtakt nach Gl. (3.3) abgeleitet und wird mit Epoche bezeichnet. Die Anschlußpunkte für das rückgekoppelte Schieberegister sind für die beiden Codes G1 und G2 durch das Generatorpolynom bestimmt:

für G1:

$$\mathrm{G1}(x) = 1 + x^3 + x^{10} \tag{3.4a}$$

für G2:

$$\mathrm{G2}(x) = 1 + x^2 + x^3 + x^6 + x^8 + x^9 + x^{10}. \tag{3.4b}$$

Das Prinzip der synchronen Erzeugung des C/A-Code und des P-Code geht aus **Bild 3.9** hervor. Abgeleitet werden beide Code aus der Grundfrequenz f_0 = 10,23 MHz. Das Funktionsschema eines C/A-Code-Generators ist aus **Bild 3.10** zu ersehen. Der Generator enthält zwei 10-stufige rückgekoppelte Schieberegister mit dem Takt von 1,023 MHz. Die Rückkopplungsanschlüsse liegen entsprechend Gl.(3.4) für den Code G1 bei den Stufen 3 und 10, für den Code G2 bei den Stufen 2, 3, 6, 8, 9 und 10. Die verschiedenen Verschiebungen zwischen G1 und G2 mit dem Betrag N_i (10 T) werden durch bestimmte Anschlüsse am G2-Register erreicht.

3.3.3.3 P-Code und P(Y)-Code

Der P-Code ist ein sehr langer Code mit einer Chiprate von 10,23 · 10^6 chip/s und einer Dauer von exakt 1 Woche. Für jeden Satelliten *i* gibt es einen ihm zugeordneten P-Code (**Bild 3.11**).

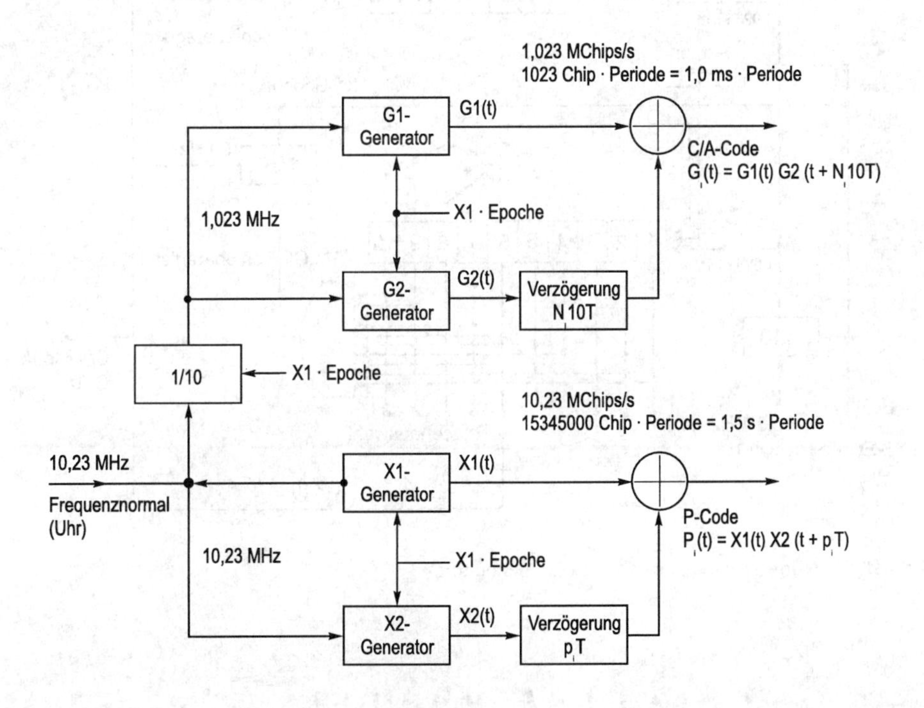

Bild 3.9 Synchrone Erzeugung der GPS-Codes

Der P-Code besteht aus dem Produkt von zwei PRN-Impulsfolgen der Code X1 und X2. Die Periodendauer von X1 beträgt 1,5 s. Bei einer Chiprate von 10,23 · 10^6 chip/s sind das 15 345 000 chip für eine Periode. Die Periodendauer von X2 unterscheidet sich von der Periodendauer von X1 um 2,4 · 10^{-6} s. Daher enthält X2 37 chip mehr, das sind 15 345 037 chip für eine Periode. Für die beiden Code X1 und X2 erfolgt die Rückstellung, also ein neuer Anfang, jeweils zu Beginn einer Woche zum exakt gleichen Zeitpunkt.

Der P-Code des Satelliten *i* wird durch folgende Gleichung beschrieben:

$$P_i(t) = X1(t)\, X2(t + p_i\, T). \qquad (3.5)$$

Die zeitliche Verschiebung zwischen X1 und X2 ist das p_i-fache der Grundtaktdauer $T = (1/10{,}23) \cdot 10^{-6}$ s. Mit p_i ist die Nummer der PRN-Impulsfolge des Satelliten i angegeben (siehe Tabelle 3.3), dabei gilt:

$$0 \leq p_i \leq 36\,. \tag{3.6}$$

Jeder Satellit i hat eine eigene Verschiebungszeit $p_i\, T$. Die Zunahme der Dauer von X2 gegenüber X1 um 37 chip gewährleistet, daß es zu keinem Zeitpunkt zu einer Beeinflussung der beiden Codes X1 und X2 kommt. Insgesamt gibt es 37 P-Code.

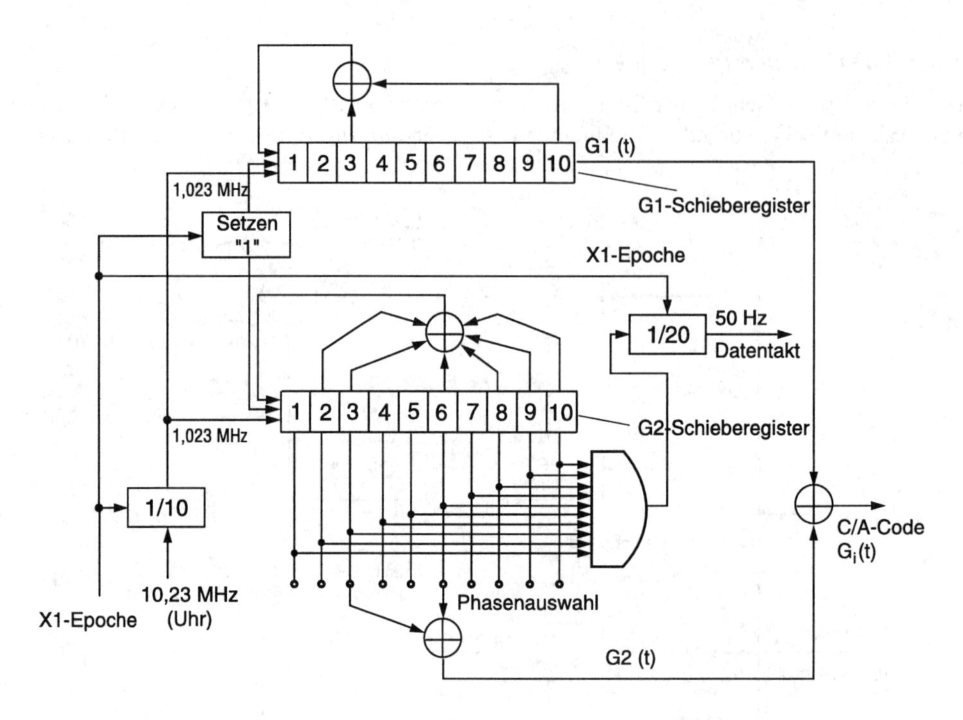

Bild 3.10 Funktionsschema eines C/A-Code-Generators

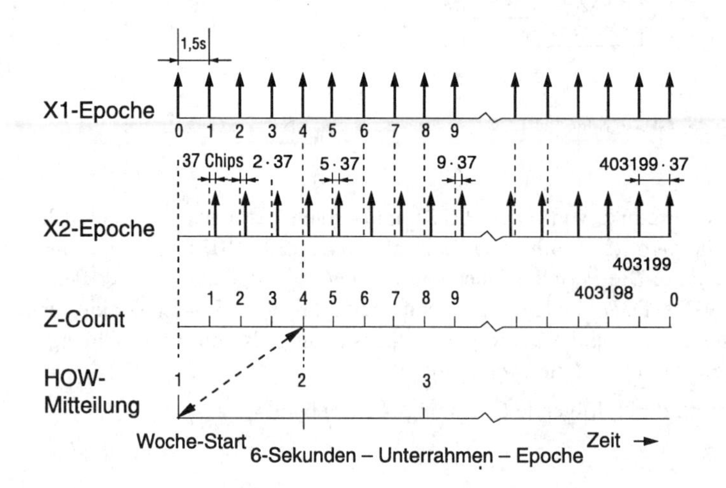

Bild 3.11 Zeitfolge des P-Codes

Die Periodendauer eines Produktes von Codes ist das Produkt ihrer Perioden. Wenn bei der Erzeugung des P-Codes keine Rückstellung erfolgt, dehnt er sich ohne jegliche Wiederholung über etwa 266 Tage aus. Die sich daraus ergebende gesamte Periodendauer wird nun so geteilt, daß jeder Satellit einen Teil dieser Periodendauer erhält.

Der Zugriff zum P-Code kann erheblich erschwert werden, wenn von der Hauptkontrollstation der Betriebsmodus *Anti-Spoofing* (Abkürzung AS) aktiviert wird (siehe Abschnitt 3.3.7). In diesem Fall erfolgt eine Verschlüsselung des P-Codes, der dann als Y-Code bezeichnet wird. Der Y-Code hat die gleiche Struktur wie der P-Code. Mit der jetzt allgemein benutzten Bezeichnung P(Y)-Code werden beide Betriebsmoden berücksichtigt.

Mit der Angabe *Z-Count* wird die Zahl der X1-Zeitpunkte (X1-Epochen) mit der Dauer von 1,5 s bezogen auf den Zeitpunkt Anfang der Woche 00.00 Uhr festgelegt. Das **Bild 3.12** zeigt die Beziehungen zwischen den X1-Epochen und dem Übergabewort (siehe Abschnitt 3.3.4).

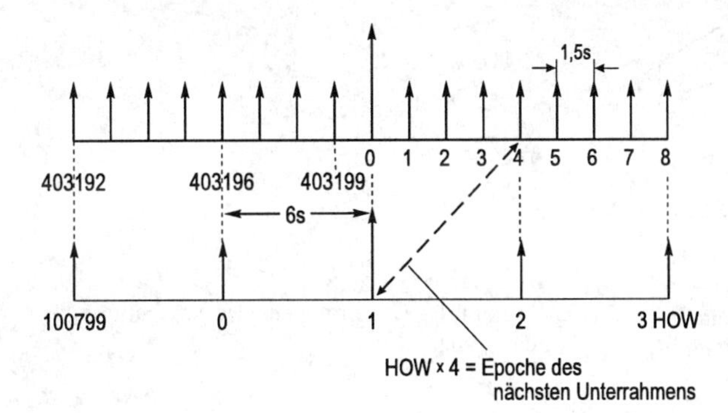

Bild 3.12
Übergabewort (HOW) in Abhängigkeit der X1-Epochen

Die Anzahl der Epochen pro Woche ist gleich 403 199, das ist zugleich die größte Ziffer im Z-Count. Die gleiche Zahl 403 199 multipliziert mit 37 bestimmt am Ende einer Woche die Zunahme der Chips der X2-Impulsfolge gegenüber der von X1.

3.3.4 Navigationsmitteilung

Die *Navigationsmitteilung* (navigation message) enthält die zur Berechnung der Position der Satelliten erforderlichen Informationen. Die Informationen werden in digitaler Form mit 6 bis 32 bit mitgeteilt.

Jeder Satellit des Systems sendet eine speziell für ihn geltende Navigationsmitteilung, die aus einem Datenstrom mit einer Bitrate von 50 bit/s besteht. Der Datenstrom ist in einem Rahmen zusammengefaßt, der 1500 bit enthält. Der Rahmen ist aus betriebstechnischen Gründen in fünf Unterrahmen mit je 300 bit unterteilt. Jeder Unterrahmen besitzt 10 Worte mit je 30 bit (**Bild 3.13**). Bei einer Bitrate von 50 bit/s dauert die Übertragung eines Unterrahmens 6 s und des gesamten Rahmens 30 s.

Jeder Unterrahmen beginnt mit einem *Telemetriewort* (Abkürzung TLM) und dem folgenden *Übergabewort* (Hand-Over-Word, Abkürzung HOW) (**Bild 3.14**).

Das Telemetrie-Wort dient der Information der autorisierten Nutzer des Systems; es enthält ein Synchronisationsmuster, durch das der Zugang zu den Navigationsmitteilungen erleichtert wird.

Das Übergabewort (HOW) wird zur Übergabe des C/A-Code an den P(Y)-Code vom Nutzer benötigt. Der P(Y)-Code hat eine Länge von einer Woche. Ein GPS-Empfänger beginnt seine

Funktion mit dem C/A-Code, wobei zunächst seine Uhrzeit mit der Uhrzeit des Satelliten nicht synchronisiert ist. Wenn der Nutzer den P(Y)-Code verwenden will, müßte er im Allgemeinen viele Stunden suchen, um den Code erfassen zu können. Durch die Verwendung des Übergabewortes läßt sich dieses lange Suchen vermeiden. Sobald der Empfänger den C/A-Code aufgenommen hat, wird das Übergabewort herausgezogen und damit die X1-Epoche bestimmt. Dadurch erkennt der Empfänger ganz exakt, welcher Teil des langen P(Y)-Code gerade gesendet wird und an welcher Stelle der P(Y)-Code zu starten ist, um den gesendeten Code erfassen zu können.

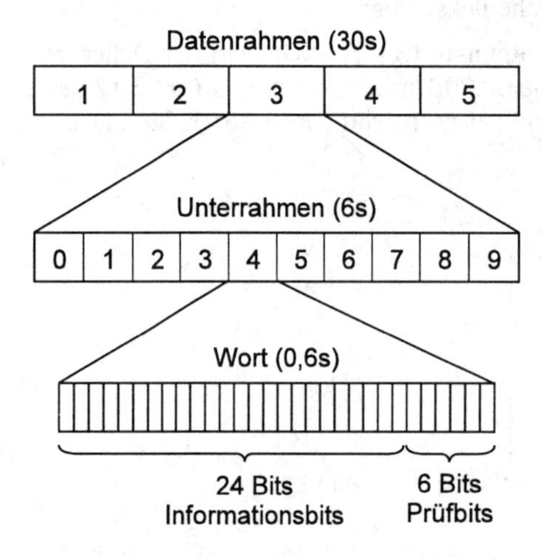

Bild 3.13
Struktur des Datenrahmens der Navigationsmitteilung

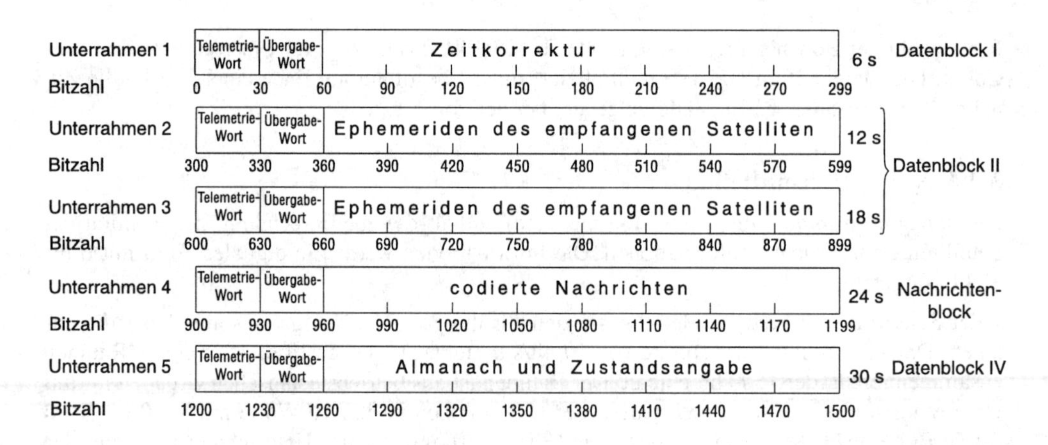

Bild 3.14 Aufbau und Inhalt der 5 Unterrahmen

Nur das Telemetriewort und das Übergabewort, die in gleicher Weise in allen fünf Unterrahmen auftreten, werden in jedem Satelliten individuell erzeugt, die übrigen acht Worte werden von der Hauptkontrollstation in den Speicher jedes Satelliten eingegeben. Gemeinsam mit dem Telemetriewort und dem Übergabewort werden sie dann aus dem Speicher abgerufen und in die fünf Unterrahmen eingeordnet. Als Navigationsmitteilung werden sie dann zur Modulation des hochfrequenten Trägers dem Sender zugeführt und schließlich ausgesendet. Der Umfang der mit den Navigationsmitteilungen in den fünf Unterrahmen übertragenen Informationen ist aus der folgenden Übersicht zu erkennen. Die Unterrahmen 1, 2, 3 und 5 enthalten außer Telemetriewort und Übergabewort einen die übrigen acht Worte umfassenden Datenblock. Der Unterrahmen 4 enthält einen Nachrichtenblock [3.48].

Unterrahmen 1

Der Unterrahmen enthält die Zeitkorrektur. Dazu gehören:

- Parameter zur Korrektur der Laufzeitverzögerung des Satellitensignals
- Parameter zur Korrektur der Satellitenzeit, dazu gehören:
  - Bezugszeitdifferenz zwischen GPS-Zeit und Übertragungszeit
  - Drift der Bezugszeitdifferenz
  - Änderung der Drift der Bezugszeitdifferenz
  - Ausgabedatum der Uhrzeit.

Unterrahmen 2 und 3

Die beiden Unterrahmen enthalten die Ephemeridendaten des im Betrachtungszeitpunkt empfangenen GPS-Satelliten. Dazu gehören:

- mittlere Anomalien der Satellitenbahn zur Bezugszeit
- Referenzzeit der Ephemeriden
- große Halbachse der Satellitenbahnellipse
- Exzentrizität der Satellitenbahnellipse
- Rektaszension des aufsteigenden Knotens zur Bezugszeit
- Inklinationswinkel zur Bezugszeit
- Argument des Perigäums
- Korrekturfaktoren zum Inklinationswinkel
- Korrekturfaktoren zu Bahnradien
- Korrekturfaktoren zum Argument der Breite
- Differenz der Winkelgeschwindigkeit gegenüber dem mittleren Wert
- Ausgabedatum der Ephemeridendaten.

Unterrahmen 4

Der Unterrahmen ist innerhalb der acht Worte des Nachrichtenblockes in 25 Kolumnen unterteilt. Die darin enthaltenen Nachrichten sind nach dem *American National Standard Code for Information Interchange* (Abkürzung ASCII) codiert. Zu den wichtigsten Nachrichten gehören:

- spezielle Betriebsnachrichten
- Formeln zur Korrektur der Meßfehler infolge der Brechung in der Ionosphäre
- Koeffizienten zur Umwandlung der GPS-Zeit in UTC
- Almanach für Satelliten mit der NASA-Nummer (Space Vehicle Number, Abkürzung SVN) ab Nummer 25.

Unterrahmen 5

Auch dieser Unterrahmen enthält einen Datenblock. Zum Inhalt gehören die Ephemeriden eines anderen Satelliten als der im Betrachtungszeitpunkt empfangene GPS-Satellit, dessen Ephemeriden mit den Unterrahmen 2 und 3 übertragen werden. Der betreffende Satellit ist im Allgemeinen ein Satellit, der für den Empfang aufgrund seiner Position in Frage kommen kann. Wegen der halb so großen Kapazität sind die Angaben der Ephemeriden abgerundete Zahlenwerte, auch die Zeitkorrekturwerte sind abgerundet. Zusätzlich werden in diesem Unterrahmen Daten zum Betriebszustand der betreffenden Satelliten angegeben.

3.3.5 Sendesignale

Die Ortungssignale, das sind C/A-Code und P(Y)-Code, und der Datenstrom der Navigationsmitteilung werden den beiden hochfrequenten Trägern L1 und L2 aufmoduliert und dann als Sendesignale von den Satelliten ausgestrahlt. Die Frequenzen der beiden Träger, der Takt der beiden Codes und der Takt des Datenstroms sind kohärent, da sie alle aus der Grundfrequenz f_0 = 10,23 MHz abgeleitet sind (**Bild 3.15**).

Die Elemente der Codes und des Datenstroms sind Binärzeichen mit den Amplituden 0 und 1. Die Modulation erfolgt durch Phasenumtastung (PSK) des Trägers um den Winkel 180° (im Bogenmaß π) entsprechend dem Niveau 0 und 1.

Die zeitliche Länge der Signale und der Daten ist sehr unterschiedlich. Auf einen einzelnen Chip der Codes bzw. auf ein Bit des Datenstromes kommt folgende Anzahl von Schwingungen des Trägers L1 mit der Frequenz 1575,42 MHz:

- P(Y)-Code mit $10{,}23 \cdot 10^6$ chip/s 154 Schwingungen
- C/A-Code mit $1{,}023 \cdot 10^6$ chip/s 1540 Schwingungen
- Daten mit 50 bit/s 31508400 Schwingungen

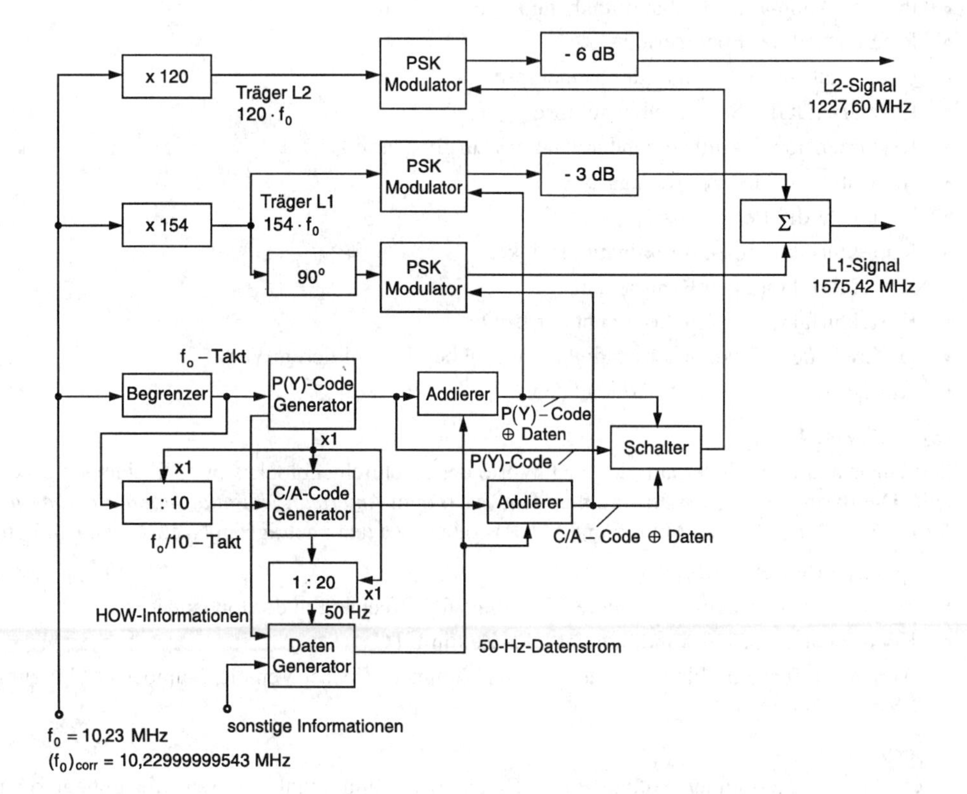

Bild 3.15 Ableitung der Frequenzen und Takte aus der Grundfrequenz

Die Sicherheit der Übertragung der Daten wird bei einem niedrigen Signalpegel durch Anwendung der Spektrumspreizung erheblich verbessert. Außerdem begrenzt die Spreizung Interferenzen mit anderen Signalen [3.22; 3.49]. Das wird im vorliegenden Fall durch die Überlagerung des Datenstroms, der eine sehr geringe Bandbreite hat, mit der PRN-Impulsfolge des C/A- bzw. P(Y)-Codes, die eine wesentlich größere Bandbreite besitzen, erreicht. Das Verhältnis der Bandbreiten ist gleich dem Verhältnis der Chip- bzw. Bit-Raten. Auf ein Bit des Datenstroms kommen:

20 460 chip des C/A-Codes,

204 600 chip des P(Y)-Codes.

Die Überlagerung erfolgt als Modulo-2-Addition. Diese Addition wird durch das Symbol $\oplus$ gekennzeichnet. Dabei gilt:

$$0 \oplus 0 = 0$$

$$1 \oplus 0 = 1$$

$$0 \oplus 1 = 1$$

$$1 \oplus 1 = 0.$$

Im **Bild 3.16** ist das Ergebnis der Modulo-2-Addition der PRN-Impulsfolge eines Codes und dem Datenstrom der Navigationsmitteilung gezeigt.

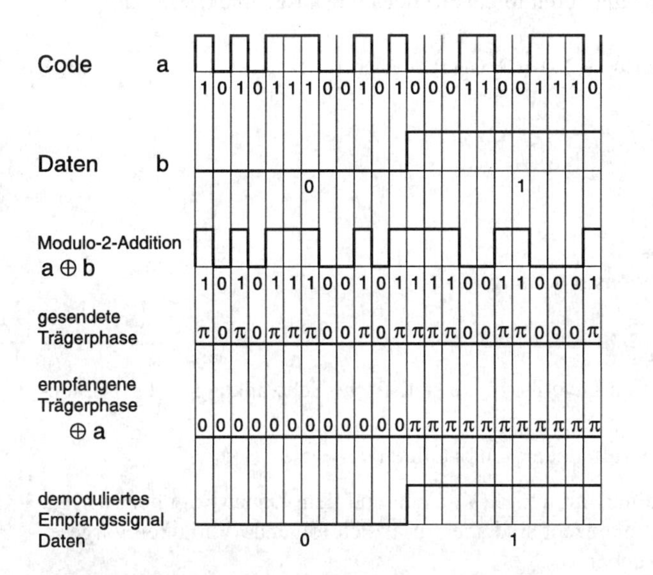

Bild 3.16
Modulo-2-Addition

Wie am Bild 3.15 hervorgeht, wird der Träger L1 sowohl mit der PRN-Impulsfolge des C/A-Code als auch mit der des P(Y)-Code moduliert. Beide werden zuvor mit der Modulo-2-Addition dem Datenstrom der Navigationsmitteilung überlagert. Die Modulation der beiden Codes wird getrennt durchgeführt, indem der Träger in zwei orthogonale Komponenten aufgeteilt worden ist. Die Komponenten können durch die Funktionen $\sin\omega t$ und $\cos\omega t$ beschrieben werden. Das als Quadraturmodulation bezeichnete Verfahren ist im **Bild 3.17** schematisch darstellt.

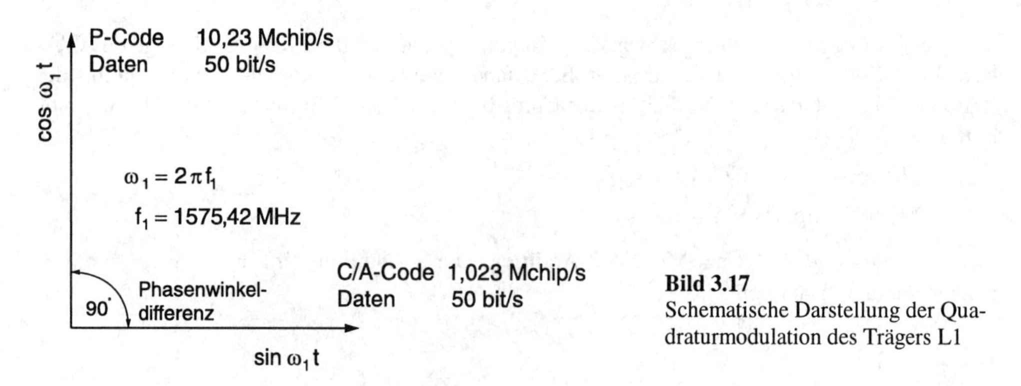

Bild 3.17
Schematische Darstellung der Quadraturmodulation des Trägers L1

Beide Komponenten werden nach der Modulation summiert, wobei die mit dem P(Y)-Code modulierte Komponente in der Amplitude um 3 dB geringer ist als die mit dem C/A-Code modulierte Komponente (siehe auch Bild 3.15):

Das Summensignal des Trägers L1 kann durch folgende Gleichung ausgedrückt werden:

$$s_{L1}(t) = \frac{1}{\sqrt{2}} A_i P_i(t) D_i(t) \cos(\omega_1 t + \phi_r) + A_i G_i(t) D_i(t) \sin(\omega_1 t + \phi_r) \qquad (3.7)$$

Darin bedeuten:

- A_i Amplitude
- P_i P(Y)-Code nach Gl. (3.5)
- G_i C/A-Code nach Gl. (3.2)
- D_i Datenstrom der Navigationsmitteilung
- $\omega_1 = 2\pi f_1$
- f_1 Frequenz des Trägers L1
- ϕ_r Phasenrauschen (praktisch unvermeidbare statistische Schwankungen des Phasenwinkels)
- i Indice, gültig für den betreffenden i-ten Satelliten

Der Träger L2 wird normalerweise nur mit dem P(Y)-Code und dem Datenstrom der Navigationsmitteilung moduliert. Im Systemkonzept sind aber zusätzlich folgende Varianten vorgesehen und bei Bedarf auch sofort verfügbar:

- Modulation mit dem P(Y)-Code ohne Datenstrom
- Modulation mit dem C/A-Code und Datenstrom.

Ähnlich der Gl.(3.7) gilt für das Summensignal des Trägers L2 bei der Modulation im Normalfall:

$$s_{L2}(t) = A_i P_i(t) D_i(t) \cos(\omega_2 t + \phi_r) \qquad (3.8)$$

wobei f_2 in $\omega_2 = 2\pi f_2$ die Frequenz des Trägers L2 ist.

Die Spektren der modulierten Träger sind in den Bildern 3.18 bis 3.20 wiedergegeben.

Das **Bild 3.18** zeigt das Leistungsdichtespektrum des mit dem C/A-Code und dem P(Y)-Code modulierten Trägers L1. Der Pegel ist dabei auf den gemessenen Maximalwert, gekennzeichnet mit 0 dB, bezogen. Das verhältnismäßig schmale Frequenzband mit einer Breite von etwa 2 MHz ergibt sich aus der Modulation mit dem C/A-Code. Der Leistungspegel liegt dabei um fast 13 dB über dem Leistungspegel des übrigen etwa 20 MHz breiten Frequenzbandes. Das nur von der Modulation mit dem C/A-Code herrührende Leistungsdichtespektrum geht aus **Bild 3.19** hervor. Auf Grund der höheren Auflösung zeigt dieses Bild die Feinstruktur des Spektrums mit den ersten Nullstellen bei –1 MHz und +1 MHz beiderseits der Frequenz des Trägers L1. Die nächsten Nullstellen folgen jeweils im Abstand von 1 MHz. Der größte Teil der Energie des mit dem C/A-Code modulierten Trägers liegt in einem Frequenzband gleich dem doppelten Betrag der Taktfrequenz des C/A-Codes, die 1,023 MHz beträgt. Für die Übertragung des C/A-Codes genügt in Annäherung diese Bandbreite und auch der Empfänger benötigt nur diese.

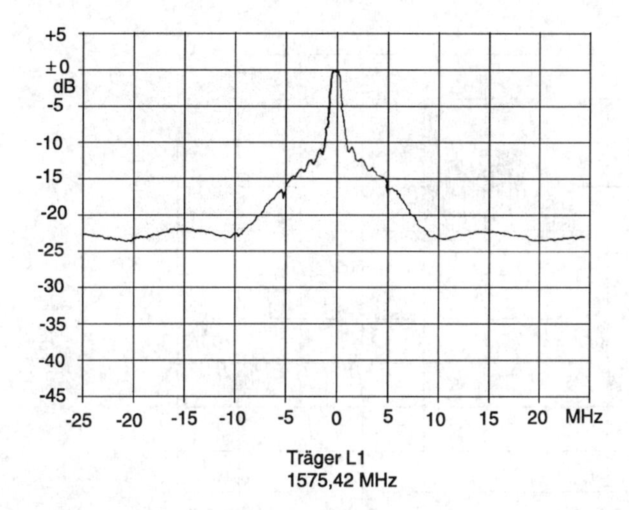

Bild 3.18
Leistungsdichtespektrum des mit dem C/A-Code und dem P(Y)-Code modulierten Trägers L1 (Sendesignal)

Die große Bandbreite des Leistungsdichtespektrums, die bei der Modulation des Trägers L2 mit dem P(Y)-Code in Erscheinung tritt, ist aus **Bild 3.20** zu erkennen. Die ersten Nullstellen des Spektrums treten bei den Frequenzen -10 MHz und +10 MHz beiderseits der Frequenz des Trägers auf. Die beanspruchte Bandbreite umfaßt im Wesentlichen den doppelten Betrag der Taktfrequenz des P(Y)-Code, die 10,23 MHz beträgt.

3.3.6 GPS-Zeit

Innerhalb des gesamten GPS-Netzwerkes gibt es ein eigenes Zeitsystem, dessen Zeit als GPS-Systemzeit bezeichnet wird. Die GPS-Systemzeit ist eine rechnerische Größe, die aus den Beobachtungen der von den Satelliten und von den Monitorstationen des Kontrollsegmentes empfangenen Zeitmaßen abgeleitet ist. Sie wird in der Hauptkontrollstation berechnet und den Satelliten mitgeteilt, die sie dann innerhalb der Navigationsmitteilungen aussenden.

Die GPS-Systemzeit ist eine kontinuierliche Zeitskale, die nicht auf Sekundensprünge festgelegt ist. GPS-Systemzeit und UTC (siehe Abschnitt 1.6) stimmten zum Zeitpunkt 5. Januar 1988, 00.00 Uhr überein. Wegen der Schaltsekunde in der UTC-Zeitskale und der Drift bei der GPS-Zeit unterscheiden sich jetzt GPS-Systemzeit und UTC. Die Differenz betrug 1995 etwa 10 s. Für die GPS-Systemzeit t_s gilt folgende Beziehung:

$$t_s = t_i - \Delta t_i = t_i - [a_0 + a_1 (t_s - t_{oc}) + a_2 (t_s - t_{oc})^2] \,. \qquad (3.9)$$

Darin bedeuten:

t_i vom i-ten Satelliten gesendete Satellitenzeit

Δt_i Zeitunterschied

a_0 Bezugszeitdifferenz
Zeitunterschied zwischen GPS-Systemzeit und Übertragungszeit

a_1 Drift der Bezugszeitdifferenz

a_2 Änderung der Drift der Bezugszeitdifferenz

t_{oc} Uhrenreferenzzeit, übertragen mit den Navigationsmitteilungen

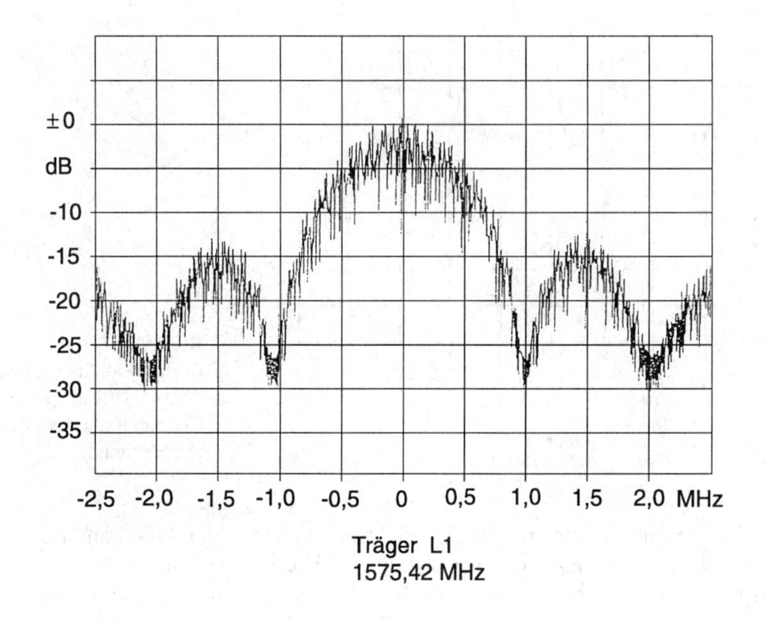

Bild 3.19 Leistungsdichtespektrum des mit dem C/A-Code modulierten Trägers L1 (Sendesignal)

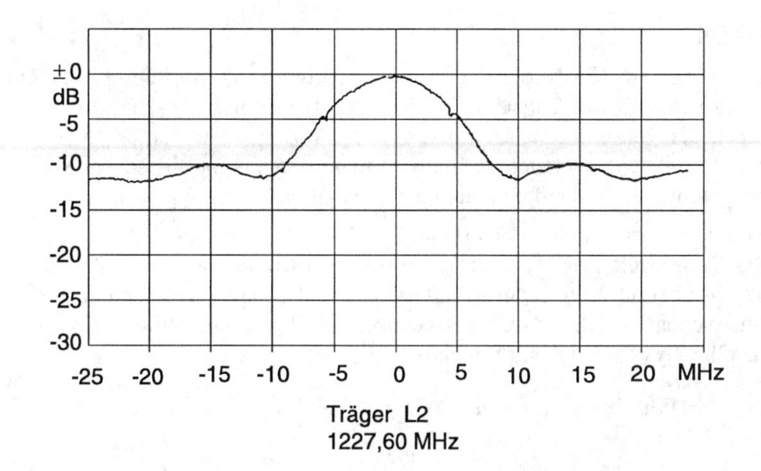

Bild 3.20 Leistungsdichtespektrum des mit dem P(Y)-Code modulierten Trägers L2 (Sendesignal)

Eine Driftkorrektur ist wegen relativistischer Effekte notwendig. Die in den Satelliten vorhandenen Atomfrequenznormale stehen unter der Einwirkung der speziellen Relativität infolge der Geschwindigkeit der Satelliten und der allgemeinen Relativität aufgrund der Differenz in der Gravitation am Ort des Satelliten und der Gravitation an der Erdoberfläche. Die Zeitkorrekturparameter werden im 1. Unterrahmen der Navigationsmitteilungen übertragen.

Die Korrektur der relativistischen Einflüsse läßt sich in zwei Teile aufspalten und lösen. Der überwiegende Anteil gilt für alle Satelliten, er ist unabhängig von der Exzentrizität der Satellitenumlaufbahn. Die auftretende Frequenzabweichung im Frequenznormal ist gleich [3.19; 3.25]:

$$\Delta f = f_0 \, (-4{,}4647 \cdot 10^{-10}) \tag{3.10}$$

Die Grundfrequenz weicht also um den Betrag 0,0045674 Hz vom Nennwert f_0 = 10,23 MHz ab. Dieser Betrag entspricht einer Zunahme der Uhrzeit um 38,3 µs pro Tag. Die Uhren in den Satelliten gehen also scheinbar schneller. Zur Kompensation dieser Abweichung werden die Atomfrequenznormale vor dem Start der Satelliten auf folgenden Wert eingestellt (siehe Abschnitt 3.3.2):

$$(f_0)_{\text{corr}} = 10{,}229\,999\,995\,432\,6 \text{ MHz}. \tag{3.11}$$

Der zweite Teil der durch relativistische Einflüsse entstehenden Effekte ist proportional zur Exzentrizität der Satellitenumlaufbahn. Für eine exakte kreisförmige Bahn ist der Effekt gleich null. Für die Bahnen der Satelliten mit einer Exzentrizität (beispielsweise von 0,02) kann der Effekt eine Zeitabweichung von 45 ns bewirken. Diese Zeit entspricht der Signallaufzeit über eine Entfernung von 14 m. Mit verhältnismäßig einfachen Beziehungen, in denen die Ellipsenhalbachse, die Exzentrizität und die exzentrische Anomalie auftreten, lassen sich die Einflüsse berechnen und korrigieren.

Die Differenz der GPS-Systemzeit gegenüber der Satellitenzeit wird von jedem Satelliten in der Hauptkontrollstelle definiert und über die Bodensendestation dem betreffenden Satelliten übermittelt. Für die Betriebsweise PPS mit dem P(Y)-Code liegt die Differenz mit einer Wahrscheinlichkeit von 95 % bei 176 ns und in der Betriebsweise SPS mit dem C/A-Code bei 363 ns. Die GPS-Systemzeit wird im Abstand von 6 s im Übergabewort (HOW) des 1. Unterrahmens der Navigationsmitteilung ausgesendet.

3.3.7 Verfügte Veränderungen von GPS-Informationen

3.3.7.1 Selective Availability

Der Betreiber des GPS-Netzwerkes (Department of Defense der USA, Abkürzung DOD) hat seit der Freigabe für die zivile Anwendung darauf hingewiesen, daß aus Gründen der Sicherheit der USA die im System verfügbare hohe Genauigkeit der Positionsbestimmung nur einem autorisierten Kreis von Nutzern (in erster Linie aus dem militärischen Bereich) zur Verfügung steht. Für alle anderen Nutzer wird die verfügbare Genauigkeit willkürlich reduziert [3.6; 3.13].

Die Reduzierung der Genauigkeit wird durch eine Verfälschung der GPS-Signale erreicht (Selective Availability, Abkürzung SA). Die Verfälschung geschieht durch eine Manipulation der von den Satelliten in den Navigationsmitteilungen gesendeten Daten der Ephemeriden und durch ein Schwanken der Satellitenuhrzeit. Eine Veränderung der Ephemeriden geht unmittelbar als Fehler in die gemessene Pseudoentfernung ein. Die Analysen der Beobachtungen haben gezeigt, daß die manipulierten Veränderungen der Ephemeriden während eines Durchlaufs des betreffenden Satelliten anhalten und im Allgemeinen unperiodisch sind. Die ebenfalls manipulierten Schwankungen der Uhrzeit liegen im Minutenbereich, sie haben eine statistische Verteilung.

3.3.7.2 Anti-Spoofing

Eine weitere Maßnahme betrifft speziell die Sicherheit des Systems. Es besteht die Gefahr, daß von politischen oder militärischen Gegnern oder terroristischen Kräften auf der Frequenz des GPS-Trägers L2 ein falscher P-Code gesendet wird. Die Empfänger dieses Signals würden eine falsche Entfernung messen und somit eine falsche Position errechnen. Ein solcher Vorgang wird im Englischen mit *spoofing* (Beschwindeln) bezeichnet. Vom Betreiber des GPS-Netzwerkes ist deshalb ein Verfahren eingeführt worden, das eine derartige Störung des Systems verhindern soll (Anti-Spoofing, Abkürzung AS). Das wird erreicht, indem der P-Code verschlüsselt wird und damit zu einem geheimen Code wird. Der verschlüsselte Code wird P(Y)-Code genannt. Das bedeutet, daß in diesem Fall nur besonders autorisierte Nutzer einen Zugang zum P-Code haben. (Es ist darauf hinzuweisen, daß der P-Code ohnehin zivilen Nutzern nicht zur Verfügung steht).

3.3.8 Leistungsbilanz der Funkverbindung zwischen Satellit und Nutzer

Die Leistungsbilanz für die Funkverbindung zwischen einem Satelliten und einem Nutzer auf der Erde muß sich auf die erforderliche Empfangsleistung beziehen. In **Tabelle 3.9** sind die erforderlichen Empfangsleistungen für die in Betracht kommenden Verbindungen angegeben. Die Zahlenwerte gelten in dB bezogen auf eine Leistung von 1W (Bezeichnung dBW). Die angegebenen Zahlenwerte beziehen sich üblicherweise auf linearpolarisierte Antennen mit einem Gewinn von 3 dB gegenüber einem Kugelstrahler. Die GPS-Satelliten senden jedoch zirkularpolarisierte Wellen aus. Es muß deshalb zunächst das Ergebnis auf den Antennengewinn 0 dB reduziert werden und anschließend der Gewinn der zirkularpolarisierten Antenne gegenüber einer linearpolarisierten Antenne angesetzt werden. Die Tabelle 3.9 zeigt, daß der Unterschied gering ist.

Tabelle 3.9 Erforderliche Empfangsleistungen für GPS-Empfänger

Parameter	Träger L1 moduliert mit C/A-Code	Träger L1 moduliert mit P(Y)-Code	Träger L2 moduliert mit P(Y)-Code oder mit C/A-Code
Erforderliche Empfangsleistung mit linearpolarisierter Antenne Antennengewinn 3 dB	– 160 dBW	– 163 dBW	– 166 dBW
Änderung gegenüber Antennengewinn 0 dB	– 3 dB	– 3 dB	– 3 dB
Änderung für rechtsdrehend zirkularpolarisierte Antenne gegenüber linearpolarisierter Antenne	– 3,4 dB	– 3,4 dB	– 3,8 dB
Erforderliche Empfangsleistung mit rechtsdrehend zirkularpolarisierter Antenne	– 159,6 dBW	– 162, 6 dBW	– 165,2 dBW

Die Empfangsleistung ist vom Winkel ψ abhängig, den die Sichtlinie vom Empfänger zum Satelliten, bezogen auf den Horizont, bildet. Die Antenne der Satelliten hat eine Strahlungscharakteristik mit einem Halbwertswinkel von etwa 14°. Wegen dieser Charakteristik ist die

Empfangsleistung am kleinsten bei einem Erhebungswinkel von etwa 5° oberhalb des Horizonts und im Zenit (90°) wie aus **Bild 3.21** hervorgeht.

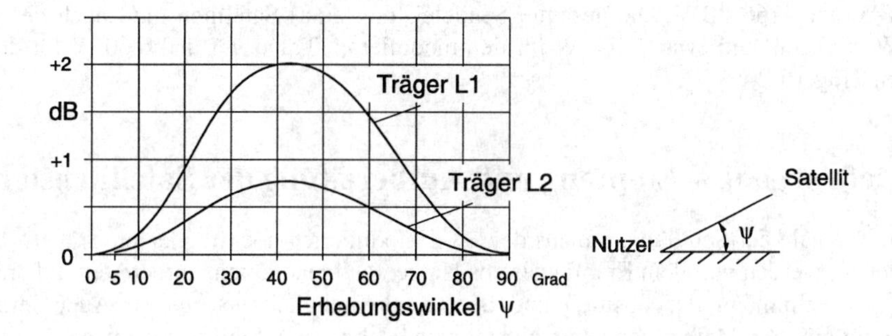

Bild 3.21 Zunahme der Empfangsleistung in Abhängigkeit vom Erhebungswinkel ψ der eintreffenden Welle bezogen auf den Horizont

In der Praxis liegen die Empfangsleistungen oberhalb -153 dBW für den mit dem C/A-Code modulierten Träger L1 und oberhalb -155 dBW für den mit dem P(Y)-Code modulierten Träger L1. Bei den mit dem P(Y)-Code modulierten Träger L2 liegen die Empfangsleistungen oberhalb -158 dBW. Die Sendeleistungen der Satelliten haben einen Nennwert von 50 W; diese Leistung nimmt im Laufe der Betriebszeit wegen der Alterung der Halbleiterbauelemente um 6 bis 8 dB ab. Um das gleiche Verhältnis sinkt die Empfangsleistung. Die Empfangsleistung kann auch sinken, wenn der Satellit im Erdschatten steht und die Energieversorgung aus den Solarzellen aussetzt.

Tabelle 3.10 Leistungsbilanz der Funkverbindung zwischen Satellit und Empfänger auf der Erde [3.26]

Parameter	Träger L1 moduliert mit C/A-Code	Träger L1 moduliert mit P(Y)-Code	Träger L2 moduliert mit P(Y)-Code	
vorgegebener Minimalwert der Leistung am Empfängereingang	-160,0	-163,0	-166,0	dBW
Antennengewinn der Empfangsantenne	3,0	3,0	3,0	dB
Dämpfung bei Freiraumausbreitung	184,4	184,4	182,3	dB
Atmosphärische Dämpfung	2,0	2,0	2,0	dB
Verluste durch Polarisationsfehlanpassung	3,4	3,4	4,4	dB
Erforderliche effektive isotrope Strahlungsleistung (EIRP)	26,8	26,8	19,7	dBW
Antennengewinn der Satellitenantenne 14° seitlich der Antennenachse	13,4	13,5	11,5	dB
Erforderliche Sendeleistung am Antennenanschluß des Satelliten	13,4	10,3	8,2	dBW
desgl.	21,9	10,7	6,6	W

Die Leistungsbilanz einer Funkverbindung zwischen einem Satelliten vom Typ Block II (siehe Abschnitt 3.2.1) und einem Nutzer auf der Erde ist aus der **Tabelle 3.10** zu ersehen [3.10; 3.26]. Die Bilanz bezieht sich auf die erforderliche Empfangsleistung nach Tabelle 3.9 von -160 dBW und -166 dBW. Die gesamte Sendeleistung eines Satelliten muß nach der Bilanz 39,20 W betragen, und zwar 32,60 W für den modulierten Träger L1 und 6,60 W für den modulierten Träger L2.

3.4 Meßvorgang – Empfang und Aufbereitung der Satellitensignale

Die Sendesignale der Satelliten, die aus den zwei modulierten hochfrequenten Trägern L1 und L2 bestehen, werden von dem Empfänger des Nutzers aufgenommen, aufbereitet und anschließend zur Bestimmung der Position und der Geschwindigkeit verarbeitet. Außerdem kann gleichzeitig mit dem Meßvorgang dem Nutzer eine hochgenaue Zeitinformation erteilt werden.

3.4.1 Erfassen der Satellitensignale

Die fundamentale Funktion von GPS ist die Positionsbestimmung (Ortung) von festen Punkten und beweglichen Objekten mit Hilfe der gemessenen Entfernungen. Zu einer dreidimensionalen Positionsbestimmung müssen die Entfernungen zu drei Satelliten gemessen werden (Tatsächlich werden aber bei GPS die Entfernungen zu vier Satelliten gemessen. Die vierte Entfernung wird zur Bestimmung der bestehenden Uhrzeitabweichung benutzt). Für die Entfernungsmessung ist es erforderlich, daß vom Empfänger beim Nutzer die Funkverbindungen zu den einzelnen Satelliten selektiv hergestellt werden. Die in der Kommunikationstechnik übliche Selektion aufgrund unterschiedlicher Sendefrequenzen (Frequency Division Multiplex Access, Abkürzung FDMA) scheidet aus, da bei GPS alle Satelliten die gleichen Trägerfrequenzen verwenden. Bei GPS wird das Code-Multiplexverfahren (Code Division Multiplex Access, Abkürzung CDMA) benutzt (siehe Abschnitt 1.10.3). Jedem einzelnen Satelliten wird der Code mit einer ganz bestimmten PRN-Impulsfolge zugeordnet (Tabelle 3.3). Einheitlich sind innerhalb des betreffenden Codes: Chiplänge (Bitlänge), Chipanzahl, Taktfrequenz und Länge des Codes.

Zur Herstellung der Funkverbindung zu einem bestimmten Satelliten muß also der Empfänger aus den von mehreren Satelliten gesendeten Signalen mit Hilfe des individuell zugeteilten Codes den gewünschten Satelliten heraussuchen.

Der Meßvorgang beruht auf dem Prinzip der Korrelation des empfangenen Signals mit einem im Empfänger erzeugten gleichartigen Referenzsignal. Bei GPS wird der Meßvorgang mit der empfangenen PRN-Impulsfolge des C/A-Code begonnen. Dazu steht im Empfänger eine in ihm erzeugte gleichartige, sogenannte Referenz-PRN-Impulsfolge des gleichen Codes zur Verfügung. Diese beiden gleichartigen Impulsfolgen unterscheiden sich nur zeitlich. Der Anfang beider Impulsfolgen wird von der Uhrzeit des Satelliten bzw. der Uhrzeit des Empfängers bestimmt. Unter der Annahme, daß die Uhren übereinstimmende Zeiten liefern, stimmen die PRN-Impulsfolgen bei ihrer Erzeugung zeitlich überein. Die im Satelliten erzeugte und von ihm gesendete PRN-Impulsfolge trifft im Empfänger entsprechend der zurückgelegten Entfernung um die Laufzeit verzögert im Empfänger ein. Wenn erreicht ist, daß sich die beiden PRN-Impulsfolgen decken, also zeitlich übereinstimmen, ist die Funkverbindung zu dem gesuchten Satelliten hergestellt. Die Übereinstimmung wird mit dem Korrelationsprozeß erreicht, der in vereinfachter Form im **Bild 3.22** dargestellt ist.

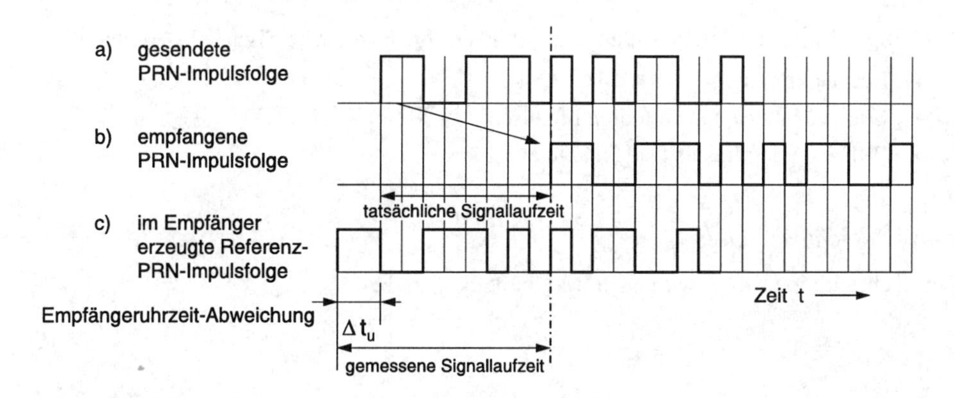

Bild 3.22 Korrelationsprozeß im GPS-Empfänger

Das Kriterium der Übereinstimmung ist die Phase der PRN-Impulsfolge. Unter der Phase wird eine bestimmte, definierte Stelle der Impulsfolge verstanden. Daher heißt das Verfahren auch *Code-Phase-Verfahren*. Im Korrelationsprozeß gibt es drei Zustände. Erst beginnt das *Suchen* (search), dazu wird die Phase der Referenz–PRN–Impulsfolge kontinuierlich verschoben. Sobald die Übereinstimmung erreicht ist und eine volle Korrelation besteht, wird der Zustand erfaßt. In diesem Zustand ist die Funkverbindung sichergestellt. Der Zustand wird als *Erfassen* (aquisition) bezeichnet. Das Maß der Phasenverschiebung ist proportional der Laufzeit des Signals vom Satelliten zum Empfänger und damit der Entfernung, die gemessen werden soll. Da sich der Satellit weiterbewegt, ändert sich die Entfernung und damit die Laufzeit. Die Phase muß also im Empfänger kontinuierlich nachgeführt werden. Dieser Zustand heißt *Nachlaufen* (tracking).

Der Prozeß vollzieht sich mit Hilfe einer Verzögerungsregelschleife (delay lock loop, Abkürzung DLL). Anschließend an diesen Korrelationsprozeß mit dem Code-Phase-Verfahren wird in einem weiteren Prozeß die Übereinstimmung von Frequenz und Phase des hochfrequenten Trägers mit dem *Träger-Phase-Verfahren* hergestellt. Das erfolgt mit Hilfe einer Phasenregelschleife (phase lock loop, Abkürzung PLL). Die dem hochfrequenten Träger aufmodulierten Binärzeichen, das sind die PRN-Impulsfolgen der Codes und die Bits des Datenstromes der Navigationsmitteilungen, müssen dazu herausgelöst werden. Dieses Verfahren wird als Trägerrückgewinnung bezeichnet. Meist wird dazu eine *Costas-Schleife* benutzt, die für biphasenmodulierte Signale konzipiert ist [3.36]. Innerhalb der Regelschleife wird die Phase des zurückgewonnenen Trägers mit der Phase eines im Empfänger erzeugten Referenzträgers in einem Korrelationsprozeß verglichen. Das Kriterium ist die Differenz zwischen den beiden Phasen.

3.4.2 Korrelationsfunktion

Im Empfangsprozeß mit dem Suchen, Erfassen und Nachlaufen mit den PRN-Impulsfolgen des C/A- bzw. P(Y)-Codes ist die Autokorrelation von zentraler Bedeutung [3.33]. Die Betrachtung des mathematischen Prozesses der Autokorrelation ist nützlich für die Beurteilung der Vorgänge im GPS-Empfänger. Dabei ist zu unterscheiden zwischen der Kreuzkorrelation und der Autokorrelation. Die Kreuzkorrelation bezieht sich auf ähnliche Signale, beispielsweise auf die Korrelation der verschiedenen PRN-Impulsfolgen eines Codes in den Satelliten. Die Autokorrelation gilt für die Korrelation einer identischen Impulsfolge wie sie zwischen dem empfangenen Signal und dem Referenzsignal im Empfänger besteht [1.4; 3.26].

Nachfolgend wird die Autokorrelation für drei verschiedene binäre Signale betrachtet:

- Rechteckimpuls
- Code mit statistisch verteilten Impulsen
- PRN-Impulsfolge als Code maximaler Länge.

3.4.2.1 Rechteckimpuls

Ein Rechteckimpuls $a_1(t)$ wird nach **Bild 3.23a** beschrieben:

$$a_1(t) = A \qquad \text{für } |t| \le \frac{T}{2} \qquad (3.12)$$

$$a_1(t) = 0 \qquad \text{für } |t| > \frac{T}{2}.$$

Die Fourier-Transformation dieser Funktion ist (**Bild 3.23b**):

$$F_1(\omega) = AT\left(\frac{\sin\frac{\omega T}{2}}{\frac{\omega T}{2}}\right). \qquad (3.13)$$

Daraus leitet sich die Gleichung für das Leistungsspektrum ab (**Bild 3.20c**):

$$S_1(\omega) = A^2T^2\left(\frac{\sin\frac{\omega T}{2}}{\frac{\omega T}{2}}\right)^2. \qquad (3.14)$$

Darin bedeuten:

A Pulsamplitude
T Impulsbreite, Chip (s)
f Frequenz (Hz)
$\omega = 2\pi f$ Kreisfrequenz (rad/s).

Die Autokorrelationsfunktion ist wie folgt definiert:

$$C_1(\tau) = \int_{-\infty}^{+\infty} a_1(t)a_1(t+\tau)\mathrm{d}t \qquad (3.15)$$

Mit τ wird die Verschiebung der Code-Phase des Referenzsignals bezeichnet. Die Autokorrelationsfunktion hat eine Dreieckform mit dem Maximum bei der Verschiebung $\tau = 0$ (**Bild 3.23d**). Die Funktion ist wie folgt definiert:

$$C_1(\tau) = 0 \qquad \text{für } |\tau| > T$$

$$C_1(\tau) = A^2T\left(1 - \frac{|\tau|}{T}\right) \qquad \text{für } |\tau| < T \qquad (3.16)$$

$$C_1(\tau) = 1 \qquad \text{für } |\tau| = 0.$$

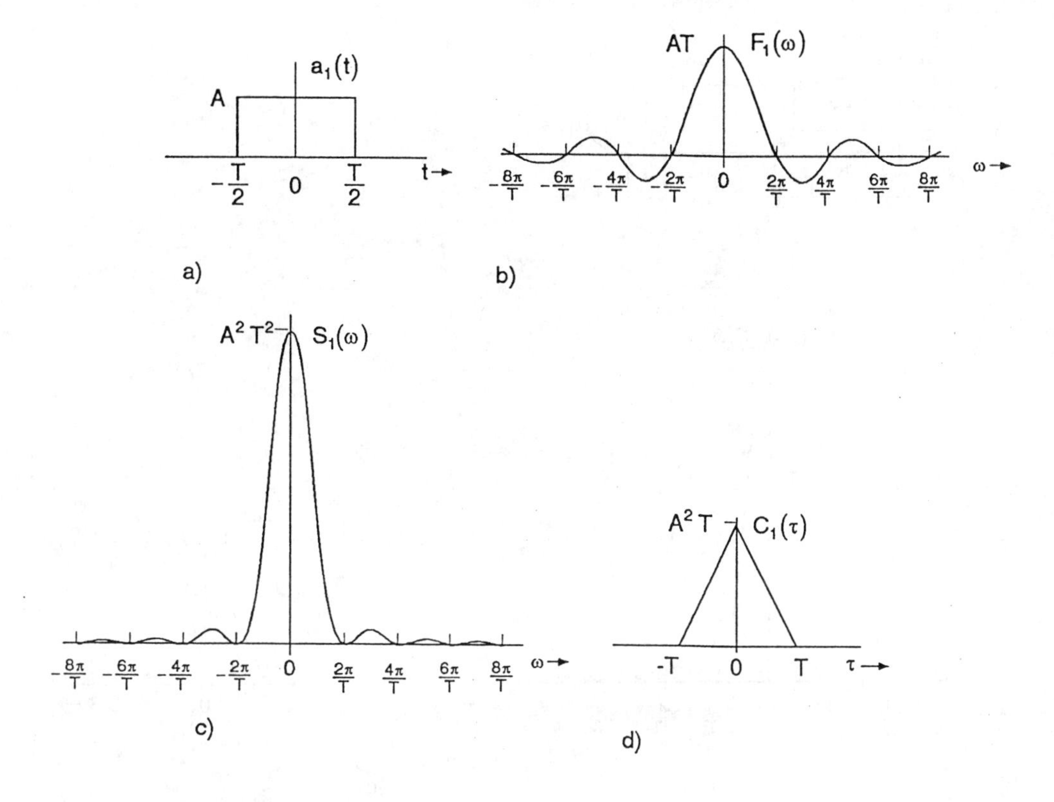

Bild 3.23 Rechteckimpuls
a) Impulsform, b) Fourier-Transformation, c) Leistungsspektrum, d) Autokorrelationsfunktion

3.4.2.2 Code mit statistisch verteilten Impulsen

Die Autokorrelationsfunktion eines Codes, der sich aus statistisch verteilten Impulsen zusammensetzt, gleicht der Autokorrelationsfunktion eines Rechteckimpulses.

Das **Bild 3.24a** zeigt mit $b(t)$ einen solchen Code mit Binärzeichen der Breite T und den entsprechenden Referenzcode $b(t-\tau)$. Die Autokorrelationsfunktion entspricht der Gl.(3.16), für sie gilt (**Bild 3.24c**):

$$\begin{aligned} C(\tau) &= 0 && \text{für } |\tau| > T \\ C(\tau) &= A^2\left(1-\frac{|\tau|}{T}\right) && \text{für } |\tau| < T \\ C(\tau) &= 1 && \text{für } |\tau| = 0\,. \end{aligned} \qquad (3.17)$$

Die Gleichung für das Leistungsspektrum läßt sich durch Fourier-Transformation aus der Korrelationsfunktion gewinnen. Sie hat die gleiche Form wie die entsprechende Gleichung für den Rechteckimpuls Gl. (3.14). Sie enthält aber den Betragsfaktor $A^2\,T$ statt $A^2\,T^2$ (**Bild 3.24b**). Zu beachten ist, daß sowohl für den Rechteckimpuls als auch für den Code mit statistisch verteilten Impulsen der Maximalwert für die Autokorrelation nur für eine einzige Stelle gilt.

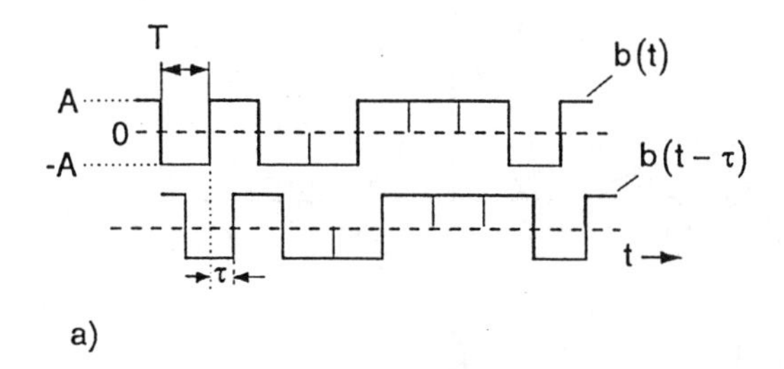

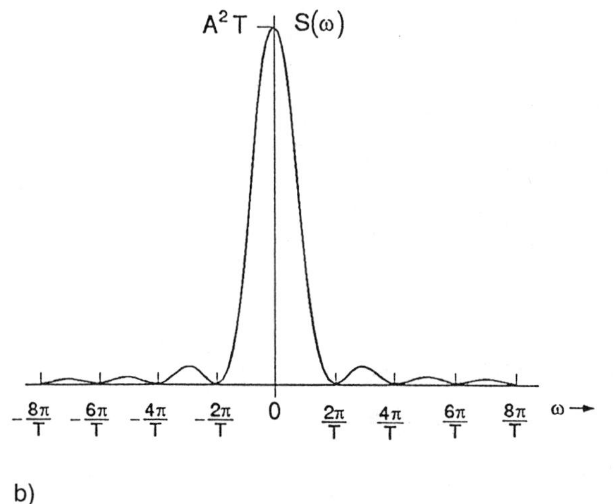

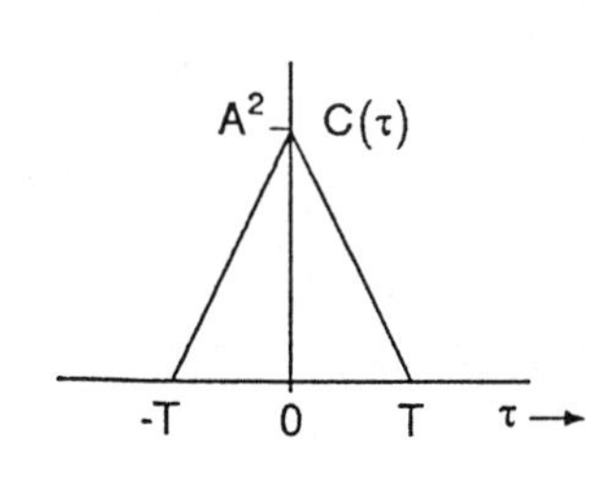

Bild 3.24 Code mit statistisch verteilten Impulsen
a) Impulsfolge
b) Leistungsspektrum
c) Autokorrelationsfunktion

3.4.2.3 PRN-Impulsfolge eines Codes maximaler Länge

Die PRN-Impulsfolgen des C/A-Codes und des P(Y)-Codes haben gleichartige Autokorrelationsfunktionen und Leistungsspektren wie die Codes mit statistisch verteilten Impulsen. Jedoch sind C/A-Code und P(Y)-Code periodisch, vorhersagbar und reproduzierbar. Sie werden deshalb auch *pseudo statistisch* genannt [3.8].

Diese Codes werden mit rückgekoppelten Schieberegistern erzeugt, die aus n Elementen bestehen (siehe Abschnitt 3.3.3). Wenn die Chipperiode nach Gl. (3.1) von der Größe $N = 2^n - 1$ ist, wird die erzeugte PRN-Impulsfolge als *Code maximaler Länge* bezeichnet. Die Periodendauer ist gleich NT (**Bild 3.25a**). Für einen solchen Code gilt für die Autokorrelation:

$$C(\tau) = \frac{1}{NT} \int_0^{NT} PRN(t) PRN(t + \tau) d\tau \,. \tag{3.18}$$

Für eine Verschiebung $\tau = 0$ hat die Autokorrelation den Maximalwert 1, außerhalb des Korrelationsintervalls von $\tau = -T$ bis $\tau = +T$ hat sie den Wert $-A^2/N$. Es ist zu beachten, daß beim Rechteckimpuls und bei den statistisch verteilten Impulsen außerhalb des Korrelationsintervalls die Korrelation null ist. Nach [3.26] läßt sich die Autokorrelationsfunktion ausdrücken als

Summe eines Gleichwertes und einer unendlichen Serie von Dreieckfunktionen $C(\tau)$ nach Gl.(3.17). Die Serie wird gewonnen durch die Verbindung (gekennzeichnet mit dem Symbol ⊗) der Dreiecksfunktion mit einer unendlichen Serie von phasenverschobenen Impulsfunktionen. Es gilt somit folgender Ausdruck:

$$C'(\tau) = -\frac{A^2}{N} + \frac{N+1}{N} C(\tau) \otimes \sum_{m=-\infty}^{m=+\infty} \delta(\tau + mNT) \qquad (3.19)$$

Darin bedeuten:

δ Dirac-Delta-Funktion

$m = \pm 1, \pm 2, \pm 3 \ldots$

$\mathrm{si}\, x = \frac{\sin x}{x}$.

Das Bild 3.25a zeigt die Autokorrelationsfunktion. Die Gleichung für das Leistungsspektrum wird durch die Fourier-Transformation der Korrelationsfunktion gewonnen. Das berechnete Leistungsspektrum (**Bild 3.25b**) ist ein Linienspektrum, dessen Umhüllende mit der Umhüllenden des kontinuierlichen Spektrums für den Code mit statistisch verteilten Impulsen übereinstimmt. Abweichend sind der Gleichwert A^2/N^2 und der Betragsfaktor A^2.

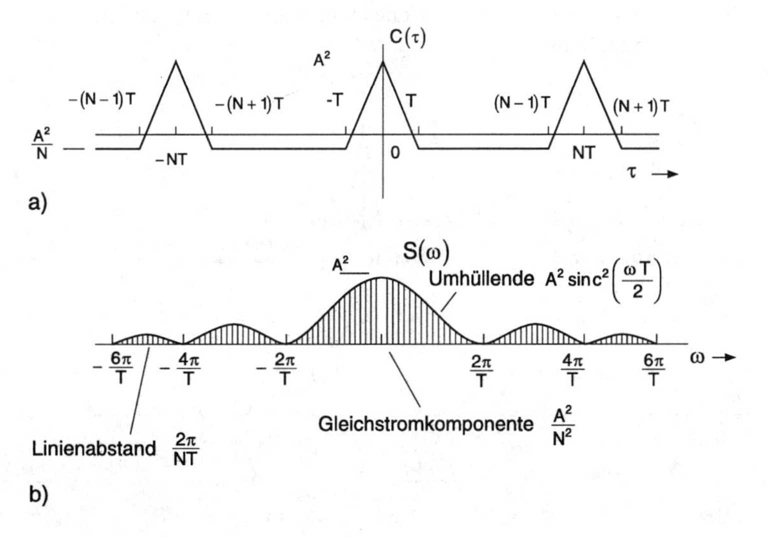

Bild 3.25 Code maximaler Länge
a) Autokorrelationsfunktion b) Leistungsspektrum

3.4.2.4 Autokorrelationsfunktion vom C/A-Code und P(Y)-Code

Im Allgemeinen wird angenommen, daß Korrelationsfunktion und Leistungsspektrum des C/A-Codes und P(Y)-Codes von GPS mit denen der Codes maximaler Länge übereinstimmen. Einige Abweichungen entstehen erstens durch die Beschränkung der Anzahl der verfügbaren Codes maximaler Länge und zweitens durch die auftretenden Nebenkeulen in der Korrelationsfunktion, wenn die Integrationszeit gleich ist einer Periode oder weniger Perioden wie aus **Bild 3.26a** hervorgeht. Eine vereinfachte Funktion zeigt **Bild 3.26b**, darin sind als Maß der Verschiebung nicht Sekunden sondern chip eingesetzt. Der C/A-Code besteht aus 1023 chip, so daß „1024" gleichbedeutend mit „1" ist. Der P(Y)-Code ist tatsächlich kein Code maximaler Länge, aber die Periode ist so lang und die Anzahl der chip pro Zeiteinheit so groß, daß er annähernd als Code maximaler Länge angesehen werden kann. Die vereinfachte Autokorrelationsfunktion geht am **Bild 3.26c** hervor; sie kann als nahezu ideal angesehen werden [3.26].

3.4.2.5 Kreuzkorrelationsfunktion und Code-Mehrfachzugriff

Alle Satelliten des GPS-Netzwerkes arbeiten mit dem gleichen C/A-Code bzw. P(Y)-Code. Nur die im Code enthaltene PRN-Impulsfolge ist verschieden. Zur Erzielung einer hohen Selektivität bei der Funktion *Suchen* und *Erfassen* (aquisition) muß einerseits die Kreuzkorrelation gering sein, andererseits die Autokorrelation ein eindeutiges, hohes Maximum aufweisen. Die ideale Kreuzkorrelationsfunktion des GPS-Codes ist die nachstehend formulierte Funktion:

$$C_{i,k}(\tau) = \int_{-\infty}^{+\infty} (PRN)_i(t)(PRN)_k(t+\tau)d\tau = 0\,. \qquad (3.20)$$

Darin bedeuten:

$(PRN)_i$ Impulsfolge des betreffenden Codes des Satelliten i

$(PRN)_k$ Impulsfolge des gleichen Codes von allen anderen Satelliten mit Ausnahme des Satelliten i.

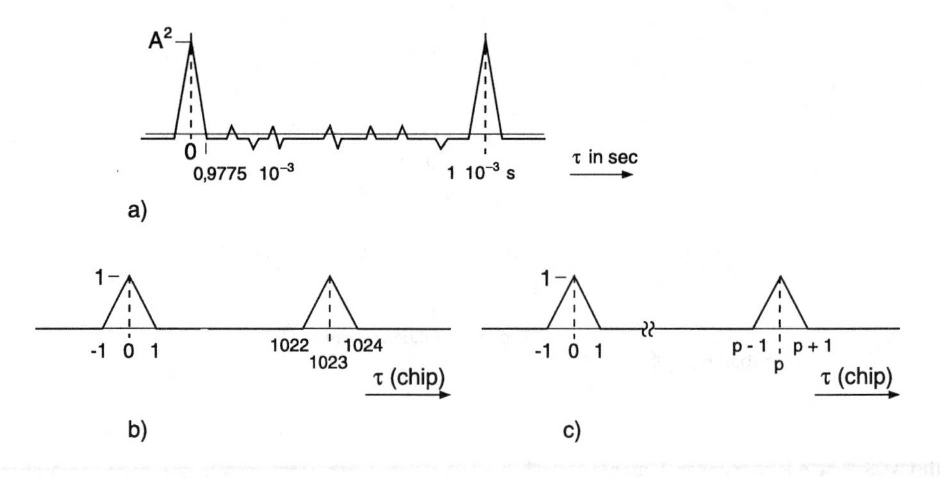

Bild 3.26 Autokorrelationsfunktionen
a) Autokorrelationsfunktion für einen typischen C/A-Code mit τ in s
b) Normalisierte und vereinfachte Autokorrelationsfunktion mit τ in chip
c) Normalisierte und vereinfachte Autokorrelationsfunktion eines P(Y)-Code mit τ in chip

Diese Gleichung drückt aus, daß die PRN-Impulsfolge des Codes des betreffenden Satelliten nicht korreliert. In der Praxis ist das nur bedingt erreichbar. Ein gewisser Pegel der Kreuzkorrelations-Signalunterdrückung muß jedoch für den Nutzer des Systems bei einer Vielzahl von Satelliten gewährleistet sein.

Bei dem P(Y)-Code ist auf Grund der großen Länge von $6{,}1871 \cdot 10^{12}$ chip die Kreuzkorrelation einer PRN-Impulsfolge mit jeder anderen PRN-Impulsfolge dieses Codes außerordentlich klein. Das Verhältnis liegt bei -127,9 dB (das heißt $1/6 \cdot 10^{-12}$) bezogen auf das Maximum der Autokorrelation. Das bedeutet, daß praktisch keine Korrelation besteht.

Bei dem C/A-Code mit einer Länge von 1023 chip ist die Kreuzkorrelation unter gewissen Umständen ebenfalls gering. Das Verhältnis der Kreuzkorrelation beträgt maximal etwa -30 dB (das heißt 1/1000) bezogen auf das Maximum der Autokorrelation. Das Verhältnis sinkt mit der Anzahl kreuzkorrelierender Satelliten, wie die Zahlenwerte der **Tabelle 3.11** zeigen [3.26].

Tabelle 3.11 Vergleich der Autokorrelation des C/A-Code und des P(Y)-Code

Parameter	C/A-Code	P(Y)-Code
Maximale Autokorrelationsamplitude	1	1
Autokorrelation außerhalb des Korrelationsintervalls bezogen auf die maximale Korrelation 1	-30,1 dB	-127,9 dB
Autokorrelationsperiode	1 ms	1 Woche
Autokorrelationsintervall Impulsfolge Zeit	 2 chip 1,955 µs	 2 chip 0,1955 µs
Intervall der Autokorrelationsentfernung	586,1 m	58,61 m
Entfernung entsprechend der Chiplänge	293 m	29,3 m
Chiprate	$1{,}023 \cdot 10^6$ chip/s	$10{,}23 \cdot 10^6$ chip/s
Chipperiode	977,5 ns	97,75 ns

3.4.3 Grundkonzeption der GPS-Empfänger

3.4.3.1 Hauptkomponenten eines GPS-Empfängers

Die Hauptkomponenten sind aus **Bild 3.27** zu ersehen, sie gliedern sich in fünf Teile:

- Hochfrequenzteil
  - Antenne mit RF-Vorverstärker
  - Frequenzumsetzer RF/ZF mit A/D-Wandler
  - Oszillator mit Frequenzsynthesizer
- Signalerfassung und -verarbeitung
  - Signalprozessor für *n* Kanäle
- Meßgrößenverarbeitung
  - Navigationsprozessor
  - Empfängerprozessor
  - Uhrzeit/Datumfunktionen
- Nutzerinterface
  - Bedieneinheit
  - Display
  - interne Speicher.
- Stromversorgung

Der Empfangskanal mit dem Signalprozessor ist die primäre Einheit eines GPS-Empfängers. In ihm vollzieht sich das Suchen, Einrasten und Nachlaufen mit Hilfe des Korrelationsprozesses (siehe Abschnitt 3.3). Ein Empfänger kann einen Kanal oder mehrere Kanäle haben.

Im *Mehrkanalempfänger* erfolgt die Verarbeitung der Signale mehrerer Satelliten unabhängig voneinander parallel und kontinuierlich. Das Minimum von vier Kanälen ist notwendig, um eine dreidimensionale Ortung einschließlich der Bestimmung der Uhrzeitabweichung durchführen zu können. Meist sind die Empfänger für mehr als vier Kanäle, häufig für 9 Kanäle bestimmt.

Bei der *Sequenz-Kanal-Technik* wird ein Kanal in Intervallen von Satellit zu Satellit umgeschaltet. Das bedeutet, daß mit einem Einkanal-Empfänger die Umschaltung zu vier Satelliten zu erfolgen hat. Die Umschaltung vollzieht sich asymmetrisch zur Datenrate, da die vollständige Navigationsmitteilung erst nach mehreren Sequenzen vorliegt. Der Empfänger benötigt etwa vier mal 30 Sekunden bevor die Berechnung der Position eines Satelliten vollzogen werden kann. Die meisten Sequenzempfänger schalten jeweils im Abstand von einer Sekunde um.

Es gibt auch Empfänger, bei denen ein Kanal ausschließlich für die Gewinnung der Daten der Navigationsmitteilung vorgesehen ist.

Eine weitere Variante ist die *Multiplextechnik*, bei der die Umschaltung mit einer großen Geschwindigkeit verläuft. Die Umschaltung erfolgt meist synchron zur Datenübertragung der Navigationsmitteilung, daß heißt, mit einer Geschwindigkeit entsprechend 50 bit/s. Zur vollständigen Erfassung von vier Satelliten und Empfang eines GPS-Trägers, beispielsweise des Trägers L1, werden 20 ms benötigt. Die Navigationsmitteilung wird kontinuierlich gewonnen. Die erste Positionsbestimmung eines Satelliten benötigt etwa 30 s.

Der Vorteil der Multiplextechnik liegt darin, daß für die Signalverarbeitung insgesamt ein und derselbe Kanal benutzt wird und dadurch keine internen Laufzeitunterschiede auftreten können. Die verschiedenen Kanaltechniken sind in **Bild 3.28** schematisch dargestellt.

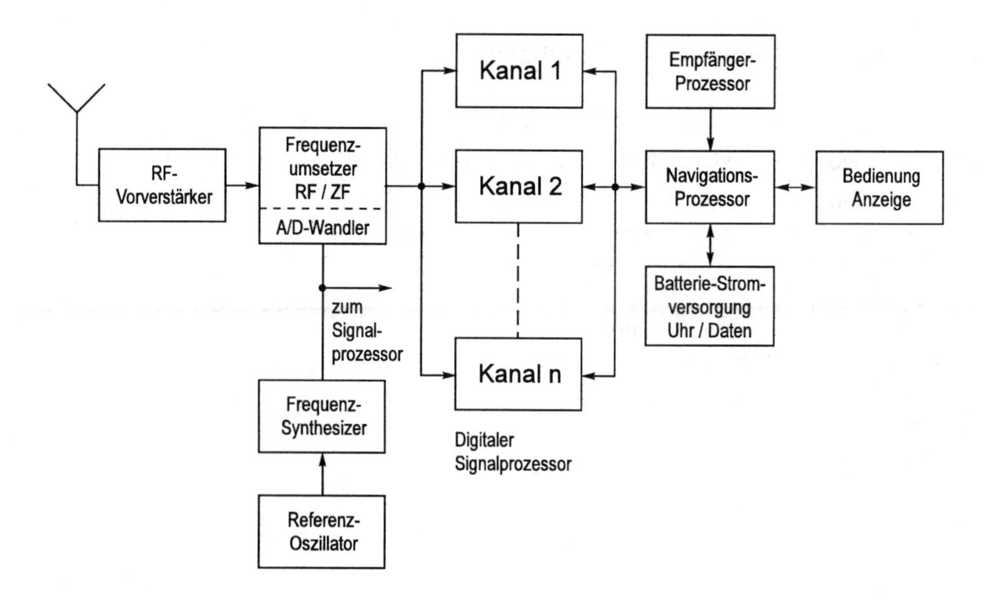

Bild 3.27 Vereinfachtes Funktionsschaltbild eines GPS-Empfängers

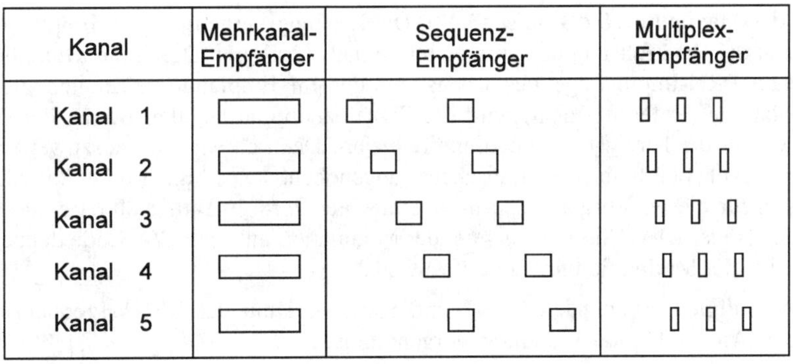

Kanal	Mehrkanal-Empfänger	Sequenz-Empfänger	Multiplex-Empfänger
Kanal 1			
Kanal 2			
Kanal 3			
Kanal 4			
Kanal 5			

Bild 3.28 Kanalumschalttechnik für GPS-Mehrkanalempfänger

3.4.3.2 Hochfrequenzteil

Im Hochfrequenzteil wird das von der Empfangsantenne aufgenommene hochfrequente Signal (RF-Signal) verstärkt und in ein für die Verarbeitung günstigeres Zwischenfrequenz-(ZF)Signal umgesetzt.

Der Oszillator mit dem Frequenzsynthesizer liefert einerseits die für die Frequenzumsetzung erforderliche Trägerschwingungen und zum anderen die Taktfrequenz für den Signalprozessor. Meist wird ein stabilisierter Quarzoszillator benutzt. Die Verwendung eines Präzisionsfrequenznormals ist nicht erforderlich, weil die Uhrzeitdifferenz zwischen Satellit und Empfänger mit den Meßergebnissen ermittelt wird. Ein exakter Präzisionsoszillator wird jedoch benötigt, wenn Ortungen mit nur drei Satelliten durchgeführt werden sollen und dabei die Forderung zur Bestimmung der Uhrzeitdifferenz nicht besteht.

Die Antenne ist für zirkular rechtsdrehend polarisierte Wellen konzipiert. Die Empfangscharakteristik ist bevorzugt halbkugelförmig, um Satelliten über die gesamte Hemisphäre bei einem Erhebungswinkel größer als 5° erfassen zu können. Für sehr genaue Entfernungsmessungen, wie sie für das Vermessungswesen benötigt werden und die durch Messung des Phasenwinkels des hochfrequenten Trägers erfolgen, müssen die Positionen *Satellit* und *Empfänger* präzisiert und auf einige Millimeter genau bekannt sein. Es ist zweckmäßig, in beiden Fällen das Phasenzentrum der Erregung der betreffenden Antennen zu wählen. Daher wird häufig bei der Definition der Entfernung der Standort des Empfängers mit *Antenne des Empfängers* angegeben.

Die Mindestwerte der Empfangsleistungen sind in den Tabellen 3.9 und 3.10 angegeben. Wegen der sehr geringen Empfangsleistung muß das von der Antenne aufgenommene hochfrequente Signal zunächst vorverstärkt werden. Der benutzte RF-Vorverstärker ist meist mit der Antenne integriert. Diese Konzeption gewährleistet ein verhältnismäßig günstiges Signal-Rausch-Leistungsverhältnis für das Empfangssignal.

Die wesentliche Verstärkung und die anschließende Signalverarbeitung läßt sich leichter in Bereichen niedrigerer Frequenzen durchführen. Mit dem Frequenzumsetzer (RF/ZF) werden deshalb die Empfangssignale aus dem RF-Bereich (1,2 bzw. 1,5 GHz) in den ZF-Bereich (30 oder 60 MHz) transponiert.

Nach den Tabellen 3.9 und 3.10 entspricht dem Empfangspegel bei dem Träger L1 das Leistungsdichtespektrum in **Bild 3.29**. Das Maximum der Leistungsdichte für den C/A-Code liegt 13 dB oberhalb des Maximums für den P(Y)-Code. Gegenüber dem Empfängergrundrauschen liegt aber das Maximum 16 dB tiefer [3.47]. Die Leistungsverhältnisse im Empfänger werden jedoch durch die Rückführung des gespreizten Signals bestimmt. Durch die Multiplikation der empfangenen PRN-Impulsfolge des Codes mit der im Empfänger erzeugten gleichartigen PRN-Impulsfolge (Referenzsignal) wird die Signalbandbreite auf den Betrag der Bandbreite des Datenstroms der Navigationsmitteilung reduziert. Dadurch wird das auszuwertende Signal auf einen Pegel oberhalb des Rauschens angehoben. Die Signal-und Rauschleistungs-Beziehungen für diesen Vorgang sind in vereinfachter Form in **Bild 3.30** dargestellt. Für den modulierten Träger L1 ist die Leistung bei der Modulation mit dem C/A-Code doppelt so hoch (3 dB) wie bei der Modulation mit dem P(Y)-Code.

In modernen, digital arbeitenden GPS-Empfängern wird mit der RF/ZF-Frequenzumsetzung zugleich eine Analog/Digital-Wandlung vorgenommen.

3.4.3.3 Signalverarbeitungseinrichtungen

Der für die Verarbeitung der Meßgrößen bestimmte sekundäre Teil des Empfängers mit den Prozessoren regelt die Operationen der Signalverarbeitung, decodiert die Navigationsmitteilungen und berechnet die dreidimensionale Position.

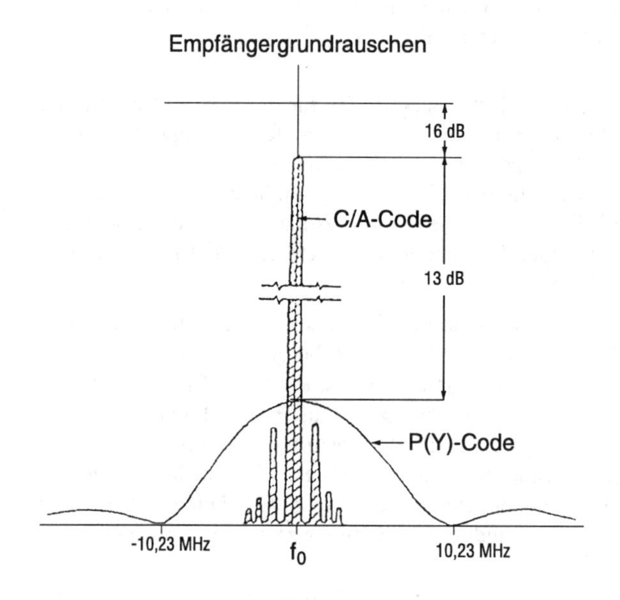

Bild 3.29
Leistungsdichtespektrum und Pegel des empfangenen modulierten Trägers L1

Das Nutzerinterface ist im Umfang vom betreffenden Empfänger abhängig. Außer dem Bedienteil mit den Funktionstasten haben größere Empfänger ein zusätzliches Tastenfeld für die Kommunikation. Das Display zeigt die berechneten Standortkoordinaten, Nummern der sichtbaren Satelliten, Datenumfang und weitere Informationen an.

Zur Lösung von Aufgaben, bei denen eine sehr hohe Genauigkeit gefordert wird, ist eine mehr oder weniger umfangreiche Nachbearbeitung von Signalen und Meßgrößen notwendig. Dazu muß die Empfangsanlage über interne oder externe Speicher verfügen. Zu speichern sind Pseudoentfernungen, Trägerphasendifferenzen, Uhrzeit und Daten der Navigationsmitteilungen. Insgesamt ist der dazu erforderliche Aufwand sehr groß, denn bei jedem der 24 Satelliten sind innerhalb einer Stunde etwa 1,5 Megabyte zu speichern.

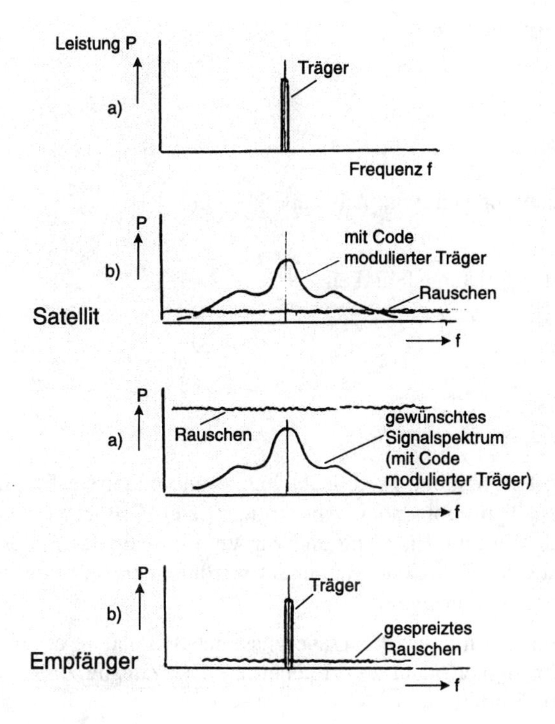

Bild 3.30
Signal-Rausch-Leistungsbeziehungen für den modulierten Träger L1 für das Sendesignal (Satellit) und das Empfangssignal (Empfänger)

3.4.3.4 Einteilung der Empfängertypen

Entsprechend den verschiedenen Signalverarbeitungsstrategien und den Anwendungsbereichen sind die Konzeptionen der GPS-Empfänger auch unterschiedlich.

Zunächst sind zu unterscheiden:

- codeabhängige Empfänger
- codefreie Empfänger.

Die übliche Einteilung geht von den empfangenen und verarbeiteten Signalen aus:

- C/A-Code mit Träger L1
- C/A-Code mit Träger L1
  – Phase des Trägers L1
- C/A-Code mit Träger L1
  – Phase der Träger L1 und L2
- C/A-Code mit Träger L1
  – P(Y)-Code mit Träger L2
  – Phase der Träger L1 und L2
- Phase des Trägers L1
- Phase der Träger L1 und L2
- Zeitinformationen (ausschließlich)
- zusätzlich Doppler-Count.

Die Einteilung nach der Betriebsweise unterscheidet:

- Mehrkanalempfänger
- sequentielle Empfänger
- Multiplexempfänger.

Eine für die Praxis bedeutsame Gliederung geht vom Anwenderkreis aus:

- militärische Empfänger
- kommerzielle Empfänger hoher Leistungsfähigkeit
- einfache Empfänger (Handys)
- Navigationsempfänger
- Geodätische Empfänger
- Zeitempfänger.

Für die Grundkonzeption ist die Unterscheidung in codeabhängige und codefreie Empfänger am bedeutendsten, sie werden deshalb im folgenden Abschnitt speziell betrachtet. Navigationsempfänger sind im Allgemeinen nur zum Empfang und zur Verarbeitung der Codes konzipiert, wobei für zivile Nutzung nur der C/A-Code verwendet werden kann. Für autorisierte Nutzer steht zusätzlich der P(Y)-Code zur Verfügung.

Empfänger für geodätische Anwendungen müssen die Trägerphase messen und verarbeiten, da mit den Codes die erforderliche Genauigkeit nicht zu erreichen ist. Der Zugang zum zweiten Träger L2 ist dabei grundsätzlich von Vorteil.

3.4.3.5 Codeabhängige Empfänger

Die fundamentale Meßgröße bei GPS ist die Pseudoentfernung, die sich aus dem Produkt von Signallaufzeit und Ausbreitungsgeschwindigkeit ergibt. Die Signallaufzeit wird beim codeabhängigen Empfänger durch die Korrelation von PRN-Impulsfolgen des C/A-Code bzw. P(Y)-Code gewonnen (siehe Abschnitt 3.4.1 und 3.4.2) Ein vereinfachtes Funktionsschema eines codeabhängigen GPS-Empfängers zeigt **Bild 3.31**. Der Prozeß des Suchens, Einrastens und Nachlaufens wird im englischen Sprachgebrauch meist unter dem einzigen Begriff *tracking* zusammenfaßt. Dieser Prozeß vollzieht sich in zwei Stufen mit Hilfe von Regelschleifen. Sie werden in der Literatur als *Nachlaufregelschleifen* (tracking loop) bezeichnet, wobei die Funktion den Zustand des Suchens einschließt [3.44]. Ein GPS-Empfänger enthält zwei Arten von Nachlaufregelschleifen:

- Verzögerungsregelschleife (delay lock loop, Abkürzung DLL), auch Code-Regelschleife (code tracking loop) genannt
- Phasenregelschleife (phase lock loop, Abkürzung PLL).

Die DLL wird benutzt, um die Übereinstimmung der PRN-Impulsfolgen des C/A-Code bzw. P(Y)-Code des Empfangssignals mit den intern im Empfänger erzeugten PRN-Impulsfolgen herzustellen. Die Funktion einer DLL geht aus **Bild 3.32** hervor [3.16]. Die Korrelation der beiden PRN-Impulsfolgen ergibt ein Ausgangssignal, das die Codephase so lange verschiebt, bis sich die beiden PRN-Impulsfolgen decken. Die Signale von anderen Satelliten haben auf den Korrelationsprozeß keinen Einfluß, da die PRN-Impulsfolgen von allen GPS-Satelliten so gewählt worden sind, daß ihre Kreuzkorrelationsfunktionen Null sind (orthogonale Systeme). Das bedeutet, der Korrelator erzeugt nur ein sehr geringes Fehlersignal, wenn die PRN-Impulsfolgen des betreffenden Codes von zwei Satelliten verglichen werden.

Der Korrelationsprozeß bei dem P(Y)-Code würde auf Grund der sehr großen Länge dieses Codes normalerweise sehr lange dauern und die Funktion des GPS-Empfängers behindern. Es wird deshalb bei der intern im Empfänger erzeugten PRN-Impulsfolge eingegriffen und die PRN-Impulsfolge so erzeugt, daß sie möglichst nahe an der empfangenen PRN-Impulsfolge des Satelliten liegt. Diesen Eingriff bewirkt das Übergabewort (HOW), das in der Navigationsmitteilung enthalten ist (siehe Abschnitt 3.3.4). Die Mitteilung dazu gewinnt der Empfänger nach beendetem Korrelationsprozeß mit dem C/A-Code.

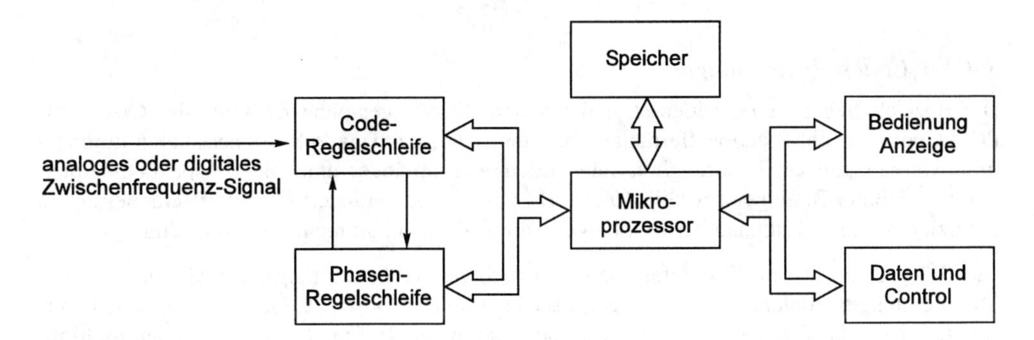

Bild 3.31 Vereinfachtes Funktionsschaltbild eines codeabhängigen GPS-Empfängers

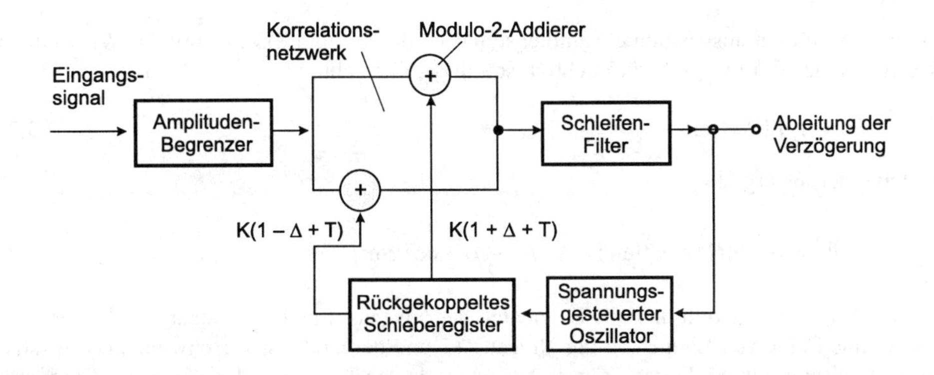

Bild 3.32 Funktionsschaltbild eines Verzögerungsregelkreises (DLL)

Mit dem Korrelationsvorgang wird erstens die Funkverbindung zwischen Empfänger und Satelliten hergestellt und stabil gehalten und zweitens ist das Maß der zeitlichen Code-Phasen-Verschiebung bis zum Maximum der Korrelation (Autokorrelation gleich 1) proportional der Signallaufzeit vom Satelliten bis zum Empfänger. Aus der Laufzeit wird die Pseudoentfernung berechnet.

Sobald der Korrelationsprozeß mit dem C/A-Code beendet ist, kann er aus dem empfangenen Träger des Satelliten, in dem der C/A-Code als Modulation enthalten ist, entfernt werden. Das geschieht durch Mischung mit der intern im Empfänger erzeugten PRN-Impulsfolge dieses Codes und Filterung des resultierenden Signals. Der Vorgang bewirkt eine Rücknahme der im Satelliten vorgenommenen Signalspreizung. Die Bandbreite wird auf etwa 100 Hz reduziert und damit im Empfänger eine entsprechende Erhöhung des Signal-Rausch-Verhältnisses erreicht.

Das ungespreizte Zwischenfrequenzsignal, das noch mit dem Datenstrom der Navigationsmitteilung moduliert ist, wird nun mit Hilfe der Phasenregelschleife mit einem im Empfängeroszillator erzeugten unmodulierten Träger verglichen und in Übereinstimmung gebracht. Mit diesem Vorgang werden die Daten der Navigationsmitteilung gewonnen und der unmodulierte Träger steht für Trägerphasenmessungen zur Verfügung. Nach dem Erfassen der Phase des Trägers muß der Regelvorgang fortgesetzt werden, da die Phase durch die mit der Bewegung des Satelliten auftretenden Entfernungsänderung sich kontinuierlich verändert. Bei der technischen Lösung wird häufig die *Costas-Regelschleife* verwendet (siehe Abschnitt 3.4.1).

3.4.3.6 Codefreie Empfänger

Die Bezeichnung *codefrei* bedeutet, daß mit dem Empfänger ohne Kenntnis des C/A- bzw. P(Y)-Codes sowohl Pseudoentfernungen bestimmt als auch Trägerphasenmessungen durchgeführt werden können. Ursprünglich sind codefreie Empfänger unter dem Aspekt konzipiert worden, daß der Betreiber des GPS-Netzwerkes die Codes verändert ohne die Veränderung zu publizieren. Ein codeabhängiger Empfänger wäre in diesem Fall nicht funktionsfähig.

Unabhängig von diesem Einsatzfall bietet der codefreie GPS-Empfänger die Möglichkeit, das Mehrdeutigkeitsproblem bei der Trägerphasenmessung zu lösen. Codefreie Empfänger verwenden meist das *Quadrierungsverfahren* (squaring method). Ein Quadrierungskanal multipliziert das Empfangssignal (Satellitensignal) mit sich selbst und erzeugt damit die Harmonische des Trägers. Dabei gehen sowohl die Code-Signale als auch die Daten der Navigationsmitteilung verloren.

Das vom Satelliten ausgestrahlte Summensignal ist durch Gl.(3.8) ausgedrückt. Wird nur die Modulation des P(Y)-Code berücksichtigt, so gilt die Gleichung:

$$s(t) = A \cdot P(t) \cos \omega t \,. \tag{3.21}$$

Die Quadrierung ergibt:

$$(s(t))^2 = A^2 \cdot P(t)^2 \cos^2(\omega t) = A^2 P^2 \frac{1}{2}(1 + \cos 2\omega t) \,. \tag{3.22}$$

Da $P(t)$ den Code darstellt und aus Elementen der Niveaus 0 und +1 besteht, wird $P(t)^2 = P^2$. Das ist eine Folge von Elementen der Niveaus +1 und der Code ist verschwunden. Mit $(s(t))^2$ wurde somit ein unmodulierter Träger gewonnen, dessen Phase mit der Phase des Empfangssignals bei doppelter Frequenz übereinstimmt. Durch die Quadrierung sinkt das Signal-Rausch-Verhältnis um etwa 30 dB.

Ein anderes Konzept geht auf das Interferometerprinzip zurück (siehe Abschnitt 1.3.2.1), bekannt unter der Bezeichnung *Very Long Baseline Interferometry* (Abkürzung: VLBI) [3.44]. Bei diesem Verfahren wird das vom Satelliten gesendete Signal von zwei Stationen empfangen und aufgezeichnet. Gleichzeitig werden Zeitsignale von einem externen Oszillator aufgezeichnet. Aus dem nachfolgenden Korrelationsprozeß wird die Zeitdifferenz der in den beiden Stationen empfangenen Signale bestimmt und daraus die Entfernungsdifferenz berechnet. Das Konzept wird vor allem in GPS-Empfängern verwendet, die den zweiten Träger L2 empfangen, dessen Code aber für zivile Nutzer nicht zur Verfügung steht.

Es ist auch möglich, die Struktur der PRN-Impulsfolge der Codes zu beobachten und die Phase der dem hochfrequenten Träger aufmodulierten PRN-Impulsfolge zu messen, ohne daß der Code selbst bekannt ist.

3.4.3.7 Empfang bei Anti-Spoofing

Im Zuge der Vervollkommnung der GPS-Emfänger ist auch die Aktivierung der Signal-Anti-Spoofing (AS) berücksichtigt worden. Die Befürchtung, daß mit den Maßnahmen des AS die zivile Anwendung von GPS beeinträchtigt würde, hat sich nicht bestätigt. Selbst im hochentwickelten Vermessungswesen und bei der Auflösung der Mehrdeutigkeit bei sich bewegenden Objekten gab es unter den Bedingungen von AS keine entscheidende Behinderung.

Es werden verschiedene Verfahren angewandt, um die Wirkung von AS zu neutralisieren bzw. zu reduzieren. Die ersten Empfänger, die auf die Verwendung des P(Y)-Code verzichten konnten, arbeiteten mit dem Quadrierungsverfahren [3.4].

Eine verbesserte Methode ist die codegestützte Quadrierung. Sie beruht auf der Ausnutzung gewisser Ähnlichkeiten des P-Code und des verschlüsselten P-Code, der als P(Y)-Code bezeichnet wird [3.27].

Als verhältnismäßig günstig hat sich die Kreuzkorrelationstechnik erwiesen. Es wird die Tatsache ausgenutzt, daß die Träger L1 und L2 mit dem gleichen P(Y)-Code moduliert sind. Beide Signale können kreuzkorreliert werden. Als Ergebnis ergibt sich die Differenz der Pseudoentfernungen und die Differenz der Phasen der Träger L1 und L2. Diese Differenzen werden kombiniert mit der Pseudoentfernung aus der C/A-Code-Messung und aus der Phase des Trägers L1 [3.38].

Ein viertes, als *Z-Tracking* bezeichnetes Verfahren nutzt die Tatsache aus, daß der Y-Code das Ergebnis der Modulo-2-Addition des P-Code und einem Verschlüsselungscode ist. Der Verschlüsselungscode wird geschätzt und aus den empfangenen Signalen eliminiert. Dabei müssen bestimmte zeitabhängige Funktionen einbezogen werden, weshalb das Verfahren mit *Z-Tracking* bezeichnet wird [3.37].

3.5 Meßsignalverarbeitung und Auswertung

3.5.1 Beobachtungsgrößen

Bei GPS werden vier verschiedene Beobachtungsgrößen (observables) unterschieden:

- Pseudoentfernung aus Code-Messung
- Pseudoentfernungsdifferenz aus integriertem Doppler-Count
- Entfernung aus Trägerphase oder Trägerphasendifferenz
- Signallaufzeitdifferenz aus interferometrischer Messung.

Die Pseudoentfernungen aus Code-Messungen werden vor allem zur Ortung für die Navigation benutzt. Die Messung der Trägerphase wird wegen der erzielbaren größeren Genauigkeit zur Lösung meßtechnischer Aufgaben verwendet. In zunehmendem Maße kommen kombinierte Lösungen von Code-Messung und Trägerphasenmessung zur Anwendung. Obgleich die (undifferenzierte) Phase direkt benutzt werden kann, ist es gebräuchlich, den Vorteil von verschiedenen linearen Kombinationen der originalen Trägerphasenbeobachtung auszunutzen wie zum Beispiel die Doppeldifferenz oder Tripeldifferenz (siehe Abschnitt 4.1.3.1). Zusätzlich kann mit Hilfe der Meßgröße *Pseudoentfernung* die Geschwindigkeit des Nutzers bestimmt werden. Außerdem liefert die Auswertung der Meßergebnisse der Pseudoentfernung und der Daten der Navigationsmitteilungen die Zeitinformation [3.4; 3.5; 3.35].

3.5.1.1 Pseudoentfernung aus Code-Messung

Die Code-Messung beruht auf dem Korrelationsprozeß, bei dem die empfangene PRN-Impulsfolge eines Codes mit der im Empfänger erzeugten Nachbildung dieser PRN-Impulsfolge zur Deckung gebracht wird. Dazu wird die Phase der Nachbildung zeitlich soweit verschoben bis die Korrelation ihr Maximum hat (siehe Abschnitt 3.4.2). Die Zeitverschiebung τ_i multipliziert mit der Lichtgeschwindigkeit im Vakuum c ist die Pseudoentfernung

$$\rho_i = c\tau_i \,. \tag{3.23}$$

Die Pseudoentfernung kann sowohl mit dem C/A-Code als auch mit dem P(Y)-Code bestimmt werden. Die PRN-Impulsfolgen des betroffenen Codes werden im Satelliten von der Uhrzeit des Satelliten und im Empfänger von der Uhrzeit des Empfängers abgeleitet. Eine fehlerfreie Entfernungsmessung tritt nur auf, wenn die beiden Uhren völlig synchron laufen. Praktisch ist das nicht gewährleistet. Die Uhrzeitabweichung Δt_u ergibt bei der Messung eine Entfernung, die von der geometrischen Entfernung r_i abweicht und deshalb Pseudoentfernung genannt wird:

$$\rho_i = r_i + c\Delta t_u \,. \tag{3.24}$$

Es wird angenommen, daß sich die elektromagnetische Welle mit der Lichtgeschwindigkeit im Vakuum c ausbreitet.

Die geometrische Entfernung r_i vom Satelliten S_i zum Empfänger des Nutzers P ist nach **Bild 3.33**:

$$r_i = \left| \mathbf{X}_i - \mathbf{X}_p \right| . \tag{3.25}$$

Darin bedeuten:

$\mathbf{X}_i$ Positionsvektor des Satelliten S_i im geozentrischen System CTS (siehe Abschnitt 1.5.3) mit den Komponenten x_i, y_i, z_i.

$\mathbf{X}_P$ Positionsvektor des Empfängers des Nutzers P im geozentrischen System CTS mit den Komponenten x_P, y_P, z_P.

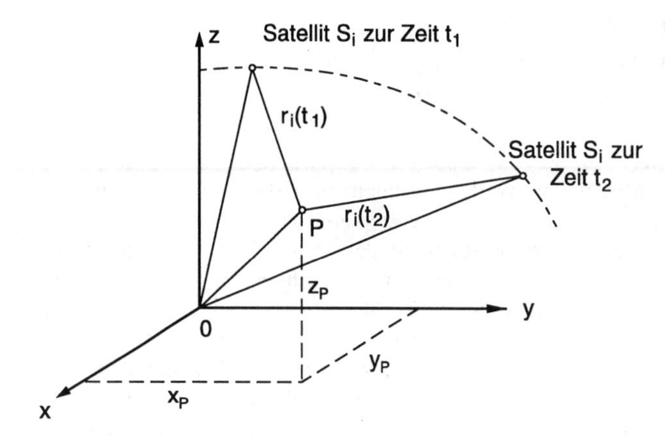

Bild 3.33
Geometrische Beziehungen bei der Bestimmung der Entfernung

Die geozentrische Entfernung ist somit gleich:

$$r_i = \left[(x_i - x_p)^2 + (y_i - y_p)^2 + (z_i - z_p)^2 \right]^{\frac{1}{2}} \tag{3.26}$$

Mit Gl.(3.23) und (3.24) ist die gemessene Pseudoentfernung ρ_i zwischen dem Satelliten S_i und dem Empfänger P gleich

$$\rho_1 = \left| \mathbf{X}_i - \mathbf{X}_p \right| + c\,\Delta t_u = c\,\tau_i \; . \tag{3.27}$$

Darin bedeuten:

- c Ausbreitungsgeschwindigkeit der Welle im Vakuum (Lichtgeschwindigkeit)
- τ_i durch den Korrelationsprozeß bestimmte Signallaufzeit vom Satelliten S_i zum Empfänger P
- Δt_u Uhrzeitabweichung zwischen Satelliten- und Empfängeruhr.

Damit ergibt sich die Gleichung für die Pseudoentfernung:

$$\rho_i = \left[(x_i - x_p)^2 + (y_i - y_p)^2 + (z_i - z_p)^2 \right]^{\frac{1}{2}} + c\Delta t_u \tag{3.28}$$

Die Bestimmung der Pseudoentfernung ρ_i erfolgt bei maximaler Korrelation zum Zeitpunkt t_e der Empfängeruhrzeit (**Bild 3.34**). Die Differenz von t_e gegenüber der Zeit t_i des i-ten Satelliten ist die gemessene Signallaufzeit und damit kann für Gl.(3.23) geschrieben werden:

$$\rho_i = c\,\tau_i = c\left(t_e - t_i\right). \tag{3.29}$$

Bei Berücksichtigung sämtlicher Einflußgrößen ergibt sich durch Erweiterung von Gl.(3.24) die Beobachtungsgleichung:

$$\rho_i = r_i + c\left(\Delta t_u - \Delta t_s - \Delta t_a\right) + \varepsilon_m . \tag{3.30}$$

Darin bedeuten:

- Δt_s Uhrzeitabweichung der Satellitenuhrzeit gegenüber der GPS-Systemzeit
- Δt_a Laufzeitverzögerung in der Ionosphäre und Troposphäre
- ε_m Meßrauschen.

3.5.1.2 Bestimmung der Entfernung durch Trägerphasenmessung

Die Beziehung zwischen Phase, Laufweg und Wellenlänge ist nach Bild 1.31 durch folgende Gleichung gegeben:

$$\frac{\Delta\varphi}{2\pi} = \frac{\Delta s}{\lambda} . \tag{3.31}$$

Die Phase wiederholt sich im Abstand von 2π bzw. im Abstand einer Wellenlänge λ.

Daher kann geschrieben werden:

$$\frac{\Delta\varphi + n\,2\pi}{2\pi} = \frac{\Delta s + n \cdot \lambda}{\lambda} \text{ , wobei } n = 0, 1, 2, 3 \ldots . \tag{3.32}$$

Für die Bestimmung einer Entfernung durch Messen der Phasendifferenz $\Delta\varphi$ gilt:

$$s = \Delta s + n \cdot \lambda = \frac{\lambda}{2\pi}(\Delta\varphi + n2\pi). \tag{3.33}$$

Die Phasendifferenzmessung ist somit nur innerhalb einer Entfernung gleich einer Wellenlänge eindeutig. Der Faktor n wird als Mehrdeutigkeitsfaktor bezeichnet.

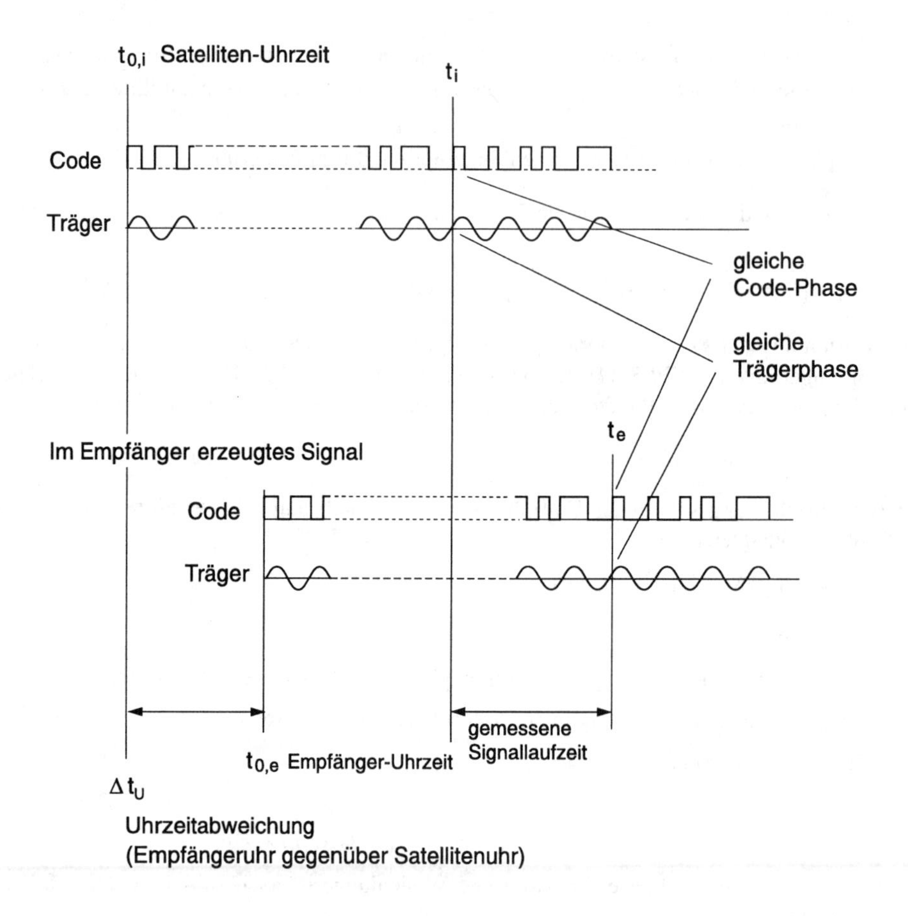

Bild 3.34 Sende- und Empfangssignal für codierte Impulsfolge und Phasenwinkel

Zur Bestimmung der Entfernung wird die Differenz φ_m des Phasenwinkels φ_{Tr} der empfangenen Trägerschwingung zum Phasenwinkel φ_o einer Referenzschwingung gemessen (**Bild 3.35**):

$$\varphi_m = \varphi_{Tr} - \varphi_o. \tag{3.34}$$

Die Referenzschwingung hat die gleiche Frequenz wie die Trägerschwingung, jedoch ist durch die Synchronisationsabweichung zwischen Satelliten- und Empfängeruhr eine sogenannte Nullphasenverschiebung vorhanden, die durch die Uhrzeitabweichung zum Ausdruck kommt.

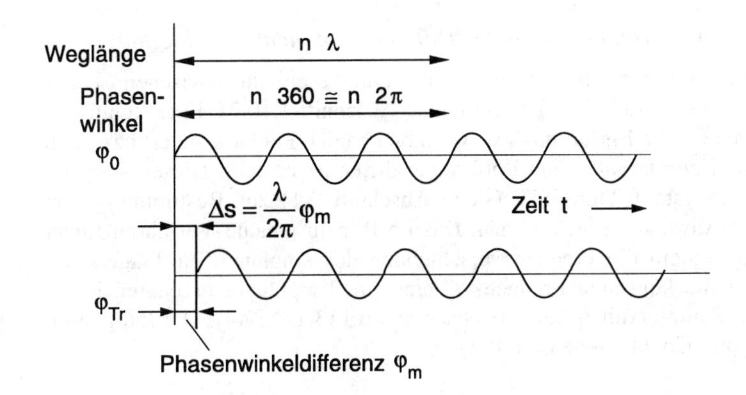

Bild 3.35
Phasenwinkeldifferenz von Trägerschwingung und Referenzschwingung

Die Phasendifferenz φ_m ist die Beobachtungsgröße zur Bestimmung der Entfernung. Als Beobachtungsgleichung gilt:

$$\varphi_m = \frac{2\pi}{\lambda}\left[\left|\left(\mathbf{X}_i - \mathbf{X}_p\right)\right| - n_i\lambda + c\left(\Delta t_u - \Delta t_s - \Delta t_a\right) + \varepsilon_m\right]. \tag{3.35}$$

Darin bedeuten ergänzend zu den vorherigen Erklärungen bei Gl.(3.30):

n_i Mehrdeutigkeitsfaktor bei der Messung des i-ten Satelliten

Die mit der Phasendifferenzmessung mit Hilfe der Referenzschwingung verbundenen Meßfehler lassen sich reduzieren, wenn die Phasendifferenz der Trägerschwingung des gleichen Satelliten von zwei Empfängern gemessen wird. Die beiden Empfänger A und B müssen dabei einen Abstand haben, der groß zur Wellenlänge ist. Mit diesem Verfahren werden auch die Einflüsse vermieden, die durch die Doppler-Frequenzverschiebung der empfangenen Trägerschwingung entstehen.

Aus Gl.(3.35) läßt sich die für die Einzelphasendifferenz ϕ_{AB} gültige Beobachtungsgleichung ableiten:

$$\begin{aligned}\Delta\phi_{AB} &= \phi_B - \phi_A \\ &= \frac{2\pi}{\lambda}\left[\left|\left(\mathbf{X}_i - \mathbf{X}_B\right)\right| - \left|\left(\mathbf{X}_i - \mathbf{X}_A\right)\right|\right] - \left(n_B - n_A\right)\lambda \\ &\quad + c\left(\Delta t_{u,B} - \Delta t_{u,A}\right) + \varepsilon_m \quad .\end{aligned} \tag{3.36}$$

Darin bedeuten:

$\mathbf{X}_i$	Positionsvektor des i-ten Satelliten
$\mathbf{X}_A$, $\mathbf{X}_B$	Positionsvektoren der Empfänger A bzw.B
n_A, n_B	Mehrdeutigkeitsfaktoren bei Messungen der Empfänger A bzw.B
$\Delta t_{U,A}$, $\Delta t_{U,B}$	Uhrzeitabweichungen der Uhren im Empfänger A bzw. B.

Nach Gl.(3.33) kann aus der gemessenen Trägerphasendifferenz die Weglängendifferenz bestimmt werden. Die Entfernungsmessung ist jedoch nur innerhalb einer Länge eindeutig, die nicht größer als die Wellenlänge des Trägers ist, also bei Verwendung des Trägers L1 innerhalb etwa 19 cm. Bei Messungen von größeren Entfernungen muß die auftretende Mehrdeutigkeit speziell gelöst werden.

3.5.1.3 Entfernungsdifferenz durch Messung der Doppler-Frequenzverschiebung

Die Doppler-Frequenzverschiebung tritt auf, wenn in einer Funkverbindung zwischen Sender und Empfänger eine Relativgeschwindigkeit besteht (siehe Abschnitt 1.10.7). Eine Relativgeschwindigkeit bedeutet, daß sich die Entfernung zwischen den beiden Punkten ändert bzw. daß innerhalb eines bestimmten Zeitintervalls eine Entfernungsdifferenz besteht. Dieser Vorgang ist bei dem Satellitenortungssystem TRANSIT (siehe Abschnitt 2.1) zur Bestimmung von Entfernungsdifferenzen zur Anwendung gekommen. Das im Prinzip gleiche Verfahren findet auch bei GPS Anwendung, indem die Frequenzverschiebung des empfangenen Trägers der Frequenz f_e mit Bezug auf die konstante Frequenz f_g einer im Empfänger erzeugten hochfrequenten Schwingung im Zeitintervall t_1 bis t_2 beobachtet wird [3.17; 3.44]. Die Integration führt zum integrierten Doppler-Count (siehe Gl.1.105):

$$C_d = \int_{t_1}^{t_2} \left(f_g - f_e\right) dt . \tag{3.37}$$

C_d ist ein Maß für die Entfernungsdifferenz zwischen dem Empfänger und zwei Bahnpositionen desselben Satelliten S_i zu zwei verschiedenen Zeitpunkten t_1, t_2 (**Bild 3.36**). Für die Entfernungsdifferenz ergibt sich die folgende Gleichung:

$$\begin{aligned} \Delta\rho_i &= \left[\left| \mathbf{X}_{i,1} - \mathbf{X}_p \right| - \left| \mathbf{X}_{i,2} - \mathbf{X}_p \right| \right] \\ &= \frac{c}{f_s} \left[C_d - \left(f_g - f_e\right)\left(t_2 - t_1\right) \right] \end{aligned} . \tag{3.38}$$

Darin bedeuten:

c	Ausbreitungsgeschwindigkeit der Welle
f_s	Frequenz des vom Satelliten ausgestrahlten Trägers
f_g	Frequenz der im Empfänger erzeugten hochfrequenten Schwingung
f_e	Frequenz des empfangenen Trägers
t_1 bis t_2	Zeitintervall der Beobachtung

Prinzipiell ist es auch möglich, die Doppler-Frequenzverschiebung bei der PRN-Impulsfolge des GPS-Codes zu messen. Da die Doppler-Frequenzverschiebung bei den Codes mit einer Taktfrequenz von etwa 1 MHz bzw. 10 MHz um den Faktor 1000 bzw. 100 kleiner gegenüber der Doppler-Frequenzverschiebung bei dem hochfrequenten Träger mit der Frequenz 1575,42 MHz ist, würde sich jedoch nur eine geringe Auflösung bei der Messung ergeben.

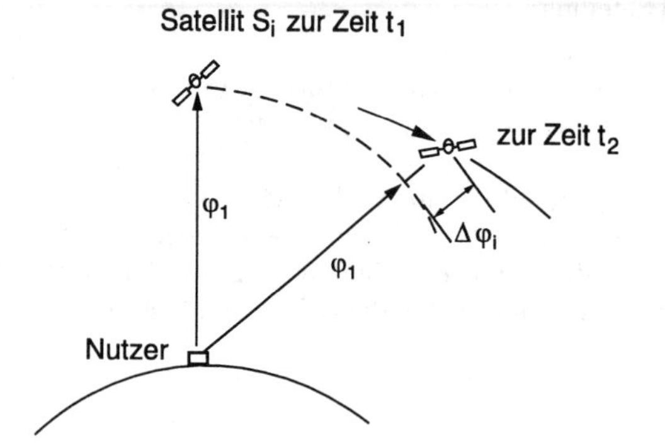

Bild 3.36
Geometrische Beziehungen bei der Bestimmung der Entfernungsdifferenz

3.5.2 Auswertung der Meßgrößen

3.5.2.1 Bestimmung der Entfernungen zur Ortung und Navigation

Die Verwendung von GPS zur Ortung und Navigation war die vorrangige Aufgabenstellung bei der Entwicklung und sie hat auch in der Praxis den größten Umfang erlangt. Als Meßgröße wird die mit der codierten Impulsfolge bestimmte Pseudoentfernung benutzt. Sie liefert bei verhältnismäßig geringem Aufwand beim Nutzer ohne Zeitverzug kontinuierlich Meßergebnisse mit einer Genauigkeit, die mit anderen funktechnischen Systemen nicht erreichbar ist.

Die Ortung (Positionsbestimmung) und ihre Anwendung zur Navigation erfolgt grundsätzlich dreidimensional. Sofern unter bestimmten Bedingungen eine zweidimensionale Lösung ausreichend ist, stellt das nur eine den Aufwand beim Nutzer nur wenig verringernde Variante dar.

Zur Vereinfachung der Ableitung der theoretischen Beziehungen wird in diesem Abschnitt zunächst die dreidimensionale Ortung auf Grund von Entfernungsmessungen betrachtet (siehe Abschnitt 1.2 und 3.1).

In den Meßergebnissen sind dabei die Uhrzeitfehler und die Zeitverzögerungen durch atmosphärische Einflüsse enthalten wie aus Gl.(3.30) hervorgeht. Es wird angenommen, daß die Einflußgrößen Δt_u, Δt_s, Δt_a und ε_m bekannt sind und bei Bedarf eingesetzt werden können. Statt der Pseudoentfernung steht dann die geometrische Entfernung zur Verfügung.

Die Positionsvektoren der Satelliten bzw. deren Koordinaten gelten im Rahmen des Systems als dem Nutzer bekannte Größen. Unbekannt ist der Positionsvektor bzw. die Koordinaten des Nutzers. Diese Größen zu bestimmen ist die Aufgabe der Ortung.

Für die dreidimensionale Ortung sind drei Gleichungen entsprechend Gl.(3.26) erforderlich, mit denen die geometrischen Entfernungen zu drei Satelliten angegeben werden:

$$
\begin{aligned}
r_1 &= \left[\left(x_1 - x_p\right)^2 + \left(y_1 - y_p\right)^2 + \left(z_1 - z_p\right)^2\right]^{\frac{1}{2}} \\
r_2 &= \left[\left(x_2 - x_p\right)^2 + \left(y_2 - y_p\right)^2 + \left(z_2 - z_p\right)^2\right]^{\frac{1}{2}} \\
r_3 &= \left[\left(x_3 - x_p\right)^2 + \left(y_3 - y_p\right)^2 + \left(z_3 - z_p\right)^2\right]^{\frac{1}{2}}
\end{aligned}
\qquad (3.39)
$$

Die darin enthaltenen Unbekannten sind die drei Koordinaten x_p, y_p, z_p der Position des Nutzers, die bestimmt werden sollen.

Das nichtlineare Gleichungssystem kann für die drei Unbekannten durch Anwendung einer der folgenden Methoden gelöst werden:

- geschlossene Lösungsform
- iteratives Verfahren, auf der Linearisierung nach Taylor beruhend
- Kalman-Filterung

Die geschlossene Lösungsform wird in der Praxis wegen des unbefriedigenden Ergebnisses kaum noch angewendet [3.26]. Während anfangs das iterative, auf der Linearisierung beruhende Verfahren überwiegend zur Anwendung kam, wird jetzt die Kalman-Filterung im zunehmenden Maße eingesetzt, weil sie bei der Integration des GPS mit anderen Sensoren eine günstigere Lösung darstellt.

Linearisierung nach Taylor

Das Verfahren der Linearisierung nach Taylor hatte in der Praxis vor allem eine breite Anwendung gefunden, weil die Realisierung beim Stand der Technik in der Mikroelektronik und der Signalverarbeitung keine Schwierigkeiten bereitete [3.11]. Die Durchführung des Verfahrens beginnt mit der Annahme der Koordinaten eines Näherungspunktes, der in der Nähe der erwarteten Position des Meßergebnisses liegt. Die Näherungskoordinaten sind x_p', y_p', z_p', mit denen sich aus Gl.(3.39), die Gleichungen für die Näherungsentfernungen ergeben:

$$\begin{aligned} r_1' &= \left[\left(x_1 - x_p'\right)^2 + \left(y_1 - y_p'\right)^2 + \left(z_1 - z_p'\right)^2\right]^{\frac{1}{2}} \\ r_2' &= \left[\left(x_2 - x_p'\right)^2 + \left(y_2 - y_p'\right)^2 + \left(z_2 - z_p'\right)^2\right]^{\frac{1}{2}} \\ r_3' &= \left[\left(x_3 - x_p'\right)^2 + \left(y_3 - y_p'\right)^2 + \left(z_3 - z_p'\right)^2\right]^{\frac{1}{2}} \end{aligned} \tag{3.40}$$

Die Näherungsentfernungen weichen von den geometrischen Entfernungen um Δ-Beträge ab:

$$\begin{aligned} \Delta r_1 &= r_1 - r_1' \\ \Delta r_2 &= r_2 - r_2' \\ \Delta r_3 &= r_3 - r_3' \end{aligned} \tag{3.41}$$

Diesen Abweichungen entsprechen dann Abweichungen der Koordinaten des Nutzers *P*:

$$\begin{aligned} \Delta x_p &= x_p - x_p' \\ \Delta y_p &= y_p - y_p' \\ \Delta z_p &= z_p - z_p' \end{aligned} \tag{3.42}$$

Der Einfluß der Abweichungen der Koordinaten auf die entsprechenden Entfernungen ist verschieden. Unter der Annahme, daß die Abweichungen nach Gl.(3.40) verhältnismäßig klein sind, gelten folgende Beziehungen:

$$\begin{aligned} \Delta r_1 &= a_1 \Delta x_p + b_1 \Delta y_p + c_1 \Delta z_p \\ \Delta r_2 &= a_2 \Delta x_p + b_2 \Delta y_p + c_2 \Delta z_p \\ \Delta r_3 &= a_3 \Delta x_p + b_3 \Delta y_p + c_3 \Delta z_p \end{aligned} \tag{3.43}$$

Die Faktoren a, b, c sind die Einflußgrößen. Sie kennzeichnen nach Gl.(3.40) den Einfluß auf die betreffende Strecke und werden deshalb Streckenkoeffizienten genannt. Sie ergeben sich aus den Koordinaten der drei Satelliten und aus den Näherungskoordinaten nach Gl.(3.40). Für die Satelliten S_i mit i = 1,2,3 gilt dann:

$$a_i = -\frac{x_i - x_p'}{r_i'}$$
$$b_i = -\frac{y_i - y_p'}{r_i'} \qquad (3.44)$$
$$c_i = -\frac{z_i - z_p'}{r_i'}$$

Insgesamt treten bei drei Entfernungen r_1', r_2', r_3' und den Koordinaten des Nutzers x_p', y_p', z_p' neun Streckenkoeffizienten auf.

Zur Bestimmung der Abweichung der Koordinaten nach Gl.(3.41) wird zunächst das Gleichungssystem (3.43) in Matrixform dargestellt:

$$\begin{pmatrix} \Delta r_1 \\ \Delta r_2 \\ \Delta r_3 \end{pmatrix} = \begin{pmatrix} a_1 & b_1 & c_1 \\ a_2 & b_2 & c_2 \\ a_3 & b_3 & c_3 \end{pmatrix} \begin{pmatrix} \Delta x_p \\ \Delta y_p \\ \Delta z_p \end{pmatrix} \qquad (3.45)$$

Mit der A-Matrix ergibt sich die Kurzform

$$\Delta r = \mathbf{A} \Delta x \,. \qquad (3.46)$$

Durch Multiplikation mit der Inversion der A-Matrix und Seitenvertauschung entsteht die Beziehung:

$$\Delta x = \mathbf{A}^{-1} \Delta r \qquad (3.47)$$

und in ausgeschriebener Form:

$$\begin{pmatrix} \Delta x_p \\ \Delta y_p \\ \Delta z_p \end{pmatrix} = \begin{pmatrix} a_1 & b_1 & c_1 \\ a_2 & b_2 & c_2 \\ a_3 & b_3 & c_3 \end{pmatrix}^{-1} \begin{pmatrix} \Delta r_1 \\ \Delta r_2 \\ \Delta r_3 \end{pmatrix} . \qquad (3.48)$$

Nach Gl.(3.42) ergeben sich durch Umstellung die Gleichungen für die gesuchten Koordinaten:

$$x_p = x_p' + \Delta x_p$$
$$y_p = y_p' + \Delta y_p \qquad (3.49)$$
$$z_p = z_p' + \Delta z_p$$

Bei dem vorstehend angegebenen Lösungsweg war zunächst angenommen worden, daß die gemessenen Entfernungen den geometrischen Entfernungen gleichen, das heißt, daß keine Fehlereinflüsse bestehen würden. Tatsächlich weicht die gemessene Entfernung von der geometrischen Entfernung ab, vor allem durch den Einfluß der Uhrzeitabweichung Δt_u, und sie ist daher eine Pseudoentfernung. Die mit Gl.(3.24) gekennzeichnete Pseudoentfernung läßt sich vereinfacht wie folgt ausdrücken:

$$\rho_i = r_i + k \qquad (3.50a)$$

$$\text{mit } k = c \Delta t_u \,. \qquad (3.50b)$$

Zu den bisherigen drei unbekannten Größen x_p, y_p, z_p kommt die vierte Unbekannte Δt_u hinzu. Um sie bestimmen zu können, bedarf es einer zusätzlichen vierten Gleichung, die durch eine vierte Entfernungsmessung gewonnen wird. Die Erweiterung der Gl. (3.40) führt zu den folgenden vier Gleichungen für die Pseudoentfernungen:

$$\begin{aligned}
\rho_1 &= \left[\left(x_1 - x_p'\right)^2 + \left(y_1 - y_p'\right)^2 + \left(z_1 - z_p'\right)^2 \right]^{\frac{1}{2}} + c\Delta t_u \\
\rho_2 &= \left[\left(x_2 - x_p'\right)^2 + \left(y_2 - y_p'\right)^2 + \left(z_2 - z_p'\right)^2 \right]^{\frac{1}{2}} + c\Delta t_u \\
\rho_3 &= \left[\left(x_3 - x_p'\right)^2 + \left(y_3 - y_p'\right)^2 + \left(z_3 - z_p'\right)^2 \right]^{\frac{1}{2}} + c\Delta t_u \\
\rho_4 &= \left[\left(x_4 - x_p'\right)^2 + \left(y_4 - y_p'\right)^2 + \left(z_4 - z_p'\right)^2 \right]^{\frac{1}{2}} + c\Delta t_u
\end{aligned} \tag{3.51}$$

Die Lösung des Gleichungssystems erfolgt in gleicher Weise wie bei den drei Gleichungen nach Gl.(3.40) bis (3.49). Ähnlich Gl.(3.45) gilt dann

$$\begin{pmatrix} \Delta\rho_1 \\ \Delta\rho_2 \\ \Delta\rho_3 \\ \Delta\rho_4 \end{pmatrix} = \begin{pmatrix} a_1 & b_1 & c_1 & 1 \\ a_2 & b_2 & c_2 & 1 \\ a_3 & b_3 & c_3 & 1 \\ a_4 & b_4 & c_4 & 1 \end{pmatrix} \begin{pmatrix} \Delta x_p \\ \Delta y_p \\ \Delta z_p \\ \Delta k \end{pmatrix} \tag{3.52}$$

Mit der A-Matrix ergibt sich die Kurzform:

$$\Delta\rho = \mathbf{A}\,\Delta x\,. \tag{3.53}$$

Durch Multiplikation mit der Inversion der A-Matrix und Seitenvertauschung entsteht die Beziehung:

$$\Delta x = \mathbf{A}^{-1}\Delta\rho\,. \tag{3.54}$$

Ähnlich wie mit Gl.(3.49) ergeben sich die gesuchten Größen:

$$\begin{aligned}
x_p &= x_p' + \Delta x_p \\
y_p &= y_p' + \Delta y_p \\
z_p &= z_p' + \Delta z_p \\
k &= k' + \Delta k
\end{aligned} \tag{3.55}$$

Wenn die Koordinaten der Näherungsposition zu weit entfernt von den wahren Koordinaten gewählt worden sind, muß der Vorgang wiederholt werden, wobei die zuletzt erhaltenen Koordinaten als neue Näherungsposition einzusetzen sind. Gegebenenfalls sind weitere gleichartige Rechenvorgänge vorzunehmen bis sich die Koordinaten nicht mehr verändern. Dieser Iterationsprozeß vollzieht sich in den GPS-Empfängern auf Grund eines entsprechenden Programms im Navigationsprozessor.

Die meisten GPS-Empfänger sind so konzipiert, daß sie nicht nur die für die Ortung erforderlichen vier Satelliten empfangen, sondern noch mehr. Damit erhöht sich die Anzahl der Beobachtungsgrößen auf mehr als vier, jedoch bleibt die Anzahl der Unbekannten bei vier bestehen. Die Auswertung wird in diesem Fall mit der Ausgleichung nach der Methode der kleinsten Quadrate vorgenommen.

Kalman-Filterung

Die Verwendung des Kalman-Filters zur Entfernungsmessung und damit zur Ortung in Verbindung mit anderen Systemen stellt eine besonders vorteilhafte Lösung dar [3.9; 3.12].

Das Kalman-Filter ist kein Filter im herkömmlichen Sinn, sondern ein auf dem Prinzip der Wiederholung (Rekursion) beruhender digitaler Algorithmus. Das Filter liefert in Echtzeit optimale Schätzungen vom Status eines Nutzers (Objekt). Dieser Status ist in gestörten Signalen enthalten. Unter dem Begriff *Status* wird der Zustand des betreffenden Objektes beschrieben, dazu gehören Entfernungen, Position, Geschwindigkeit und Zeit. Die Störungen sind im Allgemeinen statistisch schwankende Vorgänge; es können sowohl den Meßwerten überlagerte Abweichungen und Verfälschungen sein, es kann auch Rauschen sein. Das von den Empfangseinrichtungen des Objektes gelieferte Meßsignal kann aufgefaßt werden als ein mehrdimensionales Signal plus Schwankungen und Rauschen, in dem der Objektstatus enthalten ist.

Das Informationsflußbild eines Kalman-Filters, wie es in GPS-Empfängern zur Anwendung kommt, geht aus **Bild 3.37** hervor. Der Vorgang beginnt damit, daß ein Schätzwert vom Status des Objektes, beispielsweise der Schätzwert der Entfernung zu dem betreffenden Satelliten eingegeben wird. Meist wird der Wert einem im Empfänger enthaltenen Speicher entnommen, in dem die Daten aus der vorangegangenen Betriebszeit enthalten sind. Diese Daten gehen in ein dynamisches Modell ein. Als Teil des rekursiven Algorithmus enthält das Modell die Bewegungen des Objektes von einem bestimmten Zeitpunkt zum nächsten. Für die einzelnen Zeitpunkte werden die Ephemeriden (Bahndaten) der betreffenden Satelliten aus den empfangenen Navigationsmitteilungen gewonnen. Unter Verwendung von Schätzwerten für die mit der Zeit fortgeschrittenen Entfernungen werden die Erwartungswerte für die Entfernungen und die Entfernungsänderungen berechnet. Die nachfolgend gemessenen Entfernungen und Entfernungsänderungen werden mit den Erwartungswerten verglichen. Die Differenzen sind die sogenannten Restwerte. Wenn die gemessenen Werte exakt mit den Erwartungswerten übereinstimmen, sind die Restwerte gleich Null. Das ist im Allgemeinen nicht der Fall. Die vorhandenen Restwerte bringen einen Fehler bei dem Erwartungswert zum Ausdruck. Das Filter verändert daraufhin den Schätzwert, um den Restwert auf Grund der Regel des kleinsten mittleren quadratischen Fehlers zu minimieren. Diese veränderten geschätzten Statusdaten werden auf das dynamische Modell zurückgekoppelt, um den Prozess der Rekursion, d.h. der sich wiederholenden Schätzungen, zu vollziehen.

Die Vorteile des Kalman-Filters sind, daß mit einzelnen Messungen gearbeitet werden kann und daß Festlegungen für die Statusveränderungen zur Wertung der Einflüsse von Schwankungen und Rauschen getroffen werden können.

Die Möglichkeit, daß die Meßergebnisse von weniger als vier Satelliten benutzt werden können, ist vor allem für die Luftfahrt von Bedeutung, weil beispielsweise im Kurvenflug die Verbindung zu bestimmten Satelliten verloren gehen kann. Für den Fall, daß die Schwankungen und das Rauschen ansteigen, werden automatisch neue Bewertungen der Meßergebnisse festgelegt und es erfolgen dann mehr Wiederholungen der Schätzungen.

Die Integration von GPS mit einem Inertial-Navigationssystem (INS) und einem Kalman-Filter führt zu einer wesentlichen Erhöhung der Leistungsfähigkeit dieses erweiterten Navigationssystems. Das ergibt sich einerseits aus der Tatsache, daß die Ausgangsgrößen des INS völlig rauschfrei sind, aber mit der Zeit langsam abdriften, und daß andererseits die Ausgangsgrößen von GPS praktisch keine Drift besitzen, aber ein hohes Rauschen haben. Das Kalman-Filter kann unter Verwendung von Modellen die für GPS und INS unterschiedlichen Fehlercharakteristiken ausnutzen und damit ihre jeweils ungünstigen Merkmale minimieren.

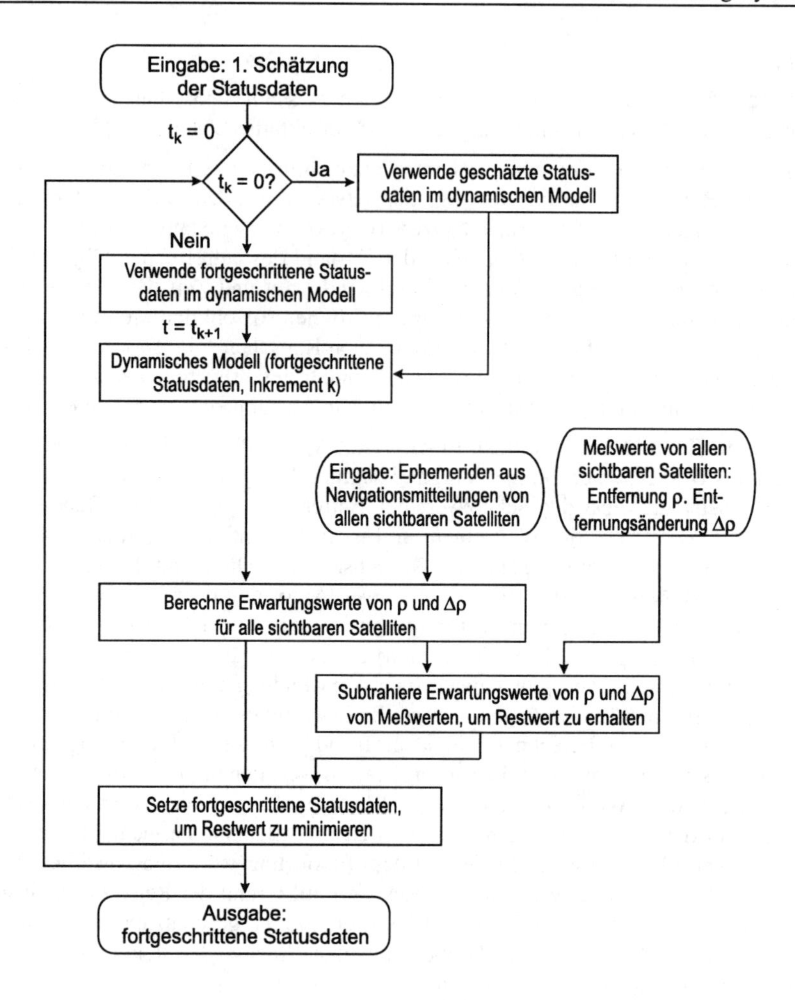

Bild 3.37 Datenflußbild eines GPS-Empfängers zur Bestimmung der Statusdaten unter Verwendung des Kalman-Filters

Das **Bild 3.38** zeigt in vereinfachter Form das Prinzip der Integration von GPS und INS. Die Statusvariablen für das Kalman-Filter müssen für alle Fehler von GPS und INS ausreichend modelliert sein. Bei den GPS-Fehlern werden die Empfängeruhrzeit, die Einflüsse der Laufzeitverzögerungen in der Troposphäre und in der Ionosphäre, die Mehrwegeausbreitung und die Bahnen der Satelliten berücksichtigt. Bei INS werden dagegen die Ungenauigkeiten der Beschleunigung, der Geschwindigkeit, der Position und der Fluglage zugrunde gelegt.

In der Praxis kann es vorkommen, daß INS nicht zur Verfügung steht, oder daß sich die Navigation allein auf GPS stützt (stand-alone GPS). In diesem Fall können anstelle der vorgesehenen Daten des INS entsprechende Daten der Empfängerplattform eingesetzt werden, ohne daß sich die Konzeption nach Bild 3.38 ändert.

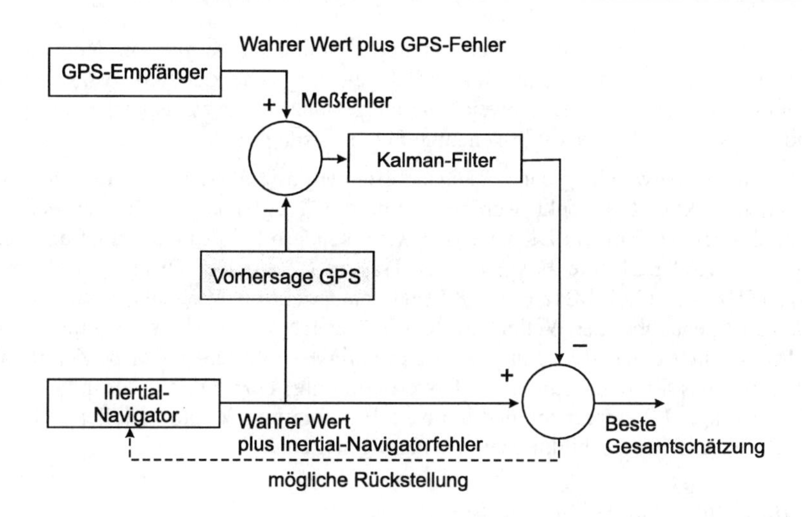

Bild 3.38 Prinzip eines integrierten GPS-Empfängers und Inertial-Navigators unter Verwendung des Kalman-Filters

3.5.2.2 Entfernungs- und Positionsbestimmung durch Trägerphasenmessung bei Mehrdeutigkeit

Die Trägerphasenmessung mit dem Träger L1, der eine Wellenlänge von 19,04 cm hat, ermöglicht die Bestimmung von Entfernungen mit einer Genauigkeit besser als 1 cm. Jedoch ist das Ergebnis nur innerhalb einer Entfernung eindeutig, die nicht größer als diese Wellenlänge ist. Die bei der Trägerphasenmessung auftretende Mehrdeutigkeit muß deshalb mit besonderen Methoden gelöst werden. Die Lösung der Mehrdeutigkeit ist eine wesentliche Aufgabe bei der Anwendung von GPS im Vermessungswesen. Für die Praxis gibt es zwei Methoden zur Lösung der Mehrdeutigkeit. Die geometrische Methode und die Methode mit der Kombination mit Codemessungen.

Die geometrische Methode nutzt die zeitabhängige Veränderung in den geometrischen Verhältnissen zwischen Satellit und Empfänger aus. Wenn die Satellitensignale einmal vom Empfänger identifiziert sind, wird die Gesamtzahl der hochfrequenten Schwingungen bestimmt. Die bei Beginn der Beobachtung vorhandene unbekannte Anzahl von Zyklen innerhalb der Entfernung bleibt über die Beobachtungsperiode erhalten und kann durch einen einzelnen Parameter dargestellt werden. Die Beobachtungszeit kann im Stundenbereich liegen [3.4; 3.20; 3.21].

Bei der Methode der Kombination mit Codemessungen wird zuerst als Startlösung mit Hilfe des C/A-Codes die Entfernung mit einer Genauigkeit von 1 bis 2 m bestimmt. Dann wird die Phasendifferenz beim Träger L1 mit der Wellenlänge von 19,04 cm gemessen. Die sich daraus ergebende Entfernung ist nur innerhalb 19,04 cm eindeutig.

Der Mehrdeutigkeitsfaktor n gibt das ganzzahlige Vielfache dieser Wellenlänge an (siehe Gleichung 3.32). Er ist unbekannt und bleibt bei allen Folgemessungen und bei der Bildung von Dreifachdifferenzen konstant. Die Dreifachdifferenzen werden aus Messungen mit zwei Empfängern zu je zwei Satelliten bestimmt (siehe Abschnitt 4.1.3.1). Aus der Startlösung und der Nutzung der ersten Dreifachdifferenzen wird eine erste Schätzung für n vorgenommen, die noch nicht ganzzahlig ist. Dieser Wert wird mit den Ergebnissen zu anderen Satelliten und anderen Zeitpunkten verglichen und iterativ so variiert, daß er immer besser paßt. Das ist die sogenannte Float-Lösung. Dann werden aus den benachbarten Integerwerten alle möglichen

Kombinationen für alle Satelliten berechnet und miteinander verglichen. Jede dieser wahrscheinlichen Lösungen ist durch eine Standardabweichung charakterisiert. Am Ende wird eine Lösung mit der kleinsten Standardabweichung ausgewählt und der entsprechende Mehrdeutigkeitsfaktor n festgelegt. Das ist die sogenannte Fixed-Lösung.

Als Ergänzung zur Anwendung der vorstehend erläuterten Methoden kann die Mehrdeutigkeit um etwa den Faktor 4 gesenkt werden, wenn die Trägerphase nicht bei der Frequenz f_1 = 1575,42 MHz des Trägers L1 gemessen wird, sondern bei der Differenzfrequenz $f_1 - f_2$, wobei f_2 = 1227,60 MHz die Frequenz des Trägers L2 ist. Der Differenzfrequenz $f_1 - f_2$ = 1575,42 MHz – 1227,60 MHz = 347,82 MHz entspricht die Wellenlänge 86,25 cm. Diese Wellenlänge ist gegenüber der Wellenlänge des Träger L1 von 19,04 cm etwa um den Faktor 4 größer, das bedeutet einen Rückgang der Mehrdeutigkeit um den Faktor 4. Zur Realisierung des Verfahrens, das als *Wide-Lane* (Streifenverbreiterung) bezeichnet wird, muß der Empfänger auch den Träger L2 empfangen und ihn nach Eliminierung der aufmodulierten Impulsfolge des P(Y)-Code zur Differenzbildung zur Verfügung stellen.

3.5.2.3 Bestimmung der Geschwindigkeit

Zur Bestimmung der Geschwindigkeit von Fahrzeugen mit elektromagnetischen Wellen wird meist der Doppler-Effekt ausgenutzt, indem die durch die Bewegung entstehende Frequenzverschiebung der Welle gemessen wird (siehe Abschnitt 1.10.7). Am bekanntesten ist die Anwendung beim Doppler-Radar, auch Verkehrsradar genannt, sowie beim Doppler-Navigator der Luftfahrt [1.12]. In beiden Fällen wird das Prinzip der Rückstrahlung der Welle benutzt, so daß die von der messenden Stelle ausgesendete Welle auch zur Messung unmittelbar zur Verfügung steht. Mit GPS ist ebenfalls eine Geschwindigkeitsmessung unter Verwendung des Doppler-Effekts möglich, jedoch ist die technische Lösung aus zwei Gründen schwieriger. Erstens setzt sich die Relativgeschwindigkeit aus den Geschwindigkeiten des Satelliten und des messenden Objektes zusammen, zweitens steht für die Messung der Frequenzverschiebung die Sendefrequenz als Bezugsgröße nicht zur Verfügung. Deshalb wird neben der Lösung nach dem Doppler-Prinzip, vor allem bei kleineren GPS-Empfängern, die Geschwindigkeit durch die Beobachtung der Positionsänderung bestimmt.

Bestimmung der Geschwindigkeit aus der Doppler-Frequenzverschiebung

Die Doppler-Frequenzverschiebung ist proportional der relativen Bewegung des Satelliten gegenüber dem Empfänger beim Nutzer. Der Geschwindigkeitsvektor des Satelliten läßt sich aus den mit den Navigationsmitteilungen übermittelten Bahndaten berechnen. Das **Bild 3.39** zeigt qualitativ die Abhängigkeit der Frequenz des von einem auf der Erde in Ruhe befindlichen Nutzer empfangenen Satellitensignals. Die Doppler-Frequenzverschiebung ist Null zum Zeitpunkt der kleinsten Entfernung des Satelliten vom Nutzer, da zu diesem Zeitpunkt die Radialkomponente des Geschwindigkeitsvektors des Satelliten, bezogen auf den Nutzer, null ist. Das Vorzeichen der Frequenzverschiebung wechselt nach dem Nulldurchgang.

Die Frequenz f_e des empfangenen Signals kann näherungsweise durch folgende Beziehung angegeben werden (siehe Gl. 1.101):

$$f_e = f_s\left(1 + \frac{\mathbf{v}_{rel} \cdot \mathbf{a}}{c}\right) \tag{3.56}$$

Darin bedeuten:

f_s Sendefrequenz des Satelliten

$\mathbf{v}_{rel}$ Vektor der Relativgeschwindigkeit zwischen Nutzer und Satelliten

$\mathbf{a}$ Einheitsvektor längs der Sichtlinie vom Nutzer zum Satelliten

c Ausbreitungsgeschwindigkeit der Welle.

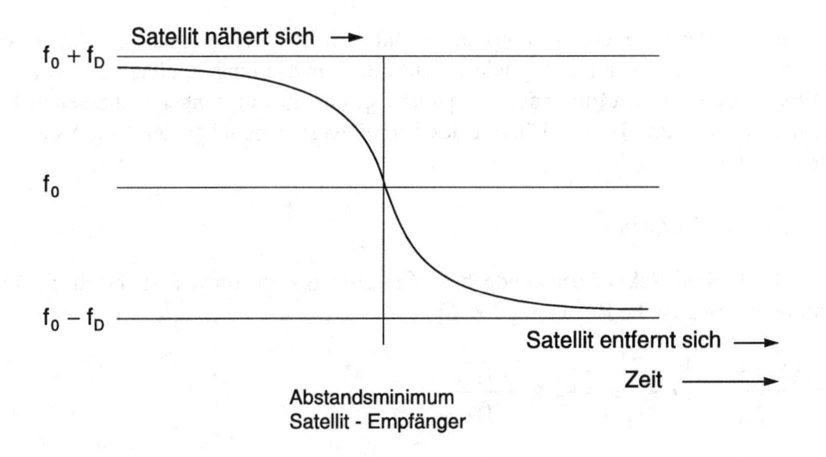

Bild 3.39 Frequenzänderung des Empfangssignals im ruhenden Empfänger in Abhängigkeit von der Bewegung des Satelliten

Das Punktprodukt $\mathbf{v}_{\mathrm{rel}} \cdot \mathbf{a}$ stellt die radiale Komponente des Vektors der Relativgeschwindigkeit längs der Sichtlinie vom Nutzer zum Satelliten dar. Der Vektor $\mathbf{v}_{\mathrm{rel}}$ ist die Differenz der Geschwindigkeitsvektoren des Satelliten und des Nutzers:

$$\mathbf{v}_{\mathrm{rel}} = \mathbf{v}_{\mathrm{s}} - \mathbf{v}_{\mathrm{p}} \,. \tag{3.57}$$

Beide Größen beziehen sich auf das allgemeine Erdkoordinatensystem (Earth Centered Earth-Fixed Coordinate System, Abkürzung ECEF-System).

Die Doppler-Frequenzverschiebung ist die Differenz der Empfangsfrequenz gegenüber der Sendefrequenz:

$$f_{\mathrm{d}} = f_{\mathrm{e}} - f_{\mathrm{s}} = f_{\mathrm{s}} \frac{\left(\mathbf{v}_{\mathrm{s}} - \mathbf{v}_{\mathrm{p}}\right) \cdot \mathbf{a}}{c} \,. \tag{3.58}$$

Es gibt verschiedene Näherungsmethoden, um die Geschwindigkeit des Nutzers aus der Doppler-Frequenz berechnen zu können. Bei allen Methoden wird davon ausgegangen, daß die Position P des Nutzers vorher bestimmt wurde. Außerdem ergibt sich bei der Berechnung der dreidimensionalen Geschwindigkeit des Nutzers auch der Uhrzeitfehler Δt_{u}. Mit Gl.(3.56) und (3.57) gilt für die Frequenz f_{e} des vom i-ten Satelliten ausgesendeten und vom Nutzer empfangenen Signals die folgende Gleichung:

$$f_{\mathrm{e,i}} = f_{\mathrm{s,i}} \left\{ 1 + \frac{1}{c} \left[\left(\mathbf{v}_{\mathrm{i}} - \mathbf{v}_{\mathrm{p}} \right) \cdot \mathbf{a} \right] \right\} . \tag{3.59}$$

Darin bedeuten:

$f_{\mathrm{e,i}}$ Empfangsfrequenz des vom i-ten Satelliten gesendeten Signals
$f_{\mathrm{s,i}}$ Sendefrequenz des i-ten Satelliten
$\mathbf{v}_{\mathrm{i}}$ Geschwindigkeitsvektor des i-ten Satelliten
$\mathbf{v}_{\mathrm{p}}$ Geschwindigkeitsvektor des Nutzers
$\mathbf{a}$ Einheitsvektor längs der Sichtlinie vom Nutzer zum Satelliten

Bei der Messung der Frequenz im Empfänger muß beachtet werden, daß die Uhr im Empfänger mit der Uhr im Satelliten nicht synchron läuft; die Abweichung ist gleich Δt_u. Zwischen der an der Empfangsantenne auftretenden Frequenz $f_{e,i}$, der im Empfänger gemessenen Frequenz $f_{m,i}$ und der Abweichung δu der Uhrzeit des Empfängers gegenüber der GPS-Systemzeit besteht die Beziehung:

$$f_{e,i} = f_{m,i}\left(1+\delta u\right) , \tag{3.60}$$

wobei δu die Einheit Sekunde/Sekunde hat und somit dimensionslos ist. Nach algebraischer Umformung ergibt sich die Beziehung [3.26]:

$$\frac{c\left(f_{m,i} - f_{s,i}\right)}{f_{s,i}} + \mathbf{v}_i \cdot \mathbf{a}_i = \mathbf{v}_p \cdot \mathbf{a}_i \frac{c f_{m,i}}{f_{s,i}} . \tag{3.61}$$

Die Komponenten der Vektoren sind:

$$\begin{aligned} \mathbf{v}_i &= \left(v_{x,i}, v_{y,i}, v_{z,i}\right) \\ \mathbf{v}_p &= \left(v_{x,p}, v_{y,p}, v_{z,p}\right) \\ \mathbf{a}_i &= \left(a_{x,i}, a_{y,i}, a_{z,i}\right) \end{aligned} . \tag{3.62}$$

Durch Einsetzen der Komponenten entsteht die Gleichung:

$$\begin{aligned} &\frac{c\left(f_{m,i} - f_{s,i}\right)}{f_{s,i}} + v_{x,i}a_{x,i} + v_{y,i}a_{y,i} + v_{z,i}a_{z,i} \\ &= v_{x,p}a_{x,i} + v_{y,p}a_{y,i} + v_{z,p}a_{z,i} - \frac{c f_{m,i}\delta u}{f_{s,i}} \end{aligned} \tag{3.63}$$

Das Verhältnis von f_i zu $f_{s,i}$ liegt sehr nahe 1, es kann näherungsweise gleich 1 gesetzt werden. Damit ergibt sich die einfache Beziehung:

$$w_i = v_{x,p}a_{x,i} + v_{y,p}a_{y,i} + v_{z,p}a_{z,i} - c\delta u . \tag{3.64}$$

Es treten vier Unbekannte auf:

$$v_{x,p}, v_{y,p}, v_{z,p}, \delta u .$$

Sie werden durch die Messungen zu vier Satelliten bestimmt. Die Berechnung erfolgt mit der Matrizenalgebra und folgendem Matrix-Vektor-Schema:

$$\mathbf{w} = \begin{bmatrix} w_1 \\ w_2 \\ w_3 \\ w_4 \end{bmatrix} \mathbf{A} = \begin{bmatrix} a_{x,1}a_{y,1}a_{z,1}1 \\ a_{x,2}a_{y,2}a_{z,2}1 \\ a_{x,3}a_{y,3}a_{z,3}1 \\ a_{x,u}a_{y,u}a_{z,u}1 \end{bmatrix} \mathbf{v} = \begin{bmatrix} v_{x,p} \\ v_{y,p} \\ v_{z,p} \\ -c\delta u \end{bmatrix} \tag{3.65}$$

Dafür gilt die allgemeine Matrixbeziehnung:

$$\mathbf{w} = \mathbf{A}\,\mathbf{v} \tag{3.66}$$

und es ergibt sich die Beziehung für die Geschwindigkeit und die Uhrzeitabweichung:

$$\mathbf{v} = \mathbf{A}^{-1}\mathbf{w} \tag{3.67}$$

Bestimmung der Geschwindigkeit durch Auswertung der Positionsveränderung

Das einfachste Verfahren zur Bestimmung der Geschwindigkeit beruht auf dem Vergleich der Positionen des Nutzers innerhalb eines definierten Zeitintervalls. Für den Geschwindigkeitsvektor $\mathbf{v}_p$ des Nutzers gilt die allgemeine Beziehung:

$$\mathbf{v}_p = \frac{d\mathbf{u}}{dt} = \frac{\mathbf{u}(t_2) - \mathbf{u}(t_1)}{t_2 - t_1} \tag{3.68}$$

Darin bedeuten:

- $\mathbf{u}$ Positionsvektor des Nutzers
- $\mathbf{u}(t_1)$ Positionsvektor des Nutzers zur Zeit t_1
- $\mathbf{u}(t_2)$ Positionsvektor des Nutzers zur Zeit t_2

Das Verfahren führt zu befriedigenden Ergebnissen, wenn die Geschwindigkeit des Nutzers während des Meßintervalls $(t_2 - t_1)$ annähernd konstant ist, und wenn die Fehler bei der Angabe der Positionen $\mathbf{u}(t)$ klein sind zur Differenz $[\mathbf{u}(t_2) - \mathbf{u}(t_1)]$. Es gibt zwei Lösungsmöglichkeiten:

- Berechnung der Differenz der mit zeitlichem Abstand bestimmten dreidimensionalen Positionen
- Unmittelbare Bestimmung der Änderung der drei Koordinaten der Position des Nutzers innerhalb eines Zeitintervalls

Die Berechnung der Differenz der Positionen ist zwar am leichtesten ausführbar, hat jedoch den Nachteil, daß die Ungenauigkeit der ermittelten zwei Positionen in die Differenz eingeht. Dadurch ist sowohl die Genauigkeit als auch die Auflösung verhältnismäßig gering.

Gemessen werden zwei Pseudoentfernungen. Dafür gelten nach Gl.(3.28):

$$\rho_1 = \left[(x_i - x_{p,1})^2 + (y_i - y_{p,1})^2 + (z_i - z_{p,1})^2\right]^{\frac{1}{2}} + c\Delta t_{u,1} \tag{3.69a}$$

$$\rho_2 = \left[(x_i - x_{p,2})^2 + (y_i - y_{p,2})^2 + (z_i - z_{p,2})^2\right]^{\frac{1}{2}} + c\Delta t_{u,2} \tag{3.69b}$$

Die Koordinaten x_i, y_i, z_i des i-ten Satelliten sind aus den Bahndaten zu berechnen und gelten daher als bekannte Größen. Die zwei Gleichungen enthalten somit je 4 Unbekannte. Es sind im zeitlichen Abstand je zwei Messungen zu vier Satelliten erforderlich.

Bei der Methode der unmittelbaren Bestimmung der Koordinaten werden gleichzeitig mit der Bestimmung der vier Unbekannten, das sind die Positionskoordinaten und die Uhrzeitabweichung des Nutzers $x_p, y_p, z_p, \Delta t_u$, auch die Änderungen infolge der Bewegung des Nutzers δx_p, δy_p, δz_p, $\delta(\Delta t_u)$ ermittelt.

Aus zweimal vier Messungen mit vier Satelliten ergeben sich acht Unbekannte. Daraus wird der Geschwindigkeitsvektor mit seinen drei Komponenten gewonnen:

$$v_x = \frac{\delta x_p}{\delta t} \tag{3.70a}$$

$$v_y = \frac{\delta y_P}{\delta t} \tag{3.70b}$$

$$v_z = \frac{\delta z_P}{\delta t} \tag{3.70c}$$

Der Betrag der Geschwindigkeit ist:

$$v = \left[v_x^2 + v_y^2 + v_z^2\right]^{\frac{1}{2}} \ . \tag{3.71}$$

Als Meßintervalle werden in der Praxis 0,2 bis 2 Sekunden gewählt. Die so bestimmte Geschwindigkeit ist ein Mittelwert innerhalb des Meßintervalls. Um das Meßergebnis möglichst unabhängig von gegebenenfalls auftretenden Beschleunigungen des Nutzers (beispielsweise bei Richtungsänderungen) zu machen, muß die Integrationszeit möglichst klein sein.

3.5.2.4 Ermittlung der Zeitinformation

Aus der Messung von vier Pseudoentfernungen zu vier Satelliten ergeben sich nach Gl.(3.28 bzw. 3.51)vier Gleichungen. Bei bekannten Koordinaten der Satelliten kann daraus neben den drei Koordinaten des Nutzers auch die Uhrzeitabweichung der Empfängeruhrzeit gegenüber der Satellitenuhrzeit berechnet werden. Die Satellitenuhrzeit und die Beziehung zur UTC werden mit den Navigationsmitteilungen dem Nutzer übermittelt. Dadurch erhält er die Information zur GPS-Systemzeit und zur UTC. Mit diesem Vorgang sind sämtliche GPS-Empfänger während der Messungen der Pseudoentfernungen in diese Zeitskalen einbezogen [3.18; 3.46].

Unabhängig von der primären Aufgabe von GPS, nämlich der Lieferung von Informationen für die Ortung und die Navigation, liefert GPS auch Zeitinformationen, die zu internationalen Zeitsystemen synchron sind und die eine gleichhohe Genauigkeit gewährleisten.

Stationäre Zeitempfangsanlagen, die keine Ortungsaufgaben haben, benötigen im Prinzip nur einen GPS-Einkanal-Empfänger, denn sie brauchen nur *eine* Pseudoentfernungsmessung zu einem Satelliten durchzuführen. Dabei wird vorausgesetzt, daß die Position des Nutzers mit den drei räumlichen Koordinaten hinreichend genau bekannt ist. Nur so enthält die Gleichung für die Pseudoentfernung (Gl.3.28) eine einzige Unbekannte, nämlich die Uhrzeitabweichung.

Der Meßvorgang bei einer stationären Zeitmeßanlage geht aus **Bild 3.40** hervor. Die Koordinaten des Standortes der Empfangsanlage sind entweder aus geodätischen Messungen bekannt oder werden unabhängig vom Zeitempfang mit einem GPS-Empfänger bestimmt. Der für die Zeitbestimmung zu benutzende Satellit wird so gewählt, daß er unter einem möglichst großen Erhebungswinkel und möglichst lange empfangen werden kann. Seine Koordinaten werden für den Meßzeitpunkt aus den vom Satelliten mit den Navigationsmitteilungen übermittelten Ephemeriden berechnet.

Aus den Koordinaten des Standortes der Empfangsanlage und denen des Satelliten wird die geometrische Entfernung berechnet und daraus unter Verwendung der Ausbreitungsgeschwindigkeit im Vakuum die Signallaufzeit. Aus der Messung nach Berücksichtigung der Laufzeitverzögerung in der Ionosphäre und Troposphäre sowie der internen Laufzeitverzögerung in der Empfangsanlage ergibt sich die gemessene Laufzeit. Die Differenz zwischen der errechneten Laufzeit und der gemessenen ist die Uhrzeitabweichung. Der Zeittakt der Empfängeruhr läßt sich mit der GPS-Systemzeit oder nach Einbeziehung der UTC-Korrektur aus den Daten der Navigationsmitteilungen mit der UTC (USNO) synchronisieren. Der Rechenvorgang vollzieht sich entsprechend Bild 3.40 nach folgender Gleichung:

$$\Delta t_L = t_M - t_B - \Delta t_{Io} - \Delta t_{Tr} - \Delta t_E \ . \tag{3.72}$$

Darin bedeuten:

Δt_L Differenz von Empfangszeit und Satellitenzeit
t_M gemessene Signallaufzeit
t_B berechnete Signallaufzeit
Δt_{Io} Laufzeitverzögerung in der Ionosphäre
Δt_{Tr} Laufzeitverzögerung in der Troposphäre
Δt_E interne Laufzeitverzögerung in der Empfangsanlage

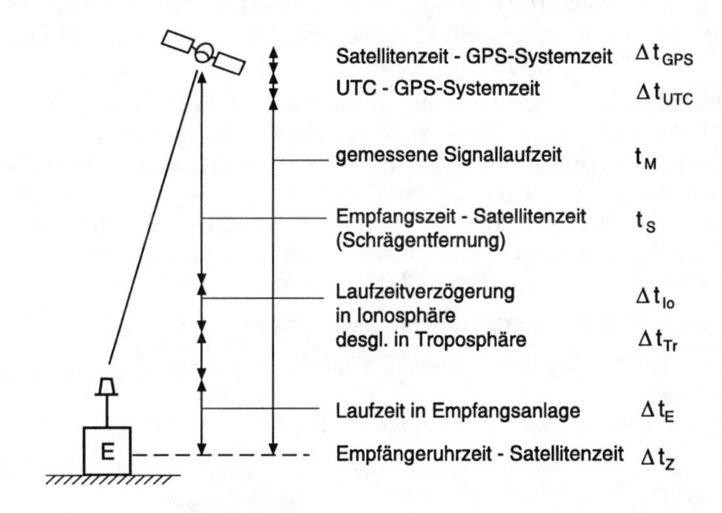

Bild 3.40 Meßvorgang bei einer GPS-Zeitmeßanlage

Für die Zeit UTC gilt dann:

$$t_{UTC} = \Delta t_L + \Delta t_{GPS} - \Delta t_{UTC} \ . \tag{3.73}$$

Darin bedeuten:

Δt_{GPS} Differenz von Satellitenzeit und GPS-Systemzeit
Δt_{UTC} Differenz von UTC (USNO) und GPS-Systemzeit.

Die in der Praxis bei Verwendung des C/A-Code ermittelte Zeitinformation hat bei abgeschalteter SA eine Unsicherheit von etwa 75 ns. Bei Aktivierung von SA werden Bahndaten verfälscht und die Uhrzeit verstellt, so daß die ermittelte Zeitinformation fehlerhaft ist. Erfahrungsgemäß zeigen die Zeitinformationen im Mittel Abweichungen von 130 ns [1.9].

3.6 Genauigkeit und genauigkeitsbeeinflussende Faktoren

3.6.1 Fehlermaße

Die mit GPS gemessenen Entfernungen und die daraus berechneten Positionen eines Nutzers sowie die ermittelten Geschwindigkeiten und Zeitinformationen besitzen alle eine hohe Genauigkeit. Um die Genauigkeit zahlenmäßig angeben und beurteilen zu können, müssen die genauigkeitsbeeinflussenden Faktoren und Vorgänge im Einzelnen betrachtet werden [3.34].

Die einzelnen Fehleranteile werden im Folgenden zuerst in ihren Auswirkungen auf die gemessene Entfernung betrachtet. Dabei werden die Fehlerbeträge auf die Verbindungslinie vom Nutzer zum Satelliten projiziert. Diese Projektion wird als *User Equivalent Range Error* (Abkürzung UERE) bezeichnet. Anschließend werden die Berechnungen auf die Position ausgedehnt.

Die Genauigkeit wird im Allgemeinen mit den auftretenden Fehlern angegeben. Entfernung und Zeit sind skalare Größen und für sie ist die Angabe der Genauigkeit relativ einfach. Dagegen ist die ermittelte Position des Nutzers in der Horizontalebene zweidimensional und im Raum dreidimensional. Deshalb ist der Positionsfehler bei exakter Angabe eine gerichtete Größe. Die gebräuchlichsten Fehlermaße sind mittlerer Punktfehler (distance root mean square, Abkürzung d_{rms}), der doppelte mittlere Punktfehler (Abkürzung $2d_{\mathrm{rms}}$) und der Fehlerkreisradius (circular error position, Abkürzung CEP) (siehe Abschnitt 1.11) [1.12; 3.7].

In den folgenden Abschnitten werden im Einzelnen betrachtet:

- Fehler bei der Messung der Pseudoentfernung im Signalweg
  - Satelliten
  - Ausbreitungsweg und Mehrwegeausbreitung
  - Empfänger
- Fehler durch äußere Einflüsse
  - Interferenz
- Fehler bei der Positionsbestimmung infolge geometrischer Verhältnisse
- Fehler bei der Geschwindigkeitsbestimmung
- Fehler bei der Ermittlung der Zeitinformation.

3.6.2 Fehler und Fehlerursachen bei der Messung der Pseudoentfernung

3.6.2.1 Fehler und Fehlerursachen im Satelliten

Ein wesentlicher Fehleranteil entsteht durch die Ungenauigkeit der Koordinaten der jeweiligen Position der Satelliten. Diese Ungenauigkeiten gehen unmittelbar in die gemessene Pseudoentfernung ein. Die Koordinaten der Satelliten werden aus den von ihnen mit den Navigationsmitteilungen gesendeten Ephemeriden (Bahndaten) errechnet. Die meßtechnische Beobachtung der Satellitenbahnen erfolgt in erster Linie durch die fünf Monitorstationen des GPS-Kontrollsegments. Aus den Daten der Beobachtung während einer Woche wird eine Referenzumlaufbahn berechnet. Durch zusätzliche, periodisch erfolgende Messungen der Pseudoentfernungen und der Trägerphasen werden die Daten der Referenzumlaufbahn ergänzt und die Bahndaten im Abstand von einer Stunde auf den aktuellen Stand gebracht [3.44]. Die von den Satelliten ausgesendeten Bahndaten haben bei abgeschalteter SA eine so hohe Genauigkeit, daß Schwankungen der momentanen Koordinaten der Satelliten auf ± 5m genau berechnet werden können. Bei aktivierter SA kann dieser Wert um ein Vielfaches ansteigen.

Die Satelliten werden nicht nur von den fünf Monitorstationen beobachtet, sondern von einer größeren Anzahl über die Erde verteilter Beobachtungsstationen, die nicht Bestandteil des GPS-Netzwerkes sind. Mit diesen zusätzlichem Beobachtungen lassen sich wesentlich genauere Bahndaten berechnen, so daß die Genauigkeit bei der Bestimmung von Positionen, beispielsweise für geodätische und wissenschaftliche Aufgaben, entsprechend verbessert werden kann.

Die zweite bedeutende Fehlerquelle im Satelliten ist die Uhrzeit. Der Uhrzeitfehler ist die Abweichung der Satellitenzeit von der GPS-Systemzeit. Er verschlechtert die Genauigkeit der Bahndaten, da die einzelnen Größen einer falschen Zeit zugeordnet werden. Außerdem geht der Uhrzeitfehler nach Gl.(3.28) in die Pseudoentfernung ein.

Die Uhrzeit in den Satelliten wird durch die an Bord befindlichen Atomfrequenznormale bestimmt. Sie weisen eine Stabilität über mehrere Stunden in der Größenordnung von 10^{-13} bis 10^{-12} auf. Die Genauigkeit ist so hoch, daß die Effekte der Relativität berücksichtigt werden müssen. Das geschieht durch eine entsprechende Frequenzverstellung in den Frequenznormalen gegenüber dem Nennwert der Grundfrequenz f_0 = 10,23 MHz (siehe Abschnitt 3.3.6).

Das Kontrollsegment hält die GPS-Systemzeit innerhalb $1 \mu s$ gegenüber UTC konstant, jedoch hat die GPS-Systemzeit nicht die Schaltsekunde von UTC. Die notwendigen Daten für die Beziehungen zwischen GPS-Systemzeit und der individuellen Satellitenzeit sind in den Navigationsmitteilungen enthalten, die der Nutzer empfängt. Die Genauigkeit dieser Daten gewährleistet, daß während eines Übertragungsintervalls die Satellitenzeit gegenüber UTC mit einer Wahrscheinlichkeit von 68 % um nicht mehr als 90 ns abweicht.

3.6.2.2 Fehler und Fehlerursachen in der Empfangsanlage

Die wesentlichen Fehlerursachen in der Empfangsanlage sind:

- Meßrauschen
- Signallaufzeitunterschiede zwischen den einzelnen Empfangskanälen
- Oszillatorinstabilitäten
- Schwankungen des Phasenzentrums der Empfangsantenne, das als definierter Standort des Empfängers des Nutzers gilt.

Das Meßrauschen bestimmt das Auflösungsvermögen. Es hängt vom Signal-Rausch-Verhältnis am Eingang des Empfängers ab. Da die Ortungsinformation durch Phasenmodulation übertragen wird, hat die Phasenkomponente des Rauschens die größte Auswirkung auf das Meßsignal. Die Wirkung des Meßrauschens ist proportional der Periodendauer des betreffenden Signals. Die Länge eines Chips beträgt beim C/A-Code etwa $1 \mu s$, beim P(Y)-Code etwa $0,1 \mu s$. Daher sind die auftretenden Fehler bei der Messung der Pseudoentfernung beim C/A-Code etwa 10-mal größer als beim P(Y)-Code. GPS-Empfänger weisen Entfernungsmeßfehler infolge des Meßrauschens von 5 bis 10 cm beim C/A-Code und 5 bis 10 mm beim P(Y)-Code, jeweils bei einer Wahrscheinlichkeit von 68 % auf.

Das Rauschen im Empfänger beeinflußt außerdem das Einrasten (aquisition) und das Nachlaufen (tracking) im Korrelationsprozeß bei der Entfernungsmessung.

In Mehrkanalempfängern bestehen zwischen den einzelnen Kanälen infolge Toleranzen bei den verwendeten Bauelementen Abweichungen der Phasenlaufzeiten. Die Gerätehersteller bemühen sich durch Kalibrierung und Kompensation die Unterschiede in den Kanälen klein zu halten. Die verbleibenden Phasenunterschiede liegen bei handelsüblichen GPS-Empfängern in der Größenordnung von 5°, was einem Entfernungsfehler von etwa 3 mm entspricht. In Multiplex-

und Einkanalempfängern für den sequentiellen Betrieb können Fehler dieser Art nicht auftreten.

Die Stabilität des Empfängeroszillators ist in erster Linie von der gewählten technischen Lösung abhängig. Bei guter Konzeption sind die durch die Oszillatorinstabilitäten verursachten Fehler so klein, daß sie gegenüber anderen Fehlern vernachlässigt werden können. Bei extrem hohen Genauigkeitsforderungen, wie sie beispielsweise bei Vermessungsaufgaben und bei wissenschaftlichen Problemen bestehen, müssen Präzisionsoszillatoren, beispielsweise Rubidium-Frequenznormale, eingesetzt werden.

Die Messung der Pseudoentfernung vollzieht sich zwischen Satellit und Empfänger des Nutzers. Bei der vollen Ausschöpfung der potentiellen Genauigkeit des Systems, vor allem bei Anwendung der Trägerphasenmessung, muß die Entfernung exakt definiert werden. Das erfordert u.a. die Berücksichtigung der Signallaufzeit innerhalb des Empfängers. In der Praxis gelten die gemessenen Entfernungen zwischen den Phasenzentren der Sendeantenne im Satelliten und der Empfangsantenne. Meist ist das Phasenzentrum der Empfangsantennen von der Richtung der einfallenden Welle abhängig.

Bei der Verwendung der Trägerphase kann es durch den Verlust der Phasenbeziehungen zu Ausfällen und Störungen kommen, die als *cycle slips* (d.h. Schwingungsausfall) bezeichnet werden. Der Verlust der Phasenbeziehung ist ein Effekt bei der Signalerfassung. Er tritt häufig bei einem hohen Rauschanteil im Empfangssignal auf, der beispielsweise von hochfrequenten Störungen aus der Umgebung der Antenne herrühren kann.

Das Meßrauschen beeinflußt auch bei Verwendung eines Phasenregelkreises (PLL) die Genauigkeit bei der Entfernungsmessung mit der Trägerphase. Der auftretende Entfernungsmeßfehler liegt in der Größenordnung von Millimetern [3.26].

3.6.2.3 Fehler durch die Einflüsse des Ausbreitungsweges

Im Abschnitt 1.9.3 wurde dargelegt, daß eine elektromagnetische Welle beim Durchlaufen der Atmosphäre durch die sich mit der Höhe ändernde Brechzahl Richtungsänderungen im Ausbreitungsweg erfährt. Aus den Richtungsänderungen ergeben sich längere Laufwege, die durch entsprechende Laufzeitverzögerungen ausgedrückt werden. Den größten Einfluß hat die Ionosphäre. Dagegen ist der Einfluß der Troposphäre, vor allem wegen des wesentlich kürzeren Weges, den die Welle vom Satelliten bis zum Empfänger beim Nutzer zu durchlaufen hat, verhältnismäßig klein [3.2].

Einfluß der Ionosphäre

Die Brechzahl in der Ionosphäre wurde näherungsweise mit der folgenden Gl.(1.72) angegeben:

$$n_{\mathrm{p}} = 1 + \frac{c_2}{f^2}$$

Dabei bedeutet n_{p} die für die Phasenlaufzeit bei der Frequenz f gültige Brechzahl. Der Koeffizient c_2 drückt den elektrischen Zustand der Ionosphäre aus.

Für die Bestimmung der Laufzeitverzögerung der PRN-Impulsfolgen der GPS-Ortungssignale wird der Zusammenhang von Brechzahl und Gruppengeschwindigkeit gebraucht. Dazu ist die vorstehende Gleichung nach der Frequenz f zu differenzieren:

$$\frac{\mathrm{d}n_\mathrm{p}}{\mathrm{d}f} = -\frac{2c_2}{f^3} \tag{3.74}$$

Die Beziehung zwischen Phasen-Brechzahl n_p und Gruppen-Brechzahl n_g wurde mit Gl.(1.76) angegeben:

$$n_\mathrm{g} = n_\mathrm{p} + f\frac{\mathrm{d}n_\mathrm{p}}{\mathrm{d}f}$$

Damit entsteht die Gleichung für die Brechzahl der Gruppenlaufzeit:

$$n_\mathrm{g} = 1 - \frac{c_2}{f^2} \tag{3.75}$$

Die elektromagnetische Welle breitet sich im freien Raum vom Punkt A zum Punkt B auf dem geradlinigen Weg s_o aus (**Bild 3.41**). Die Geschwindigkeit kann für ein kleines Inkrement ds_o des Signalweges durch den Differentialquotienten angegeben werden:

$$v = \frac{\mathrm{d}s_\mathrm{o}}{\mathrm{d}t} \tag{3.76}$$

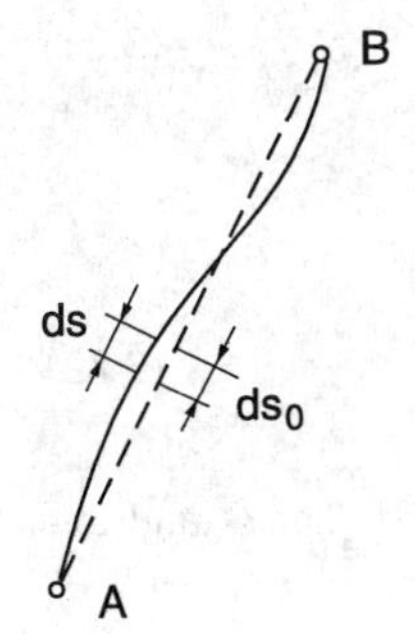

Bild 3.41
Schematische Darstellung der Signalwege
s_0 geradliniger Weg
s durch Brechung gekrümmter Weg

Nach Gl.(1.53) ist die Brechzahl $n = c/v$ und die Geschwindigkeit $v = c/n$. Damit ergibt sich die Beziehung:

$$\mathrm{d}t = \frac{n}{c}\mathrm{d}s_\mathrm{o} \tag{3.77}$$

Mit der Integration über den Weg s_o zwischen den Punkten A und B wird die Signallaufzeit gewonnen:

$$t_2 - t_1 = \frac{1}{c}\int_\mathrm{A}^\mathrm{B} n\,\mathrm{d}s_\mathrm{o} \tag{3.78}$$

Die Gleichung gibt den Weg an, den das Signal im Vakuum durchlaufen würde. Für den Fall, daß der Signalweg durch die Ionosphäre führt, ist für die Brechzahl in Gl.(3.78) der Ausdruck nach Gl.(3.75) einzusetzen: Die sich ergebende Laufzeit ist die Gruppenlaufzeit τ_g:

$$\tau_g = t_2 - t_1 = \frac{1}{c}\int_A^B \left(1 - \frac{c_2}{f^2}\right) ds_o \tag{3.79a}$$

$$= \frac{1}{c}\int_A^B 1 \cdot ds_o - \frac{1}{c}\int_A^B \frac{c_2}{f^2} ds_o \tag{3.79b}$$

Das erste Integral ist vom inhomogenen Zustand der Ionosphäre unabhängig und stellt die geometrische Entfernung bzw. Strecke s_o dar. Das zweite Integral drückt den von der ionosphärischen Schichtung bestimmten, nichtgeradförmigen Weg dar. Für Gl. (3.79b) kann gesetzt werden:

$$\tau_g = \frac{s_o}{c} + \frac{1}{f^2} Q \tag{3.80}$$

Mit Q wird ein von der Elektronendichte N_e der Ionosphäre abhängiger Koeffizient eingeführt, dessen Betrag unbekannt ist.

Bei der Abstrahlung der beiden Träger L1 und L2 mit den Frequenzen f_1 bzw. f_2 ergeben sich zwei unterschiedliche Gruppenlaufzeiten $\tau_{g,1}$ und $\tau_{g,2}$. Für ihre Differenz gilt mit Gl.(3.80):

$$\Delta\tau_g = \tau_{g,1} - \tau_{g,2} = \left[\frac{s_o}{c} + \frac{Q}{f_1^2}\right] - \left[\frac{s_o}{c} + \frac{Q}{f_2^2}\right] \tag{3.81}$$

Daraus ergibt sich für den Koeffizienten Q die Gleichung:

$$Q = \Delta\tau_g \frac{f_1^2 f_2^2}{f_2^2 - f_1^2} \tag{3.82}$$

Aus der gemessenen Gruppenlaufzeitdifferenz $\Delta\tau_g$ läßt sich somit der Koeffizient Q und anschließend die ionosphärische Laufzeitverzögerung τ_g berechnen.

Die Korrektur der durch Laufzeitverzögerungen entstehenden Fehler ist nur möglich, wenn der GPS-Empfänger die beiden Frequenzen der Träger L1 und L2 empfangen und verarbeiten kann. Die für die Navigation eingesetzten GPS-Empfänger sind nur zum Empfang der Frequenz des Trägers L1 und zur Verarbeitung des C/A-Codes eingerichtet. Um trotzdem eine, wenn auch begrenzte Korrektur vornehmen zu können, werden Modelle benutzt. Das bekannteste Modell ist das von *Klobuchar* entwickelte [3.30]. Darin wird die vertikale ionosphärische Laufzeitverzögerung durch eine Kosinusfunktion der örtlichen Zeit am Tage und durch eine konstante Größe für die Nacht angenähert. Mit diesem Modell lassen sich die durch die Ionosphäre bewirkten Meßfehler auf etwa die Hälfte verringern. Nach den Erfahrungen muß zur Nachtzeit mit einer Laufzeitverzögerung von 10 ns gerechnet werden, wenn der Satellit im Zenit steht und zur Tageszeit mit 50 ns. Diesen Laufzeitverzögerungen entsprechen Entfernungsmeßfehler von 3 m bzw. 15 m. Treffen die Signale aus Richtungen mit einem geringen Erhebungswinkel, aber noch oberhalb etwa 5° beim Empfänger ein, so erhöhen sich die Laufzeitverzögerungen bzw. die Entfernungsmeßfehler um etwa den Faktor 3.

Einfluß der Troposphäre

Die in der Troposphäre entstehenden Laufzeitverzögerungen sind nach Gl.(1.69) von den meteorologischen Parametern Luftdruck, Luftfeuchte und Lufttemperatur abhängig. Jedoch besteht keine Abhängigkeit von der Frequenz, so daß eine Korrektur auf Grund der Messung bei zwei Frequenzen wie bei den ionosphärischen Effekten nicht angewendet werden kann. Die einzige Möglichkeit zur Reduzierung der durch die troposphärischen Einflüsse entstehenden Entfernungsmeßfehler besteht in der Benutzung von Modellen, in denen die meteorologischen Parameter sowohl zeitlich als auch örtlich der Wirklichkeit entsprechen [3.2].

Der Einfluß der Troposphäre ist vom Erhebungswinkel abhängig, unter dem die Signale vom Satelliten zum Empfänger gelangen. Während der Entfernungsmeßfehler bei senkrechtem Durchlaufen der Troposphäre nach Bild 1.38 unterhalb 3 m liegt, steigt er bei einem Erhebungswinkel von 10° auf Werte von mehr als 10 m an. Bei Anwendung eines Modells ist es möglich, die Entfernungsmeßfehler auf Werte von etwa 1 m zu reduzieren. Die Reduzierung ist umso besser, je genauer die im Modell benutzten meteorologischen Parameter sind.

3.6.2.4 Fehler durch Mehrwegeausbreitung

Der Empfang von GPS-Signalen, die auf mehreren und unterschiedlichen Wegen von den Satelliten zum Empfänger gelangen, führt bei der Auswertung dieser Signale zu mehr oder weniger großen Entfernungs- bzw. Positionsfehlern. Die direkte Welle durchläuft unmittelbar den Weg vom Satelliten zum Empfänger. Indirekte Wellen entstehen durch Reflexionen (siehe Abschnitt 1.9.7 und Bild 1.37). Infolge des längeren Weges haben die Signale der indirekten Welle eine größere Laufzeit, so daß deren Auswertung eine zu große Entfernung liefert. In der Praxis treten in Gebieten mit reflektierenden Objekten meist gleichzeitig mehrere und unterschiedliche indirekte Wellen auf. Die Mehrwegeausbreitung verursacht Fehler, die in ungünstigem Gelände, beispielsweise in Stadtgebieten häufig so groß sind, daß die Verwendung von GPS eingeschränkt ist oder sogar ausgesetzt werden muß [3.35; 3.38].

Die Größe der durch Mehrwegeausbreitung entstehenden Fehler hängt in erster Linie von folgenden Parametern ab:

- Leistungsverhältnis der direkten Welle zur indirekten (reflektierten) Welle
- Weglängendifferenz der indirekten Welle gegenüber der direkten Welle, gleichbedeutend der Zeitdifferenz des Eintreffens der beiden Signale im Empfänger
- Richtcharakteristik der Empfangsantenne.
- Art der Signalverarbeitung im Empfänger.

Reflektierte Wellen sind im Allgemeinen gegenüber der direkten Welle stark gedämpft. Das gilt erfahrungsgemäß nicht bei Mehrwegeempfang von Wellen, die unter einem geringen Erhebungswinkel nahe dem Horizont eintreffen. In diesen Fällen können die Leistungen der reflektierten Wellen in der gleichen Größenordnung der Leistungen der direkten Welle liegen. Auch sind dabei die Weglängendifferenzen meist größer als bei höheren Erhebungswinkeln.

Bei beweglichen Empfängern zeigt die Eingangsleistung bei Mehrwegeausbreitung starke Schwankungen. Die Ursachen sind die sich ständig ändernden geometrischen Verhältnisse zwischen Satelliten, reflektierenden Objekten und Empfänger sowie die Winkelabhängigkeit der Antennencharakteristik des Empfängers. Während für Fahrzeuge auf der Erde die Mehrwegeausbreitungen ihre Ursachen vor allem in den Reflexionen an Objekten auf der Erdoberfläche haben, treten die Mehrwegeausbreitungen in der Luftfahrt durch Reflexionen an Elementen der Luftfahrzeuge auf.

Stark reflektierende metallische Flächen bewirken eine Änderung der bei GPS benutzten zirkularen Polarisation von rechtsdrehend in linksdrehend. Von Vorteil sind dabei Empfangsantennen, die für zirkular rechtsdrehende Wellen konzipiert sind. Sie dämpfen entgegengesetzt polarisierte Wellen und reduzieren damit die Wirkung von Mehrwegeausbreitungen.

Besonders günstig sind spezielle Empfangsantennen, deren Richtcharakteristik nicht bis zur Horizontalebene herabreicht. Damit sind solche Antennen gegenüber Mehrwegeausbreitungen wesentlich unempfindlicher als sonst übliche Antennen (siehe Kapitel 7, Abschn. 7.1.5).

Die durch den Empfang von Wellen bei Mehrwegeausbreitungen entstehenden Entfernungsmeßfehler können Beträge von etwa 1 m bis zu einigen 100 m annehmen. Da der Empfang von Mehrwegewellen in der Praxis nicht immer vermieden werden kann, zum Teil auch vom Nutzer nicht erkannt wird, sind Maßnahmen getroffen worden, um den Einfluß zu verringern.

Die wirkungsvollste Maßnahme besteht in der Eliminierung der Signale der indirekten (reflektierten) Wellen durch eine entsprechende Konzeption der Signalverarbeitung. Dabei werden die zu unterschiedlichen Zeiten eintreffenden PRN-Impulsfolgen von direkter Welle und reflektierter Welle miteinander verglichen. Sind die Zeitunterschiede größer als die Taktperiode, werden die verzögert eintreffenden Signale der reflektierten Welle unterdrückt. Die Taktperiode des C/A-Codes beträgt etwa 1 µs, die des P(Y)-Codes etwa 0,1 µs. Diesen Taktperioden entsprechen Entfernungen von 300 bzw. 30 m. Sind die Zeitunterschiede dagegen kleiner als die betreffende Taktperiode, führt das zu Überlagerungen der einzelnen Impulse der PRN-Impulsfolge, so daß der verbleibende Fehler bei der Entfernungsmessung etwa 5 m bei dem C/A-Code und 1 m bei dem P(Y)-Code beträgt [3.4]. Voraussetzung ist jedoch bei diesem Verfahren, daß die Empfangsleistung der indirekten Welle mindestens 3 dB unterhalb der Empfangsleistung der direkten Welle liegt.

Eine ähnliche Methode, die jedoch nur bei stationären Empfangsanlagen angewendet werden kann, beruht auf der systematischen Beobachtung. Die geometrischen Verhältnisse zwischen den umlaufenden GPS-Satelliten und dem ruhenden Empfangsort wiederholen sich periodisch, so daß die Mehrwegeeffekte bei den nacheinander erfolgenden Beobachtungen die gleiche Struktur zeigen. Die Periodizität wird dabei zur Analyse und Reduzierung der entstehenden Meßfehler benutzt.

3.6.3 Fehler und Fehlerursachen durch hochfrequente Störungen

3.6.3.1 Allgemein gültige Beziehungen

Die vereinbarten Mindestwerte der Empfangseingangsleistung für GPS-Empfänger liegen in der Größenordnung von -160 dBW, das sind $1 \cdot 10^{-16}$ W (siehe Tabelle 3.9). Dieser Leistung entspricht an einem Eingangswiderstand von 75 Ω eine Spannung von etwa 0,1 µV. Bei dieser geringen Leistung können Signale anderer hochfrequenter Ausstrahlungen schon bei kleinen Feldstärken zu Interferenzen im GPS-Empfänger führen, die Fehler im Erfassungs- und Nachlaufvorgang zur Folge haben und damit die Ursachen von Meßfehlern sind. Die Interferenzen können dabei so stark sein, daß es zu einem Ausfall der Auswertung der empfangenen GPS-Informationen kommen kann [3.24; 3.40; 3.50].

Die zu Interferenzen führenden hochfrequenten Störungen sind häufig die Harmonischen der von den Sendern von Funkdiensten ausgestrahlten Frequenzen bzw. Frequenzbänder sowie Kombinationsfrequenzen, die mit dem RF-Band des GPS-Signals zusammenfallen. Aber auch bei einer unzureichenden Selektion der Filter im RF-Teil des GPS-Empfängers können Signale, die außerhalb des RF-Bandes des GPS-Empfängers liegen, Interferenzen erzeugen.

Die **Tabelle 3.12** gibt einen Überblick zu den Spektren hochfrequenter Störquellen, die zu Interferenzen mit den GPS-Signalen führen. Die Wirkung der Interferenzen im RF-Band auf die Such- und Nachlauffunktion sowie auf den Code-Korrelationsvorgang ergibt sich aus der Verringerung des Verhältnisses von Signalleistung zu Stör- bzw. Rauschleistung (signal to noise, Abkürzung S/N). Wenn das Verhältnis unter den für den fehlerfreien Nachlauf entscheidenden Schwellwert sinkt, kann der GPS-Empfänger keine Signale mehr auswerten. Nach den Erfahrungen in der Praxis liegt der Grenzwert für das Erfassen und Einrasten (das ist der Zustand, bei dem die Autokorrelation das Maximum erreicht) etwa 6 dB oberhalb des Grenzwertes für den Nachlauf.

Das Verhältnis S/N ist umgekehrt proportional dem Abstand des GPS-Empfängers zur Störungsquelle. Deshalb ist die Verwendung von GPS in der Nähe potentieller Störungsquellen mit der Möglichkeit erhöhter Fehler verbunden.

Eine gleichartige Wirkung wie die Interferenzen im RF-Band des GPS-Empfängers haben alle Erscheinungen, die zu einer Verringerung von S/N führen, dazu gehören: Verringerung der Signalleistung durch Abschattungen im Ausbreitungsweg der Welle, Dämpfungen durch Bäume an Straßenrändern, Schwankungen des Zustandes der Atmosphäre und Mehrwegeausbreitungen.

Da das Auftreten von Interferenzen einerseits vom Nutzer nicht erkannt werden kann, andererseits aber erhebliche Fehler entstehen können, müssen Maßnahmen getroffen werden, um die Wirkung von Interferenzen zu eliminieren. Das bedeutet, die Konzeption künftiger GPS-Empfänger muß auf die Interferenzen Rücksicht nehmen und ihren Einfluß reduzieren oder ganz verhindern.

Tabelle 3.12: Spektren hochfrequenter Störquellen

lfde. Nr.	Art des Spektrums	Typische Quelle
1	Breitbandiges Signal mit Gaußscher Verteilung, ohne Modulation	Absichtlich erzeugtes Störsignal (z.B. militärisch oder terroristisch)
2	Breitbandiges Spektrum: Hochfrequenter Träger mit breitbandiger Modulation, insbesondere Amplitudenmodulation	Harmonische der Sendefrequenzen von TV-Sendern, bandnahe Frequenzen von Richtfunksendern bei unzureichender Selektion an Bandgrenzen der Empfängereingangsfilter
3	Breitbandiges Spreizspektrum	Absichtlich erzeugtes Störsignal (z.B. militärisch oder terroristisch), Nahfeldstörungen von Pseudoliten
4	Breitbandige Impulsfolge	Frequenzband der Radarsender
5	Schmalbandiges Spektrum: Hochfrequenter Träger mit schmalbandiger Modulation, insbesondere Frequenz- und Phasenmodulation	Harmonische der Sendefrequenzen von Hörfunksendern, Harmonische der Sendefrequenzen der Basisstationen von Mobilfunknetzen, Harmonische der Sendefrequenzen von Teilnehmern in Mobilfunknetzen
6	Schmalbandiges Spektrum: Hochfrequenter Träger mit periodisch veränderlicher Frequenz mit schmalbandiger Modulation	Absichtlich erzeugtes Störsignal (sweep-generator), dessen Spektrum dem zu störenden System angepaßt ist (z.B. militärisch oder terroristisch)
7	Schmalbandiges Spektrum: Hochfrequenter Träger mit periodisch veränderlicher Frequenz ohne Modulation	Signale: funktechnische Geräte

3.6.3.2 Quantitative Betrachtung von RF-Interferenzen

Für das Verhältnis von Signalleistung (modulierter RF-Träger) zur Stör- und Rauschleistung in dB im GPS-Empfänger ohne irgendwelche Einwirkungen von Außen gilt die Beziehung:

$$S / N = P_e + G_e - 10\log(kT_0) - F_e - L. \tag{3.83}$$

Darin bedeuten:

P_e		Empfangsleistung an der Antenne in dBW
G_e		Antennengewinn der Empfangsantenne in dB bezogen auf einen isotropen Strahler bei zirkularer Polarisation
10 log (kT_0)		thermische Rauschleistungsdichte pro Hz = – 204 dBW-Hz
k		Boltzmann-Konstante
	=	$1{,}38 \cdot 10^{-23}$ Ws/K
T_0	=	290 K (Standardtemperatur in Kelvin)
F_e	=	Rauschzahl in dB des Empfängers einschließlich der Antenne und des Antennenkabels
L		Dämpfung des Antennenkabels in dB

Für einen typischen GPS-Empfänger gelten die Zahlenwerte:

P_e	=	-159,6 dBW, Empfangsleistung für den mit dem C/A-Code modulierten Träger L1
G_e	=	0 dB, Antennengewinn der Empfangsantenne, bezogen auf isotropen Strahler
F_e	=	4 dB, (typischer Wert)
L	=	2 dB, (Durchschnittswert).

Mit diesen Zahlenwerten ergibt sich für den Empfang des C/A-Code modulierten Trägers L1 pro Einheit der Bandbreite 1 Hz:

S/N = 38,4 dB – Hz.

Für den Empfang des mit dem P(Y)-Code modulierten Träger L1:

S/N = 35,4 dB-Hz

und den Empfang des mit dem P(Y)-Code modulierten Trägers L2:

S/N = 32,8 dB-Hz.

3.6.3.3 Schwellwert für den Nachlauf bei Interferenzen

Der Pegel, auf den das Verhältnis der Signalleistung (ungestörte RF-Trägerleistung) zur Rauschleistung (S/N) absinkt, wenn eine Störung in Form einer Interferenz auftritt, wird als äquivalentes Signal-Rausch-Verhältnis $(S/N)_{eq}$ bezeichnet. Dafür gilt die Beziehung:

$$(S / N)_{eq} = -10\log\left[10^{-(S/N)/10} + \frac{10^{(\mathfrak{J}/S)/10}}{QR_c}\right]. \tag{3.84}$$

Darin bedeuten:

$\mathfrak{I}/S$ Verhältnis der Störleistung zur Signalleistung in dB

R_c Chiprate (chip/s) der PRN-Impulsfolge
$R_c = 1{,}023 \cdot 10^6$ chip/s für C/A-Code
$R_c = 10{,}23 \cdot 10^6$ chip/s für P(Y)-Code

Q Prozeßgewinn durch Spreiztechnik
$Q = 1$ für schmalbandige Störer
$Q = 1{,}5$ für breitbandige Störer
$Q = 2$ für breitbandiges Rauschen mit Gaußscher Verteilung.

Der Betrag von $(S/N)_{eq}$ muß gleich oder größer dem Schwellwert des Nachlaufs sein. Unter dieser Bedingung muß die zulässige Interferenz eines Störers geprüft werden, indem das entsprechende Verhältnis der Störleistung zur Signalleistung ermittelt wird. Dazu wird die Gl. (3.84) wie folgt umgeformt:

$$\frac{\mathfrak{I}}{S} = 10\log\left[QR_c\left(\frac{1}{10^{(S/N)_{eq}/10}} - \frac{1}{10^{(S/N)/10}}\right)\right]. \qquad (3.85)$$

In der **Tabelle 3.13** sind für die zwei Schwellwerte 18 und 28 dB die Werte für $\mathfrak{I}/S$ in dB für verschiedene Betriebsbedingungen zusammengestellt.

Tabelle 3.13 Stör-/Signal-Leistungsverhältnis $\mathfrak{I}/S$ in dB für verschiedene Spektren der Störung bei zwei verschiedenen Schwellwerten [3.50]

Art der Störung		Schwellwert 18 dB				Schwellwert 28 dB		
Lfd. Nr. Tabelle 3.12	Spektren	Träger Code	L1 C/A	L1 P(Y)	L2 P(Y)	L1 C/A	L1 P(Y)	L2 P(Y)
1,2	Breitbandig		44,6	54,5	54,4	34,7	44,2	43,4
3	Spreizspektrum		43,3	53,3	53,2	33,4	43,0	42,1
4	Schmalbandig		41,6	51,5	51,4	31,7	41,2	40,4

Das berechnete Stör-/Signal-Leistungsverhältnis $\mathfrak{I}/S$ in Abhängigkeit vom Schwellwert, ausgedrückt durch das äquivalente Signal-/Rausch-Leistungsverhältnis $(S/N)_{eq}$ ist in **Bild 3.42** wiedergegeben. Parameter sind die dem Träger aufmodulierten Codes und die Art der Störer. Für den mit dem C/A-Code modulierten Träger liegen die dB-Werte um etwa 10 dB unterhalb den vergleichbaren Werten für den mit dem P(Y)-Code modulierten Träger.

Für die Störleistung in Watt gilt entsprechend der Definition der Einheit dB:

$$\mathfrak{I} = 10^{(\mathfrak{I}/S+S)/10}. \qquad (3.86)$$

Darin bedeuten:

$\mathfrak{I}/S$ Stör-/Signal-Leistungsverhältnis in dB

$\mathfrak{I}$ Störleistung am Eingang des GPS-Empfängers in dBW

S Signalleistung am Eingang des GPS-Empfängers in dBW

Der Minimalpegel in dB der Empfängereingangsleistung beim Empfang des mit dem C/A-Code modulierten Trägers L1 ist nach Tabelle 3.9 gleich $S = -159{,}6$ dBW. Für diesen Wert ist bei einem breitbandigen Störer nach Tabelle 3.13 $\mathfrak{J}/S = 44{,}6$ dB. Nach Gl.(3.86) beträgt die Störleistung $3{,}2 \cdot 10^{-12}$ W, das ist bei einem Empfängereingangswiderstand von 75 Ω eine Empfangsspannung von 15,5 μV.

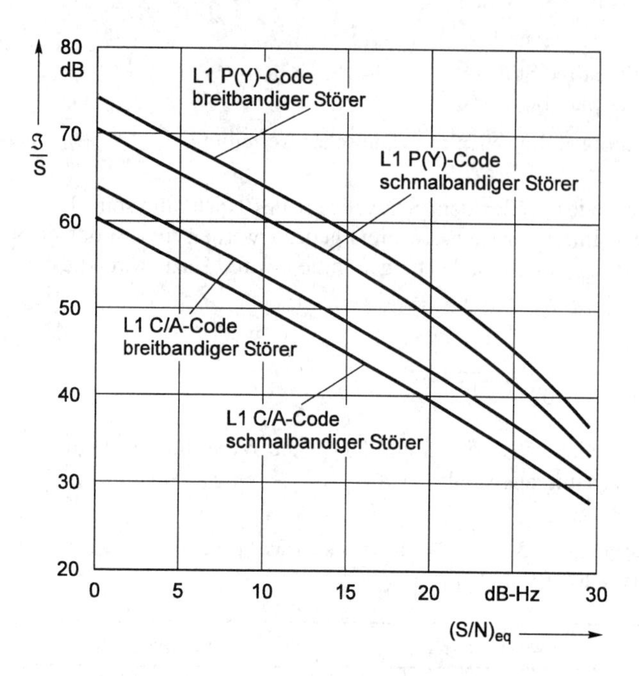

Bild 3.42
Stör-/Signal-Leistungsverhältnis $\mathfrak{J}/S$ in Abhängigkeit vom Schwellwert des Nachlaufs

3.6.3.4 Störung durch TV-Sender

TV-Sender mit ihrer verhältnismäßig großen Sendeleistung gehören zu den bedeutensten Störquellen für GPS-Empfänger. Auf Grund der Frequenzlage der GPS-Träger zwischen 1200 und 1600 MHz führen nicht die Sendefrequenzen der TV-Sender zu den Interferenzen, sondern im Allgemeinen die zweiten Harmonischen der Sendefrequenz einschließlich der durch Modulation entstehenden Seitenbänder. Beispielsweise können die zweiten Harmonischen der modulierten Träger der TV-Sender der Kanäle 60 und 61 Interferenzen mit dem modulierten GPS-Träger L1 verursachen. Das **Bild 3.43** zeigt, wie sich die Spektren zum Teil überlappen. Zur Beurteilung dieser Störungen muß von der Störleistung ausgegangen werden, die unter Vorgabe von $\mathfrak{J}/S$ und S nach Gl.(3.86) zu berechnen ist.

Von Interesse ist bei bekannter Sendeleistung P_s eines bestimmten TV-Senders der Abstand d, den ein GPS-Empfänger zu diesem TV-Sender einhalten muß, wenn seine Funktion nicht verfälscht bzw. behindert werden soll.

Aus Gl. (1.66) kann die Beziehung für den Abstand d gewonnen werden:

$$d = \sqrt{\frac{P_s G_s G_e}{P_e (4\pi)^2 \, (f/c)^2}} \, . \tag{3.87}$$

Darin bedeuten:

P_s Sendeleistung des TV-Senders in W.
Ist eine Harmonische der Sendefrequenz die störende Größe, so ist für P_s die Leistung der Harmonischen einzusetzen. Nach internationalen Empfehlungen soll die zweite Harmonische 60 dB unterhalb der Sendeleistung liegen

P_e maximal zulässige Leistung des Störers am Eingang des Empfängers nach Gl. (3.86) in W

G_s Gewinn in linearem Maßstab der Sendeantenne in Richtung zum GPS-Empfänger

G_e Gewinn in linearem Maßstab der Empfangsantenne in Richtung zum Satelliten

f Frequenz des TV-Senders in Hz bzw. s^{-1}.
Ist eine Harmonische der Sendefrequenz die störende Größe, so ist für f die Frequenz der Harmonischen einzusetzen, also bei der 2. Harmonischen die Frequenz $2f$

c Ausbreitungsgeschwindigkeit der Welle.

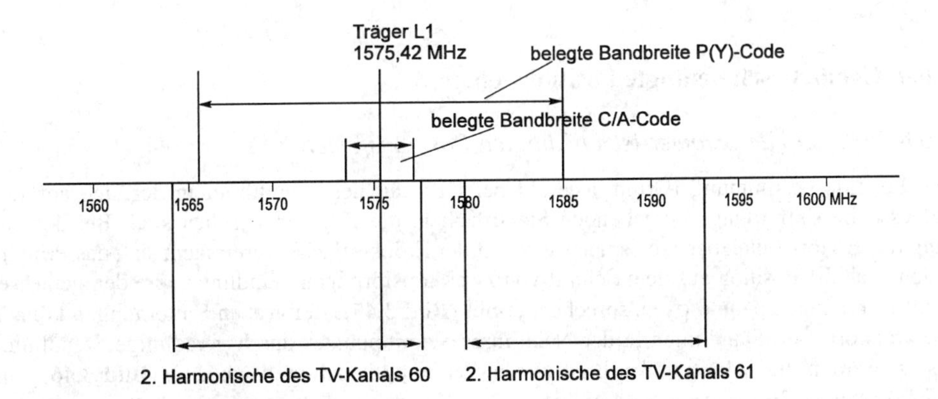

Bild 3.43 Spektren des modulierten GPS-Trägers und überlappendes Spektrum der 2. Harmonischen von TV-Sendern

Sind die Leistungen P_s und P_e in dBW und die Antennengewinne G_s und G_e in dB gegeben, so ist folgende Gleichung zu verwenden:

$$20\log d = P_s - P_e + G_s + G_e - 20\log(4\pi f/c). \tag{3.88}$$

Für eine Empfängereingangsleistung von −160 dBW (siehe Tabelle 3.10) in Abhängigkeit der effektiven Strahlungsleistung – das ist das Produkt aus Sendeleistung und Antennengewinn – wurde der Abstand des GPS-Empfängers zum störenden Sender und dem Parameter Stör-/Signal-Leistungsverhältnis $\mathfrak{I}/S$ berechnet. Aus den Diagrammen in **Bild 3.44a** und **3.44b** können die Abstände zwischen störendem Sender und Empfänger in Abhängigkeit von der effektiven Strahlungsleistung ersehen werden. Parameter ist das Stör-/Signal-Leistungsverhältnis. Das Diagramm in Bild 3.44a gilt für den Einfluß auf den C/A-Code und Bild 3.44b für den P(Y)-Code. Es ist zu erkennen, daß der störende Einfluß auf Grund der geringen Bandbreite bei dem C/A-Code wesentlich geringer ist. Der Abstand zum störenden Sender kann bei dem C/A-Code gegenüber dem P(Y)-Code etwa 10-mal kleiner sein. Die Größe von $\mathfrak{I}/S$ hängt vom Schwellwert des Nachlaufs ab und kann dem Diagramm in Bild 3.42 entnommen werden.

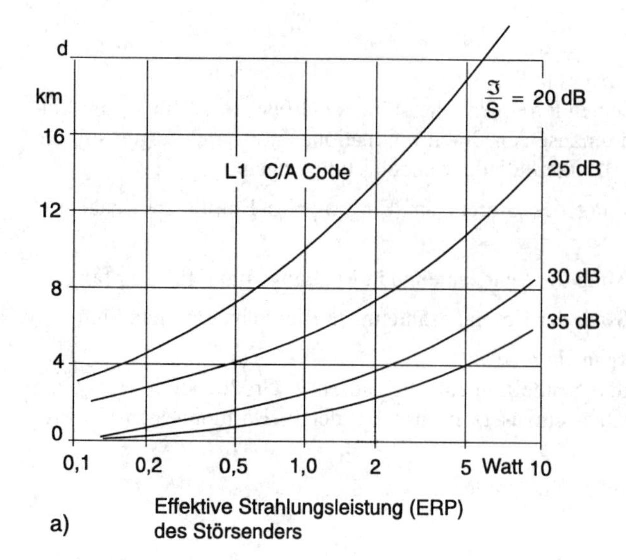

Bild 3.44
Abstand *d* des störenden Senders in Abhängigkeit von der effektiven Strahlungsleistung des störenden Senders
a) Empfangssignal: GPS-Träger L1 moduliert mit dem C/A-Code

3.6.4 Geometrisch bedingte Positionsfehler

3.6.4.1 Prinzip des geometrisch bedingten Positionsfehlers

Die Positionsbestimmung (Ortung) beruht bei GPS auf der Schnittbildung der sich aus den gemessenen Entfernungen ergebenden Standflächen, die Kugeloberflächen sind. Bei der Ortung in der Horizontalebene, beispielsweise auf der Erdoberfläche, vereinfacht sich das Prinzip, indem sich die Position aus dem Schnitt von zwei kreisförmigen Standlinien, die den gemessenen Entfernungen ρ_1 und ρ_2 entsprechen, ergibt (**Bild 3.45**). Bei großen Entfernungen können die kreisförmigen Standlinien in der Nähe ihres Schnittpunktes durch geradlinige Standlinien ersetzt werden. Ihr Schnittwinkel β ist gleich dem Satellitenabstandswinkel γ (**Bild 3.46**). Die gemessenen Entfernungen ρ_1 und ρ_2 haben im Allgemeinen Fehler, die innerhalb eines Bereiches von $\pm\Delta\rho_1$ bzw. $\pm\Delta\rho_2$ liegen. Die gemessenen Entfernungen bilden somit eine entsprechende Anzahl von Schnittpunkten, die innerhalb einer viereckigen rhombusähnlichen Fläche liegen. Die einzelnen Schnittpunkte sind die sich aus der Messung ergebenden Standorte (Positionen), die vom wahren Standort je nach Größe des Meßfehlers abweichen (siehe Abschnitt 1.11 und Bild 1.57). Die durch die Entfernungsmeßfehler gebildete Fläche wird als Ortungs- oder Positionsfehlerfläche bezeichnet. Die Form und Größe der Fläche hängt erstens vom Betrag und Vorzeichen der Entfernungsfehler ab und zweitens vom Schnittwinkel β und damit vom Satellitenabstandswinkel γ.

Der Positionsfehler ist am kleinsten, wenn der Satellitenabstandswinkel $\gamma = 90°$ ist (Bild 3.45a). Für diesen Fall ist auch die Positionsfehlerfläche am kleinsten. Der Positionsfehler nimmt mit abnehmendem Winkel γ zu und die Positionsfehlerfläche wird größer. Das Bild 3.45b gilt für einen Winkel $\gamma = 15°$.

Der Positionsfehler hat sein Maximum, wenn jeweils $\Delta\rho_1$ und $\Delta\rho_2$ entgegengesetzte Vorzeichen haben. In diesem Fall reicht der Fehlervektor vom Punkt des wahren Standortes bis zur Spitze der rhombusähnlichen Fläche (Bild 3.45c). Die bei sehr kleinem Schnittwinkel β, also sehr kleinem Satellitenabstandswinkel γ entstehende langgestreckte Fläche zeigt den großen Einfluß, den der Satellitenabstandswinkel γ auf den entstehenden Positionsfehler hat. Der Faktor der relativen Vergrößerung des Fehlers, bezogen auf den Fall für $\beta = 90°$, geht aus **Bild 3.47** hervor.

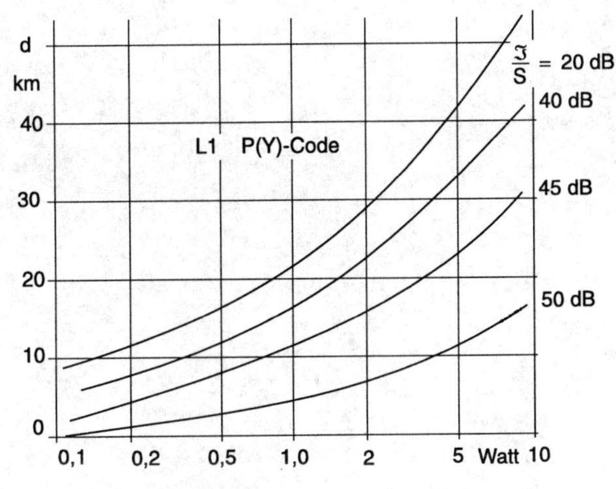

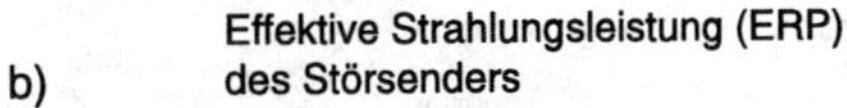

b)

Bild 3.44
Abstand d des störenden Senders in Abhängigkeit von der effektiven Strahlungsleistung des störenden Senders
b) Empfangssignal:
GPS-Träger L1 moduliert mit dem P(Y)-Code

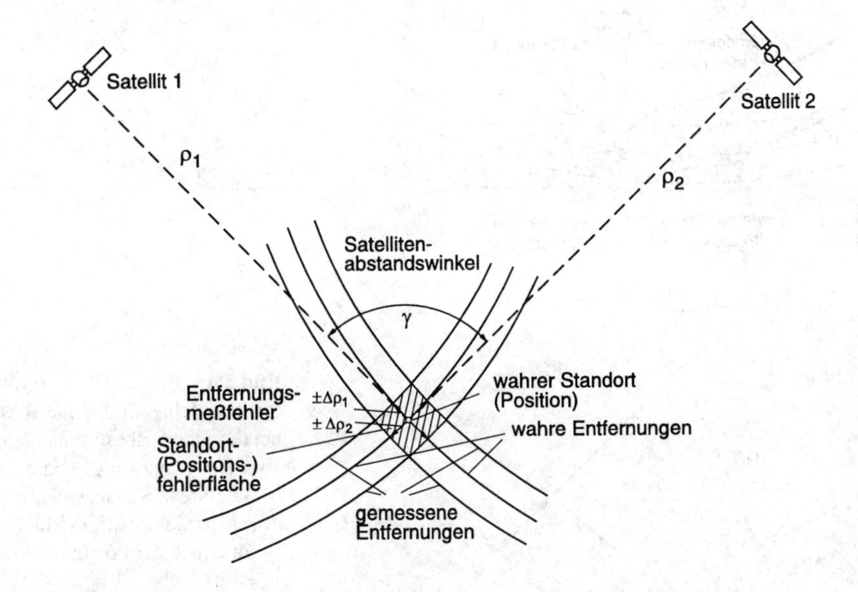

Bild 3.45 Positionsfehler und Fehlerflächen bei der Standortbestimmung durch zwei Entfernungen ρ_1 und ρ_2
a) Satellitenabstandswinkel $\gamma = 90°$

Zur allgemeinen Beurteilung der auftretenden Positionsfehler werden die Entfernungsmeßfehler, deren Betrag eine statistische Verteilung besitzt, durch die Standardabweichung σ angegeben. Die Standardabweichung gilt bei einer Gaußschen Verteilung der Fehlerbeträge für eine

Wahrscheinlichkeit von 68,3 % (siehe Abschnitt 1.11). Dafür gelten ebenfalls die Darstellungen von Bild 3.45, jedoch sind statt $\pm\Delta\rho_1$ und $\pm\Delta\rho_2$ die Standardabweichungen σ_1 und σ_2 einzusetzen. Die innerhalb der Fläche liegenden Positionsfehler haben ebenfalls eine Gaußsche Verteilung.

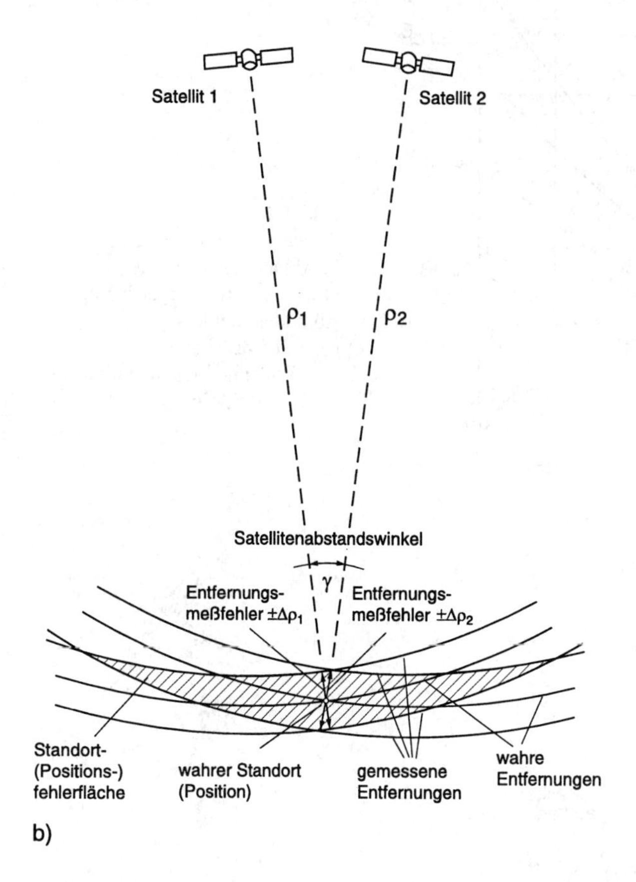

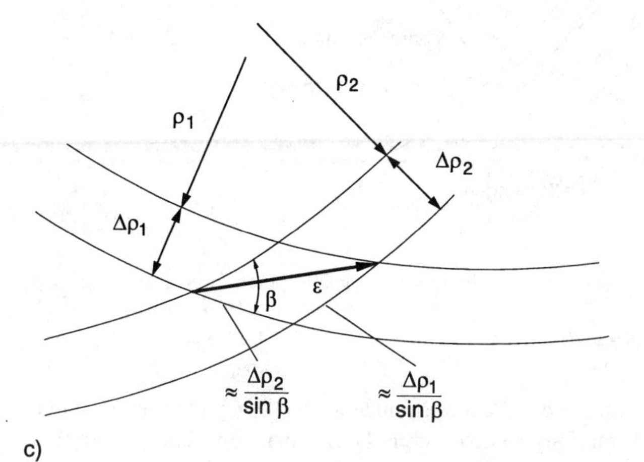

Bild 3.45
Positionsfehler und -fehlerflächen bei der Standortbestimmung durch zwei Entfernungen ρ_1 und ρ_2
b) Satellitenabstandswinkel $\gamma = 15°$
c) maximaler Positionsfehler ε innerhalb der Positionsfehlerfläche

3.6.4.2 Dilution of Precision (DOP) als Maß der geometrisch bedingten Ortungsfehler

Der im vorangegangenen Abschnitt und in Bild 3.47 erläuterte Faktor der relativen Vergrößerung des Positionsfehlers auf Grund ungünstiger Schnittwinkel der Standlinien entspricht dem *Verschlechterungsfaktor,* der im Englischen mit *Dilution of Precision* (Abkürzung DOP, wörtliche Übersetzung *Verschlechterung der Präzision*) bezeichnet wird. Die Abhängigkeit des Positionsfehlers vom Schnittwinkel β und damit vom Satellitenabstandswinkel γ ist für die Systemgenauigkeit von GPS von hoher Bedeutung. Durch die Bewegung der Satelliten verändert sich der Satellitenabstandswinkel γ ständig. Da ein GPS-Empfänger stets mindestens vier Satelliten empfangen muß und dabei die Satelliten wechselt, tritt eine ständige Veränderung der Konstellation der Satelliten gegenüber einem Nutzer auf der Erde und damit eine Veränderung des Satellitenabstandswinkels auf. Dadurch zeigt der Positionsfehler stets mehr oder weniger große Schwankungen [3.28; 3.35; 3.43].

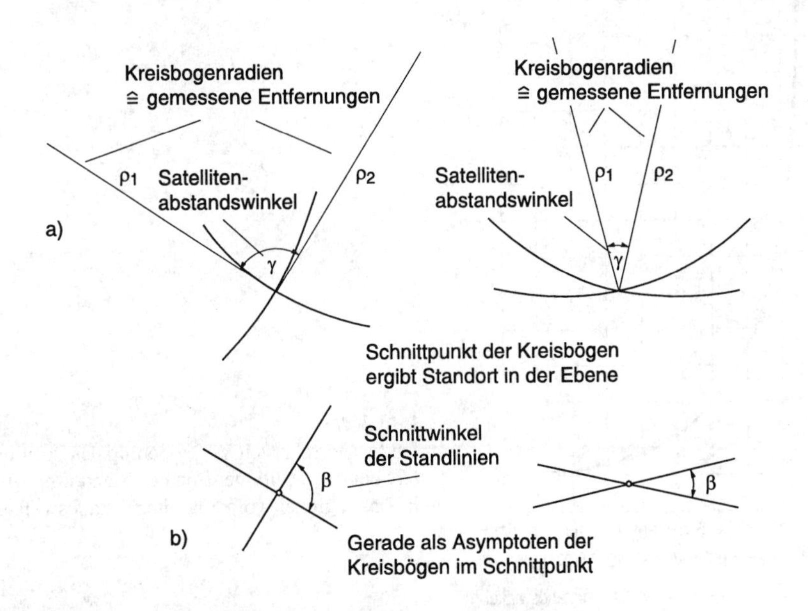

Bild 3.46 Standortbestimmung durch zwei Entfernungen ρ_1 und ρ_2 nach Bild 3.45
a) Kreisförmige Standlinien
b) Standlinien näherungsweise durch Gerade ersetzt

Nach der Definition gibt der DOP-Faktor an, um welchen Faktor sich der Positionsfehler gegenüber dem Fehler der gemessenen Entfernung erhöht. Dabei können sich die Angaben entweder auf zeit- und ortsabhängige Einzelwerte beziehen oder auf Mittelwerte bzw. Werte mit einer bestimmten Wahrscheinlichkeit. Für allgemeine Angaben wird der DOP-Faktor auf die Standardabweichung bezogen:

$$\mathrm{DOP} = \frac{\text{Standardabweichung des Positionsfehlers} \quad \sigma_p}{\text{Standardabweichung des Entfernungsfehlers } \sigma_r} . \tag{3.89a}$$

und umgestellt

$$\sigma_p = (\mathrm{DOP})\,\sigma_r . \tag{3.89b}$$

Bei der Betrachtung der Fehler und Fehlerursachen des GPS hat es sich als vorteilhaft erwiesen, den Begriff des DOP-Faktors zu spezifizieren. Dazu werden für spezielle Standortabweichungen bestimmte Faktoren eingeführt:

$\sigma_P = PDOP \cdot \sigma_r$ für dreidimensionale Positionsbestimmung (3.90a)

$\sigma_h = HDOP \cdot \sigma_r$ für zweidimensionale Positionsbestimmung in der Horizontalebene (3.90b)

$\sigma_V = VDOP \cdot \sigma_r$ für Positionsbestimmung in der Vertikalebene (3.90c)

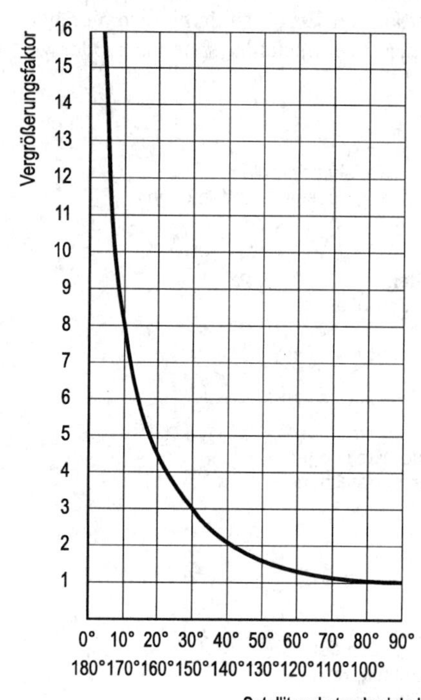

Bild 3.47
Faktor der relativen Vergrößerung des Positionsfehlers bei der zweidimensionalen Standortbestimmung in Abhängigkeit vom Satellitenabstandswinkel γ

Außerdem ist ein DOP-Faktor für die Uhrzeitabweichung definiert worden, da die Uhrzeitinformation mit Hilfe der Entfernungsmessung bestimmt wird (siehe Abschnitt 3.5.2.4):

$$\sigma_T = TDOP \cdot \sigma_r \tag{3.90d}$$

Für die Fehlerangabe des gesamten Systems wurde der Faktor GDOP (*Geometric Dolution of Precision*) definiert, er enthält die DOP-Faktoren für den Positionsfehler und für die Uhrzeitabweichung:

$$GDOP = \sqrt{(PDOP)^2 + (TDOP)^2} \tag{3.91}$$

Für die Praxis können die Fehlerangaben noch verbessert werden, indem anstelle der allgemein gültigen Standardabweichung σ_P des allgemeinen Entfernungsmeßfehlers der Entfernungsmeßfehlers UERE (User Equivalent Range Error, *äquivalenter Entfernungsmeßfehler des Nutzers*) verwendet wird. Diese auf den spezifischen Ort bezogenen Werte kann der Nutzer auf Grund von Fehlermodellen bestimmen. Wenn dem Nutzer der für seinen Standort geltende DOP-Faktor und der Entfernungsfehler UERE bekannt sind, kann er den dafür zu erwartenden Positionsfehler ε berechnen:

$$\varepsilon = \mathrm{DOP} \cdot \mathrm{UERE} \tag{3.92}$$

Ist dem Nutzer die Standardabweichung σ_{UERE} des Entfernungsmeßfehlers bekannt, kann er die Standardabweichung des Positionsfehlers berechnen:

$$\sigma_{\mathrm{p}} = \mathrm{DOP} \cdot \sigma_{\mathrm{UERE}} \tag{3.93}$$

Der Fehlervektor wird durch die Komponenten des Entfernungsmeßfehlers und des Uhrzeitfehlers ausgedrückt. Unter Verwendung der Standardabweichungen sind das die Komponenten σ_{x}, σ_{y}, σ_{z} und σ_{ct}. Damit kann der Faktor für die durch geometrische Verhältnisse verursachte Verschlechterung durch folgenden Ausdruck angegeben werden:

$$\mathrm{GDOP} = \frac{\sqrt{\sigma_{\mathrm{x}}^2 + \sigma_{\mathrm{y}}^2 + \sigma_{\mathrm{z}}^2 + \sigma_{\mathrm{ct}}^2}}{\sigma_{\mathrm{UERE}}} . \tag{3.94}$$

wobei σ_{UERE} die Standardabweichung des Entfernungsmeßfehlers UERE ist. Aus Gl.(3.93) ergeben sich die folgenden Beziehungen

$$\sqrt{\sigma_{\mathrm{x}}^2 + \sigma_{\mathrm{y}}^2 + \sigma_{\mathrm{z}}^2} = \mathrm{PDOP} \cdot \sigma_{\mathrm{UERE}} \tag{3.95}$$

$$\sqrt{\sigma_{\mathrm{x}}^2 + \sigma_{\mathrm{y}}^2} = \mathrm{HDOP} \cdot \sigma_{\mathrm{UERE}} \tag{3.96}$$

$$\sigma_{\mathrm{z}} = \mathrm{VDOP} \cdot \sigma_{\mathrm{UERE}} \tag{3.97}$$

$$\sigma_{\mathrm{ct}} = \mathrm{TDOP} \cdot \sigma_{\mathrm{UERE}} . \tag{3.98}$$

Bei der zweidimensionalen Ortung hängt der DOP-Faktor vom Satellitenabstandswinkel γ der betreffenden zwei Satelliten ab (siehe Bild 3.45). Bei der dreidimensionalen Ortung werden bekanntlich vier Satelliten empfangen, deren Konstellation durch ihre gegenseitigen Abstandswinkel bestimmt ist. Daher hängt der DOP-Faktor bei der dreidimensionalen Ortung von den sechs Abstandswinkeln der vier Satelliten ab. Diese Konstellation läßt sich räumlich durch einen unregelmäßigen pyramidenförmigen Körper darstellen, dessen Spitze der Standort des Nutzers ist und dessen vier Eckpunkte die vier Satelliten sind. Die Verbindungslinien zu den vier Ecken ergeben vier Dreiecke, die ein Tetrahedron darstellen. Das Tetrahedron wird durch Einheitsvektoren gebildet, die vom Standort des Nutzers in Richtung der vier Satelliten gezogen werden (**Bild 3.48**). Der GDOP-Faktor ist umgekehrt proportional zum Volumen V_{H} des Tetrahedrons für die betreffende Satellitenkonstellation:

$$\mathrm{GDOP} = k \cdot \frac{1}{V_{\mathrm{H}}} , \tag{3.99}$$

wobei k ein Umrechnungsfaktor ist.

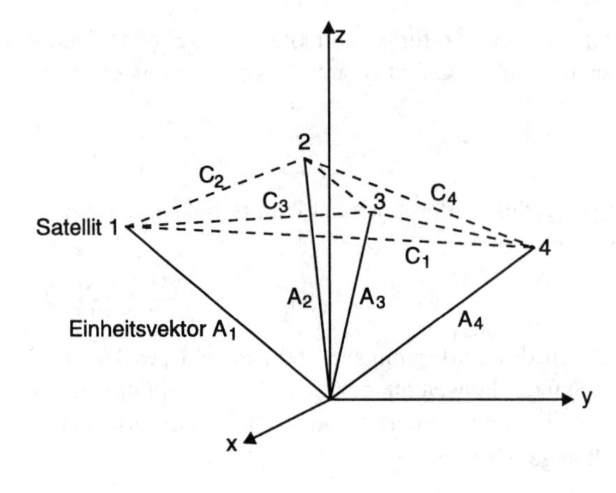

Bild 3.48
Tetrahedron, aus Einheitsvektoren zu den vier Satelliten gebildet

Das Volumen dieses Körpers hat ein Maximum, wenn ein Satellit im Zenit des Nutzers steht und die übrigen drei um einen Winkel von 120° voneinander getrennt sind und einen geringen Erhebungswinkel haben.

Da sich infolge der Bewegung der Satelliten auf ihren Umlaufbahnen die Konstellation gegenüber dem Nutzer ständig ändert, treten auch entsprechende Änderungen der DOP-Faktoren auf. Die Änderungen sind vom Ort des Nutzers und der Zeit abhängig. Zusammenfassend wird festgestellt:

- Der GDOP-Faktor gibt an, wie sich der Positionsfehler gegenüber dem Meßfehler der Entfernung ändert.
- Der GDOP-Faktor hängt von den geometrischen Verhältnissen der jeweils benutzten vier Satelliten gegenüber dem Standort des Nutzers ab. Der GDOP-Faktor ist daher orts- und zeitabhängig.
- Der Zahlenwert des GDOP-Faktors ist abhängig vom benutzten Koordinatensystem.
- Der GDOP-Faktor ist ein Kriterium bei der Festlegung der Lage der Satelliten auf ihrer Umlaufbahn.
- Der GDOP-Faktor ist für den Empfänger ein Mittel bei der Auswahl der günstigsten vier bei mehr als vier nutzbaren Satelliten. Größere GPS-Empfänger verwenden dieses Kriterium zur Optimierung der Messungen.

3.6.4.3 Meß- und Rechenergebnisse

Nach Gl.(3.89) und Gl.(3.93) setzt sich der Positionsfehler aus dem Entfernungsfehler σ_r bzw. σ_{UERE} und dem DOP-Faktor zusammen. Der Entfernungsfehler σ_r wird von der selektiven Verschlechterung (SA) beeinflußt und ist daher exakt nicht bekannt. Deshalb erfolgt die allgemeine Angabe des Fehlers und seine Abhängigkeit vom Ort des Nutzers und der Zeit durch die Angabe des DOP-Faktors. Der jeweilige DOP-Faktor wird von der Konstellation der Satelliten gegenüber dem Standort des Nutzers bestimmt. Die Konstellation ist durch die Bewegung der Satelliten zeit- und ortsabhängig. Aus den von den Satelliten mitgeteilten Bahndaten kann der Empfänger des Nutzers die Positionen der Satelliten berechnen und somit auch die DOP-Faktoren. Es ist aber auch möglich, die DOP-Faktoren aus den durch die Messung der Entfernungen errechneten Positionen zu bestimmen. Dazu werden die im Empfänger errechneten Meßfehler UERE und die wahre Position des betreffenden Standortes benötigt.

Die Übereinstimmung der gemessenen Positionsfehler in der Horizontalebene mit dem berechneten DOP-Faktor in der Horizontalebene HDOP geht aus **Bild 3.49** hervor. Das Diagramm zeigt über einen Zeitraum von 24 Stunden die sich aus den Meßergebnissen ergebenden Positionsfehler in Abhängigkeit der errechneten HDOP-Faktoren. Mit dem berechneten Zahlenwert des Fehlers σ_{UERE} ergibt sich nach Gl. (3.89) und (3.93) die in Bild 3.49 eingefügte Gerade. Die Abweichungen der Meßpunkte von der Geraden haben ihre Ursache in der schwankenden selektiven Verschlechterung (SA).

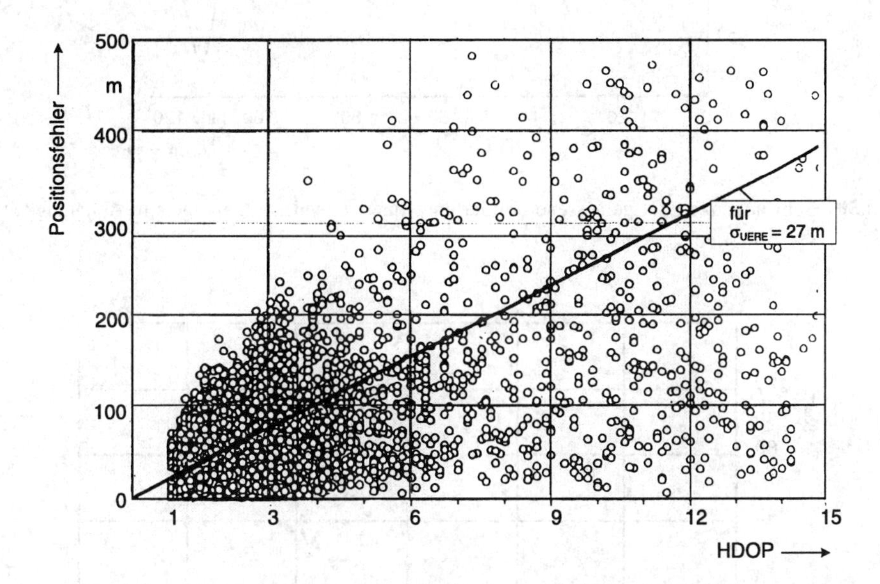

Bild 3.49 Positionsfehler eines ruhenden Empfängers in der Horizontalebene in Abhängigkeit vom HDOP-Faktor. Meßzeit etwa 24 Stunden. Standardfehler der Entfernungsmessung σ_{UERE} = 27 m

Das Ausmaß der durch SA bewirkten Schwankungen geht aus **Bild 3.50** hervor. Die von einem ruhenden Empfänger innerhalb von zwei Stunden gemessenen Entfernungen zeigen Schwankungen gegenüber dem Anfangsort um etwa ± 50 m. Der Änderungsquotient beträgt 0,1 bis 1,0 m/s. Noch stärker zeigt sich die Auswirkung von SA auf die Position, wie das Diagramm in **Bild 3.51** zeigt. Es gibt die in etwa vier Stunden mit einem ruhenden Empfänger ermittelten Positionen in der Horizontalebene wieder. Auch hier liegt der Änderungsquotient bei 0,1 bis 1,0 m/s. Die in den Diagrammen der Bilder 3.49 und 3.51 angegebenen Zahlenwerte sind die Differenzen der gemessenen Positionen gegenüber den geodätisch bestimmten Koordinaten des Standortes des Beobachters. In den Schwankungen sind auch die Veränderungen der DOP-Faktoren infolge der Bewegungen der Satelliten enthalten.

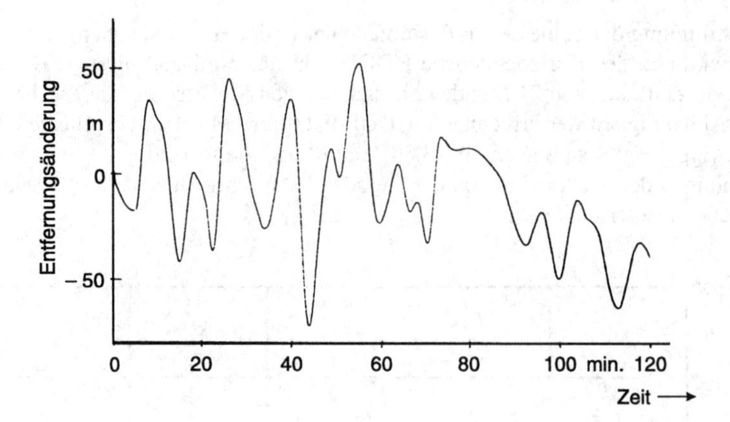

Bild 3.50 Schwankungen der gemessenen Entfernung eines ruhenden Empfängers in Abhängigkeit von der Zeit

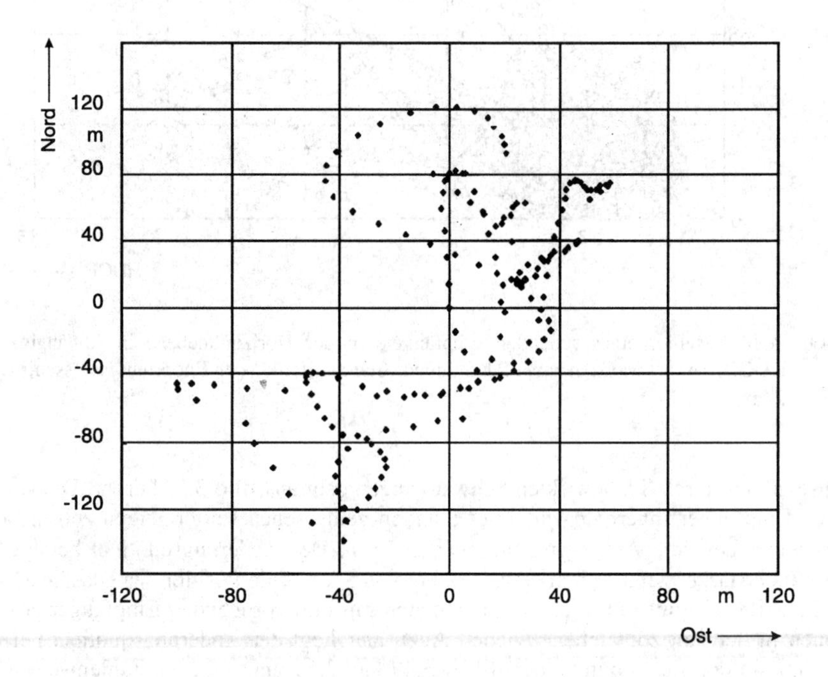

Bild 3.51 Schwankungen der gemessenen Position eines ruhenden Empfängers. Meßzeit etwa 4 Stunden, 125 Meßpunkte

Der Zusammenhang zwischen den vier verschiedenen DOP-Faktoren geht aus den Angaben des **Bildes 3.52** hervor. Die Faktoren wurden für den Standort Boston (Koordinaten 42° 21' N, 71° 5' O) in Abhängigkeit von der Zeit für ein Intervall von 24 Stunden bestimmt [3.26]. Es ist zu erkennen, daß in Amplitude und Zeitpunkt für alle vier DOP-Faktoren eine Übereinstimmung besteht. Das zeigt sich deutlich an den Zahlenwerten der PDOP-Faktoren in Bezug zu denen von VDOP und HDOP. Somit ist es im Allgemeinen ausreichend, für eine Beurteilung zunächst nur den VDOP-Faktor zu bestimmen.

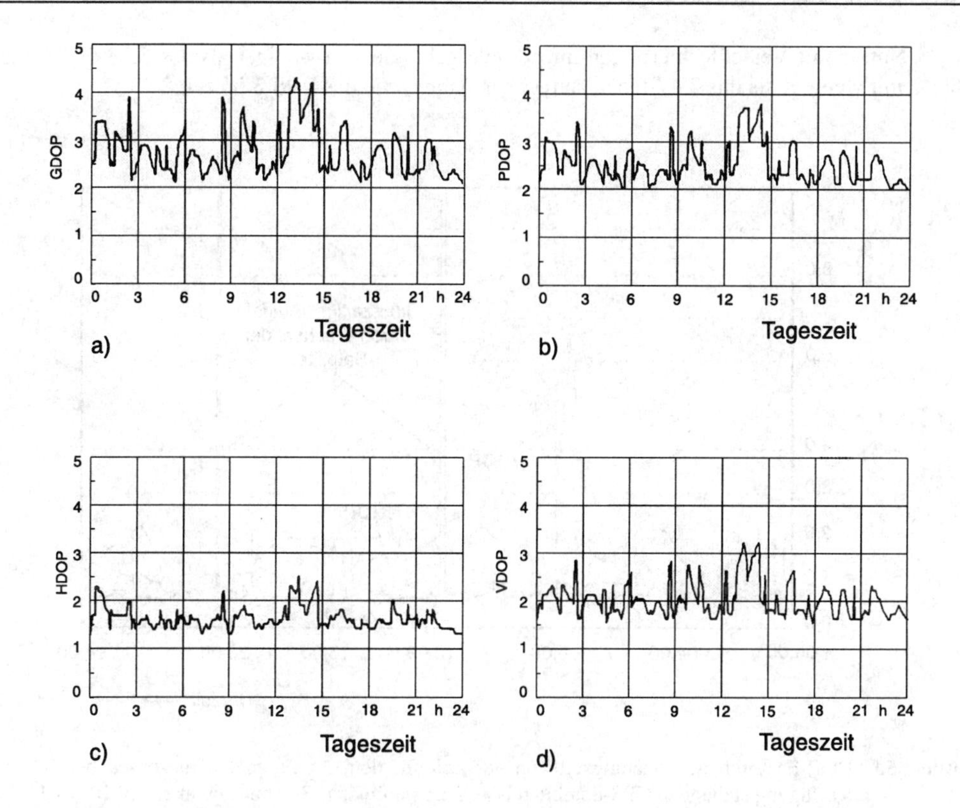

Bild 3.52 Schwankungen der DOP-Faktoren in Abhängigkeit von der Zeit bei 24 GPS-Satelliten mit einem minimalen Erhebungswinkel von 5° (Standort: Boston)
a) GDOP b) PDOP c) HDOP d) VDOP

Die für den Flughafen Innsbruck (Koordinaten: 47° 16' N, 11° 21' O) berechneten DOP-Faktoren in Abhängigkeit von der Zeit gehen aus **Bild 3.53** hervor. Wegen der von Bergen umgebenen Lage des Flughafens wurde ein minimaler Erhebungswinkel ψ_{min} von 10° angesetzt.

Berechnet wurden die Faktoren VDOP, NDOP (horizontale Komponente in Nordrichtung) und EDOP (horizontale Komponente in Ostrichtung). Die drei Faktoren bestimmen zusammen den räumlichen PDOP-Faktor. Die höchsten Zahlenwerte zeigt der VDOP-Faktor mit einem mittleren Wert von etwa 2. Zu den Zeiten 11.50 Uhr und 19.20 Uhr findet ein Wechsel der vom Empfänger für die Messungen in Anspruch genommenen Satelliten statt. Das erfolgt beispielsweise, wenn einer der benutzten Satelliten unter einen Erhebungswinkel ψ_{min} = 10° sinkt und deshalb vom Empfänger ausgeschieden wird. Auch das **Bild 3.54** zeigt, wie durch den Wechsel eines benutzten Satelliten ein plötzlicher Sprung des Meßergebnisses von etwa 10 m auftritt.

Je nach dem benutzten Satelliten ergeben sich für einen Nutzer in Abhängigkeit von der Zeit unterschiedliche DOP-Faktoren und damit auch schwankende Meßergebnisse. Auf der Erde gibt es Gebiete, für die sich zeitweilig relativ hohe DOP-Faktoren ergeben, wie aus **Bild 3.55** hervorgeht. Das gilt vor allem für Gebiete der geographischen Breite von 50° bis 70°, in denen der GDOP-Faktor bis 6-mal größer ist als der Mittelwert der übrigen Gebiete. Diese hohen Werte treten an den betreffenden Stellen meist zweimal innerhalb 24 Stunden auf und zwar mit einer Dauer von 15 bis 30 Minuten. Statistiken weisen nach, daß weltweit 90 % aller

GPS-Nutzer mit Verschlechterungen ihrer Meßergebnisse von weniger als das 3,28-fache und 50 % mit weniger als das 2,47-fache zu rechnen haben, wie das **Bild 3.56** zeigt.

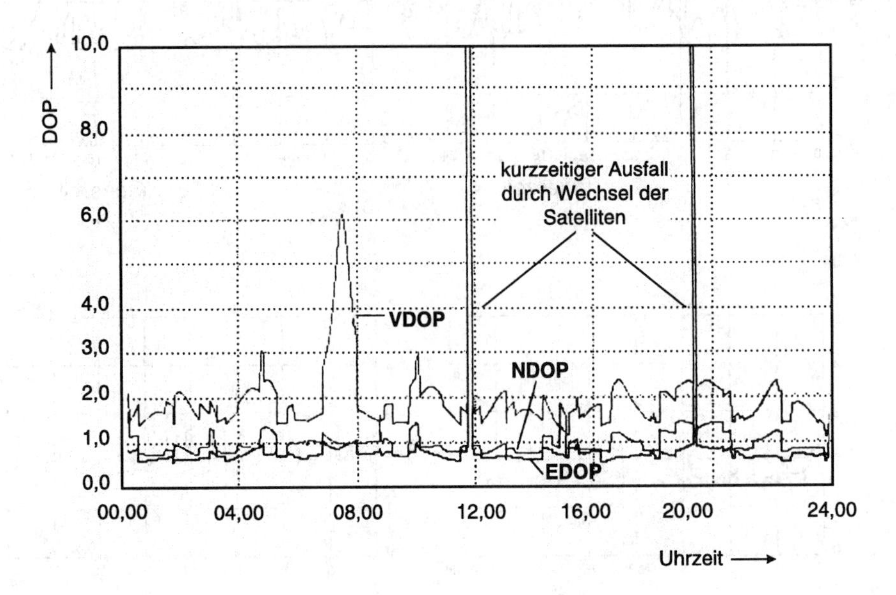

Bild 3.53 DOP-Faktoren in Abhängigkeit von der Zeit für den Ort Flughafen Innsbruck bei 24 zur Verfügung stehenden GPS-Satelliten bei einem minimalen Erhebungswinkel von 10° [3.53]

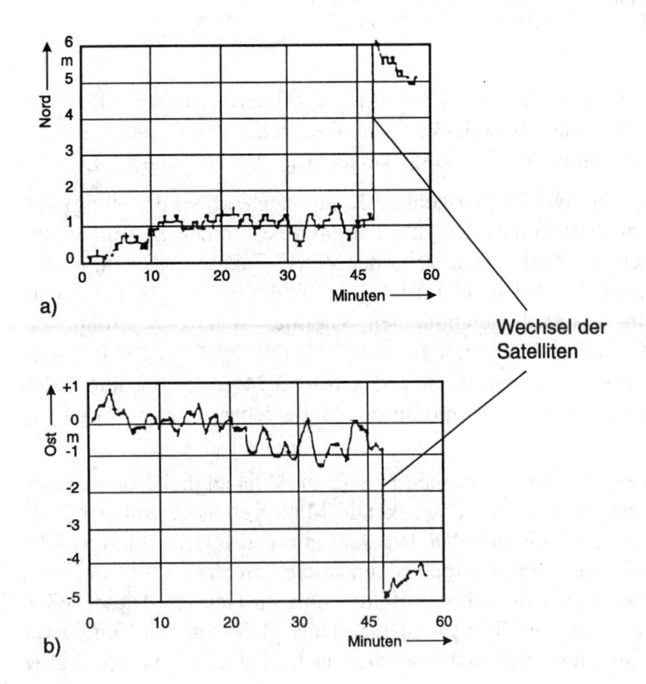

Bild 3.54
Sprung des Meßergebnisses durch Wechsel des benutzten Satelliten

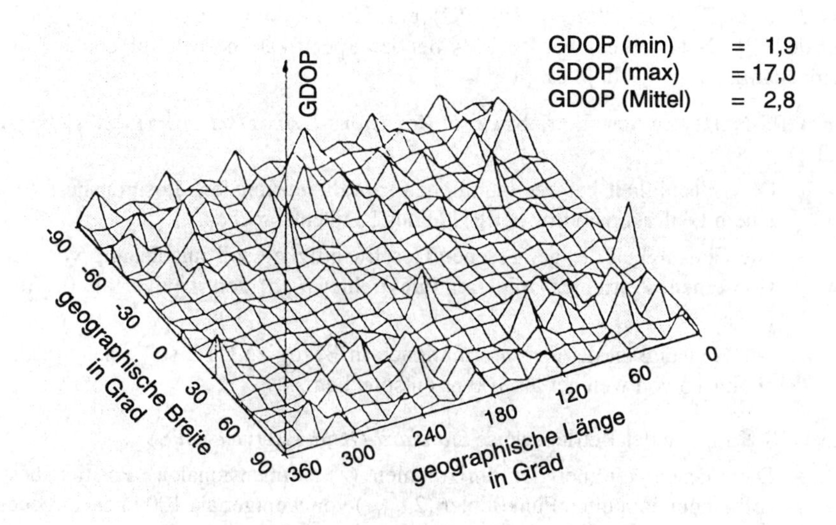

Bild 3.55 Gebiete auf der Erde mit verhältnismäßig hohen GDOP-Faktoren (Stand: 1991)

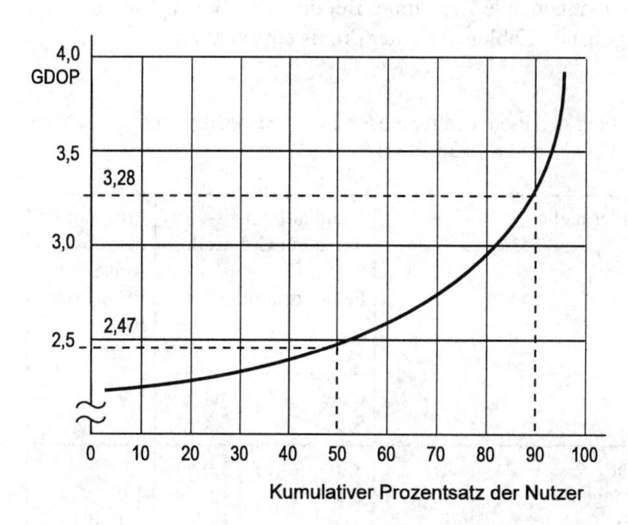

Bild 3.56
Kumulativer Prozentsatz der weltweiten Nutzer, bei denen der angegebene GDOP-Wert unterschritten wird

3.6.5 Fehlerübersicht

Aufgrund der in den vorangegangenen Abschnitten betrachteten Fehlerursachen können Fehlerbilanzen aufgestellt werden, aus denen sich die Genauigkeit unter verschiedenen Betriebsbedingungen abschätzen läßt. Dabei ist besonders zu beachten, daß die Positionsfehler nicht nur vom Meßfehler der Pseudoentfernungen abhängen, sondern in erheblichem Maße von den geometrischen Verhältnissen zwischen den für die Positionsbestimmung benutzten Satelliten und dem Ort des Nutzers. Die Fehler bei der Messung der Entfernungen werden durch den *User Equipment Range Error* (UERE) ausgedrückt. Die geometrisch bedingten Fehler werden durch den *Dilution of Precision* (DOP)Faktor beschrieben.

Vom *GPS Joint Program Office* (GPS-JPO), einer Institution des *Department of Defence* (Betreiber des GPS-Netzwerkes) wurden 1984 bei den Spezifikationen die folgenden Angaben zur Systemgenauigkeit gemacht [3.32]:

- für GPS-Nutzer in der Betriebsweise *Präzisions-Ortungsservice* (PPS, siehe Abschnitt 3.3.1)
  - Die Genauigkeit bei der räumlichen (dreidimensionalen) Positionsbestimmung soll einem Fehlerkreisradius (CEP) kleiner 16 m entsprechen.
  - Die Genauigkeit der gemessenen Geschwindigkeit soll unabhängig von der Dimension einem Zeitfehler (mittlerer Punktfehler d_{rms}) von weniger als 0,1 μs entsprechen.
  - Die Genauigkeit der Zeitinformationen in Bezug zu UTC soll einer Standardabweichung 1σ von weniger als 100 ns entsprechen.
- für GPS-Nutzer in der Betriebsweise *Standard-Ortungsservice* (SPS)
  - Die Genauigkeit bei der horizontalen (zweidimensionalen) Positionsbestimmung soll einem doppelten Punktfehler ($2\ d_{rms}$) von weniger als 100 m entsprechen.

Die Wahrscheinlichkeit des Punktfehlers für $1\ d_{rms}$ liegt zwischen 63 und 68 %, für $2\ d_{rms}$ bei 93 bis 98 % [1.12]. Die angeführten vier Genauigkeitsangaben wurden in den 80er Jahren herausgegeben, sie sind seitdem eine maßgebende Richtlinie. Bei der jahrelangen Nutzung von GPS hat sich erwiesen, daß die angegebenen Zahlenwerte der Praxis entsprechen.

Tabelle 3.14: Fehlerbilanz für die Messung der Pseudoentfernungen in der Standardbetriebsweise SPS und in der Präzisionsbetriebsweise PPS [3.26; 3.44]

Segment	Fehlerquelle	Standardbetriebsweise mit C/A-Code. Fehler σ in m		Präzisionsbetriebsweise mit P(Y)-Code. Fehler σ in m
		ohne SA	mit SA	
Raumsegment	Satelliten-Instabilität	3,0	3,0	3,0
	Satellitenbahn-Störungen	1,0	1,0	1,0
	Selective Availability (geschätzter Wert)	0,0	32,3	entfällt
	Sonstige Ursachen u.a. Sonnenstrahlungsdruck und Sonnenwind	0,5	0,5	0,5
Kontrollsegment	Fehler in vorausgesagten Ephemeriden	4,2	4,2	4,2
	sonstige Ursachen u.a. Monitormeßfehler	0,9	0,9	0,9
Nutzersegment	Laufzeitverzögerungen			
	Ionosphäre	5,0	5,0	2,3
	Troposphäre	1,5	1,5	1,5
	Empfängerrauschen, Meßauflösung	1,5	1,5	1,5
	Mehrwegeausbreitung	2,5	2,5	1,2
	sonstige Ursachen u.a. Interferenzen	0,5	0,5	0,5
Gesamtsystem	quadratischer Mittelwert	8,0	33,3	6,6

Die **Tabelle 3.14** enthält zwei Fehlerbilanzen für die Messung der Pseudoentfernungen [3.26; 3.44]. Die Fehlerbilanz für die Standardbetriebsweise (*Standard-Ortungsservice*, SPS) beruht auf Messungen, bei denen nur der Träger L1 benutzt wurde. Die Zahlenwerte sind aus einer großen Anzahl von Messungen verschiedener Nutzer gemittelt worden und können daher als repräsentativ angesehen werden. Die Fehlerbilanz für die Präzisionsbetriebsweise (*Präzisions-Ortungsservice*, PPS) wurde vom GPS-JPO aufgestellt. Die Messungen wurden dabei unter Verwendung der beiden Träger L1 und L2 durchgeführt, so daß eine Fehlerkorrektur der durch die ionosphärischen Laufzeitverzögerungen verursachten Fehler vorgenommen werden konnte. Das kommt auch in der Tabelle zum Ausdruck, in der diese Fehler der einzige bedeutende Unterschied in den beiden Fehlerbilanzen ist. Das Gesamtergebnis zeigt einen Fehler von 8,0 bzw. 6,6 m bei einer Wahrscheinlichkeit von 68 %. Es besteht also kein gravierender Unterschied in den beiden Betriebsweisen bei abgeschalteter *Selective Availability* (SA).

Die Zahlenwerte zeigen, daß in der Betriebsweise SPS bei aktivierter SA, auf die der zivile Nutzer angewiesen ist, die Forderungen an die Genauigkeit für viele Anwendungsbereiche nicht zu erfüllen sind. Das gilt beispielsweise für die Verwendung von GPS in der Luftfahrt zur Landung und in der Schiffahrt zum Manövrieren im Hafenbereich. Wie im Kapitel 4 gezeigt wird, lassen sich jedoch mit der Erweiterung des Systems, wie beispielsweise mit dem Differential-GPS, die Genauigkeiten ganz wesentlich erhöhen.

Die relative Genauigkeit bei der Bestimmung von Entfernungen und Positionen durch Messung der Trägerphase ist gegenüber der Bestimmung mit dem C/A- bzw. P(Y)-Code sehr groß. Sie liegt im Bereich von Bruchteilen der Wellenlänge des verwendeten Trägers. Die Wellenlänge des Trägers L1 beträgt 19,04 cm, so daß relative Genauigkeiten im Millimeterbereich erzielt werden können. In der Praxis wird meist der Wert von 5 mm $\pm 1 \cdot 10^{-6}$ der Entfernung genannt [3.44]. Da jedoch die Messung der Trägerphase nur innerhalb einer Wellenlänge, also innerhalb 19,04 cm eindeutig ist, muß die Mehrdeutigkeit mit geeigneten Verfahren gelöst werden. Das kann nur mit höherem technischen Aufwand und mit längerer Meßzeit erreicht werden. Deshalb ist die Trägerphasenmessung für die Anwendung in der Navigation nur bedingt geeignet.

3.7 Sichtbarkeit und Verfügbarkeit

3.7.1 Begriffsbestimmung

Die *Sichtbarkeit* (visibility) und die *Verfügbarkeit* (availability) sind bei GPS zwei Begriffe, mit denen die Nutzbarkeit beschrieben wird.

Mit dem Begriff *Sichtbarkeit* wird ganz allgemein angegeben, ob ein umlaufender Satellit für den an einem bestimmten Ort befindlichen Nutzer *sichtbar* ist. Als *sichtbar* gilt hierbei, daß die Verbindungslinie vom Nutzer zum Satelliten frei von elektromagnetischen Hindernissen ist (siehe Kapitel 1, Abschnitt 1.9). Zu den Hindernissen gehört die Abschattung durch die Bedekkung der Erdoberfläche und die Erdkrümmung.

Mit dem Begriff *Verfügbarkeit* wird angegeben, daß die GPS-Satelliten sichtbar sind und für die Durchführung der Messungen zur Verfügung stehen. Dabei gilt die Bedingung, daß die Messung der Entfernung bzw. die Bestimmung der Position mit einer angegebenen Genauigkeit erfolgt. Speziell für GPS setzt eine Verfügbarkeit voraus, daß mindestens vier Satelliten gleichzeitig oder in kurzen Zeitabständen nacheinander für die Messungen zur Verfügung stehen. Für die Genauigkeitsangaben werden im Allgemeinen die Standardabweichungen und der DOP-Faktor verwendet.

Nach Gl. (3.93) ist die Standardabweichung der aus den gemessenen Entfernungen errechneten Position gleich:

$$\sigma_p = DOP \cdot \sigma_{UERE},$$

wobei σ_{UERE} die Standardabweichung der gemessenen Entfernung ist. Unter dieser Bedingung ist die Verfügbarkeit von den geometrischen Beziehungen zwischen dem Nutzer und den benutzten Satelliten abhängig. Diese Abhängigkeit wird durch den DOP-Faktor ausgedrückt. Das bedeutet, die Verfügbarkeit hängt vom Ort, von der Uhrzeit, der Gesamtzahl der betriebsfähigen Satelliten, von der Konstellation der Satelliten in ihren Umlaufbahnen und der Dimension der Positionsbestimmung ab. Für die verschiedenen Dimensionen gelten die entsprechenden Faktoren PDOP, HDOP und VDOP (siehe Abschnitt 3.6.4.2).

3.7.2 Sichtbarkeit der GPS-Satelliten

Theoretisch ergibt sich für einen Nutzer auf der Erde die Sichtbarkeit eines Satelliten aus dem Sichtbarkeitswinkel α nach Gl.(1.19). In der Praxis werden jedoch Funkverbindungen zwischen Nutzer und Satelliten, die am Horizont oder dicht oberhalb des Horizontes verlaufen, vermieden, weil sie durch die Topographie der Erdoberfläche meist behindert sind. Außerdem muß die elektromagnetische Welle bei niedrigen Erhebungswinkeln die Atmosphäre über einen längeren Weg durchlaufen, so daß in stärkerem Maß Laufzeitverzögerungen auftreten. Auch Mehrwegeausbreitungen treten bei niedrigen Erhebungswinkeln häufiger und intensiver auf. Um diese nachteiligen Erscheinungen zu vermeiden, werden in der Praxis nur Funkverbindungen zwischen Nutzer und Satelliten zur Ortung verwendet, die oberhalb eines minimalen Erhebungswinkels ψ_{min} (mask angle) auftreten, wie aus **Bild 3.57** hervorgeht (siehe auch Abschnitt 1.4.3 und Bild 1.20 bis 1.22). Üblich sind minimale Erhebungswinkel ψ_{min} von 5 bis 10°. Der reduzierte Sichtbarkeitswinkel α' ist dann gleich

$$\alpha' = 180° - 2\arcsin\left[\left(\frac{R}{R+h}\right)\cos\psi_{min}\right] \tag{3.100}$$

und der Überdeckungswinkel φ (siehe auch Bild 1.20):

$$\varphi = 180° - \alpha' - \psi_{min} \tag{3.101}$$

Aus **Bild 3.58** gehen α' und φ in Abhängigkeit von ψ_{min} hervor.

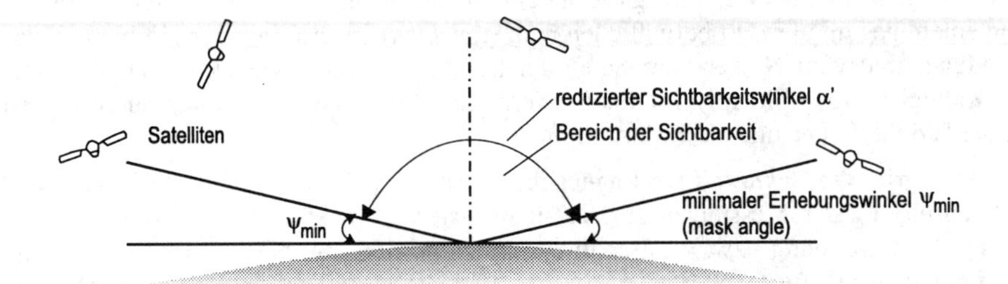

Bild 3.57 Sichtbarkeitsbereich bei minimalem Erhebungswinkel ψ_{min} (mask angle)

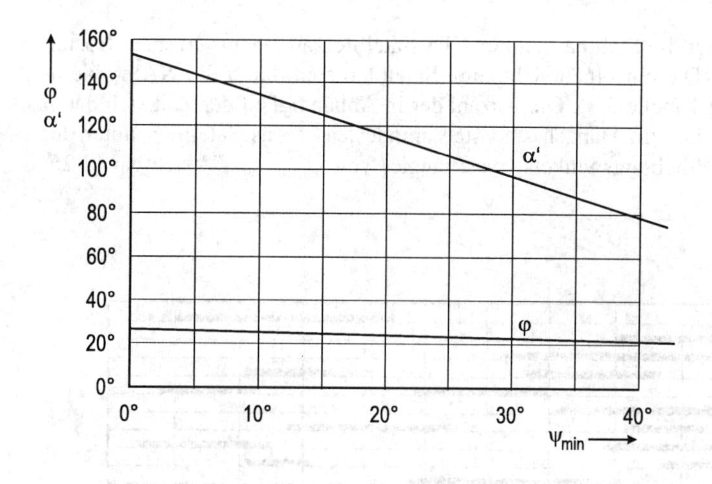

Bild 3.58
Reduzierter Sichtbarkeitswinkel α' und Überdeckungswinkel φ von GPS in Abhängigkeit vom minimalen Erhebungswinkel ψ_{min}

Für die zur Positionsbestimmung erforderlichen vier Satelliten müssen sich die Sichtbarkeitswinkelbereiche überdecken, so daß der effektive Sichtbarkeitswinkel α_{eff} relativ klein ist (**Bild 3.59**).

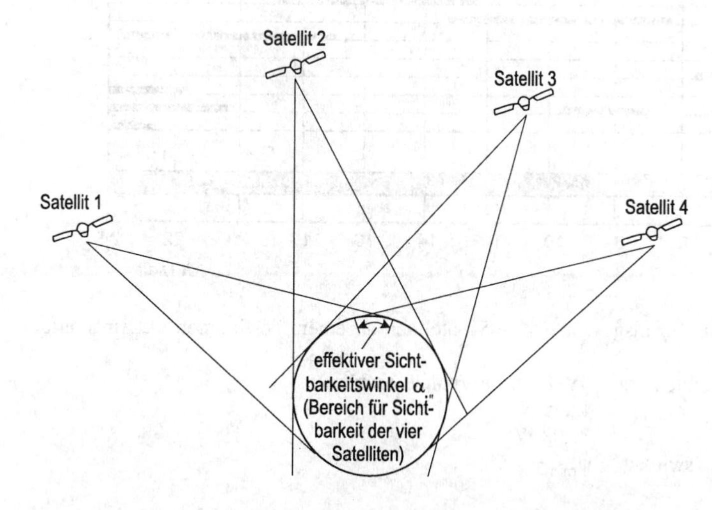

Bild 3.59
Effektiver Sichtbarkeitswinkel α_{eff} bei vier Satelliten

Die zum System gehörenden 24 GPS-Satelliten sind in ihren sechs Umlaufbahnen so verteilt, daß die Sichtbarkeit von mindestens vier Satelliten an jedem Ort der Erde und zu jeder Zeit weitgehend gewährleistet ist. Zur Erzielung einer unterbrechungsfreien Positionsbestimmung müssen für einen Nutzer ständig mindestens fünf oder sechs Satelliten sichtbar sein. Damit wird erreicht, daß der Übergang von einem hinter dem Horizont verschwindenden Satelliten zu einem anderen Satelliten keine Unterbrechung der laufenden Positionsbestimmung hervorruft. Außerdem kann mit mehr als vier Satelliten die jeweils günstigste geometrische Konstellation mit dem kleinsten DOP-Faktor gewählt werden.

Die sogenannte *minimale Sichtbarkeit* (minimum visibility) gilt jeweils für eine bestimmte Anzahl von betriebsfähigen Satelliten und für eine bestimmte Zeit oder für einen bestimmten Prozentsatz von 24 Stunden. Die Angaben erfolgen entweder auf einer Landkarte für eine bestimmte Fläche auf der Erde oder in einer Tabelle oder Grafik. Daher gelten die Angaben exakt nur für Nutzer, die sich auf der Erdoberfläche oder im erdnahen Raum befinden.

Die Graphik im **Bild 3.60** zeigt die Sichtbarkeit der GPS-Satelliten an einem Ort nahe Boston (USA) während eines Tages. Die einzelnen sichtbaren Satelliten sind durch die NASA-Nummer (SVN) angegeben. (siehe Tabelle 3.3). Die Anzahl der in Abhängigkeit der Zeit sichtbaren Satelliten geht aus **Bild 3.61** hervor. Danach sind stets mindestens sechs Satelliten unter der Bedingung eines minimalen Erhebungswinkels (mask angle) von ψ_{min} = 7,5° sichtbar [3.26; 3.61; 3.62]

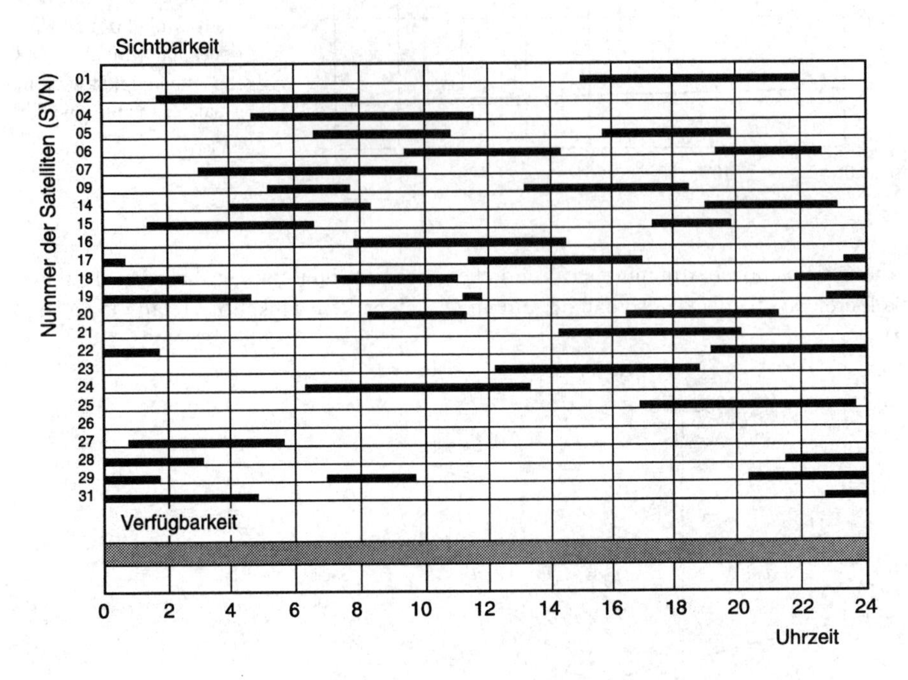

Bild 3.60 Sichtbare Satelliten von insgesamt 24 GPS-Satelliten an einem bestimmten Ort im Laufe von 24 Stunden

Benennung der Satelliten : SVN (Space Vehicle Number)
Ort : 42,35 N
71,08 W
Minimaler Erhebungswinkel ψ_{min} = 7,5°

Im **Bild 3.62** sind die Sichtbarkeiten in Abhängigkeit von der Anzahl der Satelliten bei 24 Satelliten für Nutzer auf der Erdoberfläche angegeben. Die Berechnung erfolgte für Nutzer, deren Standorte auf die drei geographischen Breiten von 0°, 45° und 90° und auf je 16 verschiedene geographische Längen verteilt sind. Die Sichtbarkeit ist in Prozent der Zeit von zwei Satellitenumläufen, das heißt für einen Zeitabschnitt von 24 Stunden, angegeben [3.42].

Das **Bild 3.62a** gilt für einen minimalen Erhebungswinkel von 5°. Es zeigt sich, daß trotz der Einschränkung durch den minimalen Erhebungswinkel ständig fünf oder mehr Satelliten sichtbar sind. In etwa 80 % der Zeit sind sieben Satelliten sichtbar. Dieses Ergebnis ist die Folge der günstigen Verteilung der einzelnen Satelliten auf ihren Umlaufbahnen. Für das **Bild 3.62b** gelten die gleichen Voraussetzungen, jedoch ist der minimale Erhebungswinkel auf 10° erhöht. Durch diese weitere Einschränkung geht die Sichtbarkeit insgesamt zurück. Bei einer mittleren geographischen Breite sind beispielsweise in etwa 0,5 % der Zeit, das sind etwa 7 Minuten innerhalb 24 Stunden, nur vier Satelliten sichtbar. Würde einer der vier Satelliten ausfallen, so bedeutet das einen Ausfall der Positionsbestimmung für 7 Minuten. Außerdem kann bei nur vier sichtbaren Satelliten ein kurzzeitiger Ausfall auftreten, wenn einer der vier Satelliten sich zum Horizont neigt und ein Wechsel der Satelliten erfolgen muß.

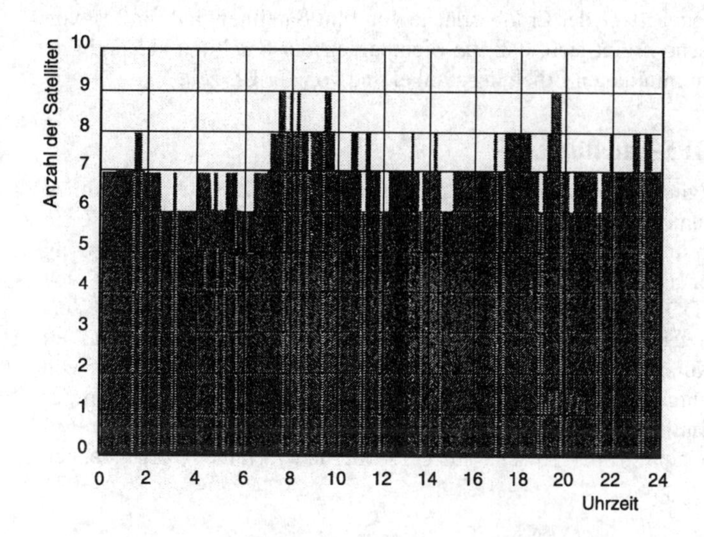

Bild 3.61 Anzahl der sichtbaren Satelliten nach Bild 3.60

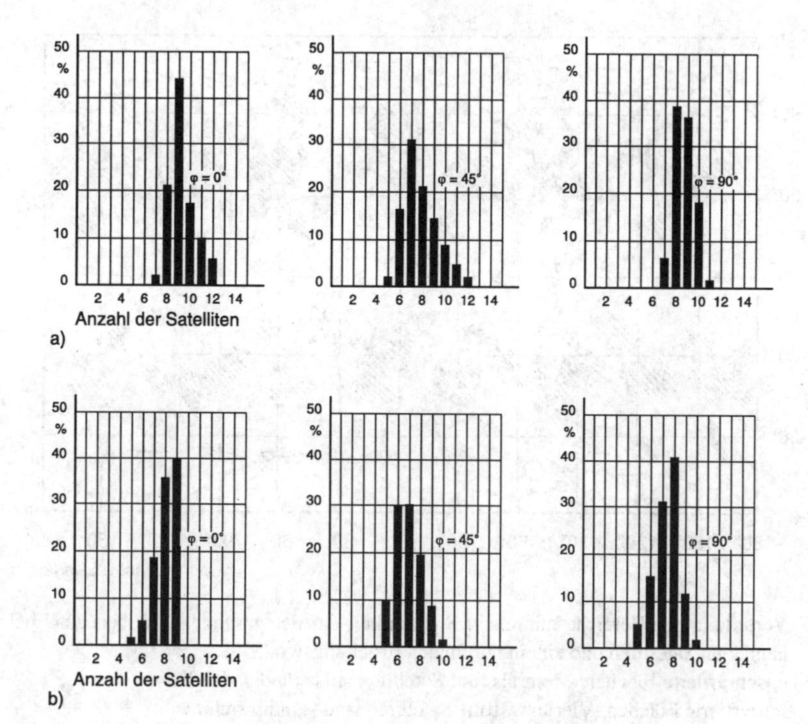

Bild 3.62 Sichtbarkeit in Prozent der Zeit an drei verschiedenen Standorten mit unterschiedlicher geographischer Breite φ und gemittelt über die gesamte geographische Länge.
Gesamtzahl der Satelliten: 24
a) minimaler Erhebungswinkel (mask angle) $\psi_{min} = 5°$ b) dsgl. 10°

Die Verteilung der Bereiche minimaler Sichtbarkeit auf der gesamten Erdoberfläche bei 24 vorhandenen Satelliten geht näherungsweise aus **Bild 3.63** hervor [3.54]. Die Darstellung gilt bei einem minimalen Erhebungswinkel $\psi_{min} = 7{,}5°$ für eine Beobachtungszeit von 24 Stunden. Es ist zu erkennen, daß für etwa 79 % der Erdoberfläche eine ständige Sichtbarkeit von mehr als fünf Satelliten besteht, für etwa 19 % der Erdoberfläche von fünf Satelliten und für 2 % von vier Satelliten. Zusammenfassend ergibt sich, daß die Sichtbarkeit der Satelliten abhängig ist vom Standort des Nutzers, vom minimalen Erhebungswinkel und von der Uhrzeit.

3.7.3 Verfügbarkeit der GPS-Satelliten

Während die Sichtbarkeit lediglich darüber Auskunft gibt, ob ein Nutzer zu einer bestimmten Anzahl von Satelliten eine Funkverbindung herstellen kann, wird mit der Verfügbarkeit die Gewährleistung zur Durchführung von Entfernungsmessungen für die Positionsbestimmung mit einem begrenzten Fehler ausgedrückt. Der begrenzte Fehler wird dabei durch den DOP-Faktor angegeben. Der DOP-Faktor ergibt sich aus den jeweiligen geometrischen Verhältnissen zwischen den benutzten vier Satelliten und dem Nutzer. Damit ist die Verfügbarkeit abhängig vom Standort des Nutzers, vom minimalen Erhebungswinkel, von der Uhrzeit, von der Gesamtzahl der betriebsfähigen Satelliten, von ihrer Konstellation und der Dimension der Positionsbestimmung. Die quantitative Angabe der Verfügbarkeit erfolgt meist mit dem Prozentsatz der Zeit verteilt über eine größere Fläche auf der Erde und für einen vorgegebenen minimalen Erhebungswinkel ψ_{min}.

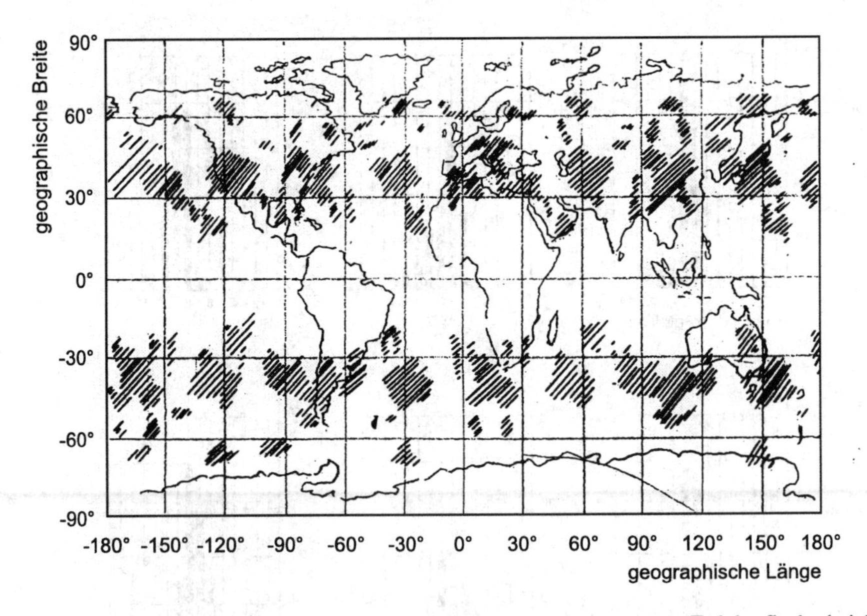

Bild 3.63 Verteilung der Bereiche minimaler Sichtbarkeit auf der gesamten Erdoberfläche bei 24 vorhandenen Satelliten und einem minimalen Erhebungswinkel $\psi_{min} = 7{,}5°$
unschraffierte Flächen: Mehr als fünf Satelliten sind ständig sichtbar
schraffierte Flächen: Vier bzw. fünf Satelliten sind ständig sichtbar

Das Diagramm in **Bild 3.64** zeigt die kumulative Verfügbarkeit in Abhängigkeit des PDOP-Faktors für minimale Erhebungswinkel $\psi_{min} = 0°$, 5° und 7,5° bei 24 betriebsfähigen Satelliten. Der maximale Wert des PDOP-Faktors ist gleich 3,1 für $\psi_{min} = 0°$ und 5,2 für $\psi_{min} = 5{,}0°$.

Aus dem Diagramm geht hervor, daß natürlich die Verfügbarkeit mit der Verringerung von ψ_{min} steigt. Jedoch können bei kleinen Erhebungswinkeln bereits hohe Gebäude, die sich in der Sichtlinie zwischen Nutzer und Satelliten befinden, eine Abschattung und damit den Ausfall der Funkverbindung bewirken. Außerdem nimmt die Länge des Weges der Funkverbindung, die innerhalb der Atmosphäre verläuft, mit der Verringerung des Erhebungswinkels zu, so daß die Laufzeitverzögerung und die Mehrwegeausbreitungen zunehmen. Der maximal zulässige Wert des DOP-Faktors hängt von der vom Nutzer gewünschten Genauigkeit ab. Somit ist auch die Verfügbarkeit von der geforderten Genauigkeit abhängig. Je höher der DOP-Faktor angesetzt wird, desto größer ist die Verfügbarkeit, jedoch bei geringerer Genauigkeit. In den internationalen Veröffentlichungen wird überwiegend ein PDOP-Faktor von 6 als Grenzwert für die Verfügbarkeit des Systems vorgegeben.

Die Kurven in Bild 3.64 zeigen, daß bei der vollständigen Systemausstattung mit 24 Satelliten und $\psi_{min} = 5°$ der PDOP-Faktor unterhalb 6 liegt. Da die Berechnung nur für diskrete Zeitpunkte in Abständen von 5 Minuten durchgeführt wurde, kann es möglich sein, daß dazwischen höhere Werte auftreten, dann aber jeweils nur für eine Dauer von weniger als 5 Minuten. Bei $\psi_{min} > 7{,}6°$ ergibt die Satellitenkonstellation einen starken Anstieg des PDOP-Faktors. Daraus ergibt sich für PDOP > 6 eine maximale Verfügbarkeit von 99,98, aber nur eine Verfügbarkeit von 99,3 für ein PDOP-Faktor < 6. Innerhalb 24 Stunden tritt also für etwa 10 Minuten ein PDOP-Faktor > 6 auf.

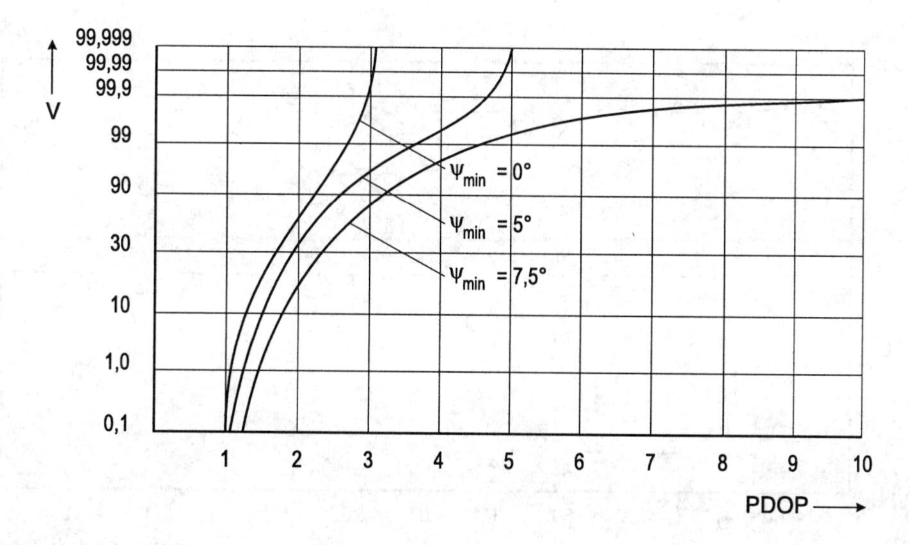

Bild 3.64 Kumulative Verfügbarkeit V in Abhängigkeit vom PDOP-Faktor bei minimalen Erhebungswinkeln $\psi_{min} = 0°; 5°; 7{,}5°$ (Gesamtzahl der Satelliten : 24)

Die örtliche Verteilung der Ausfälle geht aus **Bild 3.65** hervor. Als Ausfall gilt, daß bei der Positionsbestimmung mit jeweils vier der verfügbaren 24 Satelliten bei $\psi_{min} = 7{,}5°$ der PDOP-Faktor auf Werte über 6 ansteigt. Aus dem Bild ist ersichtlich, daß die Ausfälle in Bereichen oberhalb 60° nördlicher und 60° südlicher geographischer Breite auftreten und bis zu 10 Minuten dauern können. Insgesamt zeigt sich, daß die weltweite Verfügbarkeit verhältnismäßig groß ist.

3.7.4 Auswirkung der Verringerung der Anzahl der verfügbaren Satelliten

Die vorhergegangenen Betrachtungen gingen davon aus, daß alle 24 Satelliten, die den normalen Betriebszustand kennzeichnen, auch betriebsfähig sind und reguläre Ortungsergebnisse gewährleisten. Tatsächlich muß jedoch damit gerechnet werden, daß nicht alle 24 Satelliten zur Verfügung stehen. Erstens müssen zur Durchführung von Überprüfungen gelegentlich einzelne Satelliten für eine begrenzte Zeit außer Betrieb genommen werden. Zweitens muß auch damit gerechnet werden, daß irgendein Satellit nicht ordnungsgemäß arbeitet. Nach den bisherigen Erfahrungen haben seit der Inbetriebnahme der 24 Satelliten im Jahr 1992 langfristig alle 24 Satelliten gleichzeitig nur zu 72 % der Zeit zur Verfügung gestanden und 21 Satelliten zu 98 % der Zeit [3.26].

Die exakte Angabe der Verfügbarkeit bei weniger als 24 Satelliten hängt auch davon ab, welche der 24 Satelliten nicht benutzt werden können. Diese Abhängigkeit ergibt sich aus der Tatsache, daß der Einfluß der einzelnen Satelliten auf den DOP-Faktor und damit auf die vom DOP-Faktor abhängige Verfügbarkeit unterschiedlich ist. In einer Studie wurden die Verfügbarkeiten für folgende Konstellationen berechnet [3.26; 3.45]:

- 23 Satelliten, nicht in Betrieb Satellit A 3
- 22 Satelliten, nicht in Betrieb Satelliten A 1, F 3
- 21 Satelliten, nicht in Betrieb Satelliten A 2, E 3, F 2

Die Bezeichnungen der Satelliten beruhen auf den Angaben im Bild 3.5.

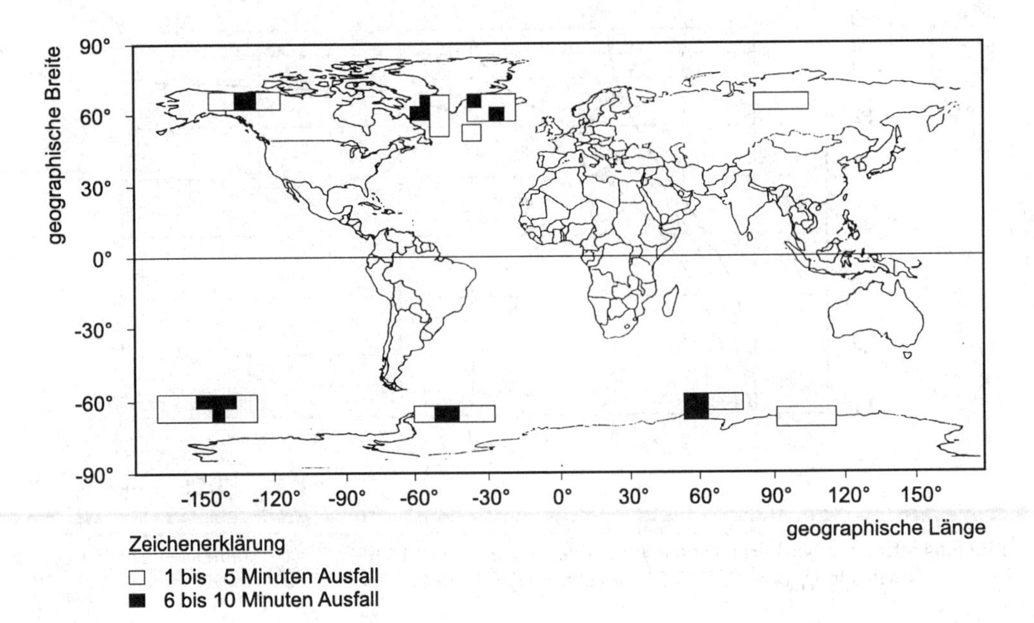

Bild 3.65 Verteilung der Verfügbarkeit von mindestens vier Satelliten von 24 betriebsfähigen Satelliten bei einem minimalen Erhebungswinkel von $\psi_{min} = 7{,}5°$ und PDOP ≤ 6

Das **Bild 3.66** zeigt die kumulative Verfügbarkeit in Abhängigkeit vom PDOP-Faktor bei einem minimalen Erhebungswinkel $\psi_{min} = 5°$, wenn bis zu drei Satelliten nicht zu Verfügung stehen. In **Tabelle 3.15** sind Verfügbarkeiten und Dauer der Ausfälle, die in singulären Bereichen bei den angegebenen Konstellationen auftreten, zusammengestellt. Die örtliche Verteilung der Ausfälle, wenn nur 22 bzw. 21 der 24 Satelliten verfügbar sind, kann aus den **Bildern 3.67** und **3.68** ersehen werden.

Tabelle 3.15: Verfügbarkeiten und maximale Ausfalldauer der Ortung bei verschiedener Anzahl von Satelliten

Anzahl der Satelliten	Verfügbarkeit bei PDOP ≤ 6	ψ_{min}	maximale Ausfalldauer
24	99,980	5°	10 min
23	99,969	5°	15 min
22	99,903	5°	25 min
21	99,197	5°	65 min

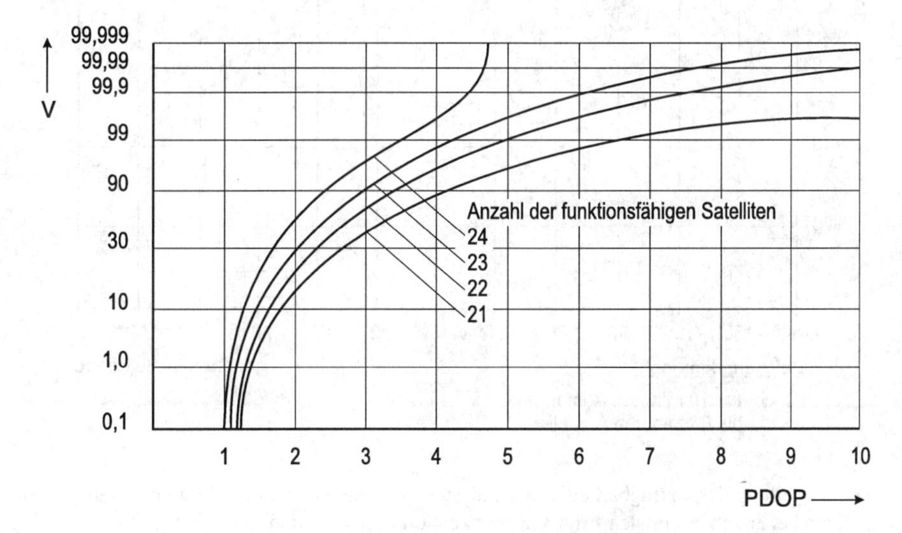

Bild 3.66 Kumulative Verfügbarkeit V in Abhängigkeit vom PDOP-Faktor bei einem minimalen Erhebungswinkel von 5° und 21, 22 bzw. 23 betriebsfähigen Satelliten

3.8 Integrität

Die Integrität (integrity, Unversehrtheit) eines Systems ist in der Ortungs- und Navigationstechnik die Richtigkeit der aus den empfangenen Signalen bestimmten Position (Standort) des Nutzers. Dabei muß ausreichend zeitig der Nutzer gewarnt werden, wenn die Richtigkeit nicht gewährleistet ist.

Speziell für GPS wurde die folgende Definition genannt: Unter Integrität wird die Fähigkeit des Systems verstanden, den Nutzer rechtzeitig zu informieren, wenn eine spezifizierte Grenze überschritten ist und das System für den vorgegebenen Zweck nicht zu benutzen ist [3.42].

Die Ursachen einer nicht zu gewährleistenden Integrität sind vielseitig. Es sind anomale Vorgänge, die nicht vorhersagbar sind und unerwartet auftreten. Sie können sowohl bei den Satelliten als auch in der Hauptkontrollstation liegen. Sie führen im Endergebnis zu Fehlern bei der

Bestimmung der Entfernungen bzw. der Position, der Geschwindigkeit und der Zeit. Die Fehlerbeträge liegen dabei außerhalb bekannter Fehler- und Toleranzbereiche. Sie unterscheiden sich auch eindeutig von den Fehlern, die durch überhöhte DOP-Faktoren entstehen, wenn eine ungünstige geometrische Konstellation der benutzten Satelliten in Bezug zum Nutzer auftritt. Im Allgemeinen sind die Integritätsanomalien selten, aber sie sind vor allem für die Navigation in der Luftfahrt sehr gefährlich und deshalb müssen geeignete Maßnahmen zur Gewährleistung der Integrität getroffen werden (siehe Kapitel 4).

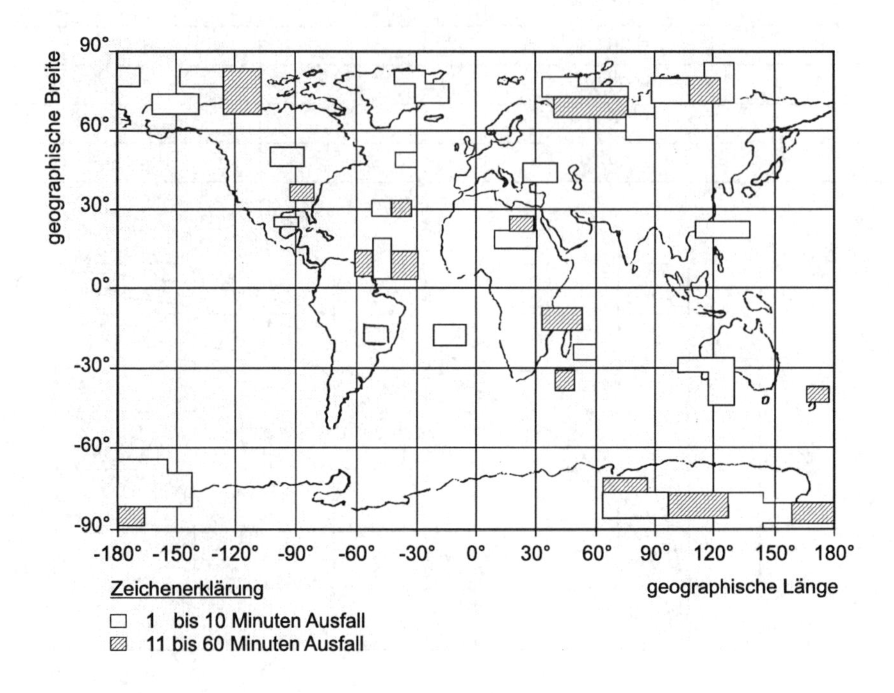

Bild 3.67 Verteilung der Verfügbarkeit von mindestens vier Satelliten von 22 funktionsfähigen Satelliten bei einem minimalen Erhebungswinkel von $\psi_{min} = 5°$ und PDOP ≤ 6

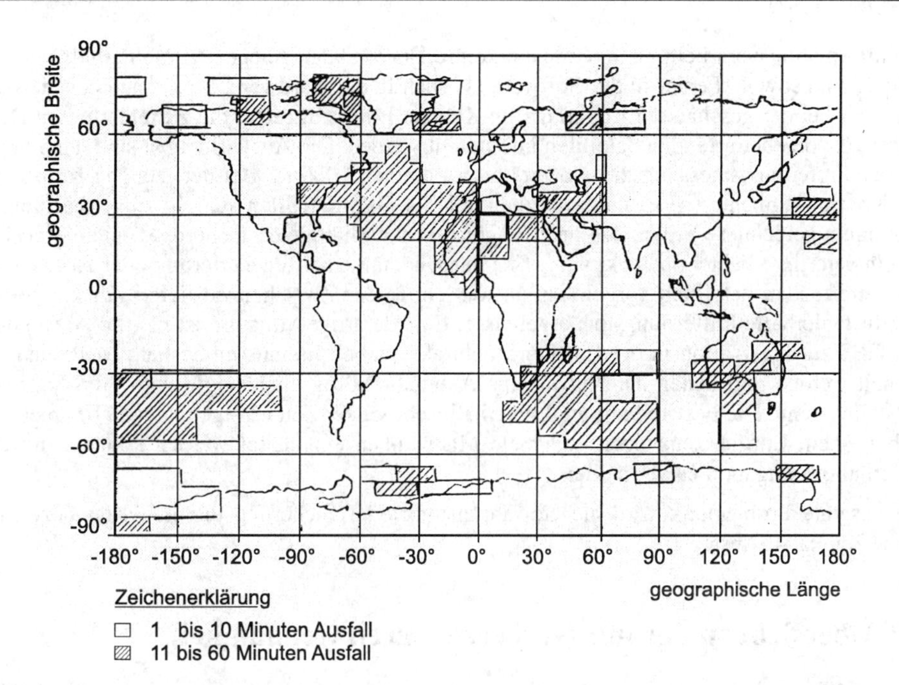

Bild 3.68 Verteilung der Verfügbarkeit von mindestens vier Satelliten von 21 funktionsfähigen Satelliten bei einem minimalen Erhebungswinkel von $\psi_{min} = 5°$ und PDOP ≤ 6

Integritätsanomalien

Im GPS-Netzwerk gibt es im Wesentlichen vier Ursachenbereiche:

- Satellitenuhrzeit
- Satellitenephemeriden
- Datenverarbeitung und Speicherung in den Satelliten
- Informationsverarbeitung in der Hauptkontrollstation

Eine fehlerhafte Satellitenuhrzeit entsteht bei Störungen im Atomfrequenznormal, die durch Veränderungen des Strahlstromes und durch falsche Temperaturregelung ausgelöst werden und zu einer Frequenzdrift und zu Frequenzsprüngen führen.

Fehler bei der Angabe der Satellitenephemeriden beruhen im Allgemeinen auf Ungenauigkeiten bei den Messungen der Satelliten durch die Monitorstationen und der Verarbeitung deren Meßwerte in der Hauptkontrollstation. Ein Satellit muß für die Zeit, zu der er sich auf seiner Umlaufbahn im Erdschatten befindet und die Solarzellen keine Elektroenergie liefern, die benötigte Energie aus der Bordenergiequelle nehmen. Die Folge ist eine Absenkung der Sendeleistung des Satelliten und eine Zunahme des Übertragungsfehlers in den Daten der Navigationsmitteilungen.

Bei den Satelliten, die keinen ausreichenden Schutz gegenüber der Höhenstrahlung aufweisen, können impulsförmige Störungen auftreten, die sich den digitalen Signalen der Navigationsmitteilungen überlagern und sich in Fehlern bei der Bestimmung der Entfernungen bis zu 1000 m äußern[3.45].

Die Informationsverarbeitung in der Hauptkontrollstation kann gelegentlich fehlerhaft sein. Die Gründe sind sowohl Fehler in der Software als auch in der Hardware. So können beispielsweise Fehler bei der geschätzten Kovarianz im Kalman-Filter auftreten, die zu fehlerhaften Daten führen, die den betreffenden Satelliten übermittelt werden. Die Auswirkungen sind dann Fehler bei der Entfernungsmessung des Nutzers bis zu einigen 1000 m. Bei der jetzigen Konzeption des Kontrollsegmentes ist es nicht möglich, alle 24 GPS-Satelliten ständig zu beobachten. Es muß damit gerechnet werden, daß unter ungünstigen Verhältnissen mehrere Minuten vergehen, bis ein derartiger Fehler entdeckt wird. Erst danach kann eine Regenerierung oder Abschaltung des betreffenden Satelliten vorgenommen werden. In der Zwischenzeit liefert der betreffende Satellit fehlerhafte Entfernungsmeßergebnisse. Eine derartige Situation ist bei der Anwendung von GPS zur Navigation in der Luftfahrt nicht akzeptabel. Es müssen deshalb Methoden entwickelt werden, mit denen der Nutzer eine Anomalie völlig unabhängig vom GPS-Netzwerk feststellen kann. Die Feststellung muß innerhalb sehr kurzer Zeit erfolgen, so daß beispielsweise bei einem Luftfahrzeug noch geeignete Maßnahmen eingeleitet werden können, um eine fehlerhafte Navigation zu vermeiden.

Die gesamte Problematik wird als Gewährleistung oder Sicherung der Integrität bezeichnet (siehe Kapital 4, Absatz 4.3).

3.9 Übersicht zu der mit GPS erzielbaren Genauigkeit

Die mit GPS erzielbare Genauigkeit wird durch den mit einer bestimmten Wahrscheinlichkeit auftretenden Fehler angegeben. Oft wird jedoch anstelle des Wortes *Fehler* der Ausdruck *Genauigkeit* gebraucht. Nach der Wortbedeutung ist das nicht ganz korrekt. So wird beispielsweise von einer *Genauigkeit von 100 m* oder *Genauigkeit höher als 100 m* gesprochen, gemeint ist ein Fehler gleich bzw. kleiner als 100 m.

Die Genauigkeitsangaben beziehen sich bei GPS auf Entfernung bzw. Pseudoentfernung, Position (Standort), Geschwindigkeit und Zeit. Der Fehler der Position wird häufig durch eine skalare Größe angegeben. Das ist die Abweichung im Betrag des gemessenen Standortes gegenüber dem wirklichen, mit geodätischen Methoden bestimmten Standort. Dieser sogenannte Positionsfehler gilt für die Horizontalebene. Bei exakten Angaben werden die Fehler dreidimensional angegeben, beispielsweise mit den Koordinaten in Richtung Nord, in Richtung Ost und in der Vertikalen. Es werden aber auch zweidimensionale Fehlerangaben gemacht und dabei lokale Koordinatensysteme benutzt. Die folgenden Angaben sind der Literatur entnommen. Sie beruhen meist auf einer Zusammenfassung der Ergebnisse vieler Stellen.

3.9.1 Genauigkeit bei GPS

- *FRP (USA)* [3.59]

Positionsgenauigkeit mit C/A-Code

horizontaler Fehler	– kleiner 100 m bei W = 95 %
	– kleiner 300 m bei W = 99,99 %
vertikaler Fehler	– kleiner 140 m bei W = 95 %

Geschwindigkeitsgenauigkeit

Fehler	– kleiner 0,1 m/s bei W = 68%

Zeitgenauigkeit

Fehler	– kleiner 100 ns bei W = 68%

- *Kaplan, E.D., USA* [3.26]

Positionsgenauigkeit mit C/A-Code, ohne SA

horizontaler Fehler $2\,d_{rms}$ = 25 m bei W = 95 %
vertikaler Fehler $2\,d_{rms}$ = 43 m bei W = 95 %

Positionsgenauigkeit bei C/A-Code, mit aktivierter SA

horizontaler Fehler $2\,d_{rms}$ = 100 m bei W = 95 %
vertikaler Fehler $2\,d_{rms}$ = 156 m bei W = 95 %

- *Seeber, G,* [3.44]

Entfernungsgenauigkeit mit C/A-Code, ohne SA

Meßfehler 2,7 m bei W = 95%

Absolute Positionsgenauigkeit mit P(Y)-Code

Fehler in Echtzeit 10 m bei W = 95%
Fehler bei längerer Beobachtung 3 - 5 m

Relative Positionsgenauigkeit mit P(Y)-Code

Fehler 1 - 2 m bei W = 95%

- *Daimler-Benz Aerospace* [3.54]

Positionsgenauigkeit

mit C/A-Code, ohne SA Fehler = 40 m
dsgl. mit aktivierter SA Fehler = 100 m
mit P(Y)-Code Fehler = 20 m

(keine Angaben zur Wahrscheinlichkeit).

- *Joint-Program Office*, USA [3.58]

Positionsgenauigkeit mit C/A-Code und SA

horizontaler Fehler $2d_{rms}$ = 100 m bei W = 95 %
vertikaler Fehler $2d_{rms}$ = 156 m bei W = 95%

3.9.2 Genauigkeit bei Differential-GPS

- DASA-Collins [3.55]

Entfernungsgenauigkeit

Fehler Standardabweichung σ = 0, 3m
minimaler Fehler (Betrag) 0,21 m
maximaler Fehler (Betrag) 1,37 m

- Collins Dasa Avionic System [3.53]

Positionsgenauigkeit

bei Differential-Pseudoentfernungskorrektur, Abstandsfehler 3 m
bei Differential-Phasenglättungskorrektur, Abstandsfehler 0,8 m
bei Differential-Trägerphasenkorrektur, Abstandsfehler 0,01 – 0,10 m

4 Ergänzungen zum Global Positioning System (GPS)

Die überwiegende Anwendung von GPS im zivilen Bereich dient der Ortung und Navigation. Dazu werden mit Hilfe des C/A-Codes, der mit dem Träger L1 übertragen wird, die Pseudoentfernungen gemessen und daraus die Position errechnet. Die Anzahl der Einsatzgebiete und die Forderungen der Anwender nach höherer Leistungsfähigkeit sind im Laufe der Zeit gestiegen. Für viele Aufgaben reicht die garantierte Genauigkeit von GPS nicht aus.

Für einige Anwendungsbereiche ist außerdem die Verfügbarkeit ungenügend und das Integritätsproblem zudem nicht ausreichend gelöst. Es werden deshalb zusätzliche Einrichtungen und Systeme geschaffen, mit denen die Genauigkeit der Positionsbestimmung erheblich verbessert werden kann [4.1, 4.3, 4.4, 4.13]. Dazu gehören in erster Linie:

- Differential-GPS
  - lokale Systeme
  - Weitbereich-Systeme
- Pseudoliten
- Weiträumige Systemerweiterung (Wide Area Augmentation System)
- Empfangsseitige Integritätsprüfung (Receiver Autonomous Integrity Monitoring)

4.1 Differential-GPS

4.1.1 Grundprinzip

Das Differential-GPS ist ein zusätzliches, wahlweise einsetzbares Systemsegment. Es dient der Erhöhung der Ortungsgenauigkeit, indem die bei der Bestimmung der Pseudoentfernungen bzw. der Position auftretenden Fehler korrigiert werden.

Das Verfahren beruht auf dem Vergleich der von einer Referenzstation auf Grund der mit GPS gemessenen Entfernung errechneten Koordinaten mit ihren Koordinaten, die mit geodätischen Mitteln mit hoher Genauigkeit bestimmt wurden. Aus der Differenz der Koordinaten werden Korrekturdaten berechnet und über eine Sendeanlage ausgestrahlt (**Bild 4.1**). Ein Nutzer kann bei Bedarf die Korrekturdaten empfangen und zur Korrektur seiner gemessenen Werte verwenden.

Das Verfahren ist für die zivilen Nutzer, die mit dem Träger L1 und dem C/A-Code messen, entwickelt worden. Die technischen Einrichtungen und der Betrieb des Differential-GPS sind völlig unabhängig vom GPS-Netzwerk.

Die errechneten Korrekturwerte gelten exakt nur für den Ort der betreffenden Referenzstation. Die Genauigkeit der Korrekturdaten hängt von der Genauigkeit der eingegebenen geodätisch bestimmten örtlichen Koordinaten ab. Als Bezugspunkt der Referenzstation wird das Phasenzentrum der Antenne des GPS-Empfängers gewählt. Je größer die Entfernung des Nutzers, der die Korrekturwerte gebrauchen will, zu der Referenzstation ist, desto ungenauer wird die Korrektur.

Es gibt verschiedene Möglichkeiten, um die Korrekturdaten zu übertragen. In **Tabelle 4.1** sind geeignete funktechnische Einrichtungen mit ihren Frequenzbereichen sowie ihren Vor- und Nachteilen angegeben.

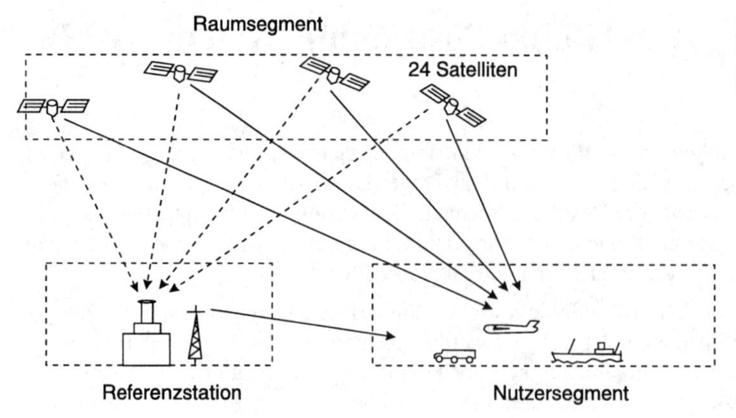

Bild 4.1
Prinzip des Differential-GPS (DGPS)

Tabelle 4.1 Funktechnische Einrichtungen zur Übertragung der Korrekturdaten bei DGPS

Sendeeinrichtung	Frequenzbereich	Vorteile	Nachteile
Lang- und Mittelwellensender	100 - 600 kHz	große Reichweite bis zu 1000 km, Mitbenutzung vorhandener Sender	kleine Bandbreite, Bitrate maximal 300 bit/s
Seefunkfeuer Europa	 283 - 315 kHz	desgl.	desgl.
Flugfunkfeuer Europa	 255 - 415 kHz	desgl.	desgl.
Kurzwellensender	3 - 30 MHz	große Reichweite mit Raumwelle, Frequenzen verfügbar	Raumwelle, frequenz- und zeitabhängig, kleine Bandbreite
Sender im VHF-Bereich	30 - 300 MHz	große Bandbreite, Bitrate bis 4000 bit/s, Frequenzen bedingt verfügbar, Mitbenutzung vorhandener Sender, z.B. UKW-Hörfunksender und Flugfunkeinrichtungen, dadurch große Überdeckung möglich	Reichweite durch quasioptische Sichtbedingungen begrenzt, vor allem für >100 MHz
zellulare Funknetze, z.B. Mobilfunknetze C, D und E	450, 900, 1800 MHz	Mitbenutzung von vorhandenen Netzen	begrenzte Reichweite erfordert viele Sender und Synchronisation
Pseudoliten (modifizierte GPS-Sender)	1,2 - 1,5 GHz	große Bandbreite, Erhöhung der Leistungsfähigkeit des Systems GPS	begrenzte Reichweite, Gefahr von Interferenz mit GPS
Satellitensubsystem	desgl.	große Flächenüberdeckung	hohe Kosten

4.1.2 Lokales Differential-GPS

4.1.2.1 Systemkonzeption des Local Area DGPS (LADGPS)

Die Konzeption des Differential-GPS mit der international gebräuchlichen Kurzbezeichnung DGPS, geht aus **Bild 4.2** hervor.

Die Referenzstation besteht aus einem GPS-Empfänger, einem Referenzprozessor und einem Referenzsender. Mit dem GPS-Empfänger werden in üblicher Weise durch die Messung der Pseudoentfernungen mit dem GPS-Träger L1 und dem C/A-Code die örtlichen Koordinaten bestimmt. Die Differenzen zwischen diesen Koordinaten und den geodätisch ermittelten Koordinaten werden in einem Prozessor ausgewertet und Korrekturdaten berechnet.

Die berechneten Korrekturwerte werden von einem der Referenzstation zugeordneten Sender ausgestrahlt. Der Sender ist entweder ausschließlich für die betreffende Referenzstation tätig oder es ist ein Sender irgendeines Funkdienstes, der die Aussendung der Korrekturdaten zusätzlich vollzieht. Bei dem jetzigen Stand der Technik strahlt ein Sender stets nur die Korrekturdaten *einer* Referenzstation aus. In Zukunft werden die Sender gleichzeitig die Korrekturdaten mehrerer Referenzstationen ausstrahlen. Die Selektion der einzelnen Referenzstationen wird im Zeitmultiplexverfahren erfolgen. In einem Navigationsprozessor werden die vom GPS-Empfänger des Nutzers ermittelten Koordinaten seines Standortes auf Grund der empfangenen Korrekturdaten verbessert.

Mit dieser Systemkonzeption wurden zuerst einzelne Referenzstationen für eine bestimmte Aufgabe bzw. für einen bestimmten Nutzerkreis und einen begrenzten Nutzungsbereich in Betrieb genommen.

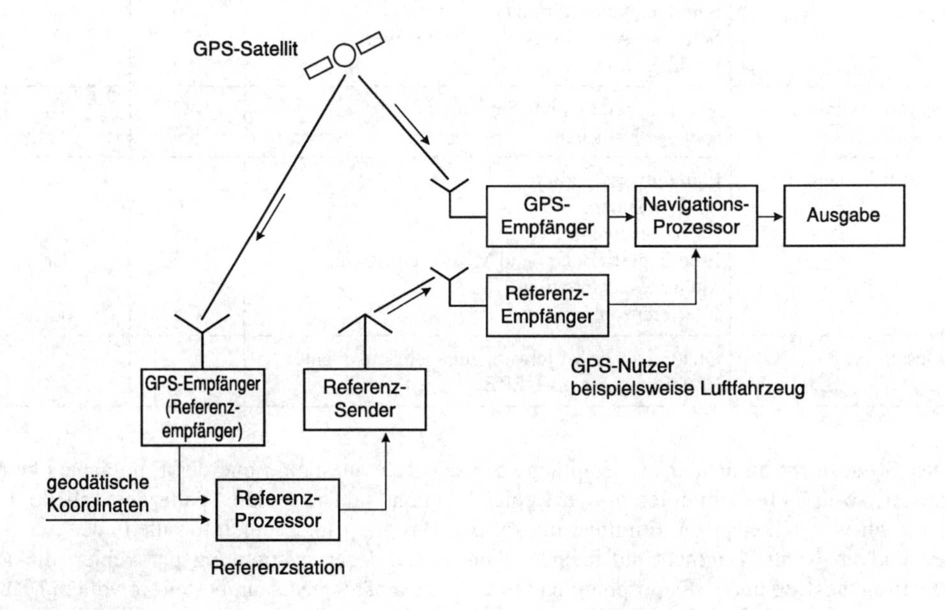

Bild 4.2 Funktionsschema des DGPS

Dieses System hat sich in verhältnismäßig kurzer Zeit weltweit bewährt, es wird in zunehmendem Maße und in vielen neuen Aufgabenbereichen eingesetzt. Wegen des begrenzten lokalen Nutzungsbereichs einer Referenzstation wird diese technische Lösung als *Local Area*

DGPS (Abkürzung LADGPS) bezeichnet. Für die meisten Aufgaben werden nicht nur einzelne Referenzstationen, sondern mehrere zu Netzen zusammengeschlossene Referenzstationen betrieben. Aufbau und Betrieb werden beispielsweise von Institutionen des Verkehrs- und des Vermessungswesens durchgeführt. Am weitesten fortgeschritten ist DGPS im Vermessungswesen, für das ein umfangreiches Netz von Referenzstationen zur Verfügung steht. In der Luftfahrt gibt es im Bereich einiger Flughäfen Referenzstationen, die für den Landeanflug die erforderlichen Korrekturdaten zur Verfügung stellen.

4.1.2.2 Prinzip der Fehlereliminierung bei DGPS

In der **Tabelle 4.2** sind die Beträge der Pseudoentfernungsfehler der verschiedenen Fehlerquellen des GPS-Empfangs zusammengestellt. Die Werte gelten für den Empfang und die Auswertung des mit dem C/A-Code modulierten Trägers L1. Die Zahlenwerte sind 1 σ-Werte, die für eine Wahrscheinlichkeit von 68 % gelten. Die meisten der angegebenen Fehlerquellen verursachen in mehreren Empfängern den gleichen Fehlerbetrag, wenn die einzelnen Empfänger keinen zu großen Abstand voneinander haben.

Tabelle 4.2 Fehlerbilanz für die Messung der Pseudoentfernung bei der Betriebsweise SPS mit dem C/A-Code [4.18]. Zahlenwerte sind Standardabweichungen (W = 68 %) in m

GPS-Segment	Fehlerquelle	GPS mit SA	Differential-GPS
Raumsegment	Satellitenuhr-Instabilität	3,0	0
	Satellitenbahn-Störungen	1,0	0
	Selective Availability (geschätzter Wert)	32,3	0
	sonstige Ursachen	0,5	0
Kontrollsegment	Voraussagefehler der Ephemeriden	4,2	0
	sonstige Ursachen	0,9	0
Nutzersegment	Laufzeitverzögerungen		
	Ionosphäre	5,0	0
	Troposphäre	1,5	0
	Empfängerrauschen und Meßwertauflösung	1,5	2,1
	Mehrwegeausbreitung	2,5	2,5
	Interferenzen	0,5	0,5
Gesamtsystem	Quadratischer Mittelwert, zugleich äquivalenter Entfernungsfehler (UERE)	33,3	3,3

Das gilt auch für die Fehler des Empfängers in der Referenzstation und des Empfängers beim Nutzer, so daß eine Eliminierung der Fehler möglich ist. Die rechte Spalte der Tabelle 4.2 zeigt, für welche Fehler die Eliminierung zutrifft. Das gilt grundsätzlich für alle in den Satelliten und im Kontrollsegment auftretenden Fehler. Die Übereinstimmung der Fehler, die im Übertragungsweg in der Troposphäre und in der Ionosphäre entstehen, besteht in vollem Maße nur, wenn sich der Empfänger in der unmittelbaren Umgebung der Referenzstation befindet. Die bei DGPS angewendete einfache Methode besteht darin, daß in der Referenzstation die Differenzen der geographischen Koordinaten (Länge, Breite, Höhe) berechnet und daraus die Korrekturdaten abgeleitet werden. Im Allgemeinen beruhen die Koordinatendifferenzen auf den zu gleicher Zeit auftretenden Fehlern in der Referenzstation und beim Nutzer. Dieses Verfahren macht es notwendig, daß die Empfänger in der Referenzstation und beim Nutzer ihre

Pseudoentfernungen jeweils mit dem gleichen Satelliten messen. Deshalb müssen die Empfänger der Nutzer die Wahl der Satelliten mit der Referenzstation koordinieren. Andernfalls muß die Referenzstation für alle Kombinationen der sichtbaren Satelliten die Korrekturdaten berechnen und aussenden. Wenn beispielsweise acht oder mehr Satelliten sichtbar sind, ist die Anzahl der Kombinationen größer als 80 bei je vier Satelliten. Der sich daraus ergebende technische Aufwand war Veranlassung, nach Lösungen zu suchen, die einfacher sind. Statt der Bestimmung der Fehler der Positionskoordinaten, bestimmt die Referenzstation die Pseudoentfernungsfehler und sendet deren Korrekturdaten aus. Diese Methode wird in Folgendem betrachtet [4.12].

Die Position der Referenzstation ist durch die mit geodätischen Mitteln bestimmten Koordinaten x_m, y_m, z_m mit hoher Genauigkeit bekannt. Ebenso sind die Positionen der Satelliten durch die mit den Navigationsmitteilungen übermittelten Koordinaten x_i, y_i, z_i (gültig für den i-ten Satelliten) bekannt.

Somit kann die geometrische Entfernung r_{mi} von der Referenzstation zum i-ten Satelliten angegeben werden:

$$r_{m,i} = \left[(x_i - x_m)^2 + (y_i - y_m)^2 + (z_i - z_m)^2\right]^{\frac{1}{2}}. \tag{4.1}$$

Die von der Referenzstation durchgeführte Messung der Pseudoentfernung kann durch folgenden Ausdruck beschrieben werden:

$$\rho_{m,i} = r_{m,i} + \varepsilon_{m,R} + \varepsilon_{m,K} + \varepsilon_{m,N} + c\Delta t_m\,. \tag{4.2}$$

Dabei bedeuten

$\varepsilon_{m,R}$	Pseudoentfernungsfehler im Raumsegment
$\varepsilon_{m,K}$	Pseudoentfernungsfehler im Kontrollsegment
$\varepsilon_{m,N}$	Pseudoentfernungsfehler im Nutzersegment
Δt_m	Uhrzeitabweichung gegenüber der GPS-Systemzeit

Die Größenordnung der Zahlenwerte von $\varepsilon_{m,R}$, $\varepsilon_{m,K}$ und $\varepsilon_{m,N}$ ist aus der Tabelle 4.2 zu ersehen.

In der Referenzstation wird die Differenz der gemessenen Pseudoentfernung zur bekannten geometrischen Entfernung bestimmt:

$$\Delta\rho_{m,i} = \rho_{m,i} - r_{m,i} = \varepsilon_{m,R} + \varepsilon_{m,K} + \varepsilon_{m,N} + c\Delta t_m\,. \tag{4.3}$$

Dieser Differenzwert wird von einem Sender der Referenzstation ausgestrahlt und vom Empfänger des Nutzers aufgenommen. Beim Nutzer P erfolgt damit die Korrektur der von ihm gemessenen Pseudoentfernung ρ_i:

$$\begin{aligned}\rho_{p,i} - \Delta\rho_{m,i} = r_{p,i} &+ \varepsilon_{p,R} + \varepsilon_{p,K} + \varepsilon_{p,N} + c\Delta t_p \\ &- \left(\varepsilon_{m,R} + \varepsilon_{m,k} + \varepsilon_{m,N} + c\Delta t_m\right)\end{aligned}. \tag{4.4}$$

Im Allgemeinen sind die Komponenten des Pseudoentfernungsfehlers des Empfängers vom Nutzer identisch mit den Komponenten des Pseudoentfernungsfehlers in der Referenzstation. Ausgenommen sind dabei die Fehler, die durch die Mehrwegeausbreitung und durch das Empfängerrauschen entstehen. Die korrigierte Pseudoentfernung kann somit wie folgt ausgedrückt werden:

$$(\rho_{p,i})_{korr} = r_{p,i} + c\cdot\Delta t_p + c\cdot\Delta t_a + \varepsilon_p\,. \tag{4.5}$$

Darin enthält Δt_p die restlichen Fehler beim Nutzer, Δt_a die Fehler durch Mehrwegeausbreitung und ε_p das Empfängerrauschen.

Durch die Messung der Pseudoentfernungen zu vier oder mehr Satelliten wird die Position des Nutzers bestimmt. Da die Korrekturdaten der Pseudoentfernung zu diskreten Zeiten von der Referenzstation gesendet werden und die Satellitenbewegungen Änderungen im Fehler der Pseudoentfernung verursacht, ändern sich die Fehlerkorrekturdaten zwischen den Aussendungen wie folgt:

$$\Delta\rho_{m,i}(t_m) = -\left[\rho_{m,i}(t_m) - r_{m,i}(t_m)\right]. \tag{4.6}$$

Damit im Empfänger des Nutzers diese Bewegungsänderungen kompensiert werden können, sendet die Referenzstation auch die Korrektur $\Delta\rho_{m,i}(t_m)$ für die Pseudoentfernungsänderung.

4.1.2.3 Format der Mitteilung der Korrekturdaten

Im Laufe der Erprobung des DGPS wurden von der Geräteindustrie der USA verschiedene Protokolle entwickelt, aus denen der Nutzer die erforderlichen Korrekturmaßnahmen entnehmen konnte. Durchgesetzt hat sich jedoch nur das von der *Radio Technical Commission for Maritime Service Study Committee* 104 (Abkürzung RTCM SC-104) entwickelte Protokoll [4.29]. Wie das **Bild 4.3** zeigt, besteht es aus einem Mitteilungsrahmen mit einer veränderlichen Anzahl von 30-Bit-Worten. Die ersten beiden Worte bilden die Kopfinformation. Das erste Wort enthält 8-Bit-Präambel, Rahmen-ID, 10-Bit-Stationsangabe und 6 Prüfbits (**Bild 4.4**). Die Rahmen-ID identifiziert einen der 64 möglichen Mitteilungstyps, und die 10-Bit-Stationsangabe identifiziert die Referenzstation. Das zweite Wort besteht aus dem modifizierten Z-Count, den drei Bits für die Sequenzzahl, der 3-Bit-Stationszustandsangabe und den 6 Prüfbits.

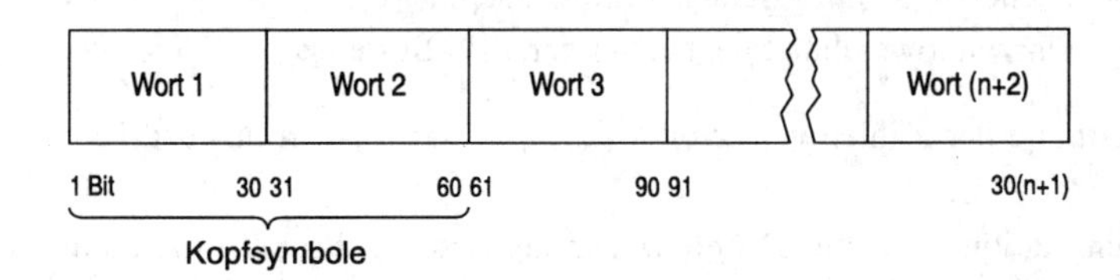

Bild 4.3 Mitteilungsrahmen zur Korrekturdatenübertragung bei DGPS

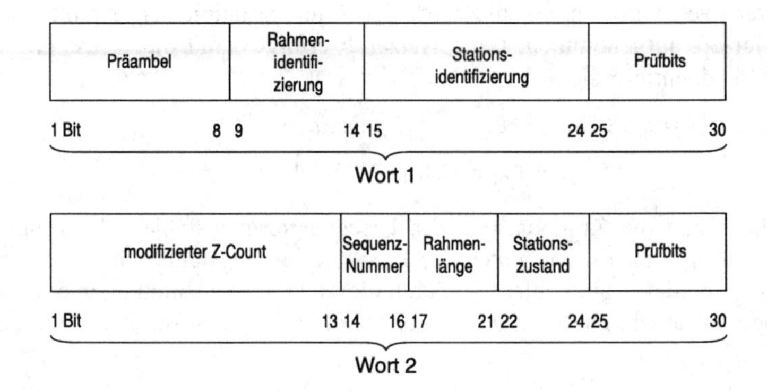

Bild 4.4 Format der Kopfinformation. Wort 1 und 2

Im Folgenden werden die 63 Typs der Mitteilungsformate kurz erläutert:

Typ 1: umfaßt die Worte 3 bis 7 (**Bild 4.5**). In ihnen sind die Korrekturdaten für alle Satelliten enthalten, die von der Referenzstation aus zu sehen sind. Außerdem wird der Nutzer-Differentialentfernungsfehler (User Differential Range Error, Abkürzung UDRE) mit einem 2-Bit-Code angegeben. Das ist der geschätzte Unsicherheitsbereich der Standardabweichung der Pseudoentfernung, die von der Referenzstation errechnet wurde (**Tabelle 4.3**). Mit der Satellitenidentifikation wird angegeben, für welchen Satelliten die Korrekturwerte gelten.

Typ 2: einzusetzende Daten, wenn der Nutzer Bahndaten und Uhrzeitparameter benutzt, die älter sind als die von der Referenzstation verwendeten.

Typ 3: festes 6-Wort-Format, mit dem die Position der Referenzstation in ECEF-Koordinaten (siehe Abschnitt 1.5.3) mit einer Genauigkeit von 1 cm angegeben wird.

Typ 4: für die Verwendung bei der Trägerphasenmessung in der Landvermessung. Wird in Zukunft durch Typ 19 bis 21 ersetzt.

Typ 5: Mitteilungen zum Betriebszustand der Satelliten.

Typ 6: dient lediglich zur Auffüllung, enthält außer den Kopfinformationen und dem Prüfbit nur 24 Füllimpulse.

Typ 7: wird bei Seefahrtfunkbaken benutzt, die als Referenzstationen eingesetzt werden. Damit ist gewährleistet, daß die GPS-Empfänger automatisch auf die jeweils am günstigsten gelegene Referenzstation geschaltet werden.

Typ 8: liefert Almanach-Informationen für Pseudoliten.

Typ 9: entspricht dem Typ 1. Jede Mitteilung enthält Korrekturdaten für einen Teil der jeweils sichtbaren Satelliten, so daß es möglich ist, schneller die neuesten Korrekturdaten zu erhalten.

Typ 10: reserviert für Nutzer des P(Y)-Codes.

Typ 11: reserviert für Nutzer des über den Träger L 2 übertragenen C/A-Code.

Typ 12: reserviert für Pseudoliten, insbesondere zur Übertragung der Zeitverschiebung und des genauen Standortes des Phasenzentrums der Antenne.

Typ 13: gibt den genauen Standort des Senders an, der die Korrekturdaten aussendet.

Typ 14: ist reserviert für Anwendungen in der Landvermessung.

Typ 15: reserviert zur Übertragung von ionosphärischen und troposphärischen Daten. Damit wird eine wesentlich bessere Korrektur erreicht als mit den üblichen Korrekturverfahren auf Grund von Modellen.

Typ 16: enthält eine spezielle Mitteilung über Zeichen zur Darstellung auf einem Bildschirm.

Typ 17: enthält Satellitenbahninformationen. Damit sind Korrekturen bei Satelliten möglich, die keine exakten Bahndaten liefern.

Typ 18-21: enthält Korrekturdaten für Pseudoentfernungen und Trägerphasen, insbesondere zur Unterstützung von kinematischen Anwendungen in Echtzeit.

Typ 22-58: noch nicht definiert

Typ 59: Mitteilungen zu Eigentumsrechten

Typ 60-63: Mitteilungen für vielfältige Zwecke.

Code	Bereich
11	8 m < σ
10	4 m < $\sigma \leq$ 8 m
01	1 m < $\sigma \leq$ 4 m
00	$\sigma \leq$ 1 m

Tabelle 4.3
2-Bit-Code für den geschätzten Unsicherheitsbereich der Standardabweichungen σ der Pseudoentfernung

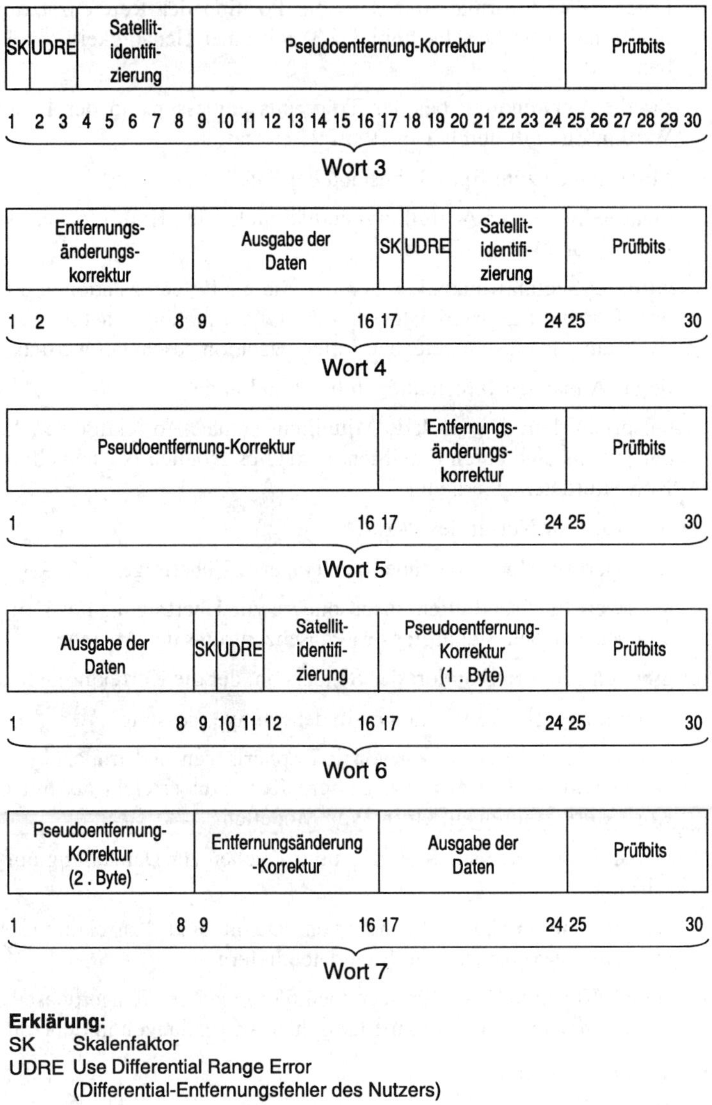

SK	UDRE	Satellitidentifizierung	Pseudoentfernung-Korrektur	Prüfbits
1	2 3	4 5 6 7 8	9 10 11 12 13 14 15 16 17 18 19 20 21 22 23 24	25 26 27 28 29 30

Wort 3

Entfernungsänderungskorrektur	Ausgabe der Daten	SK	UDRE	Satellitidentifizierung	Prüfbits
1 2 … 8	9 … 16	17		… 24	25 … 30

Wort 4

Pseudoentfernung-Korrektur	Entfernungsänderungskorrektur	Prüfbits
1 … 16	17 … 24	25 … 30

Wort 5

Ausgabe der Daten	SK	UDRE	Satellitidentifizierung	Pseudoentfernung-Korrektur (1. Byte)	Prüfbits
1 … 8	9	10 11	12 … 16	17 … 24	25 … 30

Wort 6

Pseudoentfernung-Korrektur (2. Byte)	Entfernungsänderung-Korrektur	Ausgabe der Daten	Prüfbits
1 … 8	9 … 16	17 … 24	25 … 30

Wort 7

Erklärung:
SK Skalenfaktor
UDRE Use Differential Range Error
(Differential-Entfernungsfehler des Nutzers)

Bild 4.5 Mitteilungsformat Typ 1. Wort 3 bis 7

4.1.2.4 Einfluß der Distanz auf die Genauigkeit

Die in der Tabelle 4.2 angegebene, geschätzte Fehlerbilanz bei der Messung der Pseudoentfernung mit lokalem DGPS gilt für den Fall, daß sich der Nutzer in unmittelbarer Nähe der Referenzstation befindet. Bewegt sich der Nutzer von der Referenzstation weg, sind die raumabhängigen Fehler immer weniger korreliert, je größer die Entfernung des Nutzers von der Referenzstation ist. Die Wirkung einer Vergrößerung des horizontalen Abstandes des Nutzers von der Referenzstation beruht auf der örtlich und zeitlich unterschiedlichen Verteilung der Elektronendichte der Ionosphäre und den meteorologischen Verhältnissen der Troposphäre. Es wurden deshalb für die ionosphärischen und troposphärischen Einflüsse Modelle entwickelt, die eine Abschätzung der Fehlerabweichungen ermöglichen. Von Einfluß auf die Fehlerunterschiede ist auch die Höhe des Nutzers gegenüber der auf dem Erdboden stehenden Referenzstation (**Bild 4.6**). Das gilt vor allem für die Benutzung einer Referenzstation durch Luftfahrzeuge, die sich in unterschiedlichen Höhen innerhalb der Troposphäre bewegen. Mit einer empirisch entwickelten Gleichung kann der Unterschied zwischen der von der Referenzstation bestimmten Laufzeit und der tatsächlichen, vom Nutzer beobachteten Laufzeit bestimmt werden [4.1]. Für einen Nutzer in der Höhe h und einer Brechzahl (Refraktionszahl) n_s kann die troposphärische Laufzeitverzögerung $\delta_{tr,h}$ durch folgenden Ausdruck angegeben werden:

$$\delta_{tr,h} = \delta_{tr,m} \cdot e^{-[(0{,}002 n_s + 0{,}07)]h + \left(\frac{0{,}83}{n_s} - 0{,}0017\right)h^2} \tag{4.7}$$

Darin ist $\delta_{tr,m}$ die gemessene troposphärische Laufzeitverzögerung.

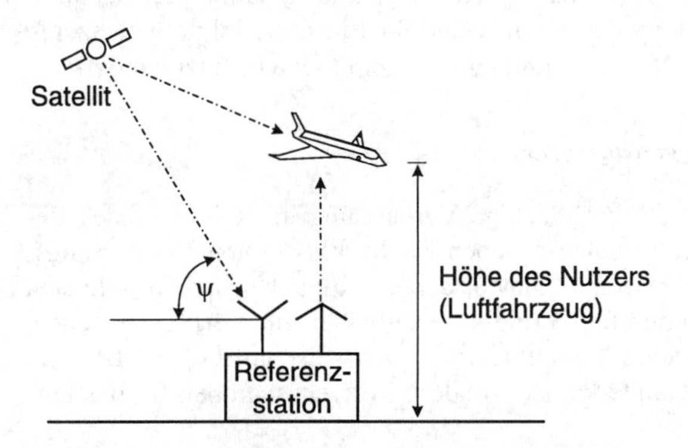

Bild 4.6
Lage der Systembestandteile bei DGPS

Die Änderung der troposphärischen Laufzeitverzögerung zwischen einem Satellitensignal, das die am Boden stehende Referenzstation erreicht, und einem Satellitensignal, das einen Nutzer (Luftfahrzeug) in der Höhe h erreicht, geht aus **Bild 4.7** hervor.

4.1.2.5 Referenzstationen und Referenzstationsnetze

Die gestellten Anforderungen der Ortung und Navigation lassen sich mit GPS vollständig erfüllen, wenn das Differential-GPS (allgemeine Abkürzung DGPS) zur Anwendung kommt. Das gilt beispielsweise in der Seefahrt für die Navigation im Küsten- und Hafenbereich und es gilt in der Luftfahrt für die Navigation zum Landeanflug. Auch bei der Navigation im Landverkehr sind beispielsweise die Anforderungen für Verkehrsleitsysteme für Gebiete mit komplexen Verkehrswegen befriedigend nur mit DGPS zu erfüllen. Darüber hinaus lassen sich viele Aufgaben, bei denen Positionsbestimmungen vorgenommen werden, nur mit der Anwendung des Differentialverfahrens lösen. Das gilt grundsätzlich für das gesamte Vermessungswesen, bei dem auch das Differentialverfahren zuerst zur Anwendung kam und das die technischen Lösungen schuf.

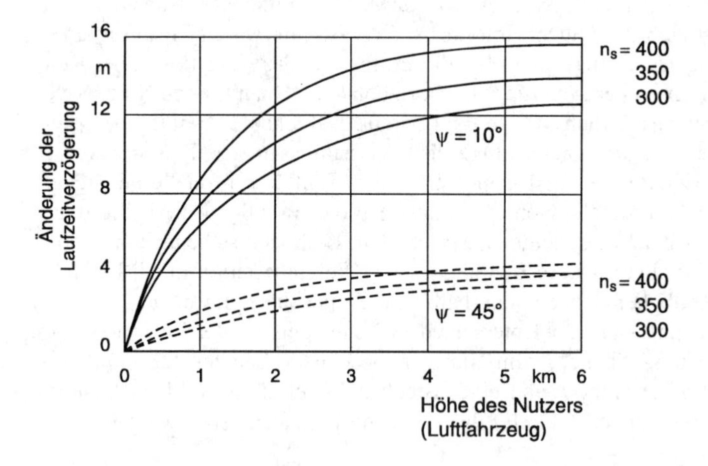

Bild 4.7
Änderung der Laufzeitverzögerung in Abhängigkeit von der Höhe des Nutzers (Luftfahrzeug)
Parameter:
ψ Erhebungswinkel
n_s Brechzahl (Refraktionszahl)

Die Anwendung des Differentialverfahrens setzt voraus, daß geeignete DGPS-Referenzstationen zur Verfügung stehen. Wegen der unterschiedlichen Einsatzbedingungen und Anforderungen sowie auch struktureller Verschiedenheiten sind im Laufe der Zeit, zum Teil unabhängig voneinander, sowohl einzelne DGPS-Referenzstationen als auch umfangreiche Stationsnetze errichtet worden. Die Entwicklung der Technik und ihr Einsatz erfolgte gleichzeitig in allen Ländern, in denen GPS und GLONASS in umfangreicherem Maße benutzt wurde.

4.1.3 Referenzstationen des Vermessungswesens

Bei den geodätischen Verfahren erfolgt die großflächige Vermessung im Rahmen eines Bezugssystems, das durch definierte Referenzpunkte gegeben ist. Im klassischen Vermessungswesen sind diese Referenzpunkte im Prinzip nur Punkte, deren geographischen Koordinaten mit hoher Genauigkeit bestimmt wurden und für Vermessungsaufgaben zur Verfügung stehen. Im modernen Vermessungswesen, das sich auf Satelliten, beispielsweise auf GPS stützt, sind Referenzpunkte nicht nur geodätisch bekannte Punkte, sondern Referenzstationen für das Differential-GPS.

4.1.3.1 Differenzenbildung

Das Differentialverfahren wird im Vermessungswesen, insbesondere in der Geodäsie, seit Beginn der zivilen Nutzung von GPS verwendet [4.3; 4.14]. Es geht zurück auf die Benutzung der Trägerphasenmessung zur Erzielung einer hohen Genauigkeit. Die Meßkonzeption beruht auf der gleichzeitigen Messung von einem oder mehreren Satelliten mit zwei Empfängern (**Bild 4.8**). Es gibt drei Varianten, die im Prinzip je acht Entfernungswerte liefern. Aus den gemessenen Entfernungen werden Differenzen gebildet, auf denen die Auswertung beruht. Die Messungen können dabei entweder als Code-Phasenmessung oder als Träger-Phasenmessung durchgeführt werden. In der Praxis wird wegen der wesentlich höheren Genauigkeit die Träger-Phasenmessung angewendet.

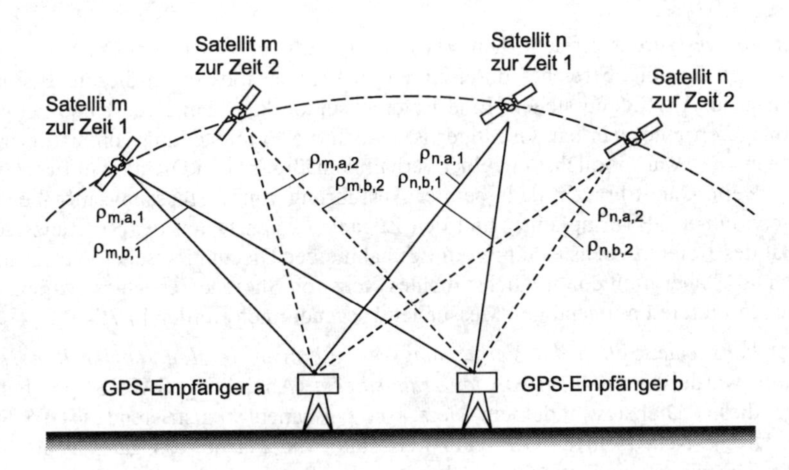

Bild 4.8 Bestimmung der GPS-Trägerphasendifferenz mit zwei Empfängern

Die drei Varianten der Messungen zur Differenzbildung:

- Einfachdifferenzen (single differences)
  Gemessen werden die Trägerphasen zwischen zwei Satelliten und einem Empfänger. Damit lassen sich die empfängerabhängigen Fehler (beispielsweise die Uhrzeitabweichung) eliminieren.
  Günstiger ist es, die Trägerphase zwischen einem Satelliten und zwei Empfängern zu messen. Damit lassen sich die satellitenabhängigen Fehler (beispielsweise die Uhrzeitabweichungen und die Bahnparameterabweichungen) beseitigen. Auch die ionosphärischen und troposphärischen Einflüsse lassen sich weitgehend eliminieren, vorausgesetzt, daß die Distanz zwischen den beiden Empfängern nicht zu groß ist.
- Zweifachdifferenzen (double differences) sind die Kombinationen von zwei Einfachdifferenzen.
  Gemessen werden die Trägerphasen zwischen zwei Satelliten und zwei Empfängern. Damit sind ebenfalls vorstehend angegebene Eliminierungen möglich.
- Dreifachdifferenzen (triple differences) sind die Kombinationen von je zwei Zweifachdifferenzen zu zwei verschiedenen Zeitpunkten.
  Die Dreifachdifferenzen dienen vor allem zur Lösung der Mehrdeutigkeiten, die bei der Bestimmung der Entfernung durch Trägerphasenmessungen auftreten.
  Das Verfahren der Dreifach-Differenz wird als *geometrische Methode* der Mehrdeutigkeitslösung bezeichnet.

Bei den angegebenen Differenzverfahren benötigt der Nutzer im Allgemeinen zwei GPS-Empfänger. Ein Empfänger kann entfallen, wenn dafür eine Referenzstation benutzt wird. Dadurch wird der technische, personelle und zeitliche Aufwand ganz wesentlich verringert.

4.1.3.2 Referenzdienste im Vermessungswesen

Das Vermessungswesen muß wegen der erforderlichen hohen Genauigkeit das Genauigkeitspotential von GPS in vollem Maße nutzen. Dazu gehört erstens die Möglichkeit der Eliminierung der bei der Entfernungsmessung auftretenden Fehler und zweitens die Verwendung der Trägerphase als Beobachtungsgröße. Die Eliminierung der Fehler wird durch die Verwendung des Differentialverfahrens erreicht. Um Vermessungsaufgaben an jedem Ort eines mehr oder weniger großen Regionalbereiches durchführen zu können, müssen in diesem Bereich Referenzstationen zur Verfügung stehen. Eine Referenzstation kann bei Bedarf und zeitweilig als mobile Anlage errichtet werden. Günstiger ist jedoch die Bereitstellung von stationären Referenzstationen und zwar möglichst mit einer verhältnismäßig großen Dichte, um flächendeckend wirksam zu sein. Damit braucht dann bei der Ausführung von Vermessungsaufgaben der Nutzer nur noch *einen* GPS-Empfänger und den Zugang zu den Daten der Referenzstation. Die Effektivität des Referenzdienstes nimmt mit Zunahme der Distanz zwischen Nutzer und Referenzstation ab. Daher muß ein möglichst dichtes Netz von Stationen errichtet werden, in denen die für die Korrekturen notwendigen Messungen vorgenommen werden [4.7; 4.9].

Von der *Arbeitsgemeinschaft der Vermessungsverwaltungen der Länder der Bundesrepublik Deutschland* wurde der *Satellitenpositionierungsdienst* (Abkürzung SAPOS) geschaffen. Die Grundlage dieses Dienstes bildet ein Netz von permanent registrierenden GPS-Referenzstationen. Dieses Netz stellt die Korrekturwerte über die Fläche von ganz Deutschland zur Verfügung. Die einzelnen Stationen werden von den Bundesländern errichtet und betrieben. Die Nutzung ist nicht auf Vermessungsaufgaben beschränkt, vielmehr ist die Nutzung durch andere Bedarfsträger, beispielsweise für die Navigation, möglich. Zur Zeit (1998) sind etwa 150 Referenzstationen in Betrieb. Im Endausbau soll das Netz etwa 200 Stationen umfassen, so daß eine gleichmäßige Überdeckung in Deutschland gewährleistet ist.

Die Standorte der Referenzstationen sind innerhalb des *Deutschen Referenznetzes* (DREF 91), das Bestandteil des europäischen Referenznetzes (European Terrestrial Reference Frame, Abkürzung EUREF 93) ist, definiert [4.30].

Zur Gewährleistung störungsfreier Messungen sind die Standorte so gewählt worden, daß die Umgebung frei ist von Hindernissen für die Wellenausbreitung und frei von reflektierenden Objekten. Außerdem wurde gesichert, daß in der Umgebung keine Richtfunk- und keine Radaranlagen stehen.

Die Daten der Referenzstation erhält der Nutzer beispielsweise über Funkdienste oder über das Fernsprech-Leitungsnetz. Für einen Nutzer in Deutschland, der in Echtzeit arbeiten will, erhält der Nutzer die Korrekturdaten über Hörfunksender der ARD im UKW-Bereich oder über den Langwellensender Mainflingen. Einige Länder haben auch einen eigenen Funkdienst bei 160 MHz (2-m-Band). Für Arbeiten im *Postprocessing-Betrieb* erhält der Nutzer die Daten über das Mobilfunknetz D2 oder über das Fernsprech-Leitungsnetz. Als Übertragungsformat dient der Standard RTCM SC-104, Version 2.0.

Die bei dem Betrieb der Referenzstationen von SAPOS auftretenden Kennwerte und erzielbaren Genauigkeiten für Echtzeitbetrieb und Postprocessing gehen aus der **Tabelle 4.4** hervor [4.30].

Tabelle 4.4 Kennwerte und Fehler bei Nutzung des Referenzsystems SAPOS

Betriebsart	Satelliten-Positionierungsdienst (SAPOS)	Datenübertragung	Distanz des Nutzers zur Referenzstation	Fehlerzunahme zur Distanz	Positionsfehler	Zeitbedarf für die Positionsbestimmung	
						Start	weitere Messungen
Echtzeit Code-Messung	EPS	UKW-Sender, MW-Sender, LW-Sender (Telekom), geostationäre Satelliten, Internet	bis 500 km	10 cm/10 km	1 ... 3 m bei W = 95%	1 min	1 s
Echtzeit Träger-Phasenmessung	HEPS	2-m-Band-Sender (160 MHz), Mobilfunk	bis 25 km	2 cm/10 km	1 ... 5 cm	2 min	1 s
Post-processing. Träger-Phasenmessung	GPPS	Telefon, ISDN, Mobilfunk	bis 10 km	1 cm/10 km	1 cm	10 min	
Post-processing. Träger-Phasenmessung	GHPS	Telefon, ISDN, Mobilfunk, Datenträger	bis 10 km	1 cm/10 km	< 1 cm	>45 min	

4.1.4 DGPS-Referenzstationen verschiedener Dienste des Verkehrswesens

4.1.4.1 DGPS-Referenzstationen für die Seefahrt

Die Referenzstationen haben die Aufgabe, der Schiffahrt einen genauen und zuverlässigen DGPS-Dienst zur Verfügung zu stellen und damit zur Erhöhung der Sicherheit und zur Verbesserung des Verkehrsablaufes beizutragen [4.11].

Der Aufbau und der Betrieb der Referenzstationen erfolgt im Allgemeinen durch staatliche Institutionen. In Deutschland ist es die Wasser- und Schiffahrtsverwaltung des Bundes, sie errichtete die beiden Referenzstationen Helgoland (Nordseegebiet) und Wustrow (Ostseegebiet). Die beiden Stationen sind Bestandteil eines europäischen Netzes von etwa 50 Referenzstationen (**Bild 4.9**).

Der internationale Verband der Seezeichenverwaltungen (IALA) hat die Systemanforderungen und das Systemkonzept in einem IALA-Standard festgelegt [4.22, 4.28]. Eine Datenformatierung nach RTCM-Empfehlungen ist Bestandteil dieses Standards. In **Tabelle 4.5** sind die wesentlichen Systemmerkmale und Parameter für die Übertragung der Korrekturdaten zusammengestellt.

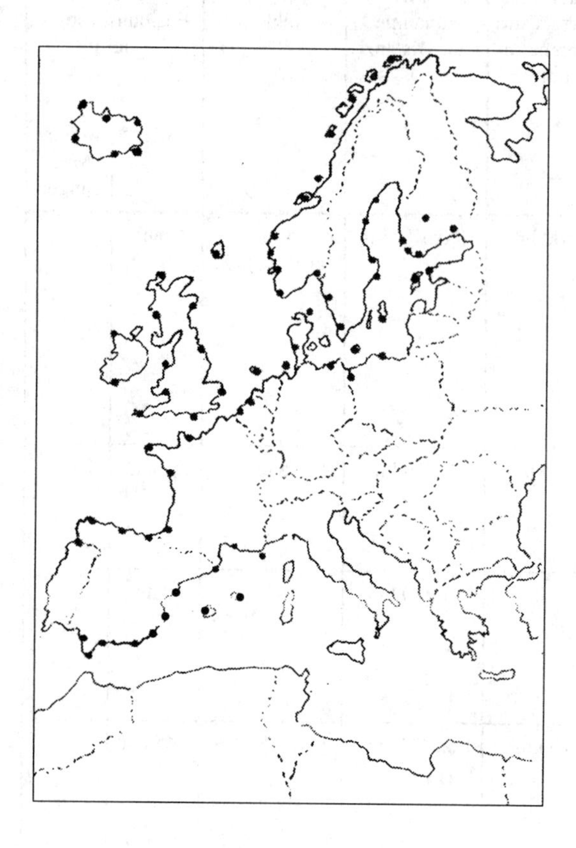

Bild 4.9
Netz der DGPS-Referenzstationen für die Seefahrt in Europa (Stand1997)

Nach diesem Standard erfolgt die Übertragung über Funkverbindungen mit Frequenzen in den Bändern 283,5 bis 315 kHz in Europa und 285 bis 325 kHz in den USA. Dazu werden die in diesen Bändern arbeitenden Seefunkfeuer benutzt. Das Korrekturdatensignal wird mit einem Subträger übertragen. Die Kennungssignale der Seefunkfeuer werden dadurch nicht gestört. Die Verwendung dieser Frequenzbänder (Mittelwellenbereich) hat den Vorteil, daß die Ausbreitung der elektromagnetischen Wellen durch die Erdkrümmung nicht behindert wird. Dadurch ergeben sich Funkreichweiten bis zu einigen 100 km.

Die mit dem Differentialverfahren erzielbare Reduzierung der Ortungsfehler geht aus dem Diagramm in **Bild 4.10** hervor [4.27]. Die Ergebnisse wurden bei ruhender Antenne des Empfängers beim Nutzer erzielt. Die Messungen erfolgten über eine Zeitspanne von 24 Stunden im Abstand von 1 min gleichzeitig sowohl mit GPS als auch mit DGPS. Mit GPS traten Schwankungen zwischen + 35 m und -77 m auf. Die Ursachen der starken Schwankungen sind die künstlichen Verschlechterungen durch SA. Mit DGPS werden diese Schwankungen durch die Korrekturen im Empfänger des Nutzers auf die Größenordnung von 1 m reduziert. Die Ergebnisse von mehreren durchgeführten Meßreihen an einem geodätischen Festpunkt zeigten, daß eine Genauigkeit in der Größenordnung von 1 m auch bei Entfernungen bis zur Referenzstation von etwa 100 km und 3 m bei 400 km zu erreichen ist.

Tabelle 4.5 Systemgrößen des IALA-Standards für DGPS Referenzstationen

Positionsgenauigkeit ($2d_{rms}$, W = 95 %)	≤ 3 - 5 m
Reichweite	Europa: 200 km USA: 500 km
Bedeckungsbereich	alle Küstengewässer in Nord- und Westeuropa sowie USA
Sendeverfügbarkeit	≥ 99,7 - 99,9 %
Empfangsverfügbarkeit	≥ 99,5 % in Nähe der Referenzstation ≥ 98 % am Rande des Bedeckungsbereichs
Integritätsprüfung	automatische Warnung innerhalb 30 s
Frequenzband der Übertragung	Seefunkfeuer-Band Europa 283,5 - 315 kHz USA 285 - 325 kHz
Kanalraster	500 Hz
Modulation	MSK bzw. GMSK bei 200 bit/s
Bitrate	50, 100 oder 200 bit/s
Datenformatierung	RTCM SC-104 V 2.0 (zukünftig 2.1)
Message-Typ	1, 3, 6, 7, 9, 15, 16

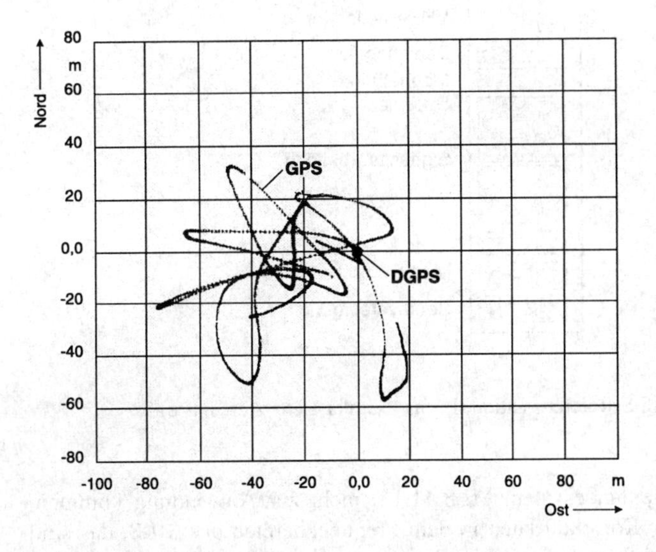

Bild 4.10
Verteilung der Positionsfehler bei Messungen mit GPS und DGPS innerhalb von 24 Stunden bei ruhender Empfangsantenne

4.1.4.2 DGPS-Referenzstationen für die Luftfahrt

In der Luftfahrt wird DGPS zur notwendigen Erhöhung der Genauigkeit der Positionsbestimmung für den Landeanflug zunächst erst im Versuchsbetrieb eingesetzt. Die Benutzung von GPS für den Landeanflug wurde international bisher nur für einzelne Flughäfen genehmigt, in Deutschland für den Flughafen Altenburg/Thüringen. Die benutzten Referenzdaten sind meist nur für den betreffenden Flughafen bestimmt, wegen ihres lokalen Charakters sind sie dem LADGPS zuzuordnen. Die Konzeption der technischen Ausführung einer DGPS-Referenzstation geht aus dem in **Bild 4.11** dargestellten Funktionsschema hervor [4.25]. Die Übertragung der Korrekturdaten erfolgt dabei im VHF-Bereich, im Allgemeinen im Frequenzbereich (108-118 MHz) des Kurssenders des Instrumenten-Lande-Systems (ILS) bzw. des VHF-Drehfunkfeuers VOR [1.12].

Die Verwendung des VHF-Bereiches hat den Vorteil, daß wegen der relativ großen verfügbaren Bandbreite der Übertragungskanäle (Kanalabstand 25 kHz) Korrekturdaten mit beispielsweise 4800 bit/s übertragen werden können. Von Nachteil ist die begrenzte Funkreichweite, die wegen der Erdkrümmung auf die quasioptische Sichtweite beschränkt ist. Für Referenzstationen, die in erster Linie dem Landeanflug dienen, ist das kein Nachteil.

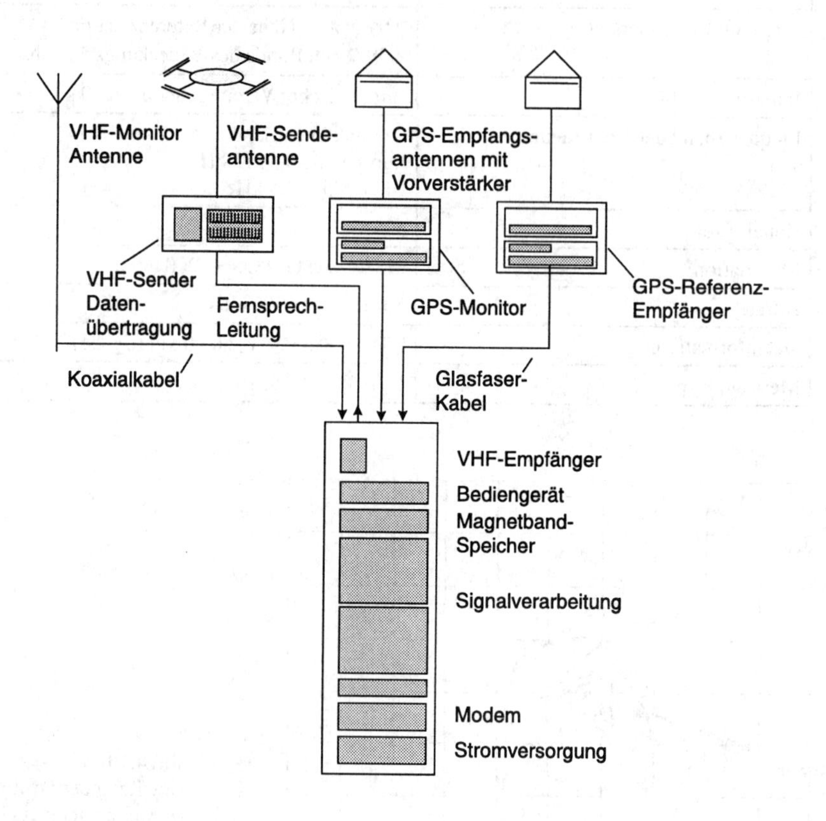

Bild 4.11 Funktionsschema einer DGPS-Referenzstation (Firma Daimler-Benz-Aerospace)

Sollte in Zukunft das Mikrowellenlandesystem MLS [1.12] nicht zur Anwendung kommen, dann könnte die Übertragung der Korrekturdaten in dem Frequenzbereich des MLS, das sind Frequenzen um 5GHz (C-Band), erfolgen.

Die mit einer DGPS-Referenzstation, die versuchsweise für den Landeanflug in Betrieb war, erzielbare hohe Genauigkeit geht aus dem Diagramm in **Bild 4.12** hervor [4.16, 4.20; 4.26; 4.27]. Die Messungen erfolgten bei ruhender Antenne des Empfängers im Abstand von etwa 1 Minute. Die 250 Meßpunkte liegen im Mittel etwa 0,1 m vom wahren Standort entfernt. Der Schwankungsbereich beträgt ± 0,15 m.

4.1.4.3 DGPS-Referenzstationen für den Landverkehr

Für Verkehrsleitsysteme und Verkehrspiloten ist DGPS besonders wichtig, da die mit GPS allein erzielbare Ortungsgenauigkeit nicht allen Forderungen entspricht. Deshalb müßte eine das gesamte Straßennetz überdeckende Versorgung mit dem Referenzdienst geschaffen werden.

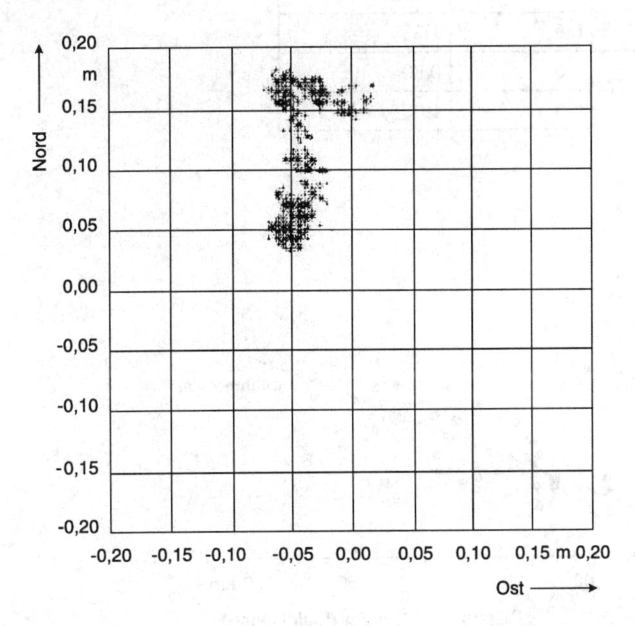

Bild 4.12
Verteilung der Ortungsfehler bei Messungen mit DGPS innerhalb von 24 Stunden bei ruhender Empfangsantenne

Die Gestaltung eines Referenzstationsnetzes hängt von der geforderten Genauigkeit der korrigierten Position und von der Funkreichweite des Senders, der die Korrekturdaten überträgt, ab. Eine hohe Genauigkeit wird mit einer Vielzahl von Referenzstationen erreicht, weil damit der jeweilige Abstand von Referenzstation zum Nutzer klein bleibt. Für die Übertragung der Korrekturdaten eignet sich der VHF-Bereich. Eine günstige Lösung ist die Übertragung der Korrekturdaten nach dem Format RTCM im Rahmen des *Radio-Daten-Systems* (Abkürzung RDS) innerhalb der Hörfunkprogramme der UKW-Sender (88 - 140 MHz). Eine Anwendung erfolgt in Deutschland im Hörfunkprogramm WDR 5. Die erzielte Reichweite beträgt 120 km. Der Ortungsfehler liegt bei etwa 2 m, er nimmt in Abhängigkeit von der Entfernung zwischen Sender und Nutzer nur geringfügig zu. Auch in den Benelux-Ländern sowie in Finnland und Schweden bestehen Referenzstationen, deren Korrekturdaten ebenfalls über UKW-Sender im Rahmen des RDS übertragen werden.

Eine andere Lösung ergibt sich aus der Verwendung einzelner Referenzstationen. Um damit eine große Reichweite und Überdeckung zu erzielen, müssen Lang- und Mittelwellensender (Frequenzbereich zwischen 100 kHz und 450 kHz) eingesetzt werden.

Eine Anwendung erfolgt mit dem Langwellensender Mainflingen der Deutschen Telekom. Die Sendefrequenz ist 140,3 kHz (Wellenlänge 2138 m), die Sendeleistung beträgt 50 kW. Die Korrekturdaten werden im Format RTCM SC-104 Version 1.0 mit 300 bit/s durch Frequenztastung (F-1-Modulation) übertragen. Die damit erreichbare Genauigkeit in Abhängigkeit von der Distanz geht aus **Bild 4.13** und aus **Tabelle 4.6** hervor [4.8].

Tabelle 4.6 Dreidimensionaler Ortungsfehler bei DGPS in einer Distanz zur DGPS-Referenzstation von 15 km und 330 km. Wahrscheinlichkeit W = 95 %

	Ortungsfehler in m bei Distanz zur Referenzstation	
Koordinate	15 km	330 km
geographische Breite	0,5	1,35
geographische Länge	0,6	0,80
Höhe über Grund	0,5	1,00

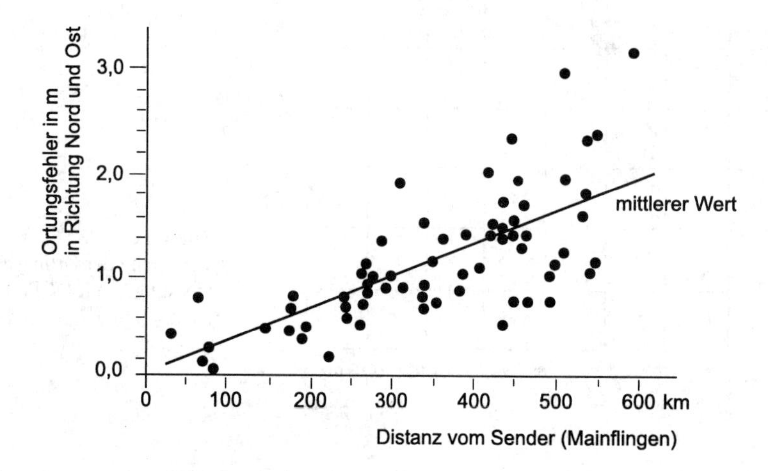

Bild 4.13 Verteilung der Ortungsfehler bei Messungen mit DGPS in Abhängigkeit von der Distanz zum Sender (Mainflingen) der Referenzstation

4.1.5 Weitbereich – DGPS (WADGPS)

Das in den vorstehenden Abschnitten beschriebene DGPS bzw. LADGPS ist für relativ kleine Überdeckungsbereiche mit einem Radius von maximal 300 km bestimmt. Eine andere technische Lösung des Differential-GPS liefert mit einem Netz von miteinander verbundenen und gemeinsam betriebenen Referenzstationen Korrekturinformationen über große Entfernungen bzw. für eine große Fläche. Ein solches System wird als *Weitbereich-DGPS* (Wide Area DGPS, Abkürzung WADGPS) bezeichnet. Für die Überdeckung einer ganzen Region ist bei WADGPS nur ein Bruchteil der Referenzstationen erforderlich, die bei der Konzeption des LADGPS erforderlich wären. Ein wesentlicher Funktionsunterschied bei WADGPS gegenüber LADGPS besteht darin, daß der auftretende Pseudoentfernungsfehler in seine Komponenten zerlegt wird. Jede Komponente wird für die gesamte Region und nicht für den einzelnen Ort der Referenzstation berechnet. Damit wird erreicht, daß die erzielbare Reduzierung der Pseudoentfernungsfehler nicht von dem Abstand des Nutzers von der Referenzstation abhängt.

Nach der Grundkonzeption umfaßt WADGPS ein Netzwerk von Referenzstationen, mit denen eine genaue Bestimmung der Ephemeriden der Satelliten, der atmosphärischen Verzögerungen und der Zeitverschiebungen erfolgt. Das Netzwerk besteht aus einer Hauptkontrollstation (Master Control Station, Abkürzung MCS) und mehreren Referenzstationen (RS). Die Stationen sind über einen größeren Bereich eines Landes verteilt (**Bild 4.14**). Die Referenzstationen liefern ihre Meßergebnisse an die Hauptkontrollstation, in der die Berechnungen für die Korrektur erfolgen. Von einem bei der Hauptkontrollstation stehenden Sender und erforderlichenfalls von zusätzlichen Sendestationen werden die für die Korrektur notwendigen Informationen ausgestrahlt. Zur Überdeckung eines Landes oder eines Erdteiles mit Informationen ist es günstiger, das Netzwerk aufzugliedern und zusätzlich Regional-Kontrollstationen (RCS) einzufügen, die mit der Hauptkontrollstation (MCS) verbunden sind (**Bild 4.15**). Bei diesem weniger zentralisierten Netzwerk ist es erforderlich, daß alle Regionalstationen zeitlich synchronisiert sind; das geschieht durch die Hauptkontrollstation. Die Übertragung der Korrekturdaten erfolgt bei WADGPS mit einem Kommunikationssatelliten (**Bild 4.16**). Dieser Satellit muß geostationär sein, sonst wären mehrere Satelliten erforderlich. Es ist zweckmäßig, dafür keinen speziellen Satelliten einzusetzen, sondern die Aufgabe durch ein Subsystem lösen zu lassen, das ein Satellit eines anderen Dienstes (beispielsweise eines Fernmeldesatelliten) als Nutzlast mitführt.

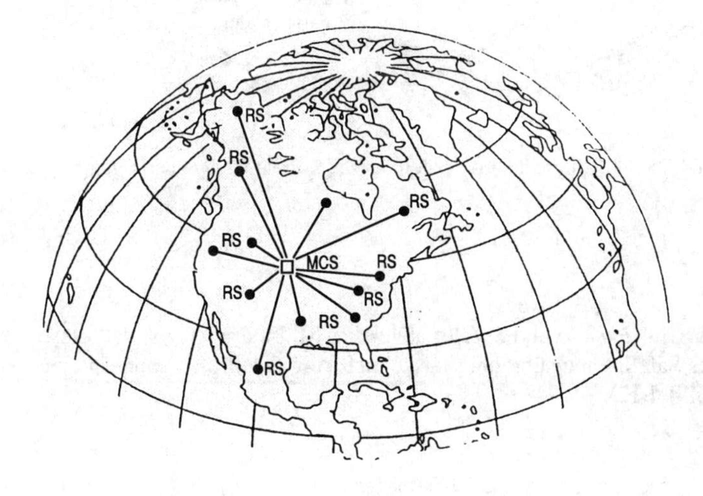

Bild 4.14
WADGPS-Netzwerk mit einer Hauptkontrollstation (MCS) und angeschlossenen Referenzstationen (RS)

Bild 4.15
WADGPS-Netzwerk mit zusätzlichen Regionalkontrollstationen (RCS)

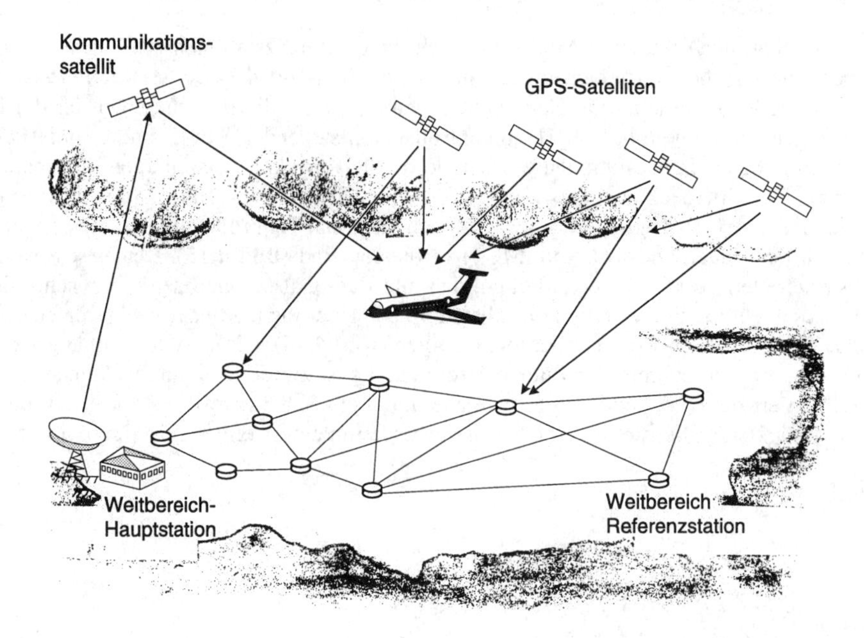

Bild 4.16 Konzeption eines WADGPS mit Kommunikationssatelliten zur Korrekturdatenübertragung

4.2 Pseudolit

Pseudolit ist ein Kunstwort, das aus *Pseudo* und *Satellit* abgeleitet ist. Es drückt aus, daß diese Einrichtung die Funktion eines Satelliten ausübt, aber tatsächlich kein Satellit ist, sondern eine am Boden stehende Station (**Bild 4.17**).

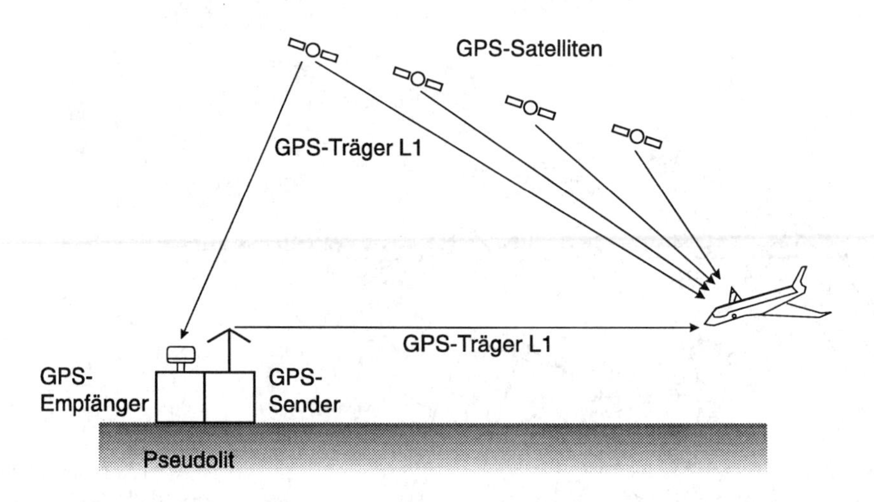

Bild 4.17 Einsatz eines Pseudosatelliten

Ein Pseudolit enthält informationstechnische Einrichtungen, die denen in den GPS-Satelliten ähnlich sind. Sender und Empfänger arbeiten im Frequenzbereich der GPS-Satelliten. Ein Nutzer von GPS kann durch den zusätzlichen Empfang der Signale eines Pseudoliten oder mehrerer Pseudoliten eine wesentlich höhere Ortungsgenauigkeit erzielen, außerdem wird durch die Pseudoliten die Verfügbarkeit und die Integrität erheblich erhöht [4.10;4.21].

Die höhere Ortungsgenauigkeit wird in erster Linie durch die günstigeren geometrischen Verhältnisse der an der Messung beteiligten Satelliten und Pseudoliten erreicht, so daß im Allgemeinen die DOP-Faktoren kleinere Werte haben. Das wirkt sich vor allem auf die vertikale Komponente, also den VDOP-Faktor aus, so daß beispielsweise für den Landeanflug von Luftfahrzeugen die erforderliche hohe Genauigkeit erreicht wird. Auch die Integrität kann mit dem zusätzlichen Einsatz eines Pseudoliten verbessert werden, indem damit eine Integritäts-Daten-Verbindung bereitgestellt wird. Die Verfügbarkeit der GPS-Satelliten wird erhöht, da mit dem Pseudolit eine zusätzliche Entfernungsmessung durchgeführt werden kann.

Ein Nachteil ist der bei einem sich bewegenden Nutzer stark schwankende Pegel des vom Pseudoliten empfangenen Signals. Der Pegel des von den GPS-Satelliten empfangenen Signals ist dagegen annähernd konstant. Die Ursachen sind die unterschiedlichen Entfernungsverhältnisse, denn die Entfernung einer sich auf der Erde in der Umgebung eines Pseudoliten bewegenden Nutzers zu diesem Pseudoliten ändert sich um Größenordnungen. Die Entfernung eines Nutzers auf der Erde zu einem umlaufenden GPS-Satelliten ändert sich dagegen nur um maximal etwa 20 %. Die entstehenden großen Unterschiede im Empfangspegel behindern die Selektion der einzelnen Satelliten auf Grund des C/A-Code, bei dem nur Pegelunterschiede von maximal 30 dB zulässig sind.

Zur Erzielung einer Empfangsleistung von -160 dBW bei einer angenommenen Entfernung zwischen Nutzer und Pseudoliten von etwa 40 km ist eine mittlere Sendeleistung der Pseudoliten von etwa 6 mW erforderlich. Bei diesem Wert wird angenommen, daß die Verbindungslinie vom Nutzer zum Pseudoliten einen sehr kleinen Erhebungswinkel hat und demzufolge der Antennengewinn bei -10 dB liegt.

Die mit Pseudoliten erreichbare Verbesserung ist in umfangreichen rechnerischen Untersuchungen nachgewiesen worden. Als Maß der erzielbaren Genauigkeit dient der DOP-Faktor. Grundsätzlich bestimmen die geometrischen Verhältnisse zwischen den Satelliten und dem Nutzer die Größe der DOP-Faktoren (siehe Abschnitt 3.6.4.2). Durch die Verwendung von Pseudoliten können die geometrischen Verhältnisse verbessert werden, so daß sich die zeit- und ortsabhängigen Zahlenwerte sowie die Schwankungen der VDOP- und der HDOP-Faktoren verringern lassen.

Die Verbesserungen gehen aus einer Berechnung hervor, bei der ein Pseudolit bzw. zwei Pseudoliten zusätzlich zu den GPS-Satelliten angenommen wurden. Für die Berechnungen wurden Entfernungen zwischen Pseudoliten und Beobachtungspunkt, der einem Nutzer entspricht, von 1,8 bzw. 3,6 km und eine Höhe von 200 m angenommen. Für die Bestimmung der DOP-Faktoren ohne Pseudoliten wurden jeweils die vier Satelliten benutzt, bei denen die DOP-Faktoren am kleinsten waren. Bei Einbeziehung der Pseudoliten wurden jedoch alle sichtbaren Satelliten berücksichtigt. Die Ergebnisse gehen aus den Diagrammen von **Bild 4.18** hervor. Es ist zu erkennen, daß eine erhebliche Verringerung der DOP-Faktoren, vor allem bei den VDOP-Faktoren, zu erzielen ist. Diese Tatsache ist für die Anwendung von GPS zur Navigation bei der Landung von Luftfahrzeugen bedeutungsvoll.

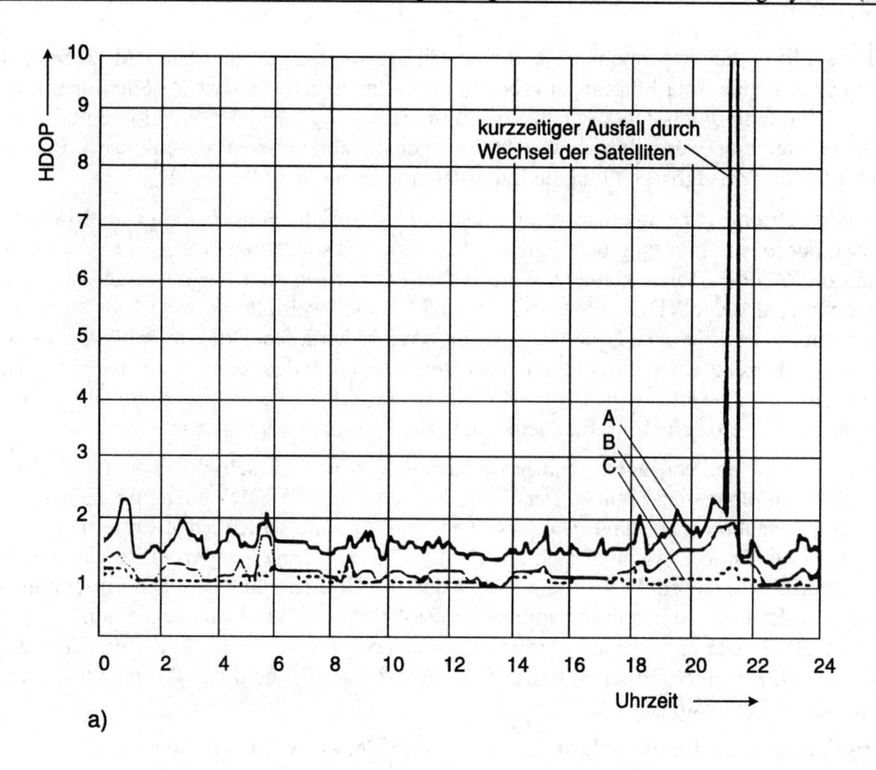

Bild 4.18 DOP-Faktoren an einem Beobachtungspunkt (35° nördlicher Breite, Höhe h = 200 m über Meeresspiegel) bei 24 betriebsfähigen Satelliten und 1 oder 2 Pseudoliten
Parameter:
A für die jeweils günstigsten vier Satelliten
B für beliebige Satelliten und einem Pseudoliten im Abstand von 1,8 km vom Nutzer
C wie bei B, jedoch mit zwei Pseudoliten im Abstand von 1,8 km bzw. 3,6 km
Bild a): HDOP-Faktor

4.3 Integritätsprüfung

Die Integrität eines Navigationssystems bezieht sich auf die Fähigkeit dieses Systems, einen Nutzer rechtzeitig zu warnen und ihn von der Verwendung dieses Systems abzuraten, da es falsche bzw. fehlerhafte Informationen liefert (siehe Abschnitt 3.8).

Bei GPS wird zwar grundsätzlich über die Navigationsmitteilung diese Integrität gewährleistet, aber die entsprechenden Mitteilungen erreichen den Nutzer im Allgemeinen erst mit einer mehr oder weniger großen Zeitverzögerung. Vor allem für die Luftfahrt ist das unzureichend. Es wurden deshalb Verfahren und technische Mittel konzipiert, um die Integrität von GPS ohne Zeitverzug zu gewährleisten [4.15; 4.18].

Die Integritätsspezifikationen haben Alarmgrenzen, Alarmzeiten und Entdeckungswahrscheinlichkeiten zum Inhalt. Die Spezifikation für die Luftfahrt unterscheidet die drei Flugphasen Streckenflug, Bewegungen im Flughafenbereich und Landeanflug (**Tabelle 4.7**).

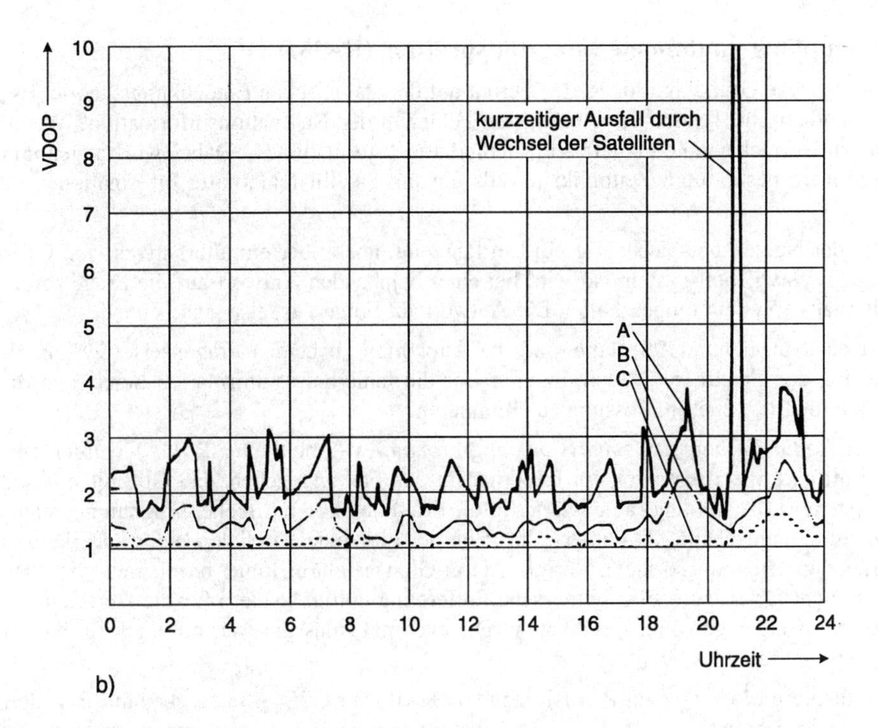

Bild 4.18 DOP-Faktoren an einem Beobachtungspunkt (35° nördlicher Breite, Höhe h = 200 m über Meeresspiegel) bei 24 betriebsfähigen Satelliten und 1 oder 2 Pseudoliten
Parameter:
A für die jeweils günstigsten vier Satelliten
B für beliebige Satelliten und einem Pseudoliten im Abstand von 1,8 km vom Nutzer
C wie bei B, jedoch mit zwei Pseudoliten im Abstand von 1,8 km bzw. 3,6 km
Bild b): VDOP-Faktor

Tabelle 4.7 Integritätsspezifikationen für die zivile Luftfahrt [4.28]

Flugphase	Alarmgrenze	maximale Anzahl der Alarme pro 100 Stunden	Zeit bis zur Alarmauslösung	minimale Entdeckungswahrscheinlichkeit
Streckenflug	3,6 km	2	30 s	0,999
Flug im Flughafenbereich	1,8 km	2	10 s	0,999
Landeanflug (kein Präzisionsanflug)	0,6 km	2	5 s	0,9999

Für die Integritätsprüfung haben sich bisher zwei Verfahren herausgebildet. Das ist erstens ein für den Nutzer autonomes Verfahren mit der Bezeichnung *Receiver Autonomous Integrity Monitoring* (Abkürzung RAIM) und zweitens ein kooperatives Verfahren mit der Bezeichnung *GPS Integrity Channel* (Abkürzung GIC).

4.3.1 Empfängerautonome Integritätsprüfung (RAIM)

Die theoretische Grundlage für RAIM beruht auf der statistischen Entdeckungstheorie. Es gibt zwei hypothetische Testfragen: Besteht ein Fehler in der Navigationsinformation? Wenn das bejaht wird, welcher Satellit liefert die fehlerhafte Information? – Dabei wird angenommen, daß zu einem bestimmten Zeitpunkt jeweils nur ein Satellit fehlerhafte Informationen liefert [4.17].

Verfügt der Nutzer, beispielsweise ein Luftfahrzeug, noch über ein alternatives, von GPS unabhängiges Navigationssystem, so wird bei einer bejahenden Antwort auf die Frage sofort auf das alternative System umgeschaltet. Die Antwort auf Frage 1 ist also ausreichend.

Besitzt der Nutzer nur GPS, dann sind die Antworten zu beiden Fragen erforderlich. Es ist notwendig, den Satelliten zu identifizieren, der die fehlerhafte Information liefert und diesen Satelliten für alle weiteren Messung zu eliminieren.

Von der *Radio Technical Commission for Aeronautics* (Abkürzung RTCA) wurden für die zivile Luftfahrt Spezifikationen zur Integrität für den Fall angegeben, daß GPS nicht das alleinige System ist. Es werden Zahlenwerte für die drei Flugphasen Strecke, Flughafenbereich und Landeanflug angegeben. Als Fehler gilt, wenn der horizontale radiale Fehler außerhalb eines spezifizierten Grenzwertes liegt, der als Alarm-Grenze (alarm limit) bezeichnet wird. Dieser Wert ist nicht für eine einzelne gemessene Entfernung gültig, sondern für die Abweichung der aus den Messungen gewonnenen Position. Die maximal zulässige Alarmrate gilt für die jeweilige Überschreitung des Grenzwertes.

Es gibt mehrere Methoden zur Realisierung von RAIM für GPS. Alle beruhen auf irgendeinem Verfahren der Überprüfung der Selbstübereinstimmung unter den verfügbaren Meßergebnissen [4.5]. Voraussetzung ist, daß eine möglichst hohe Redundanz der Meßinformation besteht.

Beispiele solcher Methoden sind:

- Vergleich der gemessenen Entfernungen
- Prinzip der kleinsten Quadrate
- Paritätsmethode
- maximale Abweichung.

Die Methode der maximalen Abweichung wird als die folgerichtigste angesehen.

Es wird angenommen, daß im Ereignisfall nicht mehr als ein Satellit fehlerhaft ist. Bei n sichtbaren Satelliten können n Kombinationen von je vier Satelliten, die zur Positionsbestimmung mit den Pseudoentfernungen erforderlich sind, gebildet werden. Wenn ein fehlerhafter Satellit vorhanden ist, werden die Meßergebnisse mit diesem Satelliten sich wesentlich von den Meßergebnissen ohne diesen Satelliten unterscheiden. Daraus läßt sich der fehlerhafte Satellit ermitteln (**Bild 4.19**).

4.3.2 GPS-Integritätskanal

Ein anderes System zur Gewährleistung einer vom GPS-Netzwerk unabhängigen Bestätigung der Integrität beruht auf einem Netzwerk von Bodenstationen. Diese Bodenstationen prüfen das fehlerfreie Arbeiten aller GPS-Satelliten. Geeignete Integritätsinformationen werden dann mit einer Nachrichtenverbindung dem Nutzer übermittelt. Das System wird als *GPS-Integritätskanal* (GPS Integrity Channel, Abkürzung GIC) bezeichnet.

Während bei RAIM der technische Aufwand ausschließlich beim Nutzer, beispielsweise an Bord der Luftfahrzeuge, liegt, sind bei GIC sowohl an Bord als auch am Boden technische Einrichtungen erforderlich. Jedoch beschränken sich die Bordeinrichtungen auf ein verhältnismäßig einfaches Empfangsgerät mit einem dazugehörigen Interface.

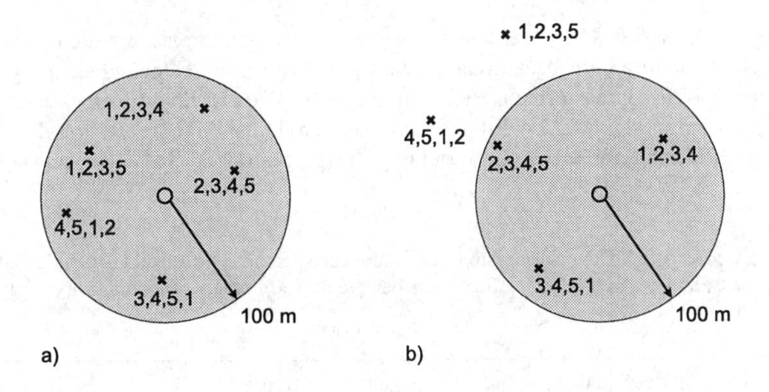

Bild 4.19 Integritätsprüfung durch Beobachtung der maximalen Abweichung

Die Notwendigkeit der Einrichtungen am Boden ist zugleich der wesentliche Nachteil dieses Systems. Beispielsweise lassen sich solche Einrichtungen nur sehr schwer in unerschlossenen Gebieten der Erde und im Bereich der Ozeane schaffen. Es kann daher auf eine bordautonome Integritätsprüfung, beispielsweise mit RAIM, nicht verzichtet werden.

4.4 Wide Area Augmentation System (WAAS)

4.4.1 Aufgabe des Systems

Nach den bisherigen praktischen Erfahrungen und auf Grund umfangreicher theoretischer Untersuchungen wird GPS in der jetzigen Konfiguration allein nicht in der Lage sein, die Forderungen der Luftfahrt für alle Phasen des Flugverkehrs zu erfüllen. Das gilt für die Verfügbarkeit, die Genauigkeit und für die Integrität. Eine Lösung des Problems auf der Basis von DGPS, beispielsweise mit WADGPS, stößt für eine weltweite Überdeckung wegen der großen Anzahl an Referenzstationen auf große technische und finanzielle Schwierigkeiten. Auch eine Lösung mit Hilfe von GIC erlaubt aus gleichem Grund keine weltweite Überdeckung. Mit dem bordautonomen System RAIM treten andere Nachteile, wie begrenzte Verfügbarkeit und Leistungsfähigkeit in Erscheinung.

Um in erster Linie die Integrität von GPS auf ein, vor allem für die Luftfahrt, ausreichendes Maß zu bringen (Tabelle 4.7), konzipierte die US-Luftfahrtadministration (Federal Aviation Administration, Abkürzung FAA) ein System, das eine wesentliche Erweiterung der Leistungsfähigkeit (augmentation) von GPS zum Ziel hat und eine kontinentale Überdeckung mit der Integritätsfunktion gewährleistet. Dieses System wird deshalb mit *Wide Area Augmentation System* (Abkürzung WAAS) bezeichnet [4.23; 4.24]. Es liefert folgende Dienste, die eine Erweiterung bzw. Verbesserung der bisherigen GPS-Funktion ergeben und damit insgesamt die Leistungsfähigkeit von GPS erhöhen:

- Überprüfung der Integrität von GPS und Übermittlung der entsprechenden Informationen an die Nutzer, so daß die Sicherheit von GPS erhöht wird.
- Übertragung von Korrekturdaten des Differential-GPS, wodurch die Genauigkeit von GPS vergrößert wird.
- Zusätzliche Entfernungsmessung vergrößert die Verfügbarkeit von GPS und erhöht die Zuverlässigkeit.

Nach der Konzeption der FAA werden vier geostationäre Satelliten zusätzlich zu den umlaufenden 24 GPS-Satelliten eingesetzt. Damit wird gleichzeitig die Genauigkeit der gemessenen Entfernungen und die daraus errechnete Position erhöht. Die erzielbare Verbesserung läßt sich am besten aus dem Verlauf der DOP-Faktoren erkennen. Die Abhängigkeit von der Anzahl der verfügbaren GPS-Satelliten unter Einbeziehung der geostatioären Satelliten geht aus **Tabelle 4.8** hervor.

Tabelle 4.8 Berechnete DOP-Faktoren und ihre Dauer für verschiedene Anzahl von GPS-Satelliten und zusätzliche geostationäre Satelliten bei einem minimalen Erhebungswinkel (mask angle) von 5° [4.18]

Anzahl der Satelliten		Prozent der Zeit für PDOP ≤ 6	Zeit pro Jahr für PDOP > 6 (Grenzwert)	PDOP-Faktor für 5 Stunden pro Jahr
GPS-Satelliten	geostat. Satelliten			
24	0	> 99,999	< 5 min	> 4,5
24	4	> 99,9999	< 0,5 min	> 3,7
23	0	99,95	4,4 h	> 6,1
23	4	> 99,999	< 5 min	> 4,3
22	0	99,90	8,8 h	> 7,4
22	4	99,97	2,6 h	> 5,6
21	0	99,2	70,1 h	> 25
21	4	99,65	30,7 h	> 10

Da es sicher in absehbarer Zeit nicht zu einer weltweiten Überdeckung mit WAAS kommen wird, müssen Luftfahrzeuge außerhalb der Überdeckungsbereiche von WAAS mit dem bordautonomen Integritätssystem (RAIM) die erforderliche Aussage zur Integrität erreichen. Da außerdem auch ein System wie WAAS nur eine endliche Verfügbarkeit besitzt, wird RAIM als alternatives System notwendig sein.

4.4.2 Realisierung von WAAS

4.4.2.1 Konzept

Das Konzept der FAA für eine Realisierung von WAAS sieht vor, daß ein Raumsegment mit vier geostationären Satelliten und ein dazugehöriges Bodensegment mit dem Kontrolldienst bereitgestellt wird. Die einzelnen Funktionen sind [4.2; 4.19; 4.32]:

- Übertragung der Informationen zur Integrität und zum Betriebszustand sämtlicher GPS-Satelliten und gegebenenfalls auch sämtlicher GLONASS-Satelliten in Echtzeit. Damit wird gewährleistet, daß ein Nutzer für die Messungen keinen fehlerhaft arbeitenden Satelliten verwendet. Diese Funktion wird als *GNSS-Integritätskanal* (Global Navigation Satellite System Integrity Channel; Abkürzung GIC) bezeichnet (siehe Abschnitt 4.3.2).
- Aussendung zusätzlicher Entfernungsmeßsignale als Ergänzung zum GIC-Dienst. Damit erhöht sich praktisch die GPS-Verfügbarkeit bei Verkleinerung der auftretenden DOP-Faktoren. Diese Funktion wird als *Entfernungsmeß-Integritätskanal* (Ranging GIC, Abkürzung RGIC) bezeichnet.

- Übertragung von Weitbereich-Differential-GPS-Korrekturdaten. Damit wird die erzielbare Entfernungs- bzw. Positionsgenauigkeit bei Verwendung des GPS-Trägers L1 mit dem C/A-Code wesentlich erhöht. Diese Funktion gibt es in gleicher Weise auch für die gegebenenfalls benutzten GLONASS-Satelliten. Die Gesamtfunktion wird deshalb mit *Weitbereich-Differential-GNSS* (Wide Areal Differential Global Navigation Satellite System, Abkürzung WADGNSS) bezeichnet.

Für die technische Realisierung werden vier geostationäre INMARSAT-Satelliten einbezogen [4.6; 4.12].

INMARSAT ist eine 1979 auf Initiative der *International Maritime Organization* (Abkürzung IMO) gegründete internationale Gesellschaft für die satellitengestützte Kommunikation. Zur Zeit sind 76 Staaten Mitglied der INMARSAT. Im Artikel 3 der INMARSAT heißt es:

„Die Aufgabe der INMARSAT ist es, ein Raumsegment zu schaffen, um die Kommunikation in der Seefahrt zu verbessern und auch die Kommunikation in der Luftfahrt und im Landverkehr sowie in den Einrichtungen im Zusammenhang mit der Schiffahrt durchzuführen. Eine wichtige Aufgabe ist die Unterstützung von Maßnahmen in Notlagen und grundsätzlich eine Erhöhung der Sicherheit".

Ganz allgemein wird mit der über Satelliten durchgeführten Kommunikation die Effektivität im internationalen Transportwesen erhöht. Darüber hinaus ist es Aufgabe von INMARSAT, beliebigen kommerziellen und privaten Nutzern eine internationale Kommunikation zu ermöglichen.

Mit der Einbeziehung von INMARSAT-Satelliten vom Typ Inmarsat-3 in das Projekt WAAS wird erstmalig von dieser Gesellschaft auch die Funktion *Ortung* bzw. *Navigation* betrieben. Die beteiligten Satelliten sind jedoch nicht ausschließlich für WAAS bestimmt, sondern die erforderlichen technischen Einrichtungen für WAAS werden als Nutzlast oder Subsystem von den Satelliten für Mobil-Kommunikationsdienste mitgeführt.

Das Konzept von WAAS geht aus **Bild 4.20** hervor. Der GPS-Nutzer empfängt die Ortungs- und Navigationssignale von den GPS-Satelliten und gegebenenfalls auch von den GLONASS-Satelliten. Gleichzeitig werden diese Signale von den Monitoren aufgenommen. Die Monitore werden hier als Integritätsmonitore bezeichnet, da sie die Aufgabe haben, die Integrität der GPS- bzw. GLONASS-Satelliten zu prüfen. Die von den Monitoren empfangenen Signale werden zur Auswertung der Kontrollzentrale des Regional-Integritätsnetzwerkes zugeführt. Die Monitore entsprechen in ihrer Funktion weitgehend den Referenzstationen bei Differential-GPS. In der Kontrollzentrale werden aus den zugeleiteten Monitordaten die Integritätsinformationen und die Referenz-Korrekturdaten des Differential-GPS berechnet. Die *Primäre Navigations-Erdstation* (Bild 4.20) hat die Aufgabe der Aufbereitung der Signale und deren Ausstrahlung im Frequenzbereich des C-Bandes mit einer Richtantenne. Die Signale werden vom geostationären Satelliten empfangen. In einem Transponder (Kombination aus Transmitter und Responder, d.h. Sender und Antworter) wird das empfangene Signal aus dem C-Band in die Frequenz des GPS-Trägers im L-Band umgesetzt und dann von einem Sender des Satelliten in Richtung Erde abgestrahlt, wo es von den Nutzern empfangen wird und für die Auswertung zur Verfügung steht. Mit einem zweiten Sender im Satelliten wird das gleiche Signal mit einer Frequenz des C-Bandes in Richtung *Primäre Navigations-Erdstation* übertragen. Dieses Signal wird benötigt, um die Regelschleife für die Zeitsynchronisation des Navigationssignals herzustellen. Zur Gewährleistung einer hohen Betriebssicherheit, gibt es noch eine Ersatz-Navigations-Erdstation, die als heiße Reserve die gleichen Funktionen ausführt wie die Primäre Navigations-Erdstation.

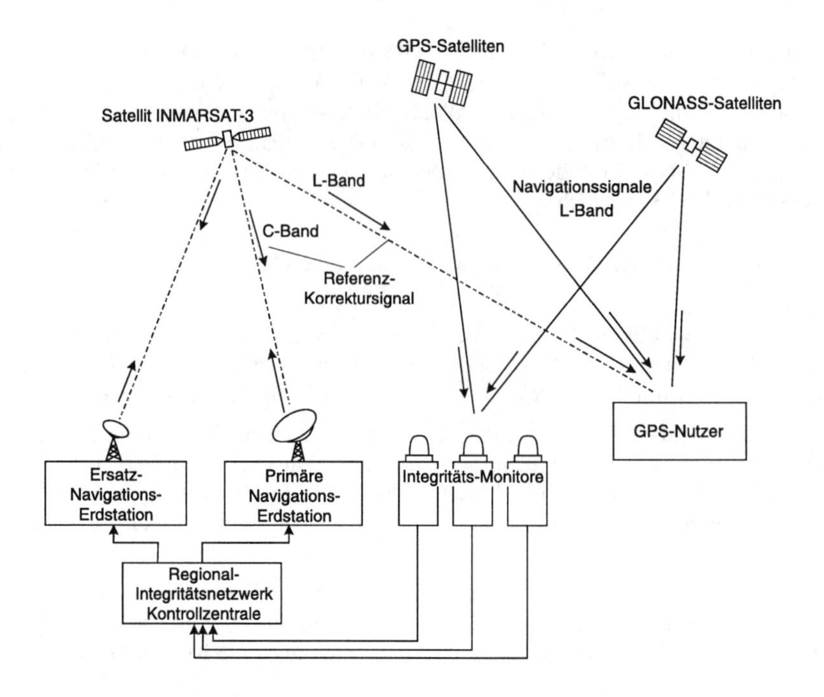

Bild 4.20 Funktionsschema eines Wide Area Augmentation System (WAAS)

4.4.2.2 Satellit Inmarsat-3

Die Hauptaufgabe dieses Satelliten ist die Kommunikation. Dazu besitzt er Transponder für die Verbindungen zur Erde in beiden Richtungen. Die Kommunikationsinformationen werden von einer Bodenstation zum Satelliten sowohl mit Frequenzen im C-Band (4 - 8 GHz), als auch im L-Band (1 - 2 GHz) übertragen. In den bordseitigen Transpondern erfolgt eine Frequenzumsetzung jeweils in eine andere Frequenz des gleichen Bandes.

Als Subsystem enthält der Satellit den Navigationstransponder, der die WAAS-Funktion erfüllt (siehe Abschnitt 4.4.2.1).

Der Satellit besteht aus einem Container, an dem zwei verhältnismäßig große Solarzellenpaneels angebracht sind (**Bild 4.21**), um die für die Kommunikationsfunktion erforderliche große Leistung von etwa 2400 W zu erzeugen.

Die vom Satelliten auf der L1-Frequenz ausgestrahlten Signale sind in ihrer Leistung so begrenzt, daß keine störenden Interferenzen mit den Signalen der GPS-Satelliten und GLONASS-Satelliten auftreten können.

Bild 4.21
Satellit „Inmarsat-3“
(Foto: INMARSAT, London)

4.4.2.3 Konstellation der Satelliten Inmarsat-3

Für die vier geostationären Satelliten mit ihren Umlaufbahnen über dem Äquator in einer Höhe von etwa 36000 km sind folgende Positionen festgelegt worden:

- Satellit 1 80,0° Ost, Pacific Ocean Region (POR)
- Satellit 2 64,5° Ost, Indian Ocean Region (IOR)
- Satellit 3 55,5° West, Atlantic Ocean Region West (AORW)
- Satellit 4 15,5° West, Atlantic Ocean Region East (AORE)

In Aussicht genommen ist ein fünfter Satellit dieser Serie; für ihn wurde noch keine Position bestimmt.

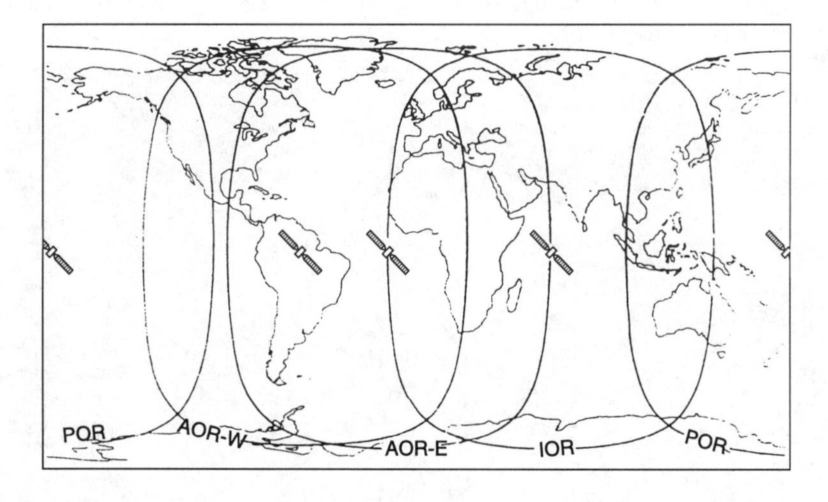

Bild 4.22 Überdeckungsbereiche der vier Satelliten „Immarsat-3“

Die Festlegung der einzelnen Positionen wurde unter dem Gesichtspunkt einer Überdeckung der Erdoberfläche bei einem minimalen Erhebungswinkel (mask angle) von 5° vorgenommen. Die mit den vier Satelliten erreichte Überdeckung geht aus **Bild 4.22** hervor. Die Überdeckungen überlappen sich zum Teil, was zu einer größeren Sicherheit beträgt. Alle vier Satelliten befinden sich seit 1997 auf den vorgesehenen Positionen.

4.4.2.4 WAAS-Signale

Die WAAS-Signale stehen in Übereinstimmung mit den Signalen der GPS-Signale und mit deren Verarbeitung in den GPS-Empfängern. Der in den WAAS-Signalen benutzte Code gleicht dem C/A-Code der GPS-Satelliten. Die 19 für WAAS bestimmten C/A-Codes wurden so ausgewählt, daß keine Interferenzen mit den 37 C/A-Codes der GPS-Satelliten entstehen können [4.32].

4.4.2.5 Anwendung von WAAS

Anlaß zur Entwicklung von WAAS in den USA war die Notwendigkeit, die für die Luftfahrt unzureichenden Navigationsergebnisse des GPS zu verbessern. Vor allem war es notwendig, dem Luftfahrzeugführer ausreichend und schnell Integritätsangaben zu liefern. Nur so kann GPS als alleiniges Ortungs- und Navigationssystem in der Luftfahrt zur Diskussion stehen. Inzwischen ist die Erkenntnis gewonnen worden, daß WAAS auch für Nutzer auf See und an Land zur Unterstützung von GPS verwendet werden kann, um die Effektivität von GPS zu verbessern.

Um die von geostationären Satelliten gesendeten WAAS-Signale empfangen zu können, benötigt der Nutzer zusätzlich ein entsprechendes Empfangsgerät. Das ist eine ähnliche Bedingung wie bei der Verwendung des Differential-GPS-Dienstes, beispielsweise LADGPS und WADGPS. Die Ausarbeitung von standardisierten Empfehlungen für WAAS-Empfangsgeräte oder kombinierte GPS/WAAS-Empfangsgeräte war 1998 noch nicht abgeschlossen.

Das von der FAA konzipierte WAAS ist auf der Grundlage der in den USA bestehenden Situation in der Luftfahrt und auf Grund der dortigen Erfahrungen entstanden. In Europa ist eine ähnliche Ergänzung bzw. Erweiterung von GPS unter den Bezeichnungen *Overlay* und *EGNOS* in Vorbereitung (siehe Kapitel 6).

5 Global Navigation Satellite System (GLONASS)

5.1 Einführung

In der Mitte der 70er Jahre wurde unter der Leitung des damaligen Verteidigungsministeriums der UdSSR die Entwicklung eines neuen satellitengestützten Navigationssystems aufgenommen, mit dem das 1966 in Betrieb genommene System CIKADA (siehe Kapitel 2; Abschnitt 2.2) abgelöst werden sollte. Das neue System bekam die Bezeichnung (ins Englische übersetzt) *Global Navigation Satellite System* (Abkürzung GLONASS). Die Aufgabe des Systems war in erster Linie die Unterstützung der Navigation der Marine und die Lieferung einer sehr genauen Zeitinformation. Es wurde erkannt, daß eine zivile Nutzung die Belange der militärischen Institutionen nicht beeinträchtigen würde. Daher ist von Anfang an keine Einschränkung für zivile Nutzer vorgesehen worden. Der erste Satellitenstart erfolgte 1982. Meist wurden bei diesem System drei Satelliten gleichzeitig gestartet und in ihre Umlaufbahnen gebracht.

Bei einer 1988 durchgeführten Tagung des *Special Committee on Future Air Navigation Systems* (Abkürzung FANS) der *International Civil Aviation Organization* (Abkürzung ICAO), gaben die Vertreter der UdSSR bekannt, daß die für die Ortung erforderlichen GLONASS-Signale ohne Einschränkung für eine internationale Nutzung zur Verfügung stehen würden. Das Angebot wurde nach Auflösung der UdSSR von der Administration Rußlands erneuert.

In den Jahren 1990 und 1991 wurde mit 12 Satelliten das System getestet. Nach dem erfolgreichen Abschluß der Erprobung gab *B. Jelzin* 1993 bekannt, daß GLONASS ein alle gestellten Aufgaben erfüllendes System sei und seinen vollen kontinuierlichen Betrieb aufgenommen habe. Bis März 1997 erfolgten 69 Starts, von diesen waren 59 ausschließlich für GLONASS bestimmt [5.2; 5.7; 5.10; 5.14].

In der grundsätzlichen Systemkonzeption gibt es zwischen GLONASS und GPS Übereinstimmungen, auch in der technischen Konzeption bestehen in wesentlichen Teilen Ähnlichkeiten. Diese Übereinstimmungen haben in den letzten Jahren zur Entwicklung und Produktion von Empfängern geführt, die beide Systeme alternativ oder kombiniert benutzen können.

5.2 Segmente des Systems

Ähnlich GPS umfaßt GLONASS drei Segmente:

- Raumsegment
- Kontrollsegment
- Nutzersegment.

5.2.1 Raumsegment

Das Raumsegment besteht im Vollausbau aus maximal 21 aktiven Satelliten und drei Reservesatelliten.

5.2.1.1 Satellitenbahnen

Die 24 Satelliten sind nach der Konzeption gleichmäßig auf drei Bahnebenen verteilt. Die Bahnebenen haben einen Abstand von 120° im aufsteigenden Knoten (**Bild 5.1**). Jeder Satellit bewegt sich auf einer Kreisbahn in einer Höhe von etwa 19 000 km über der Erde, der Inklinationswinkel gegenüber dem Äquator beträgt 64,8°. Die Bahnperiode hat eine Dauer von 11

Stunden und 16 Minuten (Sonnenzeit). Die gewählte Konstellation mit 21 Satelliten gewährleistet eine kontinuierliche Sichtbarkeit von je mindestens vier Satelliten für 97 % der Erdoberfläche und mit 24 Satelliten eine kontinuierliche Sichtbarkeit von je mindestens fünf Satelliten für 99 % der Erdoberfläche. Das **Bild 5.2** zeigt die Projektion der Satellitenbahnen zum Zeitpunkt 21. August 1995, 01.17 Uhr [5.7].

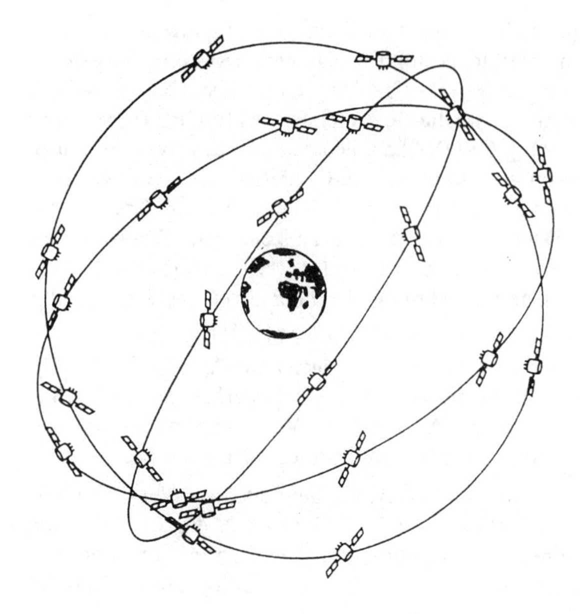

Bild 5.1
Konstellation der GLONASS-Satelliten. 21 aktive Satelliten und drei Reserve-Satelliten

Auf Grund des Betriebskonzepts mit 21 Satelliten überprüft das GLONASS-Kontrollsegment ständig die Leistungsfähigkeit von allen 24 Satelliten und aktiviert davon jeweils die besten 21. Die übrigen drei gelten dann als Reserve. Zur Zeit gibt es bei der Administration Rußlands Überlegungen, die Gesamtzahl der Satelliten auf 27 zu erhöhen und dann ständig 24 zu aktivieren.

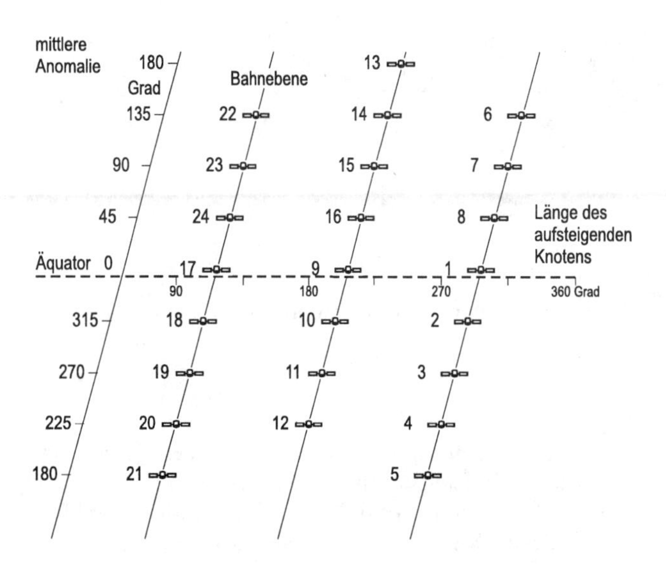

Bild 5.2
Projektion der Bahnen der GLONASS-Satelliten auf die Erde

Die seit 1982 nacheinander in Umlaufbahnen gebrachten GLONASS-Satelliten sind unterschiedlich. Sie lassen sich in die Blöcke I und II einteilen. Der wesentliche Unterschied liegt in der vorgegebenen Lebensdauer, die von zwei Jahren im Block I auf drei Jahre im Block II erhöht wurde. Die zur Zeit benutzbaren Satelliten gehören alle dem Block II an. In der **Tabelle 5.1** sind die zum Zeitpunkt Juli 1997 betriebsfähigen GLONASS-Satelliten zusammengestellt. Die Spalte *GLONASS-Nummer* enthält die internationale Zählweise und in Klammern die Nummerierung der russischen Raumfahrtbehörde. In der Spalte *Kosmos-Nummer* ist die erste Zahl die russische Nummerierung, die Zahl in Klammern ist in USA üblich [5.20].

Tabelle 5.1 Verzeichnis der betriebsfähigen GLONASS-Satelliten (Stand: Juli 1997) [5.20]

GLONASS-Nummer	Kosmos-nummer	Startzeit-punkt	Bahn-ebene	Bahn-positions-nummer	Kanal K	in Betrieb
54 (769)	2178	30.01.92	1	08	02	ja
55 (771)	2179	30.01.92	1	-	-	nein (12.96)
56 (774)	2206 (2204)	30.07.92	3	-	-	nein (08.96)
57 (756)	2204 (2205)	30.07.92	3	21	24	ja
58 (772)	2205 (2206)	30.07.92	-	-	-	ja
59 (773)	2234	17.02.93	-	-	-	ja
60 (757)	2236 (2235)	17.02.93	1	02	05	ja
61 (759)	2235 (2236)	17.02.93	1	07	21	ja *)
62 (760)	2276 (2275)	11.04.94	3	17	24	ja *)
63 (761)	2277 (2276)	11.04.94	3	23	03	ja
64 (758)	2275 (2277)	11.04.94	3	18	10	ja *)
65 (767)	2287	11.08.94	2	12	22	ja *)
66 (775)	2289 (2288)	11.08.94	2	16	22	ja *)
67 (770)	2288 (2289)	11.08.94	2	14	09	ja
68 (763)	2295 (2294)	20.11.94	1	03	21	ja
69 (764)	2296 (2295)	20.11.94	1	06	13	ja *)
70 (762)	2294 (2296)	20.11.94	1	04	12	ja *)
71 (765)	2307	07.03.95	3	20	01	ja *)
72 (766)	2308	07.03.95	3	22	10	ja *)
73 (777)	2309	07.03.95	3	19	03	ja
74 (780)	2316	24.07.95	2	15	04	ja *)
75 (781)	2317	24.07.95	2	10	09	ja
76 (785)	2318	24.07.95	2	11	04	ja *)
77 (776)	2323	14.12.95	2	09	06	ja *)
78 (778)	2324	14.12.95	2	09	11	Reserve
79 (782)	2325	14.12.95	2	13	06	ja *)

*) in Nutzung: 01.06.1998

5.2.1.2 *GLONASS-Satellit*

Der Satellit besteht aus einem zylinderförmigen Container, der in seinen drei Bewegungsachsen stabilisiert ist. Integriert in die Außenwände des Containers sind der Horizontalsensor, der Laser-Reflektor, die aus 12 Elementen bestehende Sendeantenne zur Abstrahlung der Ortungssignale und die Antennen für Kontroll- und Kommandofunkverbindungen. Am Container sind die beiden seitlichen Sonnensegel mit einer Fläche von 17,5 m^2 angebracht. Auch die kleinen Triebwerke für gegebenenfalls notwendige Bahnkorrekturen liegen an der Außenseite des Containers (**Bild 5.3**).

Im Container befinden sich sechs Subsysteme:

- Navigationssystem
- Kontroll- und Regelsystem
- Fluglageregelsystem
- Manövriersystem
- Temperaturregelsystem
- Elektroenergieversorgung

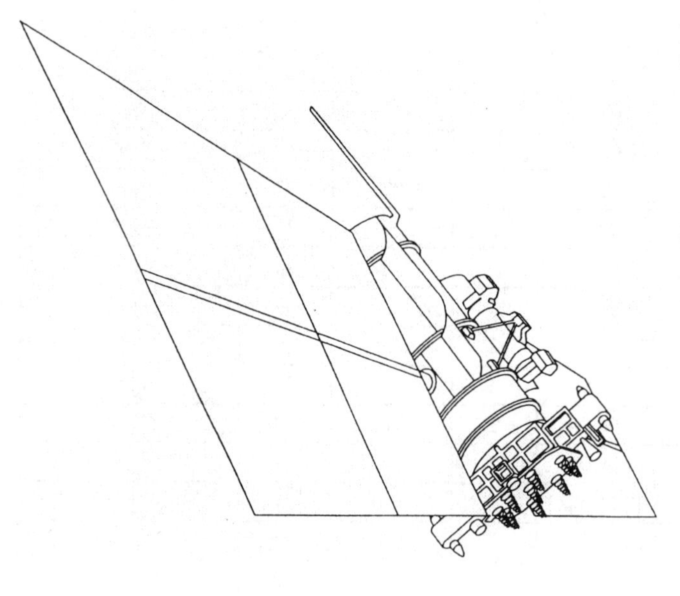

Bild 5.3
GLONASS-Satellit

5.2.1.3 *Navigationssystem*

Das Navigationssystem ist der zentrale Bestandteil der Bordausrüstung des Satelliten. Es besteht aus dem Informationslogikkomplex, den drei Frequenznormalen, einem Speicher, dem Navigationssender und dem Empfänger für die Nachrichtenübertragung vom Kontrollsegment zum Satelliten. Das Navigationssystem arbeitet in den zwei Betriebsarten *Speichern* und *Senden*.

In der Betriebsart *Speichern* werden vom Satelliten die vom Sender des Kontrollsegmentes ausgestrahlten Navigationsinformationen empfangen und an Bord gespeichert. Das erfolgt normalerweise bei jedem Satellitenumlauf.

In der Betriebsart *Senden* werden aus den gespeicherten Navigationsinformationen die Daten für die Navigationsmitteilungen abgeleitet, dem hochfrequenten Träger aufmoduliert und mit dem Sender des Satelliten ausgestrahlt.

Der Informationslogikkomplex prüft die Navigationsinformationen und die Daten der Navigationsmitteilung. Ferner prüft er kontinuierlich den Betriebszustand des Navigationssystems.

Als Frequenznormale werden Cäsium-Atomuhren benutzt, die eine große Langzeitstabilität aufweisen. Für die einzelnen Cäsium-Atomuhren gelten folgende Mittelwerte der Stabilität: $5 \cdot 10^{-11}$ in der Sekunde, $1 \cdot 10^{-11}$ in 10 Sekunden, $2{,}5 \cdot 10^{-12}$ in der Stunde und $5 \cdot 10^{-13}$ in einen Tag [1.5].

Das Kontroll- und Regelsystem steuert den gesamten Betrieb der Satelliten.

Mit dem Fluglageregelsystem wird die vorgegebene Orientierung des Satelliten gewährleistet. Das gilt zunächst für die Anfangspositionierung, aber auch für die gesamte Betriebszeit. Mit dem Fluglageregelsystem wird auch die optimale Ausrichtung der Sonnensegel und der Antenne bewirkt. Die Abweichungen von der planmäßigen Ausrichtung liegen unter 3° für die Sonnensegel und unter 5° für die Antenne.

Mit dem Manövriersystem wird der Satellit exakt an die vorgesehene Stelle innerhalb der Umlaufbahn gebracht und es bewirkt, daß der Satellit an diesem Punkt bleibt. Dazu besitzt der Satellit 24 Orientierungs- und zwei Positionsstrahldüsen.

Das Temperaturregelsystem sorgt für eine konstante Temperatur innerhalb des Satellitencontainers, indem Schlitze geöffnet bzw. geschlossen werden.

Die Elektroenergieversorgung umfaßt die Solarzellen auf den beiden Sonnensegeln, eine Speicherbatterie und Regeleinrichtungen. Die Solarzellen der Sonnensegel erzeugen bei einer Fläche von 17,5 m^2 am Anfang ihrer Betriebszeit eine Leistung von 1600 W. Die Speicherbatterie hat eine Kapazität von 60 Ah.

5.2.2 Kontrollsegment

Das am Boden arbeitende Kontrollsegment hat die folgenden Aufgaben zu lösen:

- Messung und Voraussage der einzelnen Satelliten-Ephemeriden
- Übermittlung der vorausgesagten Ephemeriden, der Uhrzeit-Korrektur und der Almanachinformationen an die einzelnen GLONASS-Satelliten
- Synchronisation der Satellitenzeit mit der GLONASS-Systemzeit und der UTC (SU)
- Kontrolle des Betriebszustandes der GLONASS-Satelliten sowie von Kurs und Lage
- Erteilung von Kommandosignalen zur Gewährleistung der Funktionen des gesamten Systems.

Diese Aufgaben werden von einer Reihe von Stationen wahrgenommen, die früher über das Gebiet der UdSSR verteilt waren. Jetzt befinden sich alle im Bereich Rußlands, außer einer Laserstation.

Das Kontrollsegment umfaßt:

- System-Kontrollzentrum
- Zentrale Synchronisation
- Phasen-Kontrollsystem
- Kommando- und Tracking-Stationen
- Laser-Tracking-Stationen
- Monitor-Stationen.

Das System-Kontrollzentrum (SKZ) ist ein militärischer Komplex und untersteht jetzt der russischen Weltraum-Behörde. Das Kontrollzentrum befindet sich in Golitsyno, 70 km südwestlich von Moskau. Es plant, leitet und koordiniert die Aufgaben des gesamten GLONASS-Netzwerkes. Die Zentrale Synchronisation (ZS) mit Sitz in Moskau bestimmt die GLONASS-Systemzeit und übermittelt die erforderlichen Signale an die Station des Phasen-Kontrollsystems (PKS), die sich auch in Moskau befindet. Im PKS werden die Zeit- und Phasensignale überwacht, die von den Satelliten mit den Navigationsinformationen gesendet werden. Das PKS führt zwei verschiedene Messungen durch, um die Uhrzeit- und Phasenabweichungen festzustellen. Eine direkte Messung ermittelt mit Radartechnik die Entfernung zu den Satelliten. Gleichzeitig wird das vom Satelliten gesendete Navigationssignal mit einer Referenz-Uhrzeit und einer Referenzphase verglichen, die aus einem Frequenznormal hoher Stabilität abgeleitet sind. Die Stabilität liegt in der Größenordnung von 10^{-13}. Aus der Differenz der beiden Meßergebnisse wird die Uhrzeit- und Phasenabweichung berechnet. Auf Grund der durchgeführten Messungen erfolgt auch die Vorhersage der Uhrzeit- und Phasenkorrekturen, die von der Bodenstation den einzelnen Satelliten mitgeteilt werden. Die Messungen und die Übermittlung der Korrekturen werden im 24-Stunden-Rhythmus vorgenommen.

Die Kommando- und Tracking-Stationen (KTS) ermitteln die Bahnen von sämtlichen GLONASS-Satelliten und übermitteln notwendige Kontrollkommandos und Informationen an die Satelliten. Die Bahnbeobachtung wird im Abstand von 10 bis 14 Umläufen vollzogen. Die Entfernung zu den Satelliten wird mit Radar gemessen, wobei der Maximalfehler bei 2 m liegt. Diese Radarmessungen werden periodisch auf Grund der Ergebnisse der von Laser-Meßstationen durchgeführten Laser-Messungen kalibriert. Aus den Meßergebnissen lassen sich die Ephemeriden 24 Stunden im Voraus angeben, sie werden täglich den Satelliten mitgeteilt. Die zu den Satelliten gesendeten Navigationsinformationen sind so genau, daß ein Nutzer auf der Erde die Pseudoentfernung mit einem Fehler von weniger als 6 m messen kann. Aus Testreihen ist bekannt, daß die Satelliten-Uhrzeit die vorgegebene Genauigkeit von $2 \cdot 10^{-14}$ selbständig für maximal drei Tage einhalten kann. Obgleich der zentrale Prozessor im Satelliten 30 Tage autonom arbeiten kann, setzt der Zeitstandard eine Grenze der autonomen Betriebszeit.

In der früheren UdSSR gab es fünf KTS-Stationen. Zur Zeit sind in Rußland drei in Betrieb.

Die Laser-Tracking-Stationen (LTS) haben die Aufgabe, den räumlichen Winkel zu den Satelliten mit hoher Genauigkeit zu bestimmen. Mit ihren Meßwerten kalibrieren sie die mit dem funktechnischen Verfahren ermittelten Bahnwerte. Für die Laser-Messungen wird die Rückstrahlung von einem am Satelliten angebrachten Reflektor benutzt. Die erzielbare Positionsgenauigkeit wird durch einen Fehler von maximal 1,8 cm in der Entfernung und maximal 2 Bogensekunden im Winkel definiert.

In der ehemaligen UdSSR gab es fünf Laser-Tracking-Stationen, jetzt arbeiten davon noch die Stationen in Komsomolsk am Amur und in Kitab im Süden von Uzbekistan. Diese Reduzierung hat die Funktion des gesamten Systems nicht benachteiligt.

Die Laser-Meßergebnisse werden über Richtfunklinien zu jeder Stunde an das System-Kontrollzentrum übermittelt.

Mit den zwei Monitor-Stationen in Moskau und Komsomolsk werden die Navigationssignale von allen GPS-Satelliten überwacht. Sobald Abweichungen von den Sollwerten auftreten, erfolgen Meldungen an das System-Kontrollzentrum.

5.2.3 Nutzersegment

Seit der Funktionsfähigkeit wird GLONASS in den Nachfolgestaaten der ehemaligen UdSSR in erster Linie von den Organen des Militärwesens zur Ortung und Navigation verwendet. Die

Anwendung im zivilen Bereich ist, verglichen mit der von GPS, noch relativ gering. Im Prinzip bestehen keine Unterschiede gegenüber der Anwendung von GPS.

GLONASS steht nach offizieller Mitteilung der russischen Regierung international allen zivilen Nutzern uneingeschränkt zur Verfügung. Da es bei GLONASS keine Verschlechterung der erzielbaren Genauigkeit wie bei GPS durch SA gibt, ist die praktisch erzielbare Genauigkeit bei GLONASS besser als bei GPS. Die Folge ist eine internationale Zunahme des Interesses an GLONASS. Das äußert sich auch im Angebot von Empfängern, mit denen neben den GPS-Satelliten auch die GLONASS-Satelliten empfangen und ihre Signale ausgewertet werden können.

5.3 Satellitensignale

Wie bei GPS senden auch die GLONASS-Satelliten drei Arten von Signalen aus:

- hochfrequente Träger L1 und L2
- Ortungssignale in Code-Form
- Navigationsmitteilungen

5.3.1 Hochfrequente Träger

Bei GPS senden alle Satelliten den hochfrequenten Träger L1 bzw. L2 mit der gleichen Frequenz f_1 bzw. f_2. Der betreffende Träger ist mit einer codierten Impulsfolge moduliert, die für die einzelnen Satelliten verschieden ist. Daher erfolgt die Selektion der Satelliten auf Grund der unterschiedlichen Codes mit dem *Code-Multiplexzugriff* (Code Division Multiplex Access, Abkürzung CDMA). Demgegenüber haben bei GLONASS die Träger der einzelnen Satelliten unterschiedliche Frequenzen. Die Selektion der Satelliten erfolgt durch Wahl der Frequenz der betreffenden Träger mit dem *Frequenz-Multiplexzugriff* (Frequency Division Multiplex Access, Abkürzung FDMA). Es ist das gleiche Selektionsverfahren, das auch bei Rundfunk- und TV-Sendern benutzt wird. Wie bei GPS werden bei GLONASS die hochfrequenten Träger L1 und L2 von einer gemeinsamen Grundfrequenz abgeleitet. Die Frequenzen für die einzelnen Satelliten werden paarweise für L1 und L2 als Kanalfrequenzen bezeichnet. Die Kanalfrequenz f wird nach folgender Beziehung bestimmt:

$$f = 178{,}0 + \frac{K}{16} Z . \qquad (5.1)$$

Darin bedeuten:

K: ganze Zahl zwischen -7 und +12

Z = 9 für Träger L1

Z = 12 für Träger L2 .

Benachbarte Frequenzen haben einen Abstand von 0,5625 MHz bei dem Träger L1 und 0,4375 MHz bei dem Träger L2. Ursprünglich war den Satelliten für K ein Zahlenwert zwischen 0 und 24 zugeteilt worden. Mit dieser Frequenzfestlegung ergaben sich in der Praxis Interferenzen mit den Funkdiensten der Radioastronomie. Es wurde deshalb international folgende Vereinbarung für den Zahlenwert von K getroffen:

- Gegenwärtig bis 1998: K = 0 bis 12
- von 1998 bis 2005: K = -7 bis 12
- nach 2005: K = -7 bis 4.

Da also in Zukunft 12 Zahlenwerte auf 24 Satelliten aufgeteilt werden müssen, erhalten je zwei Satelliten in entgegengesetzter Position auf der Umlaufbahn die gleiche Frequenz. Dadurch wird erreicht, daß für einen Nutzer auf der Erde keine Selektionsschwierigkeiten auftreten. Problematisch ist die doppelte Frequenzzuteilung jedoch für die Verwendung von GLONASS in der Raumfahrt. Hier muß gegebenenfalls zur Selektion zusätzlich die Doppler-Frequenzverschiebung des empfangenen hochfrequenten Trägers benutzt werden.

Jeder Satellit sendet die Ortungs- und Navigationssignale gleichzeitig auf zwei Trägern mit unterschiedlicher Frequenz aus. Die damit erzielten Entfernungsmeßergebnisse weisen wegen der unterschiedlichen atmosphärischen Laufzeitverzögerungen Differenzen auf. Diese Differenzen bieten die Möglichkeit einer Eliminierung der Meßfehler. Es ist das gleiche Verfahren, das auch bei GPS zur Anwendung kommt (siehe Abschnitt 3.6.2.3).

5.3.2 Ortungssignale

Bei GLONASS sind die Ortungssignale wie bei GPS PRN-Impulsfolgen und sie tragen ebenfalls die Bezeichnungen C/A-Code und P-Code (Die Bezeichnungen C/A-Code und P-Code sind ursprünglich nicht benutzt worden, sie kamen erst bei den Übersetzungen aus der russischen Sprache in die englische auf) [5.4; 5.5; 5.8].

5.3.2.1 GLONASS – C/A-Code

Der Code hat folgende Charakteristik:

- Code-Typ: Code maximaler Länge eines 9-Bit-Schieberegisters
- Codegeschwindigkeit: $0{,}511 \cdot 10^6$ chip/s
- Codelänge: 511 chip
- Codeperiode (Wiederholzeit): 1 ms

Der C/A-Code wird aus einer Folge von Impulsen gebildet, die am Ausgang der 7. Stufe eines 9-Bit-Schieberegisters auftreten (**Bild 5.4**). Das Polynom für die Erzeugung hat die Form:

$$G(x) = 1 + x^5 + x^9 \ . \tag{5.2}$$

Die Impulsfolge beginnt also mit 111 111 100 0 ...

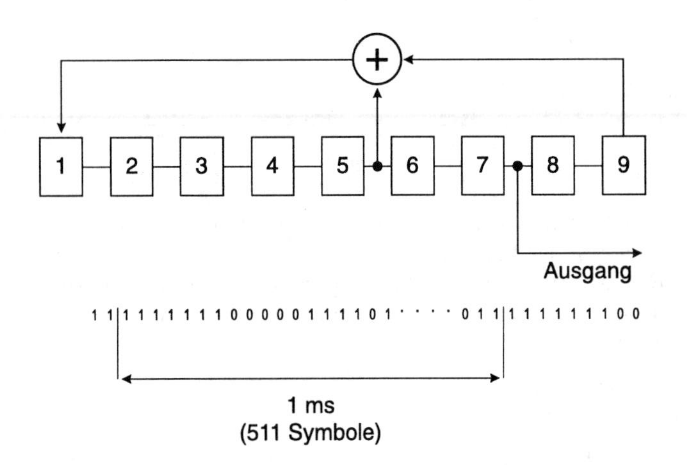

Bild 5.4
Funktionsschema der Erzeugung des GLONASS-C/A-Codes

Die Verwendung des relativ kurzen Codes hat den Nachteil, daß unerwünschte Frequenzkomponenten bei 1 kHz auftreten können, die zu einer Verringerung der Interferenzunterdrückung durch die Spektrumsspreizung führen. Da aber bei GLONASS die hochfrequenten Träger unterschiedliche Frequenzen haben, sind mögliche Interferenzen unwirksam. Der Vorteil des relativ kurzen Codes ist die geringe Erfassungszeit, die zu einem schnellen Einrasten des Empfängers führt.

5.3.2.2 GLONASS-P-Code

Auch bei GLONASS ist der P-Code wie bei GPS ein militärischen Institutionen vorbehaltener Code.

Der P-Code hat folgende Charakteristik:

- Code-Typ: Code maximaler Länge eines 25-Bit-Schieberegisters
- Codegeschwindigkeit: $5{,}11 \cdot 10^6$ chip/s
- Codelänge: 33 554 432 chip
- Codeperiode: 1 s (tatsächlich ist die Codeperiode gleich 6,57 s, aber die Impulsfolge erscheint so, als ob sie eine Periode von 1 s hat)

Der P-Code enthält $511 \cdot 10^6$ mögliche Codephasenverschiebungen. Daher wird im Empfänger für das erste Erfassen der kurze C/A-Code benutzt und danach erfolgt das Einrasten in den P-Code. Da sich der P-Code zu jeder Sekunde wiederholt, macht das Einrasten in den P-Code nicht solche Schwierigkeiten wie beim GPS-Code. Es besteht daher bei GLONASS keine Notwendigkeit, ein Übergabewort (HOW), wie bei GPS einzuführen [5.9]. Dafür bietet der GPS-Code eine höhere Sicherheit.

Das zum P-Code gehörende Polynom ist:

$$P(x) = 1 + x^3 + x^{25} \; . \tag{5.3}$$

5.3.3 Navigationsmitteilung

Die Navigationsmitteilung gibt dem Nutzer des Systems die für seine durchgeführte Entfernungsmessung zu einem ausgewählten Satelliten erforderlichen Daten an. Im Einzelnen sind in den Navigationsmitteilungen unter anderem folgende Informationen enthalten:

- Ephemeriden sämtlicher GLONASS-Satelliten
- Frequenzkanalzuteilung
- Synchronisationsdaten
- Korrekturdaten
- Daten über Betriebszustand der Satelliten
- Angabe des Alters der Daten.

Es gibt zwei verschiedene Navigationsmitteilungen, die den beiden Codes angepaßt sind und sich im Umfang der Daten unterscheiden:

- C/A-Code-Navigationsmitteilung
- P-Code-Navigationsmitteilung.

5.3.3.1 C/A-Code-Navigationsmitteilung

Jeder GLONASS-Satellit sendet die C/A-Code-Navigationsmitteilung aus. Sie besteht aus einem Rahmen mit 5 Unterrahmen. Jeder dieser Unterrahmen enthält 15 Zeilen und jede Zeile 100 Informationsbits. Die Übertragung eines Unterrahmens dauert 30 s und des Rahmens somit 2,5 min.

Die ersten drei Reihen eines Unterrahmens enthalten die genauen Daten der Ephemeriden des Satelliten, der die Navigationsmitteilung aussendet. In den weiteren Reihen befinden sich die angenäherten Daten aller übrigen GLONASS-Satelliten. Jeder Unterrahmen kann die Ephemeriden von fünf Satelliten aufnehmen. Ein Nutzer, der die Angaben zu einem beliebigen Satelliten benötigt, erhält diese im ungünstigsten Fall erst nach 2,5 min.

5.3.3.2 P-Code-Navigationsmitteilung

Jeder GLONASS-Satellit sendet gleichfalls die P-Code-Navigationsmitteilung aus, die aus einem Rahmen mit 72 Unterrahmen besteht. Jeder Unterrahmen enthält 5 Zeilen mit je 100 Informationsbits. Die Übertragung eines Unterrahmens dauert 10 s und des gesamten Rahmens somit 12 min. Gegenüber der C/A-Code-Mitteilung enthält die P-Code-Mitteilung umfangreichere und genauere Daten, so daß die Meßergebnisse beim Nutzer auch geringere Fehler aufweisen. Ein Nutzer, der die Angaben zu einem beliebigen Satelliten benötigt, erhält diese im ungünstigsten Fall erst nach 12 min.

5.3.4 Sendesignale

Die Erzeugung der Sendesignale an Bord des Satelliten geht aus **Bild 5.5** hervor.

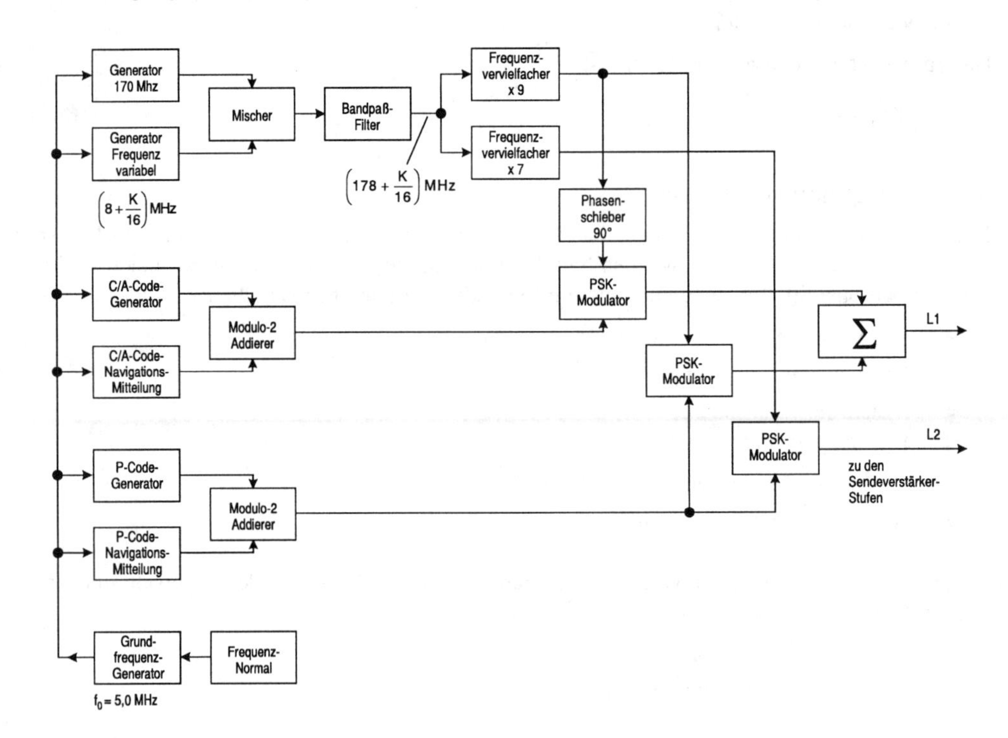

Bild 5.5 Funktionsschaltbild für die Signalerzeugung im GLONASS-Satelliten

Die Frequenzen der hochfrequenten Träger L1 und L2 sowie die Taktfrequenzen der Ortungssignale und der Navigationsmitteilungen werden aus einer Grundfrequenz $f_0 = 5$ MHz abgeleitet, die von einem Frequenznormal stabilisiert wird.

Die PRN-Impulsfolge $C(t)$ des C/A-Codes wird durch Modulo-2-Addition mit der C/A-Code-Navigationsmitteilung $D_c(t)$ addiert. Das entstandene Signal $C(t)D_c(t)$ wird der um 90° phasenverschobenen Komponente $\sin(\omega_1 t + \Theta)$ des hochfrequenten Trägers L1, der die Frequenz $f_1 = \omega_1/2\pi$ hat, durch Phasenumtastung aufmoduliert. Die Phasenumtastung erfolgt mit dem Betrag 180°.

Die PRN-Impulsfolge $P(t)$ des P-Codes wird durch Modulo-2-Addition mit der P-Code-Navigationsmitteilung $D_P(t)$ addiert. Das entstandene Signal $P(t)D_P(t)$ wird der Komponente $\cos(\omega_2 t + \Theta)$ des hochfrequenten Trägers L2, der die Frequenz $f_2 = \omega_2/2\pi$ hat, durch Phasenumtastung aufmoduliert. Auch hierbei erfolgt die Phasenumtastung mit dem Betrag 180°. Außerdem wird die Komponente $\cos(\omega_1 t + \Theta)$ des Trägers L1, der die Frequenz f_1 hat, mit dem Signal $P(t)D_P(t)$ durch Phasenumtastung moduliert. Die beiden modulierten Komponenten des Trägers L1 werden summiert und dann gemeinsam mit dem modulierten Träger L2 ausgesendet.

5.3.5 Leistungsbilanz

Die Leistungsbilanz für die Funkverbindung vom Satelliten zum Nutzer ist im Wesentlichen durch die Sendeleistung im Satelliten und durch die Empfängerempfindlichkeit bzw. die Empfängerrauschleistung bestimmt. Die Sendeleistung ist eine feststehende Größe, die durch die Konzeption des Satelliten bestimmt wird und etwa 60W beträgt. Durch die Richtwirkung der Sendeantenne liegt die effektive Sendeleistung in der Hauptstrahlrichtung bei etwa 750W und die Halbwertsbreite bei 30°. Die Empfängerempfindlichkeit, ausgedrückt durch die Rauschzahl, liegt zwischen 2 und 3,5 dB. Das ergibt eine auf den Empfängereingang bezogene Rauschleistung bei einer Empfängerbandbreite von 1 MHz, wie sie für den Empfang des C/A-Codes erforderlich ist, von -161 bis -156 dBW. Das Signal/Rausch-Leistungsverhältnis beträgt dann -21 bis -16 dB. Die einzelnen Zahlenwerte sind in der **Tabelle 5.2** zusammengestellt.

Tabelle 5.2 Leistungsbilanz für den Empfang des mit dem C/A-Code modulierten Trägers L1 von GLONASS [5.10]

Frequenzband des Trägers L1	1602,5625 bis 1615,5000 MHz
Strahlungsleistung in Richtung der Antennenachse ± 15° beiderseits der Antennenachse	29 dBW (795W) 24 dBW (250W)
Übertragungsbandbreite	± 0,5MHz
Polarisation	rechtsdrehend zirkular
Freiraumdämpfung zwischen Satellit und Empfänger auf der Erde	184 dB
Atmosphärische Dämpfung	1,5 dB
Signalleistung am Empfängereingang	-161 bis -156 dBW
Rauschleistungdichte	-200 dBW-Hz
Ortungssignal-/Rausch-Leistungsverhältnis	-21 bis -16 dB
Ortungssignal-/Rausch-Leistungsverhältnis in einem Chip *)	-27 bis -22 dB
Geschwindigkeit der Übertragung des Datenstromes der Navigationsmitteilung	50 bit/s

*) abhängig vom benutzten Empfänger

5.4 Meßvorgang und Meßsignalverarbeitung

Im Prinzip vollzieht sich der Meßvorgang bei GLONASS ähnlich wie bei GPS. Im Gegensatz zu GPS erfolgt bei GLONASS die Selektion der einzelnen Satelliten auf Grund der unterschiedlichen Frequenzen der von den Satelliten ausgestrahlten hochfrequenten Träger L1 bzw L2. Der Vorgang des Suchens und Einrastens des C/A-Codes wie bei GPS fällt weg, dazu wird der GLONASS-Empfänger auf die jeweilige Frequenz eingestellt.

Verschieden ist auch die Übernahme des P-Codes, die bei GPS durch das Übergabewort (HOW) erfolgt. Da der P-Code von GLONASS relativ kurz ist, kann die Übergabe stets unter Berücksichtigung der Dauer des gesamten Codes vorgenommen werden.

5.5 Genauigkeit

Bei GLONASS gibt es wie bei GPS zwei unterschiedliche Ortungsdienste, die durch die Höhe der garantierten bzw. erzielbaren Genauigkeit gekennzeichnet sind. Für die zivile Nutzung steht auch bei GLONASS nur der C/A-Code zur Bestimmung der Pseudoentfernung zur Verfügung. Im Gegensatz zu GPS wird aber bei GLONASS die maximal erzielbare Genauigkeit nicht künstlich verschlechtert. Nach einer Vielzahl von international durchgeführten und ausgewerteten Messungen mit dem System GLONASS beträgt der Positionsfehler $2d_{rms}$ = 25 m (Doppelter quadratischer Mittelwert, der bei Gaußscher Fehlerverteilung mit einer Wahrscheinlichkeit von 95 % auftritt). Der vergleichbare Wert beträgt bei GPS und aktivierter SA 100 m [5.14; 5.15].

Die höhere Genauigkeit bei GLONASS hat seine Ursache u.a. in den günstigeren Satellitenbahnen, die durch die größere Bahninklination mit einem Winkel von 64,8° gegenüber 55° bei GPS entstehen. Auch treten im Mittel günstigere geometrische Beziehungen zwischen Nutzer und den Satelliten auf, was zu kleineren DOP-Faktoren führt und damit die Genauigkeit verbessert [5.12].

Die mit GLONASS erzielbare Positionsgenauigkeit geht aus **Bild 5.6** hervor. Das Diagramm zeigt den Positionsfehler in Abhängigkeit vom errechneten HDOP-Faktor [5.5]. Die Messungen erfolgten im Abstand von im Mittel 5 Minuten. Der berechnete Positionsfehler UERE, in dem die Fehler durch Laufzeitverzögerungen im Ausbreitungsweg enthalten sind, ist für den betreffenden Ort gleich 9,5m. Der Vergleich mit dem Diagramm in Bild 3.49 zeigt die etwa 3-mal größere Genauigkeit von GLONASS gegenüber GPS bei aktivierter SA. Die Messungen erfolgten bei 21 verfügbaren GLONASS-Satelliten.

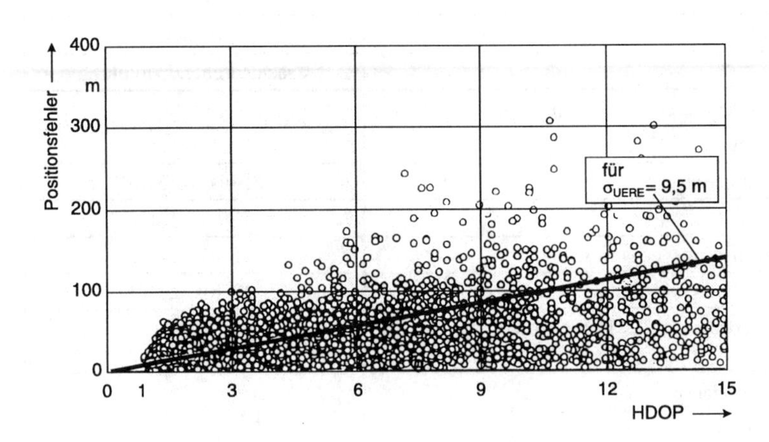

Bild 5.6
Positionsfehler in Abhängigkeit vom berechneten HDOP-Faktor (Standardabweichung des Entfernungsfehlers σ_{UERE} = 9,5m)

5.6 Kombinierte Nutzung von GLONASS und GPS

Die Systeme GPS und GLONASS stimmen im Grundprinzip überein. Mit einer kombinierten Nutzung lassen sich Genauigkeit, Sichtbarkeit und Verfügbarkeit wesentlich erhöhen [5.1; 5.20].

5.6.1 Vergleich von GPS und GLONASS

Die Kompatibilität von GPS und GLONASS wird in erster Linie von dem verwendeten Bezugssystem, den Bahndaten und dem Zeitsystem bestimmt. Dagegen sind die Unterschiede in der Frequenz der hochfrequenten Träger und der codierten Impulsfolge von geringerer Bedeutung, da sie sich mit technischen und rechnerischen Mitteln ausgleichen lassen.

Mit beiden Systemen kann ein Nutzer unabhängig voneinander die Position bestimmen. Das erfolgt in einem globalen, geozentrischen Koordinatensystem. Bei GPS werden die Informationen der Satelliten im Weltkoordinaten-System 1984 (WGS 84, siehe Kapitel 1, Abschnitt 1.5) gegeben, bei GLONASS dagegen im Sowjet-Geodätischen-System 1985 (SGS 85).

Die bisher veröffentlichten Transformationsparameter zum Übergang von Positionsangaben im SGS 85 in Angaben im WGS 84 reichen für eine erfolgreiche, globale Nutzung nicht aus. Es sind deshalb regional begrenzte Lösungen aufgestellt worden, die zumindest für vergleichende Messungen mit den beiden Systemen ausreichen [5.16].

Die Almanach-Parameter, die zur Bestimmung der Positionen der GLONASS-Satelliten zur Verfügung stehen, sind im Prinzip denen von GPS ähnlich, denn beide gehen auf Kepler-Parameter zurück. Im Einzelnen bestehen jedoch bei den Ephemeriden-Daten Unterschiede zwischen GPS und GLONASS sowohl im Inhalt als auch in der Erneuerungsrate. Innerhalb der Navigationsmitteilungen von GLONASS werden im Abstand von 30 Minuten in orthogonalen (kartesischen) Koordinaten des SGS 85 die Positionen der Satelliten, ihre Geschwindigkeitsvektoren und ihre Beschleunigungen mitgeteilt. Damit kann der Nutzer durch Interpolation oder Extrapolation die für seine Messungen erforderlichen Positionen bestimmen.

Jedes der beiden Systeme GPS und GLONASS verwendet seine eigene Zeitskale. Das sind GPS-Systemzeit und GLONASS-Systemzeit. Für eine gleichzeitige Benutzung muß der Zeitunterschied bekannt sein. Dabei treten drei Probleme auf:

- Abweichung und Drift jedes Satelliten in Bezug zu seiner Systemzeitskale, das heißt Satellitenzeit zur GPS/GLONASS-Systemzeit
- Beziehung zwischen GPS/GLONASS-Systemzeit und Weltzeit (Universal Time Coordinated, Abkürzung UTC), für GPS gilt die UTC (USNO) und für GLONASS die UTC (SU)
- Beziehung zwischen UTC (USNO) und UTC (SU).

Ohne Ausgleich der Unterschiede im Bezugssystem und in der Zeitskale muß mit zusätzlichen Positionsfehlern bis zu 15 m gerechnet werden [5.2].

Solange keine Zeitsynchronisation zwischen GPS und GLONASS besteht, läßt sich das Zeitdifferenzproblem, zumindest im regionalen Bereich durch einen Identifikationsprozeß, beispielsweise nach der Methode der kleinsten Quadrate, lösen [5.16].

Die prinzipielle Übereinstimmung von GPS und GLONASS geht aus den wichtigsten Systemkennwerten hervor (**Tabelle 5.3**). Die Unterschiede liegen im Wesentlichen in den Zahlenwerten.

Tabelle 5.3 Vergleich der Systemkennwerte von GPS und GLONASS [5.12]

	GPS	GLONASS
Weltraumsegment		
Anzahl der Satelliten		
Konzeption	24	21 + 3 Reserve
in Nutzung (01.06.98)	24	14 + 1 Reserve
Bahnebenen	6	3
Bahninklination	55°	64,8°
Bahnhöhe über Erde	20184 km *	18846 ... 19940 km
Umlaufzeit: Sonnenzeit	11 h 58 min	11 h 16 min
Sternzeit	12 h	
Überflug eines Satelliten über gleichem Ort	aller 8 Tage	jeden Tag 4 min früher
Kontrollsegment		
Anzahl der Bodenstationen	5	5
davon als Kontrollzentrum	1	-
als Beobachtungsstation	5	3
als Verbindungsstation	3	5
zentrales Kontrollzentrum		1
Verteilung der Bodenstationen	Weltweit in Äquatornähe	Territorium der ehemaligen UdSSR
Nutzersegment		
Anzahl der zivilen Nutzer (Stand 1998)	ca. 300000	ca. 10 000
Anzahl der Empfängerproduzenten	ca. 100 weltweit	4 in Rußland 10 außerhalb Rußlands
Signale und Code		
Frequenzen der Träger		
L1	1575,42 MHz	1602,0 - 1615,5 MHz
L2	1227,60 MHz	1246,0 - 1256,5 MHz
Signaltrennung (Selektion)	CDMA	FDMA
Grund -Taktfrequenz	1,023 MHz	5,0 MHz
Code – Taktfrequenz		
C/A-Code	1,023 MHz	0,511 MHz
P-Code	10,23 MHz	5,11 MHz
Code – Länge		
C/A-Code	1023 chip	511 chip
P-Code	$6{,}187104 \cdot 10^{12}$ chip	$5{,}11 \cdot 10^{6}$ chip
Modulationsart	BPSK	BPSK
Modulationsspektrum	gespreizt	gespreizt
Navigationsmitteilung		
Rahmen		für C/A-Code
Kapazität	1500 bit	7500 bit
Bitrate	50 bit/s	50 bit/s
Übertragungsdauer	30 s	2,5 min
Unterrahmen		
Anzahl	5	5
Kapazität	10 Worte je 30 bit	15 Zeilen je 100 bit
Übertragungsdauer	6 s	30 s

Tabelle 5.3 Fortsetzung

Bezugssysteme		
Grundlage zur Spezifizierung der Satelliten-Ephemeriden	Keplersche Bahnelemente und ihre Störfaktoren	geozentrische Koordinaten und ihre Ableitungen
Zeitbezugssystem	UTC (USNO)	UTC (SU)
Positionsbezugssystem	WGS - 84	SGS - 85
Genauigkeit		
Positionsfehler für W = 95%		
horizontal	100 m mit SA	25 m
vertikal	150 m mit SA	40 m
künstliche Verschlechterung	SA	keine
Umfang des Raumsegmentes		
Anzahl der gestarteten Satelliten	32 in 17 Jahren	67 in 12 Jahren
Anzahl der aktiven Satelliten	26	21
volle Systemfunktion	seit 1994	seit 1996

5.6.2 Ergebnisse der kombinierten Nutzung von GLONASS und GPS

Eine kombinierte Nutzung führt zu folgenden Verbesserungen gegenüber der Verwendung jeweils nur eines der beiden System [5.15; 5.17]:

- Beide Systeme verfügen zusammen etwa über die doppelte Anzahl an Satelliten, dadurch erhöht sich die Anzahl der von einem Ort aus gleichzeitig sichtbaren Satelliten.
- Mit der Erhöhung der Anzahl der Satelliten steigt die Verfügbarkeit, das heißt, mit gleicher Wahrscheinlichkeit stehen mehr Satelliten zur Verfügung.
- Durch die Erhöhung der Anzahl der Satelliten ergeben sich für den Nutzer günstigere geometrische Verhältnisse. Das führt zu einer Abnahme der Größe der DOP-Faktoren in Abhängigkeit von Ort und Zeit, so daß die erzielbare Positionsgenauigkeit zunimmt.
- Bei der Einbeziehung von GLONASS wird zudem der Vorteil genutzt, daß es bei GLONASS keine künstliche Genauigkeitsverschlechterung (SA) wie bei GPS gibt. Das führt grundsätzlich zu einer Erhöhung der Genauigkeit um mindestens den Faktor 2.

Die durch die Kombination GPS/GLONASS erzielbaren Verbesserungen gehen aus den folgenden Bildern und Tabellen hervor [5.19; 5.21].

Zunächst nimmt die Genauigkeit mit der Zunahme der gleichzeitig sichtbaren Satelliten zu. Die Zunahme ist aus **Bild 5.7** zu ersehen.

Während die Anzahl bei GPS und bei GLONASS praktisch gleich ist, steigt sie bei der Kombination von GPS/GLONASS auf den doppelten Wert an. Wichtiger ist jedoch die Tatsache, daß bei dem einzelnen System das Minimum in etwa 0,3 % der Zeit bei 3 Satelliten liegt, bei GPS/GLONASS in etwas 0,02 % der Zeit bei 7 Satelliten liegt [5.5]. Die dazugehörige Verteilung der Sichtbarkeit ist aus **Bild 5.8** erkennbar.

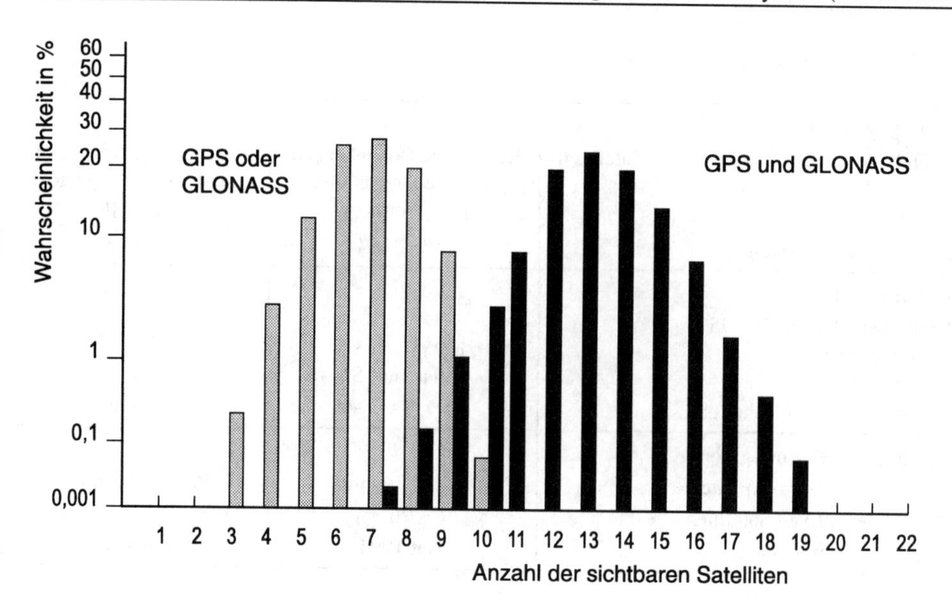

Bild 5.7 Wahrscheinlichkeit der Anzahl sichtbarer Satelliten

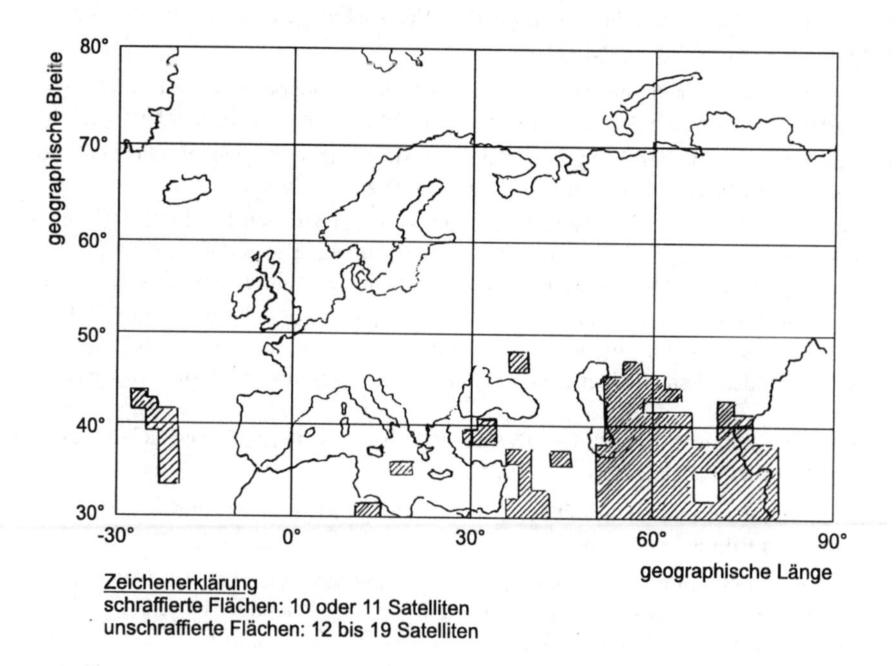

Bild 5.8 Verteilung der Anzahl sichtbarer Satelliten auf einem Teil der Erde bei je 24 GPS- und GLONASS-Satelliten

Die wesentliche Verringerung der Größe der DOP-Faktoren, und damit die Verringerung der Positionsfehler bei Benutzung der Kombination GPS/GLONASS geht aus den Diagrammen in **Bild 5.9** hervor [5.18].

Gegenüber dem Diagramm in Bild 3.53, das für GPS allein gilt, liegt die Größe der DOP-Faktoren innerhalb 24 Stunden unterhalb 2. Die unter gleichen Voraussetzungen mit GPS, GLONASS und GPS/GLONASS durchgeführten Positionsbestimmungen und die dabei auftretenden Abweichungen sind aus **Bild 5.10** und **Bild 5.11** erkennbar.

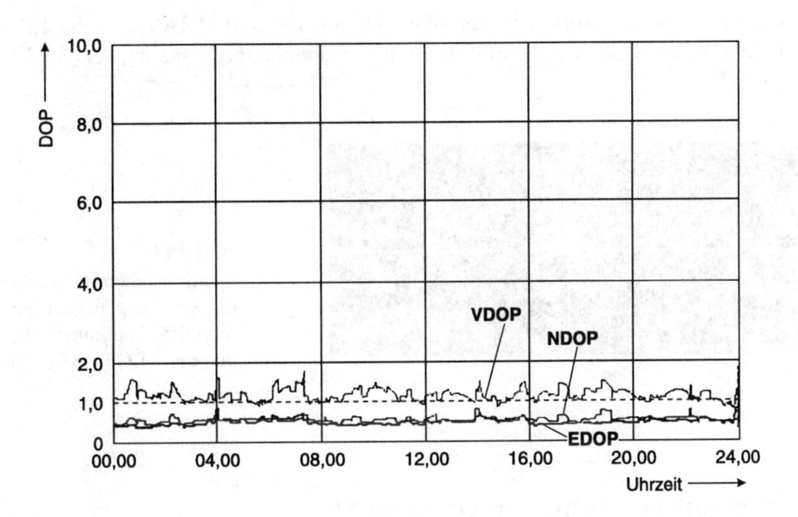

Bild 5.9 DOP-Faktor in Abhängigkeit der Zeit für den Ort Innsbruck (Österreich) bei je 24 GPS- und GLONASS-Satelliten [5.18]

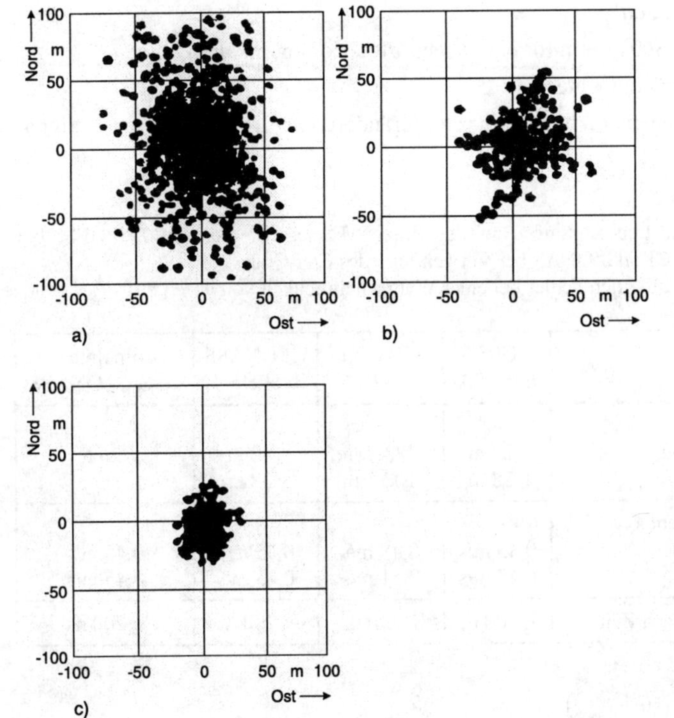

Bild 5.10
Positionsfehler in Abhängigkeit der Zeit (etwa 24 Stunden)
a) GPS
b) GLONASS
c) GPS/GLONASS

Die unter verschiedenen Betriebsverhältnissen auftretenden Fehler für die Position, die Geschwindigkeit und die Zeit sind in der **Tabelle 5.4** zusammengestellt.

Kritische Fälle (worst case) bei der weltweiten Überdeckung mit GPS und GLONASS sind aus der **Tabelle 5.5** zu ersehen.

Ein nicht unwesentlicher Vorteil in der Kombination GPS/GLONASS ist die Erhöhung der Integrität, denn beide Systeme sind in ihrer Funktion unabhängig voneinander [5.13].

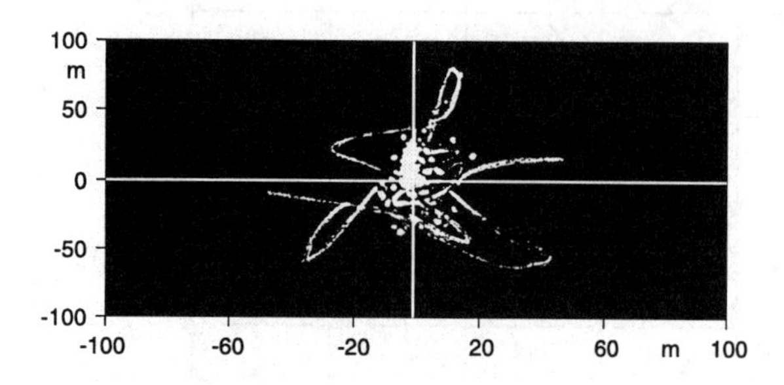

Bild 5.11
Positionsfehler in Abhängigkeit von der Zeit bei gleichzeitiger Messung mit GPS (kontinuierliche Kurve) und mit GLONASS (Punkte)

5.7 Weiterentwicklung von GLONASS

Von Rußland wurde 1994 angekündigt, daß umfangreiche Maßnahmen zur Verbesserung und Erweiterung von GLONASS geplant seien. Zu dem sogenannten *Programm GLONASS-M* gehören [5.3; 5.6; 5.10; 5.11]:

- Modifizierung der Satelliten
- Erweiterung mit einem Subsystem für eine zugehörige Kommunikation
- Erweiterung des Kontrollsegmentes
- Verbesserung der Systemcharakteristik durch Veränderungen von Trägern und Signalen.

Tabelle 5.4 Genauigkeiten nach Beobachtungen in der Praxis. Fehler der Position bei GPS, bei GLONASS und bei GPS/GLONAS bei Verwendung des C/A-Codes.
Zahlenwerte gelten für einen Fehler bei einer Wahrscheinlichkeit von 95% [5.19]

	GPS ohne SA	GPS mit SA	GLONASS allein	kombiniert GPS/GLONASS
Positionsfehler				
Horizontalebene	22 m	83,7 m	30 m	20 m
Vertikalebene	28 m	108,5 m	38 m	26 m
Geschwindigkeitsfehler				
Horizontalebene	0,45 m/s	0,48 m/s	0,45 m/s	0,45 m/s
Vertikalebene	0,45 m/s	0,51 m/s	0,45 m/s	0,45 m/s
Fehler der gemessenen Zeit	< 200 ns	< 200 ns	< 200 ns	< 200 ns

Tabelle 5.5 Kritische Fälle (worst case), gekennzeichnet durch kurzzeitig auftretende hohe GDOP-Faktoren bei verschiedenen Systembedingungen [4.17]

System	Anzahl der aktiven Satelliten	minimale Anzahl der sichtbaren Satelliten	maximaler GDOP-Faktor
GPS	24	5	≥ 9,3
GPS	21	3	≥ 10
GLONASS	24	5	≥ 10
GPS / GLONASS	24 + 24	11	≥ 2,6
GPS / GLONASS	21 + 24	9	≥ 3,3

Die Modifizierung der Satelliten betrifft vor allem die Erhöhung der Lebensdauererwartung auf mindestens 5 Jahre, die bei GLONASS offenbar in erster Linie von der Lebensdauer der Atomfrequenznormale abhängt.

Die Erweiterung mit einem Subsystem soll mit Hilfe von einigen geostationären Satelliten erfolgen. Das Subsystem braucht keine eigenständigen Satelliten zu besitzen, sondern es kann als Nutzlast den Satelliten anderer Systeme mitgegeben werden.

Durch die Erhöhung der Anzahl der bodenseitigen Kontrollstationen und einer weltweiten Verteilung soll das Kontrollsegment verstärkt werden. Zusätzlich sollen die Stationen noch folgende Aufgaben erhalten:

- Aussendung von Korrekturdaten für ein großflächiges Differential-GLONASS, eventuell auch für Differential-GPS.
- Aussendung von Informationen zur Integrität von GLONASS, eventuell auch für GPS.
- Aussendung von Informationen für die automatische Flugverkehrsüberwachung im Rahmen des automatisierten Flugverkehrsmanagement.

Zu den Maßnahmen zur Verbesserung der Systemcharakteristik gehören:

- Übergang des benutzten Frequenzbandes für den Träger L1 auf 1598,0625 bis 1 605,375 6 entsprechend dem *Standard of International Telecommunication Union* (siehe Abschnitt 5.3.1).
- Nutzung des Trägers L2 für zivile Aufgaben, so daß eine Eliminierung der ionosphärischen Laufzeitfehler möglich ist und die Genauigkeit der Messung erhöht wird.
- Erhöhung der Stabilität der Frequenzen und der Bit-bzw. Chipraten auf $1 \cdot 10^{-13}$ relative Einheiten.
- Aussendung von Daten zur Synchronisation der Systemzeitskalen von GPS und GLONASS.

Mit diesen Maßnahmen will Rußland gewährleisten, daß die international angestrebten Werte für die Positionsgenauigkeit nach **Tabelle 5.6** erreicht werden.

Tabelle 5.6 Von *Daly* und *Misra* [5.5] vorgeschlagene Nennwerte für die Positionsgenauigkeit von GPS, GLONASS und GPS/GLONASS bei einer Wahrscheinlichkeit von 50 und 95 %

	Horizontalfehler in m		Vertikalfehler in m	
	50%	95%	50%	95%
GPS (SA abgeschaltet)	7	18	13	34
GPS (SA angeschaltet)	27	72	51	135
GLONASS	10	26	18	45
GPS plus GLONASS	9	20	20	38

Zu den angelaufenen Ergänzungen zum bestehenden System GLONASS gehört der Aufbau von Referenzstationen zu einem Differential-GLONASS. Er erfolgt vor allem für die Nutzung in der küstennahen Schiffahrt und für den Landeanflug in der Luftfahrt. Im Gegensatz zum Differential-GPS soll das Differential-GLONASS zum Systemnetzwerk gehören.

Für die Zukunft ist eine Weiterentwicklung von GLONASS geplant. Das entstehende System soll ein ausschließlich zivilen Zwecken dienendes globales Ortungs-, Navigations- und Zeitsystem sein, das auch eine dazugehörige Kommunikation einschließt.

6 Internationale Aktivitäten zur Weiterentwicklung der Satellitenortungs- und Satellitennavigationssysteme

6.1 Allgemeine Begründung für eine Weiterentwicklung

Das System GPS besitzt ausgezeichnete Fähigkeiten und ein großes Potential, um annähernd die Forderungen für die Positionsbestimmung und für die Navigation der unterschiedlichen Nutzer zu erfüllen. Mit diesem System wurde eine völlig neue Qualität in der Ortung erreicht. Das trifft vor allem für das Vermessungswesen zu. Im Verkehrswesen hat der Übergang von der bodenbezogenen Navigation zur satellitengestützten Navigation begonnen. International bestehen jedoch gewisse Vorbehalte zu diesem System mit seiner jetzigen Struktur und in den Leistungsmerkmalen. Das gilt vor allem im Hinblick auf die Anwendung von GPS als alleiniges Navigationssystem. Grundsätzlich gilt das auch für das russische System GLONASS, das im Wirkungsprinzip, seiner Leistungsfähigkeit und der Anwendung GPS entspricht. Es sind daher international Untersuchungen angestellt und anschließend Vorschläge gemacht worden, die auf eine Weiterentwicklung der Satellitenortungs- bzw. Satellitennavigationssysteme hinauslaufen [6.1; 6.5; 6.7; 6.15]. Einige Punkte, die wesentliche Mängel betreffen, werden im Folgenden kurz erklärt.

- Erstens wird die Tatsache, daß sowohl GPS als auch GLONASS von militärischen Institutionen betrieben und kontrolliert werden, als Grund einer für zivile Zwecke unzureichenden Verfügbarkeit angesehen. In Zeiten internationaler Krisen besteht die Möglichkeit, daß für die zivilen Nutzer Einschränkungen auftreten.
  Im Rahmen der militärischen Verfügbarkeit gibt es bei GPS die künstliche Positionsverschlechterung SA, die wegen ihrer zeitlichen und betragsmäßigen Unbestimmtheit für den Nutzer einen erheblichen Nachteil des Systems bedeutet. Nur mit zusätzlichen technischen Einrichtungen, wie beispielsweise Differential-GPS, kann ein Nutzer diesen Nachteil reduzieren.
- Zweitens ist den zivilen Nutzern von GPS der Zugang zu dem Träger L2 mit dem P(Y)-Code verwehrt. Damit ist er nicht in der Lage, die durch Laufzeitverzögerungen in der Ionosphäre entstehenden Entfernungsmeßfehler exakt zu eliminieren. Der zivile Nutzer kann daher das hohe Genauigkeitspotential des Systems nicht ausnutzen.
- Drittens ist bei GPS der Überdeckungsbereich, der identisch mit der Verfügbarkeit ist, für die weltweite zivile Nutzung nicht optimal. Aus militärischen Gründen wurde für die 24 GPS-Satelliten eine Konstellation festgelegt, die zwar für den größten Teil der Erdoberfläche eine ausreichende Verfügbarkeit gewährleistet, für einige Gebiete treten jedoch zeitweise Perioden auf, in denen durch die ungünstigen geometrischen Verhältnisse zwischen Nutzer und Satelliten der DOP-Faktor groß ist und entsprechend hohe Meßfehler auftreten. Bei Ausfall von auch nur einem Satelliten wäre der DOP-Faktor sogar so groß, daß das Meßergebnis nicht verwendbar sein würde.
- Viertens ist für einen Teil der Anwender, und dazu gehört in erster Linie die zivile Luftfahrt, die Integrität des Systems von entscheidender Bedeutung. Bisher gibt es keine ausreichende betriebliche und technische Lösung des Problems. Der Nutzer erhält zur Zeit erst nach einer relativ langen Zeit im Rahmen der Navigationsmitteilungen eine Meldung, daß ein bestimmter Satellit ausgefallen ist oder daß seine gesendeten Daten bzw. Ortungs-

signale fehlerhaft sind und nicht benutzt werden dürfen. Mit dem bordautonomen System RAIM wird offenbar keine befriedigende Lösung erreicht (siehe Abschnitt 4.3.1). Die bessere Lösung ergibt sich aus dem Einsatz eines GPS-Integritätskanals. Das erfordert aber eine Satelliten/Nutzer-Datenverbindung oder eine andere technische Lösung zur Übertragung der Integritätsinformation.

- Fünftens besteht bei der zur Zeit üblichen Betriebsweise keine Gewähr für die Kontinuität der Lieferung der Ortungssignale. Das ist von hoher Bedeutung bei der Verwendung von GPS für den Präzisionsanflug in der zivilen Luftfahrt. Bekanntlich vollzieht sich der Landeanflug nur dann störungsfrei, wenn die zu Beginn des Landeanfluges erfaßten Ortungssignale ohne Unterbrechung bis zum Zeitpunkt des Aufsetzens des Luftfahrzeuges bestehen bleiben. Nach den ICAO-Vorschriften darf die Kontinuität nur zu weniger als $1 \cdot 10^{-5}$ der Zeit des Anfluges unterbrochen sein.

Alle angeführten Punkte treffen auch für GLONASS zu, wenn dieses System allein benutzt wird.

International hat sich folgender Standpunkt herausgebildet:

Die Entwicklung eines globalen Satelliten-Navigationssystems (Global Navigation Satellite System, Abkürzung GNSS) soll in zwei Stufen erfolgen:

- GNSS 1

  Verwendung der Signale der vorhandenen Systeme GPS und GLONASS. Diese Signale werden erweitert, um Genauigkeit, Verfügbarkeit und Integrität zu verbessern. Das erfolgt sowohl durch örtliche Verbesserungen als auch durch regionale Verbesserungen: In USA durch *Augmentation*, in Europa durch ein *Overlay-System*.

- GNSS 2

  Errichtung eines neuen, international kontrollierten, globalen Satelliten-Navigationssystems, das bestimmt ist für die Erfordernisse der vielfältigen zivilen Bereiche.

6.2 Aktivitäten in USA

6.2.1 Berichte und Empfehlungen

In den USA hat die *Technische Kommission für Luftfahrtgeräte* (RTCA) 1992 einen Bericht zum Stand von GPS und zur Erweiterung des Systems herausgegeben [6.8]. Die Erweiterung soll im Rahmen des *Global Navigation Satellite System 1* (GNSS 1) erfolgen. In dem Bericht wird gleichzeitig gefordert, daß dieses entsprechend erweiterte System als Teil in das künftige globale System GNSS 2 integriert werden kann. Als Zielstellungen der Erweiterung sind in dem Bericht angegeben:

- Vergrößerung der Verfügbarkeit, damit sie für alle Gebiete der Erde ausreichend ist
- Gewährleistung der Integrität
- Erhöhung der Genauigkeit, um Präzisionslandungen und Rollbewegungen im Flughafengelände durchführen zu können.

Ebenfalls 1992 gab die *Arbeitsgruppe für künftige Navigationssysteme* (FANS) der ICAO eine Empfehlung heraus, mit Untersuchungen zur Bereitstellung eines künftigen zivilen globalen Navigationssystems (GNSS 2) zu beginnen.

6.2.2 Maßnahmen zur technischen Entwicklung

Zur Zeit laufen die Entwicklungsarbeiten zur Erweiterung von GPS durch Differential-GPS und *Wide Areal Augmentation System* (WAAS) (siehe Kapitel 4). Zusätzlich erfolgen Untersuchungen zur Einführung eines dritten hochfrequenten Trägers bzw. einer dritten Frequenz bei GPS. Bei den Planungen zu einem neuen Satellitenortungssystem der USA ist ein Vorschlag der *Sat Tech Systems Corp.* diskutiert worden.

6.2.2.1 Dritte Frequenz für GPS

Dem zivilen Nutzer steht zur Zeit nur der mit dem C/A-Code modulierte hochfrequente Träger L1 (1. Frequenz) zur Verfügung, nicht aber der mit dem P(Y)-Code modulierte Träger L2 (2. Frequenz). Ein ziviler Nutzer kann daher keine exakte Eliminierung der ionosphärischen Laufverzögerungen durchführen, was genauere Messungen verhindert. Da aus militärischen Gründen keine uneingeschränkte Freigabe des Trägers L2 zu erwarten ist, erfolgen zur Zeit Untersuchungen zur Einführung eines dritten hochfrequenten Trägers, das heißt, einer dritten Frequenz.

Dieser neue Träger würde die Bezeichnung L4 oder L5 führen. Die Bezeichnung L3 kann nicht genommen werden, da sie bereits für den speziellen Träger des *Nuclear-Test-System* benutzt wird. Dieses System wird als Subsystem von den GPS-Satelliten ab Block II mitgeführt. Es enthält Sensoren zur weltweiten Entdeckung von nuklearen Detonationen. Die Meldungen an die zentrale Kontrollstelle erfolgten mit dem Träger L3, der die Frequenz 1381,05 MHz hat [6.6]. Der Träger L4 bzw. L5 soll eine Frequenz etwa 1207 MHz oder 1309 MHz erhalten. Er soll mit dem C/A-Code und mit den Navigationsmitteilungen moduliert werden. Vom *Department of Defence* (DOD) und vom *Department oft Transport* (DOT) wurde unter dem Datum 27.02.97 beschlossen, einen detaillierten Plan zur Einführung der 3. Frequenz auszuarbeiten [6.2; 6.3].

Zur Diskussion steht noch als Alternative, den jetzigen Träger L2 mit abgeänderten Signalen den zivilen Nutzern zur Verfügung zu stellen und als Ersatz einen neuen Träger LM, der für militärische Aufgaben bestimmt ist, einzuführen.

6.2.2.2 Projekt der Sat Tech Systems Corp.

Von dem US-Unternehmen *Sat Tech Systems Corp.* wurde für ein ziviles globales Satellitennavigationssystem ein Konzept vorgestellt, das in Fachkreisen als richtungsweisend angesehen wird [6.8]. Das Konzept geht davon aus, daß ein neues, nur zivilen Interessen dienendes System wesentlich geringere Kosten verursachen würde, als die bei GPS entstandenen Kosten, wenn leichtere Satelliten und andere Bahnkonfigurationen benutzt werden.

Aus **Bild 6.1** ist zu erkennen, daß ein Kostenminimum bei einer Bahnhöhe von 5000 km und bei etwa 32 Satelliten liegt. Die damit erreichbare Überdeckung mit maximalen PDOP-Faktoren unterhalb 6 beträgt 97 % der Erdoberfläche. Die verwendeten Satelliten sind durch eine optimierte Funktion und durch Anwendung fortschrittlicher Technologien an Umfang und Masse so gering, daß sie als Subsystem (payload) beispielsweise Fernmeldesatelliten beigegeben werden können. Auf Grund dieser Merkmale wird das vorgestellte Konzept mit ECONOSAT-System bezeichnet.

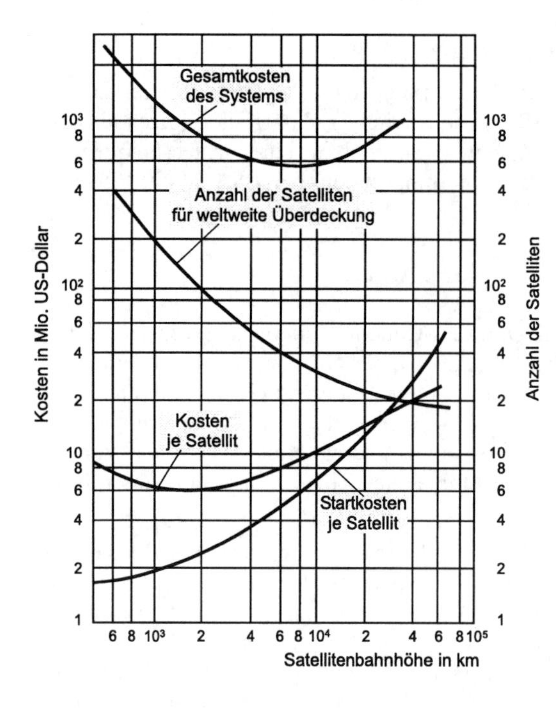

Bild 6.1
Anzahl der Satelliten und Kosten in Abhängigkeit der Bahnhöhe von Satellitenortungssystemen [6.8]

Das System ist kompatibel zu GPS, jedoch besteht keine Übereinstimmung in der Signalstruktur. Die im Abschnitt 6.1 genannten Nachteile von GPS bzw. GLONASS bestehen nicht. Von Bedeutung sind folgende Merkmale:

- Jeder Satellit sendet seine Signale mit zwei hochfrequenten Trägern L1 und L2 aus, deren Nennfrequenzen mit den GPS-Trägerfrequenzen übereinstimmen.
- Zur Reduzierung der Interferenzeinflüsse werden die Sendefrequenzen gegenüber den GPS-Trägerfrequenzen um 1,023 MHz versetzt.
- Beide Träger werden mit dem C/A-Code moduliert. Damit können im Empfänger des Nutzers die laufzeitbedingten Meßfehler eliminiert werden.
- Der C/A-Code ist von der Art der *Gold-Code*. Die Spektralbreite beträgt 20 MHz, damit wird eine geringe Korrelation beim Empfang von Signalen bei Mehrwegeausbreitung erreicht.

6.3 Aktivitäten in Europa

6.3.1 Beschlüsse zur Strategie

Der *Rat der Europäischen Union* hat 1994 den Beschluß gefaßt, daß sich Europa mit einem eigenen Beitrag an der Konzeption und der Entwicklung des Systems GNSS 2 beteiligen wird.

Für die Koordinierung der erforderlichen Maßnahmen wurde eine Arbeitsgruppe gebildet, in der die drei Institutionen *European Union* (EU), *EUROCONTROL* und *European Space Agency* (ESA) vertreten sind. Die Arbeitsgruppe führt die Bezeichnung *European Tripartie Group* (Abkürzung ETG). Zur detaillierten Bearbeitung wurde die *GNSS-High Level Group* geschaffen, in die Vertreter aller Länder der Europäischen Gemeinschaft, sowie Vertreter internationaler zuständiger Organisationen und der Geräteindustrie berufen wurden. Die ETG hat inzwischen ein Aktionsprogramm verabschiedet, das die institutionellen Beziehungen festlegt und Maßnahmen zur Entwicklung, zum Aufbau und zum Betrieb vorbereitet. Entsprechend den internationalen Zielstellungen umfaßt das Programm die beiden Stufen GNSS 1 und GNSS 2 [6.5; 6.10; 6.15].

6.3.2 Laufende Arbeiten und Projekte

6.3.2.1 GNSS 1

Mit GNSS 1 wird das durch zusätzliche technische Einrichtungen und Betriebsabläufe verbesserte GPS einschließlich GLONASS verstanden. In den USA werden die Verbesserungen im Wesentlichen unter der Bezeichnung *Wide Area Augmentation System* (Abkürzung WAAS) geplant und durchgeführt (siehe Abschnitt 4.4). Im Prinzip ist es ein Overlay-System zu GPS [6.10].

Ein ähnliches Overlay wird in Europa unter der Bezeichnung *European Geostationary Navigation Overlay Service* (Abkürzung EGNOS) geschaffen. Der erste Schritt zur Verwirklichung ist die Inbetriebnahme von Transpondern der zwei Satelliten *Inmarsat-3*. Die weiteren Schritte beziehen sich auf eine flächendeckende Bereitstellung von Korrekturdaten des Differential-GPS sowie auf Integritätsinformationen.

6.3.2.2 GNSS 2

Im Rahmen der europäischen Aktivitäten zu einem künftigen Satellitennavigationssystem gibt es mehrere Untersuchungen und theoretische Projekte.

Die Konzeptionen gehen von Folgendem aus:

- für den Nutzer:
  - Gewährleistung von Navigationsdaten mit hoher Integrität und Verfügbarkeit, um vor allem die hohen Forderungen der Luftfahrt erfüllen zu können
  - Gewährleistung eines kontinuierlichen Dienstes, der durch gleichbleibende, hohe Genauigkeit der Positionsbestimmung gekennzeichnet ist.
  - Bereitstellung einer ausreichenden Infrastruktur zur Realisierung der Maßnahmen zur Erhöhung der Genauigkeit (Differentialverfahren) und der Integrität (Integritätsprüfung).
- für staatliche und administrative Institutionen:
  - Unabhängigkeit von militärischen und nationalen Organisationen
  - Aufbau, Betrieb und Kontrolle des Raum- und Kontrollsegmentes durch eine übernationale Organisation.
- für die Wirtschaft Europas:
  - Stimulierung von Forschung, Entwicklung und Produktion in vielfältigen Bereichen der High-Technology und nützliche Anwendung der Ergebnisse in anderen Bereichen.
  - Erhalt und Erweiterung von Arbeitsplätzen durch Lösung lohnintensiver Aufgaben.

Von den bisher publizierten Arbeiten werden nachfolgend zwei kurz erläutert.

- *European Navigation Satellite System (ENSS)*

Das von *Dornier Satellitensysteme GmbH* vorgestellte Projekt hat das Ziel, der europäischen Region und Afrika ein Navigationssystem zur Verfügung zu stellen, das unter internationaler Kontrolle ausschließlich zivilen Zwecken dient [6.13; 6.14]. Im Rahmen des Systems ist auch eine Kommunikation navigationsrelevanter Daten möglich.

Die Konstellation und die Anzahl der Satelliten wird durch die Bedingung bestimmt, daß die Überdeckung auf einen vorgegebenen Bereich begrenzt sein soll. Die dafür günstigsten Bahnen sind sogenannte inklinierte geosynchrone Bahnen (inclined geosynchronous orbit, Abkürzung IGSO). Solche Bahnen haben eine Umlaufzeit von 24 Stunden und befinden sich in einer Höhe, die der Höhe von etwa 36 000 km der geostationären Satelliten entspricht. In der gewählten Konstellation bewegen sich 12 IGSO-Satelliten auf zwei unterschiedlichen Bahnen. Zur Verbesserung der Sichtbarkeit bzw. Verfügbarkeit an den Rändern des Überdeckungsbereiches sind zusätzlich drei geostationäre Satelliten (GEO-Satelliten) vorgesehen. Dafür wurden zunächst die drei Satelliten Inmarsat-3 IOR, AOR-E und AOR-W angenommen (siehe Abschnitt 4 und Bild 4.23). Die IGSO-Satelliten besitzen eine Inklination (Neigung gegenüber der Äquatorebene) von 63,4°. In **Bild 6.2** sind die auf die Erdoberfläche projizierten Satellitenbahnen (Spuren) dargestellt. Die berechnete Verteilung der Bereiche, in denen eine Verfügbarkeit von mindestens vier Satelliten besteht und bestimmte maximale Werte des GDOP-Faktors nicht überschritten werden, geht aus **Bild 6.3** hervor. Im Mittel besteht die Sichtbarkeit zu 8 Satelliten, im Minimum zu 5 Satelliten. Innerhalb des Überdeckungsgebietes, das von 15° West bis 60° Ost und 65° Nord bis 65° Süd reicht, liegt der PDOP-Faktor maximal bei 4,5 [6.13].

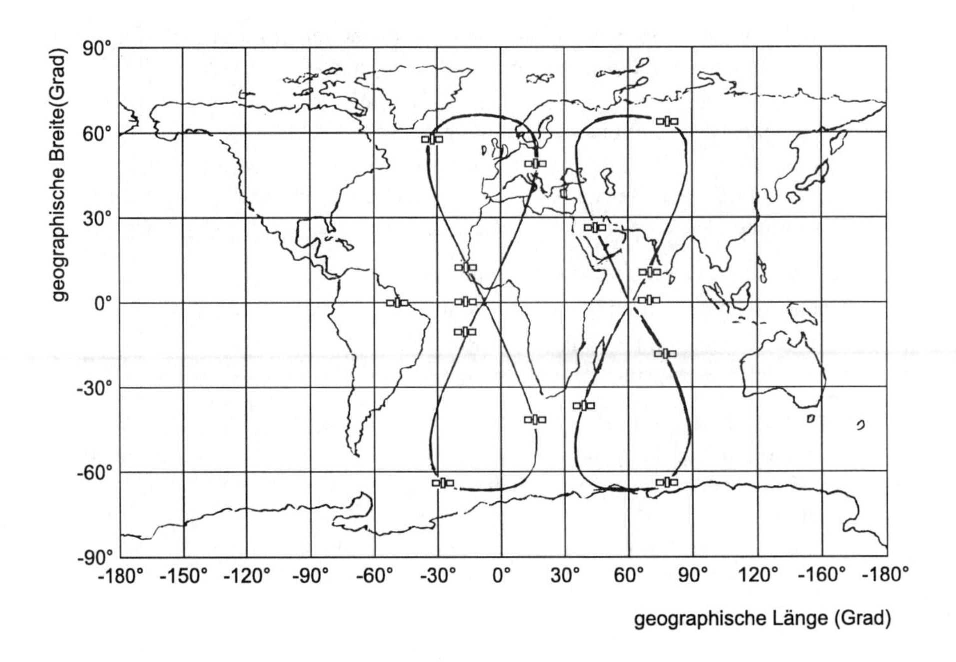

Bild 6.2 Spuren von zwei Satelliten mit inklinierten geosynchronen Bahnen (IGSO)

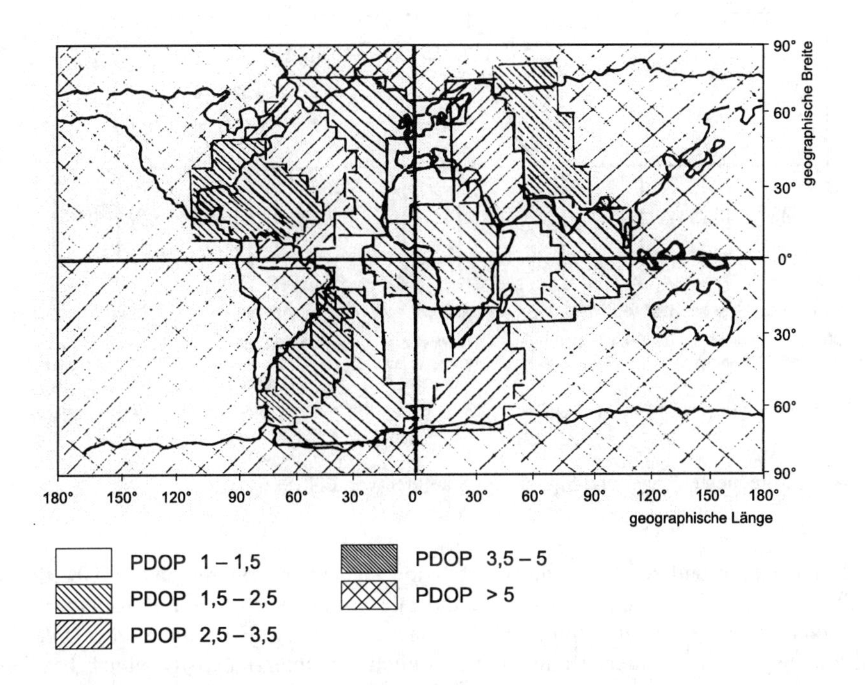

Bild 6.3 Verteilung der Verfügbarkeiten bei dem Konzept ENSS mit 15 Satelliten Minimaler Erhebungswinkel (mask angle): 15°

Jeder Satellit sendet wie GPS auf zwei hochfrequenten Trägern. Während ein Träger mit der Frequenz 1591 MHz wie bei GPS im L-Band liegt, hat der zweite Träger eine Frequenz im C-Band bei etwa 5100 MHz. Die Frequenz im C-Band liegt in dem Bereich, der für das geplante Mikrowellen-Landesystem (MLS) vorgesehen war [1.12]. Da dieses System vermutlich nicht eingesetzt werden wird, dürfte der Frequenzbereich zur Verfügung stehen. Die höhere Frequenz im C-Band hat den Vorteil, daß die durch ionosphärische Laufzeitverzögerungen entstehenden Meßfehler gering sind. Sie sind nach Gl.1.77 umgekehrt proportional zum Quadrat der Frequenz und damit etwa um den Faktor 10 kleiner. Für den Datenaustausch sind im L-Band und im C-Band in Aufwärts- und Abwärtsrichtung Datenübertragungskanäle vorgesehen. Dazu gehört auch die Übertragung von Korrekturdaten für Differential-GPS. Für die Betriebsabwicklung steht bei 2100/2200 MHz ein TTC-Kanal (Abkürzung von telemetry, tracking and command) zur Verfügung. Die Frequenzen der Träger, die Sendeleistungen, die Signale und die Bandbreiten der modulierten Träger sind aus **Bild 6.4** zu ersehen.

Die Ortungssignale haben Taktfrequenzen von 2 MHz und 20 MHz: Dadurch wird eine höhere Genauigkeit und eine bessere Bandspreizung für die Navigationsmitteilungen erreicht. Für die Datenübertragung abwärts stehen zwei Kanäle zur Verfügung. Im L-Band können 200 kByte/s und im C-Band 100 kByte/s übertragen werden.

Für die Verkehrsüberwachung in der Luftfahrt (Automatic Dependent Surveillance, Abkürzung ADS) ist ein weiterer Datenübertragungskanal in Aufwärtsrichtung mit einer Kapazität von 2 Mbit/s vorgesehen.

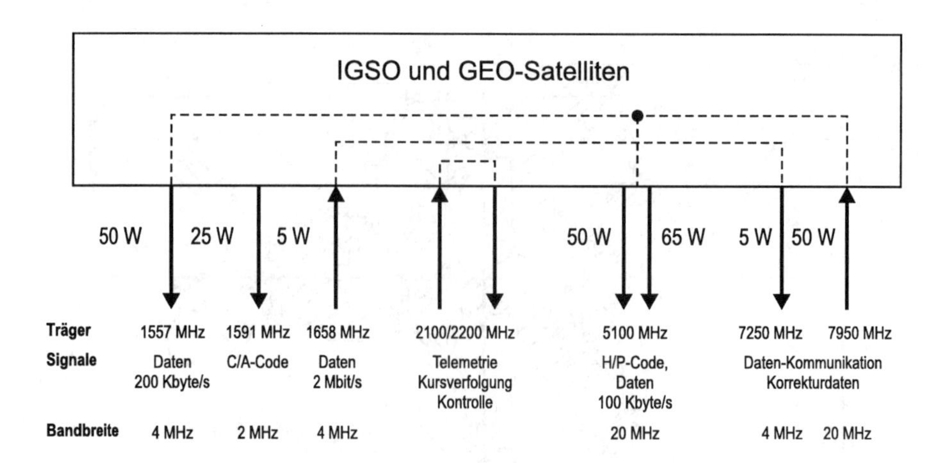

Bild 6.4 Hochfrequente Träger und Signale der Satelliten von ENSS

Auf Grund der besonderen Satellitenkonstellation sind über dem regionalen Überdeckungsbereich (Europa und Nordwest-Afrika) ständig alle vorhandenen Satelliten sichtbar. Deshalb erfolgt eine bodengebundene Integritätsüberwachung, deren Ergebnisse über alle ENSS-Satelliten ausgestrahlt werden. Damit ist es möglich, ein Integritätsrisiko gleich bzw. kleiner $1 \cdot 10^{-7}$ pro Stunde zu erreichen. Die Warnzeit beträgt etwa 1 s. Daneben ist es dem Nutzer überlassen, zusätzlich eine empfängerbezogene Integritätsüberwachung, beispielsweise RAIM (siehe Abschnitt 4) durchzuführen, was durch die hohe Sichtbarkeit der Satelliten möglich ist.

Nach den Berechnungen wird angenommen, daß mit ENSS und der Konstellation mit 12 IGSO und 3 GEO-Satelliten der Entfernungsmeßfehler UERE (user equivalent range error) etwa 1,3 m beträgt. Der Wert gilt für die doppelte Standardabweichung 2σ bei einer Wahrscheinlichkeit von 95 %. Daraus ist ein Positionsfehler in der Horizontalebene kleiner als 3,6 m und in der Vertikalebene keiner als 4,1 m abgeleitet worden. Beide Werte gelten ebenfalls für eine Wahrscheinlichkeit von 95 %.

- *Preoperational In-Orbit Demonstration System (PROPNASS)*:

Unter der Leitung von *Daimler-Benz Aerospace* und der *Russian Space Agency* wurde das Demonstrationsprojekt PROPNASS ausgearbeitet, das als europäischer Beitrag zu GNSS 2 bestimmt ist [6.11; 6.12].

Das Ziel der Untersuchungen ist es, einen Vorschlag für ein Regionalsystem als Teil des GNSS 2 zu machen. Im Demonstrationsprojekt werden alle Funktionen des endgültigen Systems untersucht. Jedoch wird zur Minimierung des Aufwandes ein kleinerer Überdeckungsbereich und eine eingeschränkte Verfügbarkeit vorgegeben.

Das Systemkonzept geht aus dem Funktionsschema in **Bild 6.5** und den Kennwerten in **Tabelle 6.1** hervor. Die Positionsbestimmung und die Kommunikation sind im System gleichwertige Funktionen. Ebenso wie bei ENSS werden IGSO-Satelliten verwendet. Für die Demonstration sind aus Kostengründen nur acht Satelliten vorgesehen, während für ENSS 24 vorgesehen wurden. Demzufolge sind Überdeckungsbereich und Verfügbarkeit unterschiedlich. Die auf die Erde projizierten Bahnen der acht IGSO-Satelliten sind in **Bild 6.6** dargestellt.

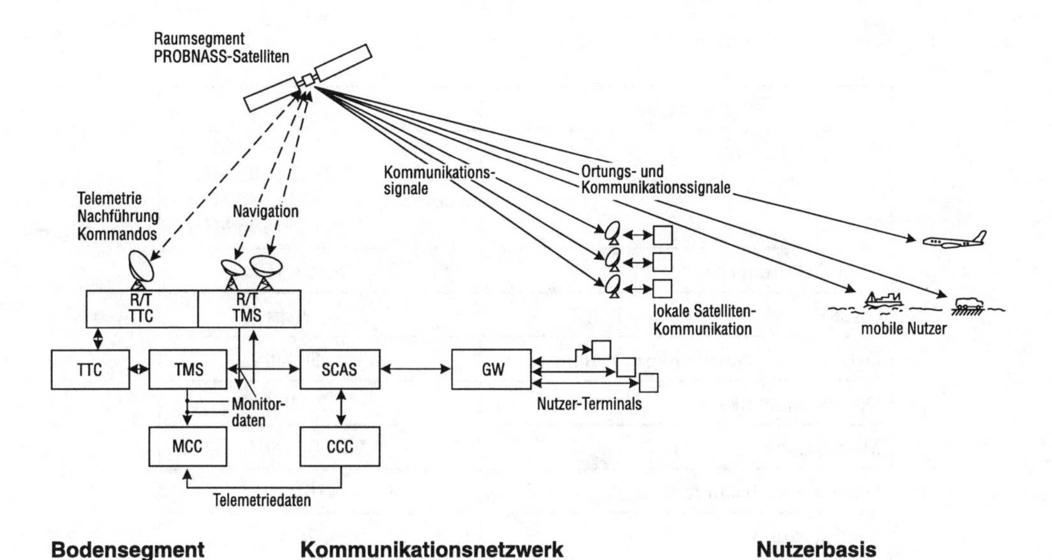

Bild 6.5 Funktionsschema des Projektes PROPNASS

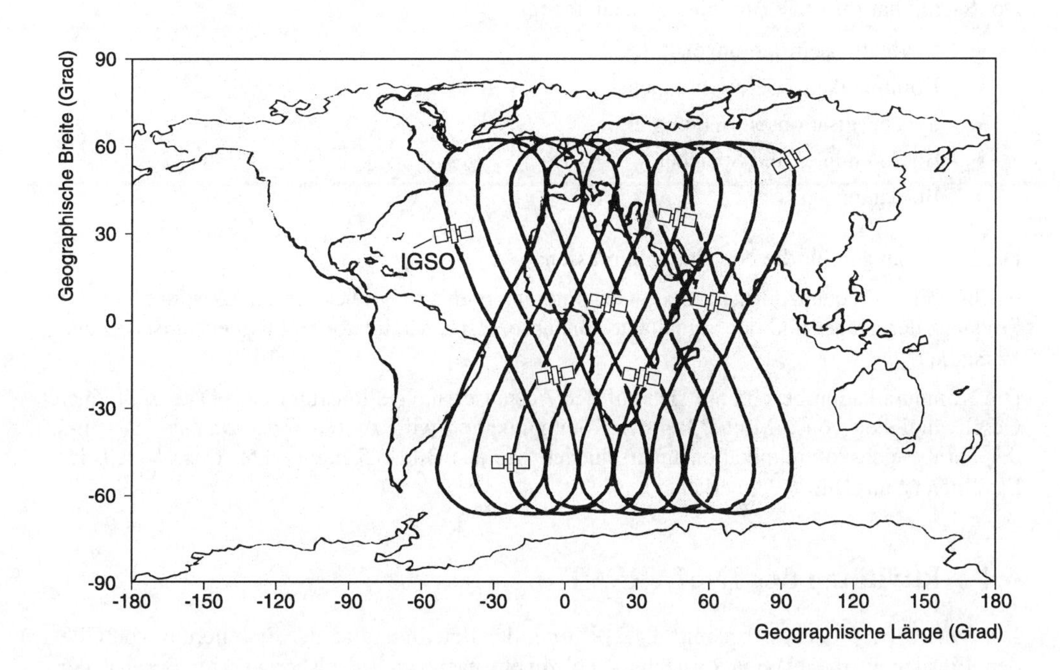

Bild 6.6 Spuren von acht IGSO-Satelliten von PROPNASS

Tabelle 6.1 Kennwerte des Systems PROPNASS

Parameter	
Frequenz der Träger	L-Band 1595,880 MHz C-Band 5000 .... 5200 MHz Alternativ L1 1595,880 MHz L2 1250,106 MHz
Code-Taktfrequenz	8,191 MHz
Code-Periode	1 ms
Datenrate der Navigationsmitteilung	50 bit/s
Datenkommunikation	2 Mbit/s
Modulation	PSK 0°/180°
Übertragungsbandbreite	16 MHz
Sendeleistung	L-Band 20 W C-Band 50 W
max. GDOP-Faktor innerhalb 24 Stunden	< 5

Der Satellit hat folgende Einrichtungen zu tragen:

- Navigationseinrichtungen
- Kommunikationseinrichtungen
- Synchronisationseinrichtungen
- Bordcomputer und Speicher
- Bordantennen.

Die Einrichtungen für die Navigation umfassen:

Hochstabiles Frequenznormal, Code-Generatoren, Frequenzsynthesizer zur Bestimmung der Frequenz der Träger und der Signaltakte, Bahnprozessor, Modulatoren, Frequenzumsetzer und Verstärker.

Die Kommunikation beschränkt sich auf den Austausch navigationsrelevanter Daten mit einer Geschwindigkeit von 2 Mbit/s. Bei der Kommunikation wird zwischen der Nahbereichs- und der Fernbereichskommunikation unterschieden wie aus Bild 6.5 hervorgeht. Das Modell des Satelliten ist aus **Bild 6.7** zu erkennen.

6.4 Aktivitäten der INMARSAT

Die INMARSAT (siehe Abschnitt 4.4.2) hat mit der Beteiligung an der Erweiterung von GPS den Einstieg in die Navigationstechnik vollzogen, nachdem sie bisher nur im Bereich der weltweiten Kommunikation über Satelliten tätig war.

Von INMARSAT wurde 1994 ein Stufenplan vorgelegt, der den Übergang von GPS über GNSS 1 zu GNSS 2 zum Inhalt hat. Auch hier sollen wie bei ECONOSAT andere Satellitenkonzeptionen zur Anwendung kommen als bei GPS. Überwiegend sollen anstelle der eigenständigen Satelliten nur Subsysteme verwendet werden, die den Satelliten anderer Dienste mitgegeben werden. Von den Projektanten wurde dafür die Bezeichnung *Light Sat Payload* geprägt [6.7; 6.9].

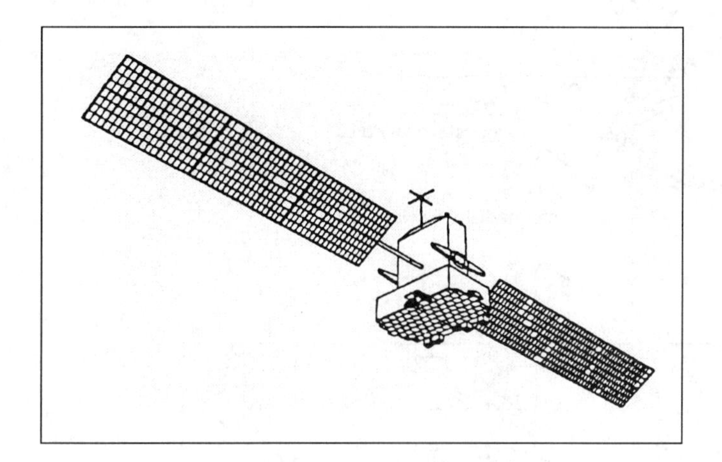

Bild 6.7
Modell eines Satelliten des Projektes PROPNASS

Das Inmarsat-Projekt sieht drei Stufen vor:

- Stufe 1
  Einsatz der geostationären Satelliten *Inmarsat-3* im WAAS. Damit sollen gleichzeitig Erfahrungen für das nachfolgende System gewonnen werden.
- Stufe 2
  Einsatz mehrerer *Light Sat Payloads* in geostationären Satelliten von INMARSAT, die an sich für die Kommunikation bestimmt sind. Mit dieser Maßnahme wird vor allem die Verfügbarkeit von GPS in den bisher benachteiligten Gebieten der Erde wesentlich verbessert.
- Stufe 3
  Vollausbau des Systems *Navigation Light Sat* (Abkürzung NLS) mit 6 bis 8 geostationären Satelliten und 30 umlaufenden Satelliten in mittleren Bahnhöhen.

Das **Bild 6.8** zeigt die prinzipielle Lage der Satellitenbahnen. Die geostationären Satelliten (GEO) bewegen sich synchron mit der Erddrehung über dem Äquator in einer Höhe von etwa 36 000 km. Die übrigen 30 Satelliten laufen in Kreisbahnen mit unterschiedlicher Neigung gegenüber dem Äquator in Höhen zwischen 10000 und 15000 km (*Medium Earth Orbit*, Abkürzung MEO, hier wird die Bezeichnung *Intermediate Circular Orbit*, Abkürzung ICO gebraucht).

Die informationstechnischen Einrichtungen sind denen von GPS ähnlich, um damit eine Kompatibilität zu erreichen. Dadurch ist ein kontinuierlicher Übergang von GNSS 1 zu GNSS 2 gewährleistet. Mit dem Vollausbau wird eine hohe Verfügbarkeit mit vier oder mehr sichtbaren Satelliten bei verhältnismäßig geringen Werten des DOP-Faktors erreicht wie aus **Bild 6.9** hervorgeht.

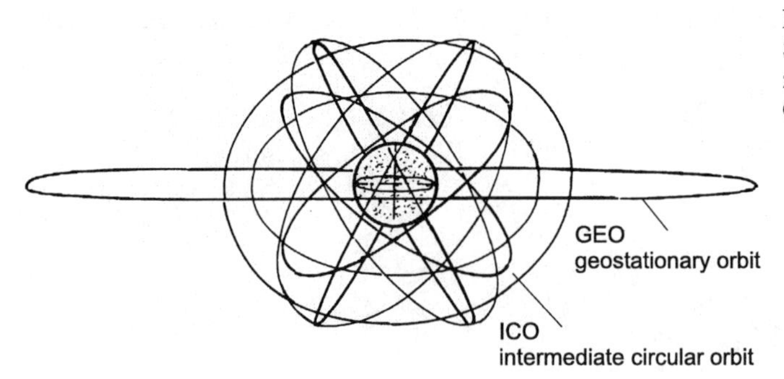

Bild 6.8
Satellitenbahnen eines Konzeptes der INMARSAT mit GEO- und ICO-Satelliten

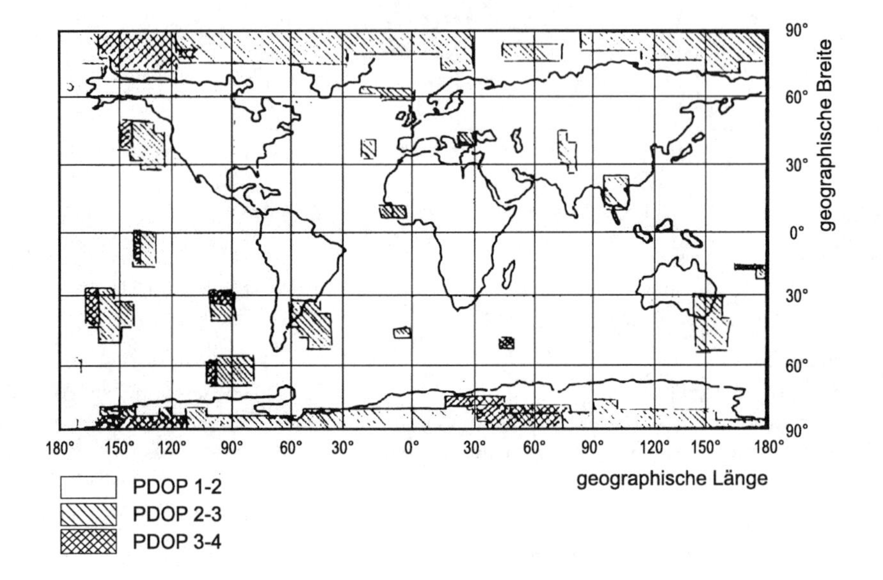

Bild 6.9 Verfügbarkeit bei einer Satellitenkonstellation nach Bild 6.8
Kriterium: PDOP-Faktor

6.5 Aktivitäten in Japan

In Japan wird zur Zeit GPS in großem Umfang benutzt, deshalb wurden auch in Zusammenarbeit mit den USA Untersuchungen zur Weiterentwicklung dieses Systems durchgeführt [6.4].

Bisher gibt es drei Aktivitäten:

- Die japanische *National Space Development Agency* (NASDA) und *Japanes Communication´s Research Laboratory* arbeiten zur Zeit einen Plan zur Entwicklung eines Satellitensystems für die mobile Kommunikation aus. In dieses System soll möglicherweise ein Ortungs- bzw. Navigationssystem integriert werden und zwar in ähnlicher Weise wie das von INMARSAT vorgeschlagen wurde (siehe Abschnitt 6.3).

- Von der NASDA wurde bereits 1996 empfohlen, einen Experimental-Satelliten zu entwickeln, aus dem dann ein selbständiges Satelliten-Navigationssystem abgeleitet werden könnte. Vorgesehen sind zunächst drei Satelliten für niedrige Umlaufbahnen (LEO). Die Testphase soll 2005 beginnen, ein Einsatz ist für 2010 geplant.
- Das Japanische Ministerium für Transport hat einen Auftrag zur Entwicklung eines *Multi Function Transport Satellite* (Abkürzung MTSAT) ausgeschrieben. Dieser Satellit soll Bestandteil eines *Satellite Based Augmentation System* (Abkürzung MSAS) sein. Er soll der japanische Beitrag zum globalen Satellitennavigationssystem GNSS 2 sein. Den Kontrakt hat ein Konsortium von Unternehmen Japans und der USA erhalten.

7 Übersicht zur zivilen Anwendung der Satellitensysteme GPS, GLONASS und GNSS

Das Satellitensystem GPS war ursprünglich nur zur Ortung und Navigation für militärische Institutionen geschaffen worden. Aufgrund seiner hervorragenden Eigenschaften hat es im Laufe der Zeit im zivilen Bereich überall dort, wo Entfernungen und Positionen bestimmt werden müssen, eine breite Anwendung gefunden. In den folgenden Abschnitten wird ein Überblick zu den zur Zeit wesentlichsten Anwendungen gegeben. Vom Umfang aus gesehen, steht dabei das Verkehrswesen im Vordergrund, bei der Gewinnung einer neuen Qualität ist das Vermessungswesen am bedeutendsten.

In den vorliegenden Betrachtungen wird die Anwendung fast immer auf das amerikanische System GPS bezogen. Grundsätzlich gelten jedoch die Ausführungen auch für das sehr ähnliche russische System GLONASS und selbstverständlich auch für das erweiterte System GNSS1, das meist nur mit GNSS bezeichnet wird.

7.1 GPS-Anwendung in der zivilen Luftfahrt

7.1.1 Allgemeine Gesichtspunkte

In den Fachkreisen der zivilen Luftfahrt besteht die Auffassung, daß mit GPS eine völlige Veränderung in der Betrachtung und der Lösung der drei wesentlichsten Aufgaben der Luftfahrt erfolgt, die sich aus der Zielstellung eines Fluges zwischen zwei Flughäfen ohne jegliche Unterstützung oder Einflußnahme von Außen ergeben. Diese Aufgaben sind: Strecken-Navigation, Landeanflugnavigation und Kollisionsverhütung. Auch die Technik der Flugsicherung als staatshoheitliche Aufgabe wird unter dem Gesichtspunkt von GPS Veränderungen erfahren [7.9; 7.12].

Für die Navigation in allen Flugabschnitten wurden bisher und werden zunächst auch weiterhin als primäre Systeme die kooperativen Funkortungssysteme benutzt [1.12]. Auf Grund der Einführung der Satellitennavigationstechnik wurde international vereinbart, einen Teil dieser Funkortungssysteme schon jetzt oder in den nächsten Jahren außer Betrieb zu nehmen wie aus **Bild 7.1** hervorgeht.

Mit diesen Systemen sind die in **Tabelle 7.1** angegebenen Anforderungen an die Genauigkeit der Navigation in der Horizontalebene im Allgemeinen zu erfüllen. Folgende Nachteile bestehen jedoch:

- Es gibt kein System, das weltweit für alle Flugabschnitte einschließlich der Landung eingesetzt werden kann.
- Die benutzten Systeme haben im Einzelnen keine weltweite Überdeckung.
- Die Genauigkeit ist orts- und zeitabhängig.
- Die von den Systemen gelieferten Ortungsergebnisse basieren nicht auf einem einheitlichen Bezugssystem.
- Bei Verwendung der jetzigen Navigationssysteme müssen die Flugrouten nach dem jeweiligen Standort der Bodenanlagen festgelegt werden.
- Die Bordausrüstung ist entsprechend den benutzten verschiedenen Systemen, beispielsweise für Weitstreckenflüge, für Flüge über kurze Strecken und für den Landeanflug vielseitig, daher umfangreich und kostspielig.
- Die Benutzung und Wartung der unterschiedlichen Systeme erschwert den Bordbetrieb.

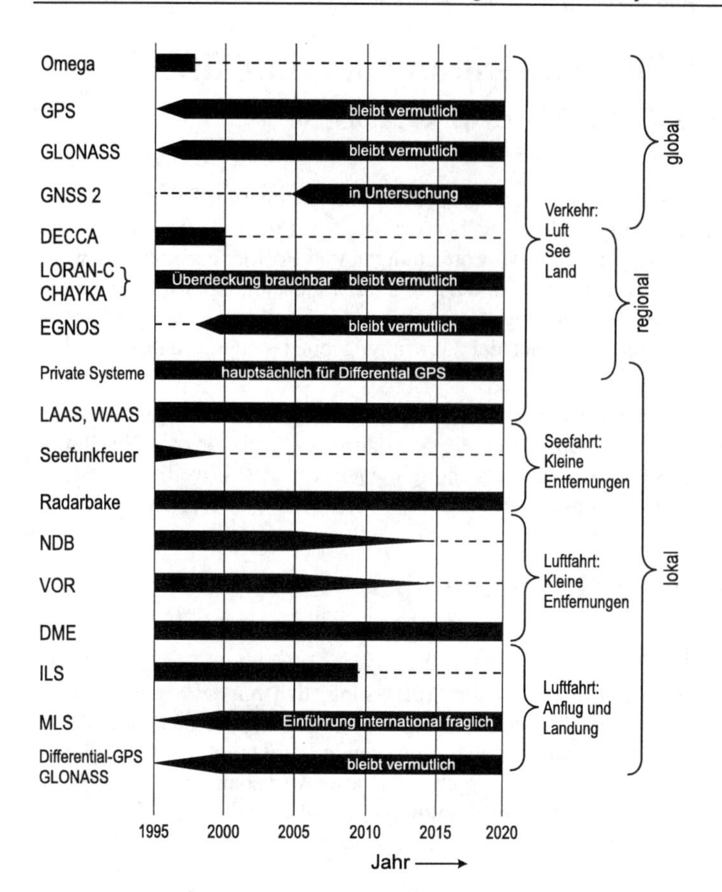

Bild 7.1
International vereinbarte Verfügbarkeit von Funkortungs- und Navigationssystemen

Neben den kooperativen Funkortungs- und Navigationssystemen werden auch bordautonome Inertial-Navigationssysteme (Abkürzung INS) eingesetzt. Da sich bei INS der Ortungsfehler mit der Betriebszeit akkumuliert und relativ große Werte erreichen kann, kam es bisher als alleiniges und als primäres Navigationssystem nicht in Betracht. Das Diagramm in **Bild 7.2** zeigt die Abhängigkeit des Positionsfehlers von der Zeit. Während bei GPS der Positionsfehler konstant ist, steigt er bei INS exponentiell an. Es wird daher meist als sekundäres System eingesetzt.

Mit der Anwendung von GPS würden die oben angegebenen Nachteile nicht bestehen. Außerdem wäre durch den Wegfall der an feste Orte gebundenen funktechnischen Bodenanlagen keine Flugroutenfestlegung nach bestimmten Punkten mehr erforderlich und eine flexible Flächennavigation könnte eingeführt werden. Die Flächennavigation bewirkt einen zeitlich besseren Verkehrsablauf, vermindert die Verkehrsdichte und reduziert die Länge der Flugstrecken. Die Vorteile, die sich bei Verwendung von GPS als alleiniges (stand alone) Navigationssystem für alle Flugabschnitte vom Start bis zur Landung ergeben, sind offensichtlich. Jedoch muß das derzeitige Sicherheitsniveau für Navigationssysteme bei Einführung von GPS mindestens beibehalten, wenn möglich sogar übertroffen werden. Dazu gehört die Erfüllung folgender Anforderungen:

Flugabschnitt	m
Streckenflug über Ozean	23 000
Streckenflug über Land	3 600
Flughafenbereich	1 850
Nicht-Präzisions-Anflug	150
Rollfeldbewegungen	< 15

Tabelle 7.1
Maximal zulässiger Gesamtfehler (RNP) für die Horizontalebene in m [7.2]

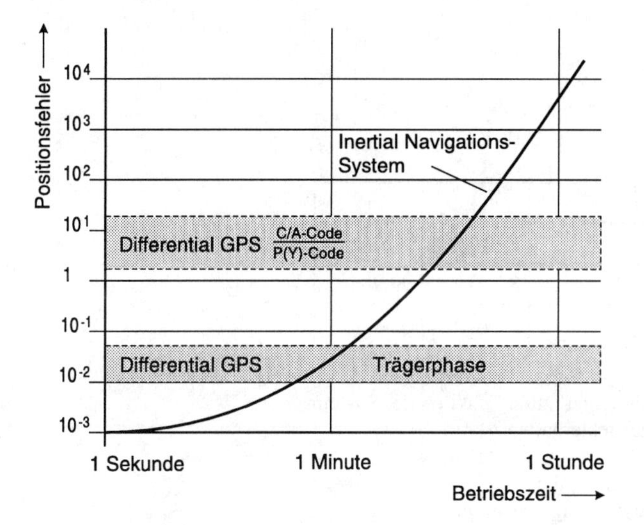

Bild 7.2
Positionsfehler bei GPS und INS in Abhängigkeit von der Zeit. (INS-Drift 0,3°/h)

- Gleichbleibende Genauigkeit der gelieferten Koordinaten in der Horizontalebene und in der Vertikalebene.
- Erkennen von fehlerhaften Funktionen (Integrität).
- Kontinuität der fehlerfreien Funktionen.
- Verfügbarkeit der erforderlichen Anzahl an Satelliten.

Die Anforderungen sind besonders hoch für den Flugabschnitt Landeanflug und Landung [7.10; 7.13]. In den **Tabellen 7.2** bis **7.4** sind die zur Zeit festgelegten und vorgeschlagenen Zahlenwerte der wichtigen Kenngrößen zusammengestellt. Die in den Tabellen angegebenen Bezeichnungen Cat beziehen sich auf die Betriebsstufen für den Landeanflug, die in drei Kategorien I bis III eingeteilt sind und für die es internationale Vorschriften gibt. Die Anforderungen für die Kategorie Cat I sind am niedrigsten [1.12; 3.56]. Die Anforderungen, die in den Tabellen 7.2 bis 7.4 enthalten sind, können insgesamt zur Zeit von GPS nicht erfüllt werden. Erst mit den im Kapitel 4 erläuterten Maßnahmen werden sie sich in Zukunft weitgehend erfüllen lassen.

Tabelle 7.2 Sichtbarkeitsbedingungen, minimale Werte in m für Landeanflug [7.21]

Cat	I	II	III
horizontal	730	400	200
vertikal	60	30	0

Tabelle 7.3 Maximale Werte der Abweichungen bzw. Fehler in m [7.21]

Cat	I			II			III		
	Abw	Schw	FtF	Abw	Schw	FtF	Abw	Schw	FtF
horizontal	10,5	10,3	10,0	7,5	3,5	5,0	3,0	3,5	5,0
vertikal	1,9	1,4	3,0	0,9	0,5	1,2	0,6	0,5	1,2

Es bedeuten:

Abw Abweichung (offset)
Schw Schwankung (bend)
FtF Flugtechnischer Fehler

Tabelle 7.4 Integritätsanforderungen und Verfügbarkeit [7.21]

	P_{SF}	P_{FA}	T_A	T_{CON}	V
Cat I	$1 \cdot 10^{-6}$	0,14	6 s	$8 \cdot 10^{-6}$	99,9
Cat II	$2 \cdot 10^{-7}$	$2{,}8 \cdot 10^{-3}$	2 s	$8 \cdot 10^{-6}$	
Cat III	$1 \cdot 10^{-9}$	$8 \cdot 10^{-6}$	2 s	$8 \cdot 10^{-6}$	

Es bedeuten:

P_{SF} Wahrscheinlichkeit einer fehlerhaften Funktion des Systems
P_{FA} Wahrscheinlichkeit eines fehlerhaften Alarms
T_A Zeit bis zum Alarm
T_{CON} Wahrscheinlichkeit der Kontinuität
V Verfügbarkeit von Navigationsinformationen.

Dabei ist zu beachten, daß in allen in neuerer Zeit diskutierten Standards die Anforderungen an Funknavigationsanlagen nicht mehr wie bisher anlagenspezifisch, sondern allgemeingültig als *Required Navigation Performance* (Abkürzung RNP) definiert sind. Das bedeutet, in den genannten Zahlenwerten sind alle Beiträge der verschiedenen an der Funktion beteiligten Vorgänge enthalten.

7.1.2 Einsatzbedingungen

Die ersten Zulassungen von GPS-Empfängern in den USA und ihre anschließende Verwendung in zivilen Luftfahrzeugen waren schon im Jahr 1990 zu verzeichnen. Für die Praxis ausgerichtete kombinierte Bordempfänger für die alternative Verwendung von GPS und LORAN bzw. OMEGA wurden bereits 1992 in der zivilen Luftfahrt benutzt, nachdem damit in der Seefahrt günstige Erfahrungen gemacht worden waren. Die Verwendung von GPS beschränkte sich allerdings auf den Streckenflug, weil die für den Landeanflug geltenden Anforderungen nicht erfüllbar waren und es demzufolge auch keine Anflugverfahren von Flughäfen gab.

Von der *International Civil Aviation Organization* (ICAO) ist bisher noch kein Satellitennavigationssystem standardisiert worden. Das gilt in erster Linie für die Verwendung zur Landenavigation. Als einzigen nationalen Standard für ein Landeanflug-Navigationssystem mit Hilfe von GPS hat die *US Radio Technical Commission for Aeronautics* (RTCA) die Landeanflugführung für Cat 1 standardisiert, die bis zu einer Flughöhe von 60 m gilt.

Auch in Deutschland gibt es für Präzisionslandungen bei der Kategorie Cat I, II, III noch keine genehmigten Verfahren. Die für einzelne Flughäfen, es sind meist kleinere, genehmigten Anflugverfahren, gelten für Nicht-Präzisionsanflüge, an die geringere Anforderungen gestellt werden (siehe Tabelle 7.1).

7.1.3 GPS für den Landeanflug

Die in den Tabellen 7.2 bis 7.4 angegebenen Anforderungen zur Verfügbarkeit und Integrität für Präzisionsanflüge nach CAT I, II, III lassen sich mit GPS nur erfüllen, wenn das benutzte Differential-GPS über die einfache Konzeption des DGPS hinaus erweitert wird, wie aus **Bild 7.3** hervorgeht.

Die erweiterte DGPS-Referenzstation hat dann folgende Aufgaben:

- Empfang der Signale der GPS-Satelliten und Rohdatenauswertung.
- Datenformatierung und Datensicherung.
- Aussendung der Korrekturdaten.
- Überprüfung der gesendeten Korrekturdaten mit einem Monitor.
- Alarmierung der Luftfahrzeuge bei fehlerhaften Korrekturdaten.

Auch diese Maßnahmen reichen nicht ganz aus, um unter allen vorkommenden Betriebsbedingungen die gestellten Anforderungen zu erfüllen. Beispielsweise haben die mit GPS durchgeführten Flüge gezeigt, daß unter besonderen Bedingungen Ausfälle auftreten. Ihre Ursache sind meist Abschattungen einzelner Satelliten, so daß die Anzahl der verfügbaren Satelliten zurückgeht und es damit zu Ausfällen kommen kann.

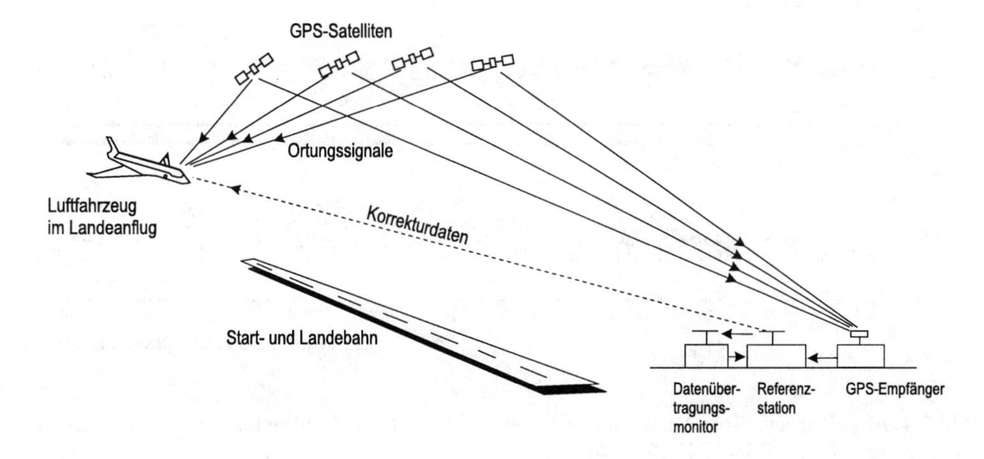

Bild 7.3 Funktionsschema eines Landeanflugsystems mit erweitertem DGPS

Auch wenn diese Ausfälle meist nur kurzzeitig auftreten, sind sie bei einem Landeanflug nicht zulässig (siehe *Kontinuität* in Tabelle 7.4). Dieser gravierende Mangel läßt sich nur durch ein zusätzliches Navigationssystem beseitigen. Als günstigste Lösung hat sich die Einbeziehung eines Inertial-Navigationssystems (INS) als sekundäres Navigationssystem erwiesen [7.12; 7.19]. Das INS gewährleistet, daß die Positionsinformationen auch bei völligem Verlust der GPS-Informationen verfügbar sind. Das wird durch die Integration von GPS und INS mit der Kalman-Filterung erreicht. Das Kalman-Filter schätzt den Fehler des INS und kalibriert kontinuierlich das INS während des Fluges. Wie durchgeführte Versuchsflüge gezeigt haben, lassen sich mit einem derartigen System die Anforderungen nach Tabelle 7.2 bis 7.4 weitgehend erfüllen. Bei 149 Landeanflügen wurden die Anforderungen an die Genauigkeit in der Horizontalen für Cat III erfüllt. Der Fehler in der Vertikalen betrug dagegen 2,8 m und entsprach nur den Anforderungen für Cat 1 [7.15; 7.20; 7.22]. Die Abweichungen der gemessenen Werte von den wahren Werten für den Landekurs und den Gleitweg zeigt **Bild 7.4**.

7.1.4 Integration von CNS

Mit der künftigen umfassenden Verwendung von Satellitennavigationssystemen läßt sich auch die Integration der drei Hauptfunktionen des Luftverkehrs erreichen. Das sind Kommunikation (Communication), Navigation (Navigation) und Flugsicherungskontrolle (Surveillance), zusammengefaßt mit CNS bezeichnet [7.3]. Zur Zeit werden die drei Funktionen getrennt ausgeführt. Das künftige Luftverkehrsmanagement beruht auf der Koordinierung und Integration der einzelnen Flugabschnitte vom Start bis zur Landung. Die einzelnen Phasen sind:

- Rollführung bis zum Startpunkt
- Starten und Steigflug
- Streckenflug
- Sinkflug
- Landeanflug und Landung
- Rollführung bis zum Flugsteig

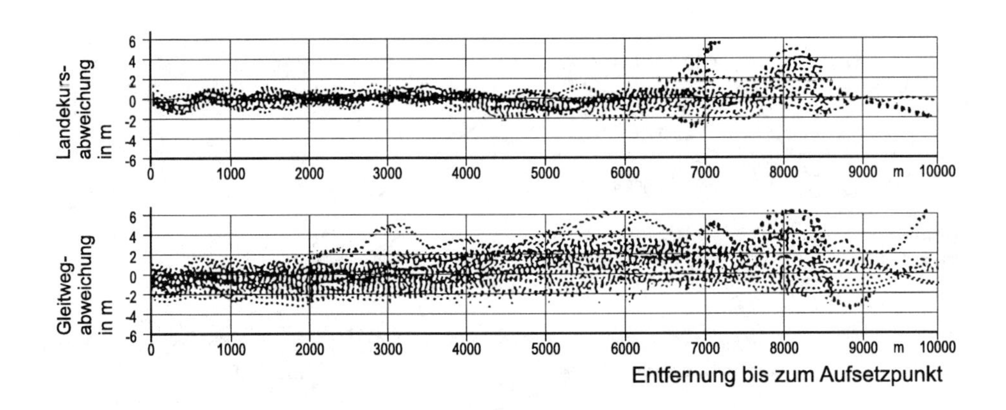

Bild 7.4 Abweichungen vom Landekurs und vom Gleitweg beim Landeanflug mit einem Versuchssystem nach Bild 7.3 [7.15; 7.16]

Alle diese Phasen lassen sich mit Hilfe von GPS unterstützen und auch besser lösen als mit den bisherigen Methoden.

Die exakte Kontrolle der Maßnahmen erfolgt mit dem automatischen Übersichtssystem *Automated Dependent Surveillance System* (Abkürzung ADS) [7.14]. Dieses System umfaßt folgende Einrichtungen:

- Am Boden:
  DGPS-Referenzstation mit VHF-Sender zur Übertragung der Korrekturdaten

- An Bord:
  - GPS-Empfänger mit Prozessor
  - GLONASS-Empfänger mit Prozessor
  - VHF-Empfänger zum Empfang der Korrekturdaten
  - Inertial-Navigationssystem (INS)
  - Sende-/Empfangsgerät für die Kommunikation.

Aus **Bild 7.5** ist das Prinzip einer technischen Lösung eines integrierten Systems CNS zu ersehen [7.15].

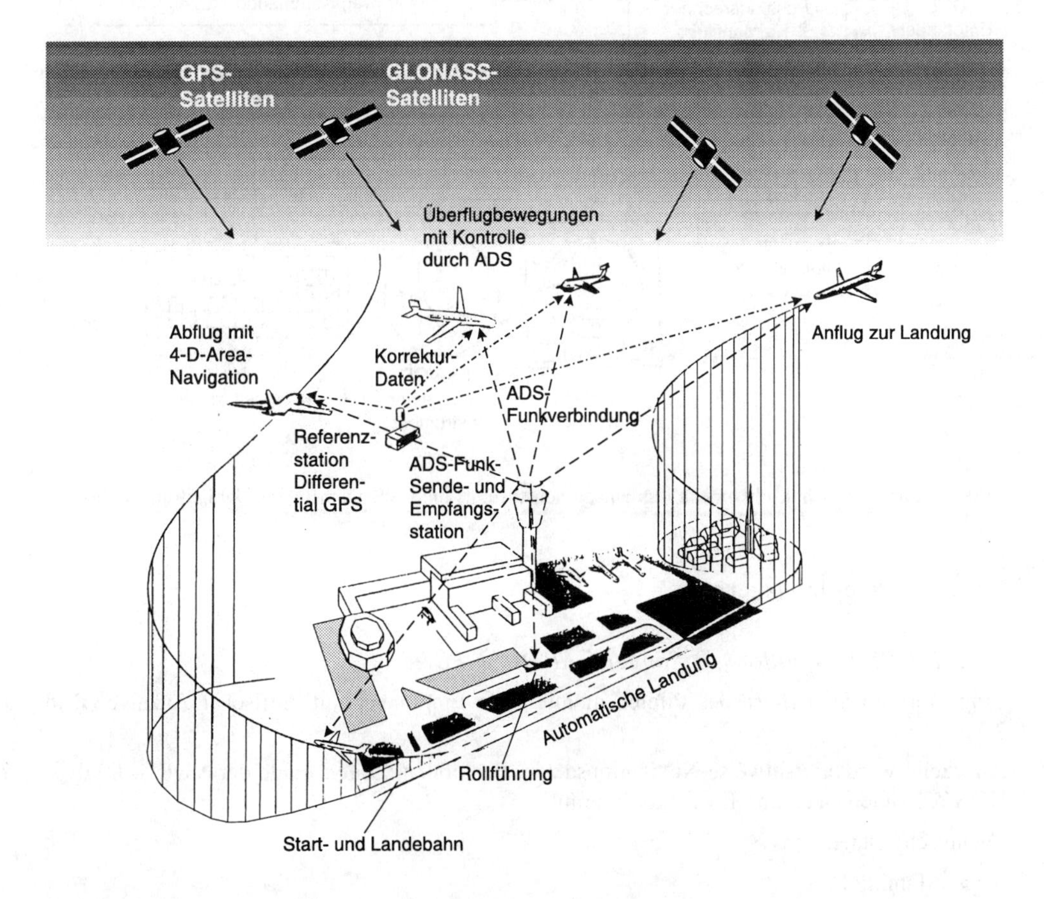

Bild 7.5 Konzeption eines integrierten Systems für CNS unter Einbeziehung von GPS

Alle bordseitigen Navigationsfunktionen werden im Flugmanagementsystem (FMS) zusammengefaßt. Aus **Bild 7.6** geht der Aufbau und der Informationsfluß eines FMS hervor, in dem GPS das primäre Navigationssystem einschließlich DGPS ist. Als sekundäres Navigationssystem ist ein Inertialsystem (INS) vorgesehen.

Folgende Informationen, die von den Navigationssensoren geliefert werden, sind die Parameter für die Berechnungen: GPS-Position (Koordinaten), DGPS-Korrekturdaten, Koordinaten des

Inertial-Navigationssystems (INS) und Flughöhe. Mit Hilfe der Kalman-Filterung wird die Position des Luftfahrzeuges berechnet. Nach Eingabe der Grenzkoordinaten und Pilotkommandos werden die Flugführungsdaten bestimmt, die dem Autopiloten zugeführt und gleichzeitig angezeigt werden.

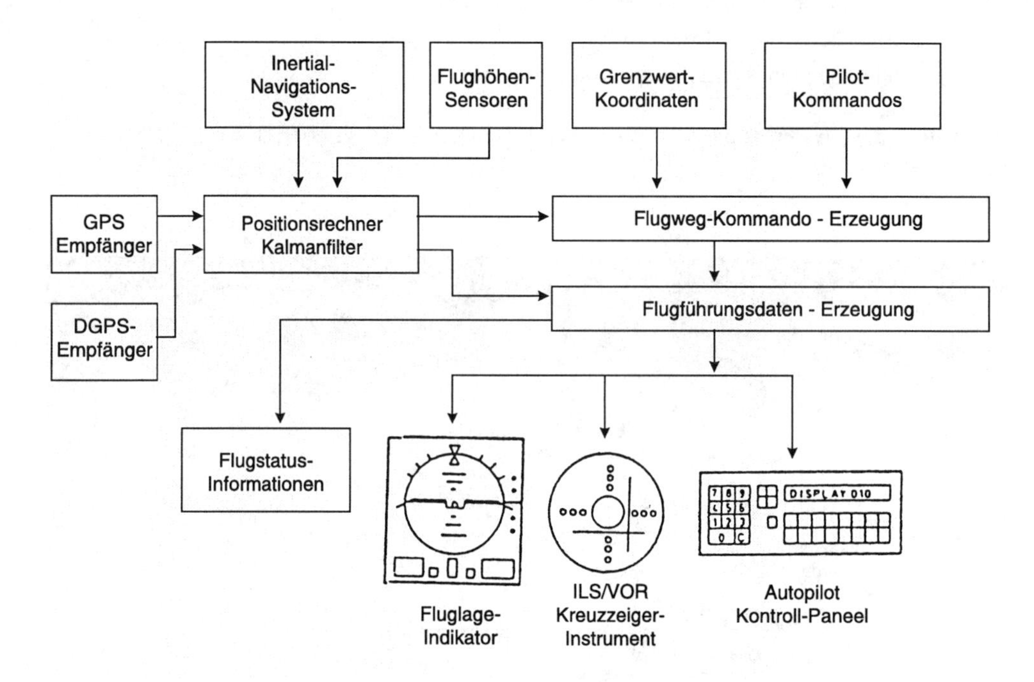

Bild 7.6 Funktionsschaltbild eines Flugmanagementsystems mit GPS als primäres Navigationssystem

7.1.5 Bordempfangsgeräte

7.1.5.1 GPS-Navigationsempfänger GARMIN GPS 95

Tragbarer, am Steuerhorn des Piloten montierbarer Empfänger mit grafischer Anzeige (**Bild 7.7**).

Angezeigt werden wahlweise Navigationsdaten, Positionen, Zeiten, Lage der VOR´s, DME´s, NDB´s, Landebahnen und Kartenkonfiguration.

Technische Daten

- Funktion

Empfangssignal	Sechs Kanäle L 1 – Frequenz, C/A-Code kontinuierlicher Empfang aller sichtbaren GPS-Satelliten
Erfassungszeiten	
Kaltstart	ca. 2 Minuten
Warmstart	ca. 15 Sekunden
Automatische Positionsbestimmung	ca. 7,5 Minuten
Wiederholrate	1/Sekunde

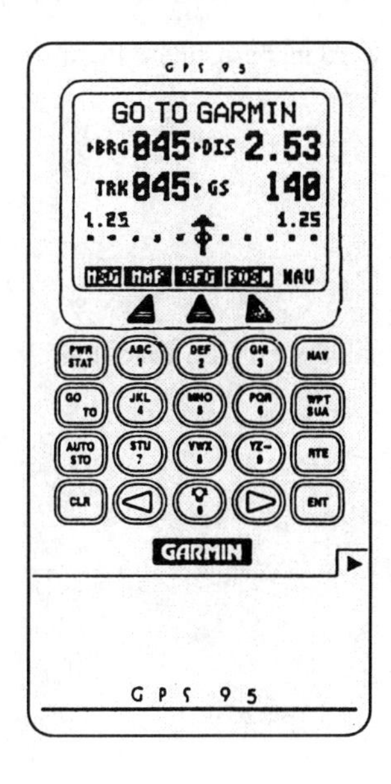

Bild 7.7
GPS-Handgerät GARMIN 95

- Speicher

Wegpunkte	500 alphanumerische Angaben
Flugpläne	20 mit je 30 Wegpunkten
Kartenreferenzpunkte	102

- Genauigkeit bei W = 95%

Positionsfehler	
ohne SA	20 m
mit SA	≤ 100 m
Geschwindigkeitsfehler	0,1 km/h

- Datenbank — Jeppesen, weltweite Navigationsdatenbasis

Flugplätze	Ort, Koordinaten, Kennung, Landebahnen
VOR	Ort, Koordinaten, Kennung, Frequenzen
NDB	Ort, Koordinaten, Kennung, Frequenzen
Sprechfunkfrequenzen	ATC, Turm, Rollen
Kartenreferenzpunkte	102

- konstruktive Ausführung

Anzeige	LCD-Punktmatrix
Abmessungen	81 mm x 163 mm x 38 mm
Gewicht mit Batterie	0,55 kg
Antenne	– ansteckbare, kurze zylinderförmige Antenne – über Kabel verbundene abgesetzte Antenne

7.1.5.2 GPS-Bordnavigationsempfänger Trimble 2000 Approach Plus

Der Bordnavigationsempfänger (**Bild 7.8**) ist bestimmt für die Navigation unter Instrumentenflugregeln (IFR) beim Streckenflug, im Flughafenbereich und zum Landeanflug. Hauptbestandteil ist der 12-Kanal-Empfänger, dessen Konzeption u.a. eine weitgehende Unterdrückung von Störungen und Interferenzen gewährleistet. Im Empfänger werden berechnet: Position, Kurs, Geschwindigkeit über Grund, Entfernung und Ankunftszeit.

Technische Daten

- Funktion

Empfangssignal	12 Kanäle L 1- Frequenz, C/A-Code kontinuierlicher Empfang aller sichtbaren GPS-Satelliten
Erfassungszeit	1,5 – 3,5 Minuten
Wiederholrate	5/Sekunde

- Speicher

Wegpunkte	250
Flugpläne	40 mit je 40 Wegpunkten

- Genauigkeit bei W = 95 %

Positionsfehler	
Horizontalebene	
ohne SA	15 m
mit SA	≤ 100 m
Vertikalebene	35 m
Geschwindigkeitsfehler	0,1 km/h
Zeitfehler	nächste Sekunde zu UTC

- Datenbank — Jeppesen, weltweite Navigationsdatenbasis

- konstruktive Ausführung

Anzeige	LED, zwei Linien mit 20 Symbolen,
Antenne	über Kabel verbundene, abgesetzte flache Microstrip-antenne mit integriertem Vorverstärker, Rundcharakteristik
Abmessungen	159 mm x 274 mm x 51 mm
Gewicht	0,9 kg

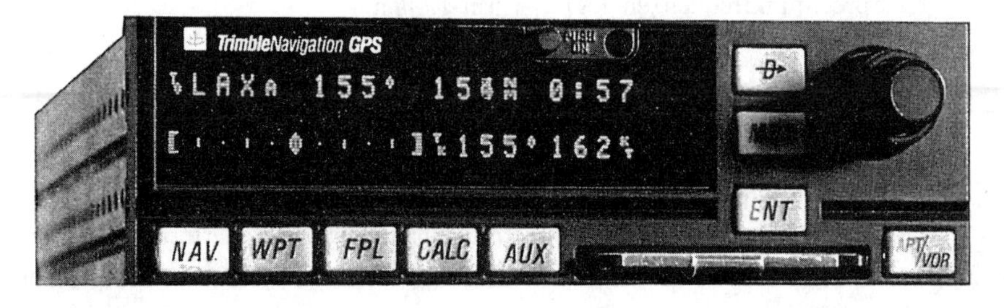

Bild 7.8 GPS-Bordnavigationsempfänger Trimble 2000 Approach Plus (Foto: Trimble Navigation Deutschland GmbH)

Trimble 2101 Approach Plus

Dieser Empfänger entspricht weitgehend dem Trimble 2000 Approach Plus, führt jedoch zusätzlich die Funktion RAIM aus. Kontinuierlich wird dazu die Genauigkeit der aus den empfangenen GPS-Signalen ermittelten Position überprüft. Er führt eine Vorhersage der Integritätsprüfung für den Zeitpunkt der Landung durch.

7.1.5.3 GPS-Empfängerantennen

In der Praxis werden flache Microstrip-Antennen und zylinderförmige Antennen benutzt (siehe auch Abschn. 1.9; Bild 1.32).

Flache Microstrip-Antenne

Das Antennenelement (Erreger) weist eine flache Struktur auf und ist in Microstriptechnik auf einem Keramik- oder Kunststoff-Dielektrikum aufgebracht. Das Antennenelement ist meist eine kreisförmige oder leicht strukturierte metallische kleine Platte, deren Abmessungen in der Größenordnung von Zentimetern liegen. Die kleine Platte wird als Patch (übersetzt *Fleck*) bezeichnet. Das verwendete Material ist temperaturstabilisiert, so daß sich die Resonanzfrequenz in Abhängigkeit der Temperatur nicht ändert. Zum Schutz gegen Umwelteinflüsse hat die Antenne eine Schutzkappe.

Das **Bild 7.9** zeigt Form und Abmessungen einer derartigen Antenne sowie ihre Empfangscharakteristik in der Vertikalebene. In der Horizontalebene ist die Charakteristik ein Kreis. Die Antenne ist für rechtsdrehend zirkular polarisierte Wellen, wie sie bei GPS benutzt werden, dimensioniert. Unterhalb der Horizontalebene weist die Antenne eine aufgefiederte Charakteristik auf, deren Pegel etwa 30 dB unter dem Maximalwert liegt. In Luftfahrzeugen werden grundsätzlich Flachantennen eingesetzt, weil sie an der Oberfläche der Außenhaut montiert werden müssen und nur einen geringen Windwiderstand aufweisen dürfen.

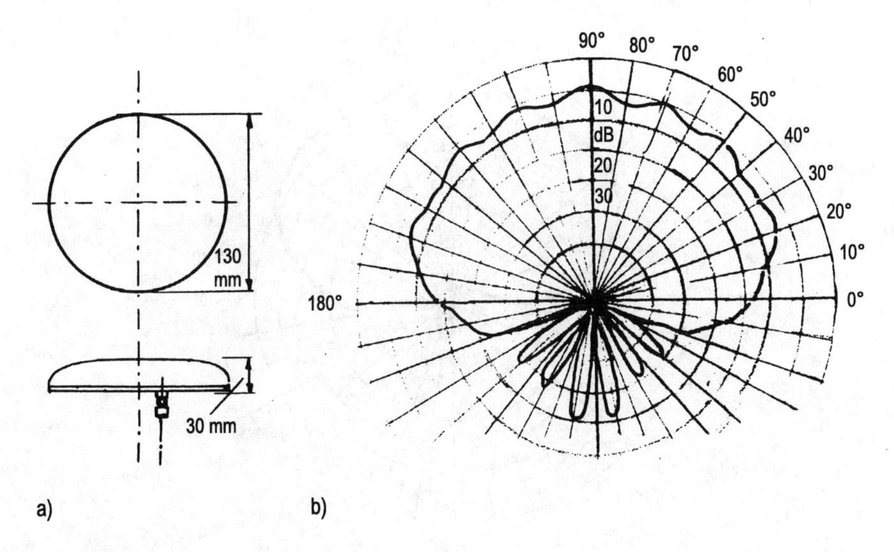

Bild 7.9 GPS-Microstrip-Antenne
a) Abmessungen b) Empfangscharakteristik in der Vertikalebene
Pegel bezogen auf isotropen Strahler bei zirkularer Polarisation

Helixantenne

Das Antennenelement ist eine zylinderförmige symmetrische doppelte Wendel (Helix), deren Abmessungen in der Größenordnung einer Wellenlänge liegen, das sind für den Empfang des GPS-Trägers L1 etwa 20 cm. Zur Verhinderung des unerwünschten Empfangs von Wellen, die durch Mehrwegeausbreitung meist unter einem kleinen Erhebungswinkel an der Antenne eintreffen, ist die Grundplatte von konzentrischen Metallringen umgeben. Durch diesen sogenannten *Choke-Ring* ist die Empfangscharakteristik unterhalb der Horizontalebene verbessert, indem die Pegel um etwa 10 dB niedriger sind. Zum Schutz gegen Niederschläge sind Helix und Choke-Ring durch eine Kunststoffkappe abgedeckt. Das **Bild 7.10** zeigt Form und Abmessungen der gesamten Antenne und die dazugehörige Empfangscharakteristik.

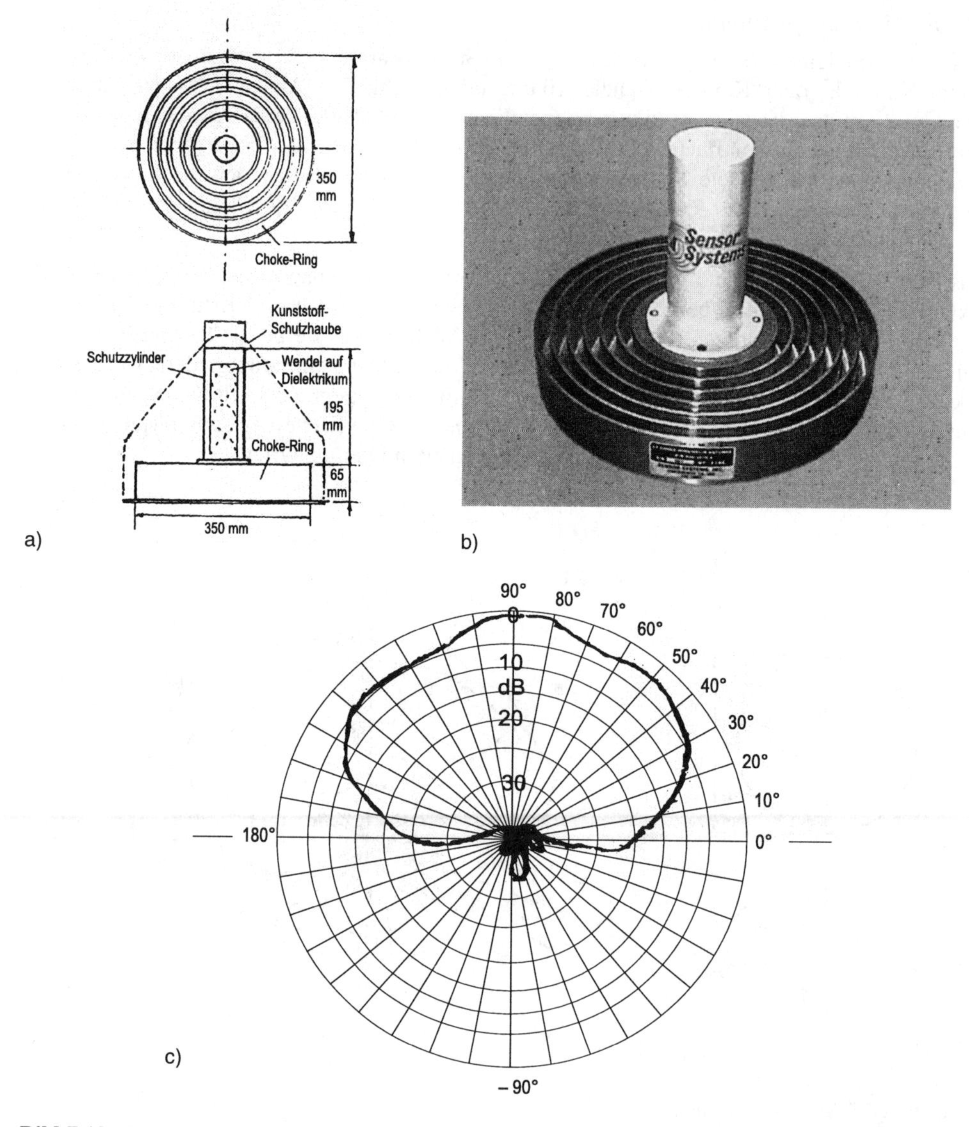

Bild 7.10 GPS-Helix-Antenne mit Choke-Ring
a) Abmessungen b) Ansicht c) Empfangscharakteristik in der Vertikalebene

Helixantennen finden in stationären Anlagen auf Schiffen und in Landfahrzeugen Anwendung. Häufig sind die Antennen konstruktiv mit einem Vorverstärker verbunden, dessen Verstärkungsgrad 25 bis 40 dB beträgt.

Microstrip-Antenne mit Choke-Ring

Der Choke-Ring findet auch bei Microstrip- und Patch-Antennen Anwendung. Nachteilig ist der größere Durchmesser der gesamten Antenne, der durch den Choke-Ring mehr als doppelt so groß ist (**Bild 7.11**).

7.1.6 Markt

Bei der Betrachtung der Verwendung von GPS in der zivilen Luftfahrt ist auch das Marktvolumen von Interesse. Nach den Angaben der FAA der USA [3.41; 7.5] gab es 1990 weltweit 280 000 Flugzeuge der allgemeinen zivilen Luftfahrt und etwa 13 000 Luftfahrzeuge des kommerziellen Linien- und Charterverkehrs. Alle diese Luftfahrzeuge sind Objekte für die Ausrüstung mit GPS-Bordempfangsanlagen.

Bild 7.11
GPS-Microstrip-Antenne mit Choke-Ring
(Foto: MAN-Technologie AG)

7.2 GPS-Anwendung in der Seefahrt

7.2.1 Einsatzbedingungen

Die Zahlenwerte der wichtigsten navigatorischen Anforderungen in der Seefahrt bzw. der allgemeinen Schiffahrt sind in der **Tabelle 7.5** zusammengestellt. Die für die Navigation auf See geltenden Werte werden im Mittel von GPS und GLONASS erfüllt. Die erzielbare Navigationsgenauigkeit ist in jedem Fall besser als die mit den bisher benutzten Funkortungssystemen DECCA, LORAN und OMEGA [1.12]. Außerdem hat GPS gleichbleibende und im Prinzip von Ort und Zeit unabhängige Genauigkeiten. Deshalb wird GPS international bereits seit einigen Jahren auf See als primäres Navigationssystem benutzt [7.1; 7.12; 7.17; 7.23].

Tabelle 7.5 Anforderungen an die Genauigkeit und Verfügbarkeit in der Schiffahrt [7.1]

	Position m	Geschwindigkeit Knoten	Kurs Grad	Verfügbarkeit zeitlich %	Verfügbarkeit räumlich
Navigation					
Hohe See	10 – 100	0,1	0,5	99	global
Küste	10	0,1	0,5	99	global
Revier	1 – 3	0,1	0,1 – 0,5	99,9	regional
Hafen*)	0,1 – 1,0	0,01 – 0,1	0,1 – 0,5	99,9	lokal
Suchen- und Rettung	100	0,1	1,0	99	global

*) zur Zeit nur visuell erfüllbar

Als sekundäres Navigationssystem steht über einem großen Teil der Erdoberfläche LORAN-C zur Verfügung, das nach den internationalen Radio-Navigationsfunkfrequenzplänen in den kommenden Jahren weiter ausgebaut werden soll. Im Küstenbereich und im Revier wird GPS in zunehmenden Maße benutzt, da in vielen Ländern an ihren Küsten die notwendigen DGPS-Referenzstationen errichtet worden sind (siehe Kapital 4, Abschnitt 4.1.4). Innerhalb einer Fläche rund um die Referenzstation mit einem Radius von 150 km kann die Schiffahrt mit einer Genauigkeit besser als 5 m navigieren. Damit sind u.a. die Forderungen der Küstenfischerei erfüllt. Die hohe geforderte Navigationsgenauigkeit im Hafenbereich ist jedoch auch mit DGPS-Referenzstationen nicht zu erreichen. Es bleibt deshalb bis auf weiteres bei der visuellen Methode.

Für Such- und Rettungsaufgaben ergeben sich durch Verwendung von GPS erhebliche Vorteile, dazu gehören: Schnelle und genaue Beschreibung des Unfallortes sowie die Beweglichkeit des GPS-Empfängers durch Benutzung eines Handapparates (siehe Abschnitt 7.1.5.1). Von Vorteil ist auch dabei das einheitliche Koordinatensystem für alle an der betreffenden Aktion beteiligten Stellen.

Die Navigation in Binnengewässern und auf Kanälen ist mit GPS nur möglich, wenn DGPS-Referenzstationen zur Verfügung stehen.

7.2.2 Bordempfangsgeräte

7.2.2.1 Shipmate RS 5400 und Shipmate RS 5800

Die **Bilder 7.12. und 7.13** zeigen zwei für die Seefahrt und für die allgemeine Schiffahrt bestimmte GPS-Empfänger. Sie können auch für die Navigation auf dem Lande eingesetzt werden. In **Bild 7.14** sind vier Beispiele der Anzeige von Navigationsinformationen wiedergegeben.

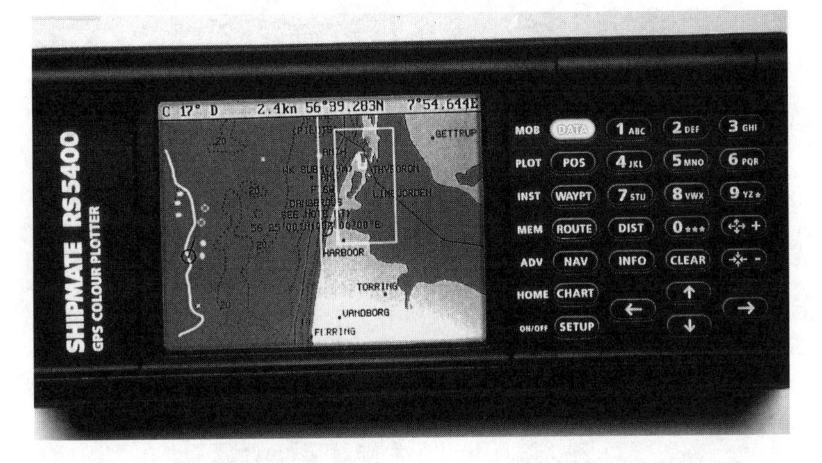

Bild 7.12 GPS-Navigationsempfänger mit elektronischem Kartenplotter Shipmate RS 5400 (Foto: SIMRAD GmbH & Co. Emden)

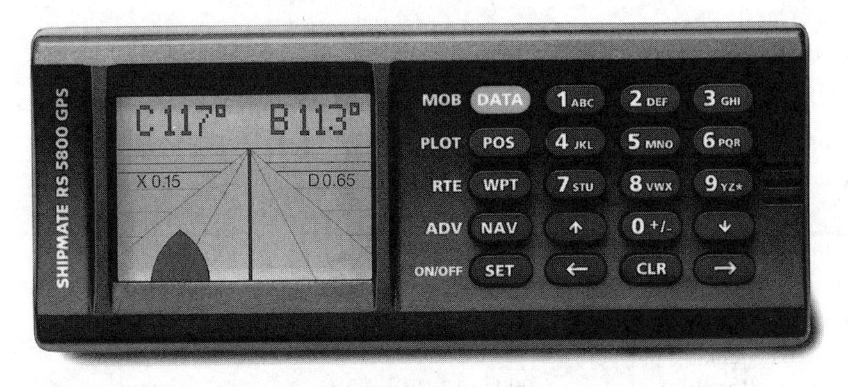

Bild 7.13 GPS-Navigationsempfänger Shipmate RS 5800 (Foto: SIMRAD GmbH & Co. Emden)

a 57°02.849N
9°56.588E
Kurs 039°
Speed 0.3kn
Log 37.2nm
Zeit 19 OKT 21:16:28

Anzeige von Position, Kurs und Geschwindigkeit, Orts- oder UTC-Zeit sowie Genauigkeit der Positionsinformation.

C117° V 8.5
B113° N 73°
WP2 D 21.8
A TTG 2:34

Navigations-Display mit Informationen über Kurs und Peilung, Wegpunkt-Nr. und Geschwindigkeit zum Wegpunkt sowie Entfernung und Fahrzeit, Positionsgenauigkeits-Anzeige und Peilung zum nächsten Wegpunkt.

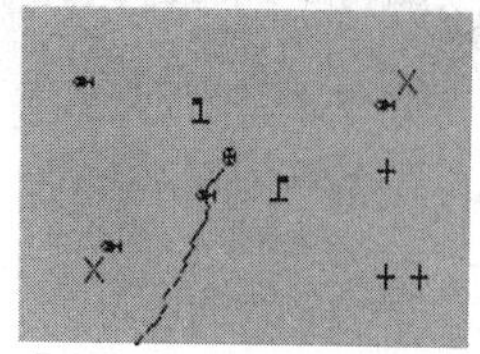

Grafik-Display mit Markierungen, Wegpunkten, Schiffssymbolen und gefahrenem Kurs.

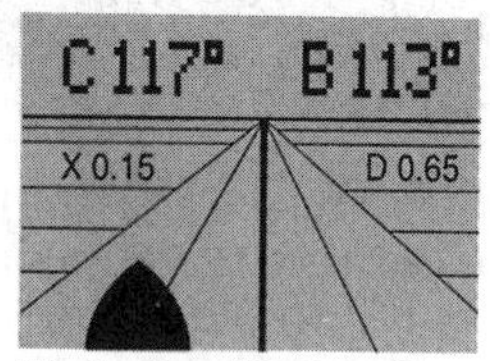

Navigations-Display mit Informationen über Kurs und Peilung zum nächsten Wegpunkt, und deutlicher, grafischer Anzeige des gefahrenen Kurses.

Bild 7.14 Vier Beispiele der Anzeige von Navigationsinformationen für Bild 7.13

Technische Daten, gültig für beide Geräte

- Funktion

Empfangskanäle	5 Kanäle L1-Frequenz C/A-Code
Filter	5-stufiges Kalman-Filter

- Speicher

Wegpunkte	
RS 5400	999 je 12 Buchstaben
RS 5800	580 je 12 Buchstaben
Fahrtrouten	30

- Genauigkeit

Positionsfehler	8 m bei W = 68 % und abgeschalteter SA 15 m bei W = 95 % und abgeschalteter SA

- Differential-GPS — mit zusätzlichem Empfänger
- Konstruktive Ausführung

Anzeige	LCD, 62 mm x 44 mm
Antenne	Qudrafilar Helix
Abmessungen und Gewicht	
RS 5400	130 mm x 290 mm x 83 mm 2 kg
RS 5800	79 mm x 192 mm x 115 mm 1,5 kg

7.2.2.2 GPS/GLONASS-Navigationsempfänger MAN NR – N 124

Höhere Verfügbarkeit, verbesserte Integrität, höhere grundsätzliche Genauigkeit und im Durchschnitt kleinere DOP-Faktoren sind bei Navigationsanlagen zu erzielen, deren Empfänger die Signale der beiden voneinander unabhängigen Systeme GPS und GLONASS empfangen und verarbeiten.

Die als Beispiel hier angeführte Anlage NR – N 124 empfängt und verarbeitet aus beiden Systemen je 12 Kanäle (**Bild 7.15**) [7.8].

Es gibt bei diesem Gerät drei Betriebsmoden, die wahlweise benutzt werden können:

- Empfangen und Verarbeiten nur der GPS-Signale
- Empfangen und Verarbeiten nur der GLONASS-Signale
- Empfangen und Verarbeiten der GPS- plus der GLONASS-Signale.

In allen drei Betriebsmoden werden jeweils die Signale der Satelliten ausgewertet, die mit ihrer günstigsten Konstellation den kleinsten DOP-Faktor ergeben. Bei der Betriebsmode GPS plus GLONASS werden die Signale der beiden verschiedenen Systeme bis zur Gewinnung der Pseudoentfernungen getrennt ausgewertet, danach jedoch gemeinsam verarbeitet. Dadurch lassen sich aus der Vielzahl der verfügbaren Daten jeweils optimale Positionswerte gewinnen, die insgesamt einen geringeren Fehler aufweisen. Bei Verwendung der Korrekturdaten einer DGPS-Referenzstation lassen sich Positionen mit einer Wahrscheinlich von 95 % auf 90 cm genau bestimmen.

Bild 7.15 GPS/GLONASS-Navigationsempfänger MAN NR – R 124
(Foto: MAN Technologie A.G.)

Zur Prüfung der Integrität benutzt das Empfangsgerät die Informationen des Almanachs und verwendet einen RAIM-Algorithmus, um festzustellen, ob die von den Satelliten gelieferten Signale fehlerfrei sind. Wenn einer der empfangenen Satelliten fehlerhafte Daten liefert, gestört wird oder ganz ausgefallen ist, verwendet das Gerät automatisch einen anderen, korrekt arbeitenden Satelliten.

Technische Daten

- Funktion

Empfangssignale	24 parallele Kanäle bei kontinuierlicher Spurverfolgung 12 GPS-Kanäle L1-Frequenz, C/A-Code 12 GLONASS-Kanäle L1-Frequenz, C/A-Code
Erfassungszeit	
Kaltstart	40 s
Warmstart	20 s
Wiedererfassung	2 s
Wiederholrate	5/s

- Differential-GPS — mit zusätzlichem Empfänger
- DGPS-Korrekturdaten — RTCM SC - 104
- Speicher

Wegpunkte	1500 mit je 20 Buchstaben
Fahrtroute	100 mit maximal 1500 Wegpunkten

- Genauigkeit bei W = 95 %

Positionsfehler	
nur GPS	100 m
nur GLONASS	25 m
GPS plus GLONASS	15 m
Differential-Betrieb	0,9 m

- Software — Module für Realzeit und Off-Line

7.2.3 Markt

Weltweit gibt es 46 Millionen Schiffe, davon sind 98 % nichtkommerzielle Schiffe. Zu den Küsten- und Binnengewässerschiffen zählen etwa 1 Million Schiffe. Etwa 80000 sind international registrierte Handelsschiffe, die dem Güter- und Personentransport dienen, darunter 6200 Öltanker. Es ist anzunehmen, daß der überwiegende Teil der Schiffe in den nächsten Jahren sich mit GPS oder GLONASS bzw. GNSS ausrüsten wird. Dieser Ausrüstung entspricht ein Betrag von etwa 20 Milliarden US-Dollar für die kommenden Jahre bis 2005 [3.26].

7.3 GPS-Anwendungen im Landverkehr

7.3.1 Einsatzbedingungen

Bei der Anwendung von GPS zur Navigation in der Luft- und Seefahrt wird gegenüber früher zwar ein neues System benutzt, aber die Aufgabe des Systems bleibt die gleiche. Ganz anders liegen die Verhältnisse bei der Verwendung von GPS im Landverkehr, insbesondere im Verkehr von Kraftfahrzeugen auf Straßen und Autobahnen. Die Navigation mit technischen Hilfsmitteln war bisher im Straßenverkehr nicht üblich. Ihre jetzige Anwendung ergibt sich aus den zunehmenden Schwierigkeiten zur Gewährleistung eines flüssigen Verkehrs.

Die Notwendigkeit einer Navigation im Straßenverkehr hat auch ökonomische Gründe. In einer 1997 in den USA angefertigten Studie wurde ermittelt, daß etwa 7 % der mit Kraftfahrzeugen zurückgelegten Strecken auf Grund mangelnder Navigationsinformationen vergeblich gefahren worden sind. Dadurch entstand ein Kraftstoffmehrverbrauch von 12 %. Pro Jahr ergibt das Kosten von etwa 14 Milliarden US-Dollar [7.6]. Nach der Studie könnte der größte Teil dieser Kosten eingespart werden, wenn dem Kraftfahrzeugführer Navigationsinformationen zur Verfügung gestellt werden würden.

Die Navigation läßt sich technisch und ökonomisch am günstigsten mit der Verwendung von Satellitenortungssystemen lösen, beispielsweise mit GPS oder GLONASS. Das ist nicht nur theoretisch gezeigt, sondern auch in der Praxis bewiesen worden [7.6; 7.7; 7.14].

Auch im Schienenverkehr, der im Prinzip zum Landverkehr gehört, kann mit dem Einsatz eines Satellitennavigationssystems der Verkehrsablauf erheblich verbessert werden. Durch die kontinuierliche Bestimmung der jeweiligen momentanen Standorte der Schienenfahrzeuge bzw. der Züge läßt sich bei Gewährleistung einer hohen Sicherheit der Schienenverkehr leistungsfähiger gestalten. Dabei dürften die Kosten für den technischen Aufwand über einen großen Zeitraum erheblich geringer sein als bei der konventionellen Technik.

7.3.2 Aufgabenstellung und Lösungen für den Straßenverkehr

Auf Grund unterschiedlicher spezieller Aufgabenstellungen gibt es im Prinzip drei verschiedene technische Lösungen:

- Führung des Fahrzeuges vom Start bis zu einem gewünschten Zielort auf dem günstigsten Weg. Diese Aufgabe wird von einem *Zielführungssystem* gelöst.
- Kontrolle des Fahrweges mit kontinuierlicher Bestimmung des momentanen Standortes. Diese Aufgabe wird als Spurverfolgung (tracking) bezeichnet. Sie findet Anwendung in den *Positionsmeldesystemen* (position reporting, location monitoring) des Transportunternehmermanagements.
- Leitung und Überwachung einer größeren Anzahl von Fahrzeugen über kleinere und mittlere Entfernungen mit einem *Verkehrsleitsystem*, auch *Betriebsleitsystem* genannt. Bisher wurden solche Systeme bevorzugt in Großstädten zur Leitung des öffentlichen Personennahverkehrs (ÖPNV) eingerichtet. Dabei gibt es unterschiedliche Konzeptionen, die sich u.a. durch Art und Anzahl der einbezogenen Fahrzeuge, das sind Omnibusse, Straßenbahn, S-Bahn und U-Bahn, unterscheiden [7.24].

Zielführungssysteme, Positionsmeldesysteme und Verkehrsleitsysteme sind wesentliche Subsysteme der *Intelligenten Autostraßensysteme* (intelligent vehicle highway systems, Abkürzung IVHS) [7.11].

7.3.2.1 Zielführungssysteme

Das Wirkungsprinzip geht aus **Bild 7.16** hervor. Die Zielführung erfolgt auf Grund von kontinuierlichen Positionsbestimmungen und deren Vergleich mit einer gespeicherten digitalen Straßenkarte. Die Positionsbestimmung besorgt ein bordautonomes System, das nach dem Koppelverfahren arbeitet. Mit dem Radsensor wird aus Radumdrehung und Radumfang der zurückgelegte Weg berechnet. Die Fahrtrichtung liefert ein Kompaß. Aus Weg und Richtung ergibt sich bei bekannten Koordinaten des Startortes der auf der Fahrt jeweils erreichte Ort. Zur

Bestimmung der Koordinaten des Startortes und zur Korrektur des mit der Länge der zurückgelegten Fahrstrecke zunehmenden Positionsfehlers wird ein GPS-Empfänger eingesetzt. Zur Erzielung einer hohen Genauigkeit, die beispielsweise in Stadtgebieten erforderlich ist, muß das Differentialverfahren benutzt werden. Das erfordert einen zusätzlichen Empfänger im Fahrzeug zum Empfang der Korrekturdaten der DGPS-Referenzstation. Je nach Übertragungsart der Korrektur kann das ein UKW-Rundfunkempfänger oder ein Mobilfunkgerät sein. Die Effektivität eines Zielführungssystems hängt in hohem Maße von der digitalen Straßenkarte des CD-ROM ab. Für eine wünschenswerte Kommunikation ist die Sprechfunkverbindung eines Mobilfunknetzes am geeignetsten.

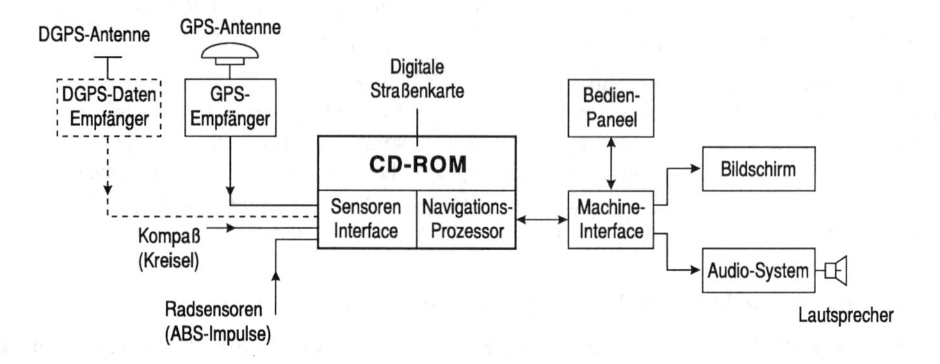

Bild 7.16 Funktionsschema eines Zielführungssystems

Aus **Bild 7.17** sind die Bestandteile eines Zielführungssystems und ihre Anordnung in einem Kraftfahrzeug zu ersehen. Das **Bild 7.18** zeigt das Display für den Kraftfahrer, auf dem im Pictogramm die Fahranweisungen angezeigt werden. Parallel dazu werden die Anweisungen in Sprache über Lautsprecher erteilt.

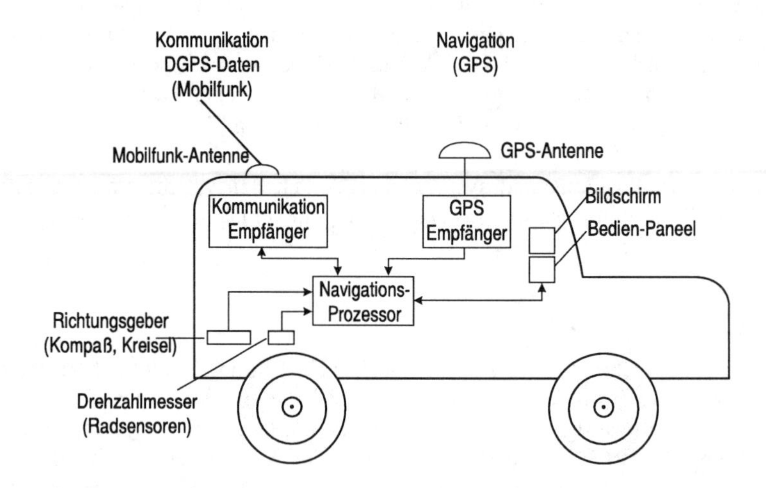

Bild 7.17 Zielführungssystem für Kraftfahrzeuge

Bild 7.18
Display eines Zielführungssystems im Kraftfahrzeug (Foto: Philips Car Systems)

7.3.2.2 Positionsmeldesysteme

Bei den Positionsmeldesystemen beruht die ermittelte Position ausschließlich auf Messungen mit GPS. Der bei GPS mit aktivierter SA auftretende maximale Fehler von 100 m bei W = 95 % ist für die benötigte Positionsmeldung noch erträglich. Das Funktionsschema eines Positionsmeldesystems geht aus **Bild 7.19** hervor.

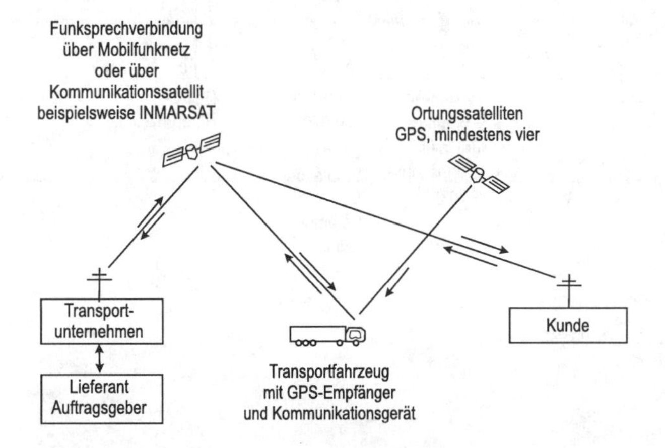

Bild 7.19
Funktionsschema eines Positionsmeldesystems

Für die Kommunikation wird bevorzugt eines der vorhandenen Mobilfunknetze benutzt. Bei größeren Entfernungen, die bei speziellen Positionsmeldesystemen vorkommen, erfolgt die Kommunikation im Rahmen der INMARSAT-Fernsprechdienste. Das erfordert zusätzlich ein entsprechendes Funksende-/Empfangsgerät. Anwendung finden derartige Systeme u.a. bei folgenden Diensten:

- Transport- und Reisebusunternehmen mit Kraftfahrzeugflotten
- Einzelne Fahrzeuge bei notwendiger ständiger Standortkontrolle, beispielsweise bei Gefahrguttransporten
- medizinische Ambulanz
- Feuerwehr
- Sicherheitsdienste

Ein Beispiel eines Positionsmeldesystems ist EUROTRACS (siehe Abschnitt 2.5).

7.3.2.3 Verkehrsleitsysteme

Die Konzeption eines lokalen oder regionalen Verkehrsleitsystems geht aus **Bild 7.20** hervor. Objekte des Systems sind Omnibusse und Straßenbahnen einer Stadt bzw. Region Die Fahrzeuge bestimmen ihrerseits ihre momentane Position aus dem Empfang der GPS-Satellitensignale und der DGPS-Korrektursignale. Die Positionsgenauigkeit liegt bei etwa ± 2 m. Die Fahrzeuge übermitteln ihre Position an die nächsten Haltestellen und an die Verkehrsleitzentrale. An den Haltestellen steht ein Pult mit einem Display, auf dem Ankunftszeiten und Verkehrszustandsberichte abzulesen sind. Zwischen der Verkehrsleitzentrale und den Fahrzeugen besteht eine Funksprechverbindung zur verkehrsrelevanten Kommunikation [7.24].

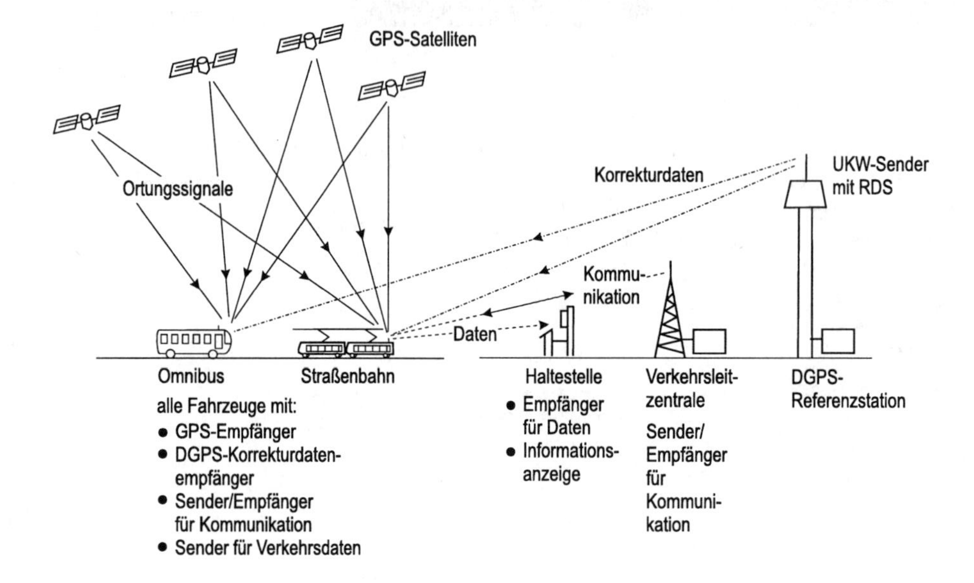

Bild 7.20 Funktionsschema eines Verkehrsleitsystems

7.3.3 Markt

Die Einführung von GPS und GLONASS bzw. GNSS in der Luft- und Seefahrt ist entsprechend der Verkehrsentwicklung und den sich daraus ergebenden internationalen Empfehlungen zwingend. Daher lassen sich auch fundierte Zahlen zur Marktsituation angeben. Anders liegen die Verhältnisse bei der Anwendung von GPS im Landverkehr. Abgesehen von den Verkehrsleitsystemen besteht für eine umfassende Einführung von Zielführungssystemen keine unmittelbare Notwendigkeit. Hier entscheidet letztlich die Akzeptanz durch die potentiellen Nutzer, die Erfahrungen mit dem System und der Preis für die Anlage im Kraftfahrzeug. In Japan haben relativ einfache Fahrzeugführungssysteme, deren Preis bei 300 US-Dollar liegt, einen großen Absatz gefunden. In Europa sind die Zielführungssysteme wesentlich leistungsfähiger und damit liegt auch der Preis höher. Der Absatz hält sich daher noch in engen Grenzen. Es ist deshalb schwierig, zur Marktsituation eine Prognose zu stellen.

7.4 Anwendung von GPS im Vermessungswesen

Die Anwendung von GPS im Vermessungswesen, vor allem in der Geodäsie, stellt eine Fortsetzung der Verwendung anderer Satellitensysteme in der Geodäsie, beispielsweise von TRANSIT, dar (siehe Kapital 2, Abschnitt 2.1). Die Anwendung von GPS ist daher nicht grundsätzlich neu, nur die erzielbare Genauigkeit ist höher, der Zeit- und Personalaufwand ist geringer und die Kosten sind insgesamt niedriger [3.35; 3.4; 3.44; 3.21].

7.4.1 Aufgabenbereiche für das Vermessungswesen mit Hilfe von GPS

Die Anwendung von GPS erfolgt sowohl in der höheren als auch in der niederen Geodäsie. Nachstehend sind die wesentlichsten Aufgabenbereiche zusammengestellt.

- Erdvermessung
  - Dimension des Erdellipsoids
  - Geoid als Höhenbezugsfläche
  - Verbindung nationaler Bezugssysteme mit einem globalen Datum
- Geodynamik
  - Erdkrustenbewegungen
  - Erdrotation und Polbewegungen
  - Gezeitenbeobachtungen
- Landesvermessung
  - Errichtung von Kontrollpunkten für Grundlagennetze
  - Verbesserung bestehender terrestrich bestimmter Netze
- Praktische Geodäsie
  - Kataster- und Flächenvermessungen
  - Paßpunkte für Photogrammetrie
  - Hydrographie
  - Kartenherstellung
- Ingenieurtechnische Vermessungen
  - Errichtung von Sondernetzen
  - Positionsbestimmung für geologische Erschließungen
  - Trassen- und Objektvermessungen
  - Bauwerksüberwachungen

7.4.2 Meßverfahren

Für die Aufgaben der höheren Geodäsie wurde bisher vor allem die *Very Long Baseline Interferometry* (Abkürzung VLBI) und das *Satellite Laser Ranging* (Abkürzung SLR) benutzt. Beide Methoden sind sehr genau. Von Nachteil sind die Abhängigkeit von der optischen Sicht, der hohe technische Aufwand und der Personalbedarf. Mit GPS und zwar in der erweiterten Betriebsweise des Differential-GPS, lassen sich mit gleichhoher und zum Teil mit höherer Genauigkeit alle Aufgaben bei ganz wesentlich geringeren Kosten und in kürzerer Zeit lösen. Außerdem sind die Arbeiten mit GPS nicht an die optische Sicht gebunden.

In der niederen Geodäsie wurden früher und werden zum Teil noch jetzt bei der Kleintriangulation, Polygonierung und Tachymetrie mechanische und optische Geräte verwendet. Die

Arbeiten erfordern viel Personal und Zeit. Mit der Satellitentechnik können die Arbeiten mit wenig Personal und in einem Bruchteil der Zeit durchgeführt werden.

Alle geodätischen Vermessungen beruhen auf der Bestimmung von Orten innerhalb von Bezugssystemen, die sich auf das international vereinbarte WGS 84 beziehen.

7.4.3 Referenzstationsnetz in der Bundesrepublik Deutschland

In der Bundesrepublik Deutschland stützt sich das satellitenbezogene Vermessungswesen auf das im Aufbau befindliche Referenzstationsnetz SAPOS (siehe Abschnitt 4.1.3). Dieses Service-System umfaßt vier Bereiche unterschiedlicher Leistungsfähigkeit. Sie werden im Folgenden kurz erläutert.

7.4.3.1 Echtzeit-Positions-Service (EPS)

Die Referenzstationen bestimmen mit Hilfe des GPS-Trägers L1 und dem C/A-Code kontinuierlich die eigene Position und errechnen daraus die Korrekturwerte. Die Korrekturdaten stehen dem Nutzer in Echtzeit in standardisierter Form zur Verfügung. Als Format dient der Standard RTCM SC-104, Version 2.0 (siehe Abschnitt 4.1.2).

Mit einem relativ geringen Geräteaufwand kann damit der Nutzer die mit GPS gemessenen GPS-Positionen auf 1 bis 3 m genau korrigieren.

Anwendungsgebiete im Vermessungswesen:

- Geoinformationssystem (GIS)
- Hydrographie
- Wasserwirtschaft
- Land- und Forstwirtschaft

7.4.3.2 Echtzeit-Positionierungsservice mit Zentimeter-Genauigkeit (HEPS)

Die Referenzstation bestimmt außer den Entfernungen wie bei EPS noch die Phasen der hochfrequenten Schwingungen des Trägers L1 und gegebenenfalls auch des Trägers L2. Aus den Meßwerten der Trägerphasen werden in der Referenzstation Korrekturwerte für die Trägerphasen berechnet und in Echtzeit über Rundfunksender oder andere Sender im Format RTCM SC-104 übertragen. Dem Nutzer stehen sie zur Korrektur zur Verfügung. Die erzielbare Genauigkeit liegt im Zentimeterbereich.

Anwendungsbeispiele im Vermessungswesen:

- Vermessungs- und Katasterwesen
- Bau- und Ingenieuraufgaben
- Luftbildtechnik
- Flurbereinigungs- und Bodenschätzungsaufgaben
- und wie bei EPS

7.4.3.3 Geodätischer Präziser Positionierungs-Service (GPPS)

Die Referenzstationen registrieren kontinuierlich die Signale der GPS-Satelliten und stellen sie für den Nutzer im RINEX (Receiver Independent Exchange)- Format bereit. Die Daten sind *near on-line* über Mobilfunk abrufbar. Für Postprocessing ist der Datenaustausch über Fernsprecher oder Datenträger möglich. Für die damit erzielbare Genauigkeit im Zentimeterbereich waren dafür bisher mehrere hochwertige GPS-Empfänger erforderlich. Bei SAPOS-GPPS genügt auf der Nutzerseite ein einziges Gerät.

Anwendungen:

- Grundlagenvermessungen
- Katastervermessungen
- und wie bei HEPS

Das **Bild 7.21** zeigt zwei typische geodätische GPS-Empfangsstationen. Die Kompaktstation (a) wird wahlweise für Postprocessing oder als Echtzeit-Referenzstation eingesetzt. Die modular aufgebaute Station (b), bestehend aus Antenne mit Positionierungsstab, GPS-Empfänger in Tasche oder Rucksack und Anzeige/Bedienteil, kann sowohl als bewegliche Station für den Echtzeitbetrieb als auch als Referenzstation eingesetzt werden. Die GPS-Empfänger sind entweder Einkanal- oder Zweikanal-Empfänger zum Empfang der Träger L1 und L2. Auszuwertende Signale sind der C/A-Code für die Bestimmung der Pseudoentfernung und die Trägerschwingungen zur Phasenmessung.

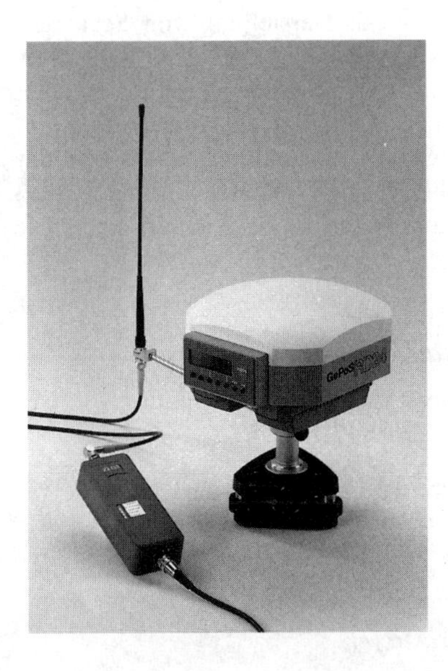

Bild 7.21 Geodätische GPS-Empfangsstationen (Foto: Carl Zeiss Jena)
a) Kompaktstation
b) Modular aufgebaute Station

7.4.3.4 Geodätischer Hochpräziser Positionierungs-Service (GHPS) für Postprocessing

Dem Nutzer stehen die kontinuierlichen Langzeitmeßergebnisse der Referenzstationen in standardisiertem Format RINEX zur Verfügung. Die Auswertung erfolgt im Postprocessing. Mit langen Meßzeiten lassen sich Genauigkeiten im Millimeterbereich erzielen.

Anwendung:

- spezielle Aufgaben der Grundlagenvermessung
- Referenzsysteme der Landesvermessung
- Wissenschaftliche Untersuchungen
- Geodynamische Beobachtungen
- Überwachungsaufgaben, beispielsweise Bauwerk- und Brückenüberwachungen

7.4.4 Kartographie

Die Kartographie umfaßt die Arbeiten zur Herstellung von Land- und Seekarten. Grundlagen für die Arbeiten sind die geodätischen Vermessungen und topographischen Erkundungen.

7.4.4.1 Verfahren zur Oberflächenvermessung

Für die speziellen Vermessungen wurden bisher in großem Umfang auch funktechnische Ortungssysteme benutzt, vor allem in schwerzugängigen Gebieten der Erde und in den Meeresgebieten.

Beispielsweise erfolgte in Europa die Vermessung zur Herstellung von Seekarten mit den Hyperbelortungssystemen SYLEDIS und DECCA sowie mit dem optischen System POLARTRACK. Die damit erzielten Meßergebnisse erfüllten die gestellten Genauigkeitsforderungen. Nachteilig war bei ihnen der hohe technische und organisatorische Aufwand. Bei der Verwendung von Differential-GPS werden lediglich GPS-Empfangsgeräte benötigt und die Meßgenauigkeit ist im Mittel höher als bei den bisher angewendeten Verfahren. Seekarten im Maßstab 1 : 25 000 dürfen keine größeren Ungenauigkeiten als ± 3,8 m aufweisen. Diese Werte sind mit DGPS ohne Schwierigkeiten einzuhalten.

7.4.4.2 Verfahren zur Vermessung der Struktur des Meeresbodens

Zur Herstellung von Meeresbodenkarten konnte erst durch die Verwendung von GPS ein den Anforderungen genügendes Verfahren gefunden werden [7.18].

Die Abtastung des Meeresbodens wird mit Ultraschallsensoren, die sich in Unterwassercontainern befinden, vollzogen. Die genauen momentanen Positionen werden mit DGPS bestimmt. Die Ergebnisse laufen im Mutterschiff zur Auswertung zusammen.

7.4.4.3 Verfahren zur Bestimmung von Meerestiefen

Zur Messung der Meerestiefen wird in neuerer Zeit ein Verfahren benutzt, bei dem die Meerestiefe aus der Differenz von zwei verschiedenen Messungen ermittelt wird (**Bild 7.22**). Dazu wird von einem Meßflugzeug aus mit einem Laser durch Rückstrahlortung die Höhe h_{Laser} zwischen Flugzeug und Meeresboden gemessen. Im Flugzeug werden mit GPS die geographischen Koordinaten des Flugzeuges einschließlich der geographischen Höhe h_{geo} bestimmt. Die Differenz dieser beiden Höhen ist die Meerestiefe bezogen auf den Erdellipsoid.

7.5 Sonstige Anwendungsbereiche der Satellitenortungs- und Navigationssysteme

Die mit Satellitensystemen erzielbare hohe Genauigkeit in der Bestimmung von Entfernungen, von Orten und Trassen, von Zeiten und Takten sowie die prinzipielle Unabhängigkeit der Genauigkeit von Standort und Uhrzeit haben dazu geführt, daß diese Systeme außer im Verkehrswesen und in der Geodäsie zunehmend in vielen weiteren Bereichen zur Anwendung gekommen sind. Nachfolgend werden stichwortartig Beispiele von Aufgabenbereichen angegeben, in denen Satellitensysteme, vor allem GPS, bereits benutzt werden oder benutzt werden können.

Es ist zu beachten, daß die volle Ausschöpfung des Genauigkeitspotentials die Verwendung des Differential-GPS erforderlich macht. Dazu sind bereits jetzt in vielen Gebieten der Erde durch aufgebaute DGPS-Referenzstationen die Voraussetzungen gegeben. Es ist aber in der Praxis auch möglich, für spezielle örtliche Anwendungen von GPS zeitweilig eine Referenzstation aufzustellen. Der dazu erforderliche Aufwand ist relativ gering.

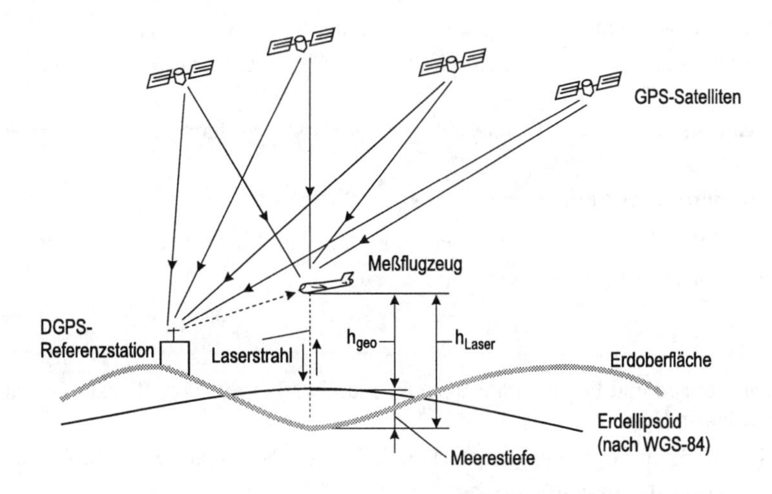

Bild 7.22 Prinzip eines Verfahren zur Bestimmung der Meerestiefen

7.5.1 Wissenschaft und Forschung

- Seismologie
- Beobachtung der Dynamik von Gletschern
- Strömungsmessungen in Gewässern
- Bestimmung der Lage von Raumflugkörpern
- Bestimmung der dynamischen Parameter von Schiffen
- Dreidimensionale Positionsbestimmungen bei Expeditionen
- Orientierung und Standortfindung bei Forschungsarbeiten in unerschlossenen Gebieten unter Verwendung leichter GPS-Handy's
- Synchronisierung und Stabilisierung von Zeit- und Frequenznormalen

7.5.2 Wirtschaft und Industrie

- Zuarbeit zum *Geologischen Informationssystem* (GIS)
- Geologische Lagerstättenerkundung
- Erschließungsarbeiten im Bergbau (Tagebau)
- Positionierung von Bohrplattformen
- Trassenführung für Eisenbahn, Straßen, Wasserkanäle, Erdölleitungen, Erdgasleitungen, Elektroenergie-Verteilungsnetze
- Einsatzlenkung von Transportfahrzeugen und Arbeitsgeräten auf Großbaustellen
- Großflächige Lagerhaltung beispielsweise von Baumaterial
- Automatisierter Container-Transport

7.5.3 Land- und Forstwirtschaft

- Planung und Ausführung von Flächenbearbeitungen
- Großflächiger Einsatz von Bodenbearbeitungs- und Erntemaschinen
- Gelenktes Säen und Düngen vom Flugzeug aus
- Gezieltes Ausbringen von Schädlingsbekämpfungsmitteln, vor allem in der Forstwirtschaft
- Transportlenkung beim Holzeinschlag in der Forstwirtschaft

7.5.4 Nachrichtentechnik

- Synchronisierung von Systemen der zeitgestaffelten Nachrichtenübertragung
- Synchronisierung in Gleichwellenfunknetzen

7.5.5 Touristik

- Wanderungen und Fahrten ohne ausreichende Landkarten, vor allen zur Gewährleistung der Rückfindung
- Auffinden bestimmter Punkte naturkundlicher Art, Bootsanlegestellen, Anglerreviere
- Orientierung der Ballonfahrer

8 GPS-Informationsquellen

8.1 GPS-Informations- und Beobachtungssystem (Abkürzung GIBS)

8.1.1 Aufgabenstellung

Zur Erfüllung des Bedarfs an Hintergrundinformationen zur Nutzung von GPS betreiben die USA den *Navigation Information Service* (Abkürzung NIS). Dieser Service stellt Informationen von internationaler Bedeutung bereit. Er liefert Daten über die aktuelle Satellitenkonstellation und die Entwicklung des Systems an nationale Informationszentren.

Zur Unterstützung der zivilen Nutzer des GPS in Deutschland wurde 1991 beim Institut für Angewandte Geodäsie in Frankfurt am Main ein nationales *GPS-Informations- und Beobachtungssystem* (GIBS) eingerichtet [8.1]. Das GIBS stellt eine Ergänzung des global orientierten NIS dar. Es soll mit seinen über das Angebot des NIS hinausreichenden Diensten den Bedürfnissen von Wirtschaft, Wissenschaft und Verwaltung entsprechen. Die Gründe für den Betrieb des GIBS in Deutschland sind im Wesentlichen:

- Reduzierung von Kommunikationsgebühren für Nutzer in Deutschland aufgrund der räumlichen Nähe zum eigenen Informationssystem
- Bearbeitung besonderer Anliegen aufgrund logistischer Nähe
- Ergänzung globaler Informationen durch eigene regionale Beobachtungen
- Bereitstellung von Randinformationen in Form von Dienstprogrammen
- Lieferung von Informationen wahlweise auch in deutscher Sprache
- Förderung des Erfahrungsaustausches unter den GPS-Nutzern.

8.1.2 Verfügbare Informationen

Zur Zeit werden im GIBS folgende Informationen angeboten (Stand 1998):

- Aktuelle Satellitenkonstellationen und Satellitenzustand (satellite health data)
- Systemzustand, Nutzbarkeit, geplante Starts von Satelliten, Weiterentwicklung
- GPS-Satellitenalmanach des NIS
- Aktuelle Empfangssituation in Deutschland (local integrity monitoring)
- GLONASS-Status-Informationen des *Coordinational Scientific Information Center* (CSIS), des *Russian Intergovernmental Navigation Information Center* (INIC), Moskau und des ISN, University of Leeds (England) und GLONASS-Satellitenalmanach der DLR-Fernerkundungsstelle Neustrelitz
- Präzise Ephemeriden des *National Geodetic Survey* (NGS) der USA, des *Center of Orbit Determination for Europe* (CODE), *Astronomisches Institut der Universität Bern* und des *International GPS Service for Geodynamics* (IGS)
- Erdrotationsparameter des *International Earth Rotation Service* (IERS), des CODE und des IGS
- Programm für Sichtbarkeitsberechnungen, Geoidhöhen und Koordinatentransformationen

- GPS-Veranstaltungskalender, *GIBS-Newsletter*, Literaturdokumentation über GPS und GLONASS
- Nachrichten von Nutzern für Nutzer

Alle Informationen werden in regelmäßigen Zeitabständen aktualisiert. Die GIBS-Dienste sind zur Zeit kostenlos. Der Nutzer trägt ausschließlich seine Kommunikationsgebühren. Für die Richtigkeit der Informationen wird keine Gewähr gegeben.

8.1.3 Form der Informationserteilung

Das GIBS bietet dem Nutzer seine Informationen in zwei Formen an:

- *Computer Bulletin Board* (Digitalinformation)
- *GIBS-Newsletter* (Druckinformation)

8.1.4 Computer Bulletin Board

Das *Computer Bulletin Board* ist als offenes System eingerichtet, das jeden Nutzer bedient. Bei der ersten Kontaktaufnahme erfolgt eine Registrierung. Die registrierten Nutzerangaben unterliegen dem Datenschutz. Das Computer Bulletin Board des GIBS ist zu erreichen über:

- Telefon mit MODEM-Anschlüssen unter den Nummern +49-341-5634 387 und +49-341-5634 388
- INTERNET
  - TELNET: gibs.leipzig.ifag.de (193.174.165.130)
  - FTP: ftp.leipzig.ifag.de (193.174.165.131)
  - WWW,URL: http://gibs.leipzig.ifag.de
- Datex-P (X.25-Netzwerk der TELEKOM) unter der Nummer 450 502 719 03

Die Telefonanschlüsse des GIBS sind für Übertragungsraten ab 300 Baud eingerichtet (Datenübertragung asynchron, 8 Bit, 1 Start-Bit, keine Parität, XOn/XOff, Bell- oder CCITT-Protokolle).

Über die INTERNET- und Datex-P-Anschlüsse des GIBS können mehrere Nutzer parallel bedient werden. Nach dem Aufbau einer Verbindung auf einem dieser Wege ist das Kennwort GIBS ein- bzw. zweimal einzugeben. Dies bewirkt hausintern eine Vermittlung des Nutzers an den GIBS-Rechner und den Start der Bulletin Board-Software.

8.1.5 GIBS-Newsletter

Der *GIBS-Newsletter* erscheint alle zwei Monate in gedruckter Form und wird in begrenzter Zahl kostenlos versandt. Er gibt einen Überblick des GPS-Status und berichtet über Neuigkeiten im *GIBS-Computer Bulletin Board*. Der Text des *GIBS-Newsletter* kann auch über das Bulletin Board abgerufen werden.

8.1.6 Allgemeine Hinweise

GIBS-Benutzerhandbuch

Detaillierte Hinweise über die GIBS-Dienste und den Zugang zu ihnen sind im *GIBS-Handbuch* enthalten. Das Handbuch kann über das *Bulletin Board* abgerufen oder im Postversand erhalten werden.

GIBS-Adresse

Bundesamt für Kartographie und Geodäsie
Außenstelle Leipzig
Postfach 22 11 36
D – 04131 Leipig

8.2 GPS-Bahndaten

Zur Vorhersage von Satellitenbahnen werden von der NASA *Orbital Information Group* (Abk. OIG) Bahnelemente zur Verfügung gestellt. Im Gegensatz zu präzisen Ephemeriden, die die tatsächliche Flugbahn nachträglich beschreiben, sind diese Bahndaten vorausberechnet (SPG4/SDP4-Modell).

Die Bahnparameter sind über Internet unter den folgenden Adressen zu finden:

archive.afit.af.mil(129.92.1.66)
http:/www.grove.net/~tkelso/
oig1.gsfc.nasa.gov
kilroy.jpl.nasa.gov
ftp.seds.org

8.3 Berechnungen zum Raumsegment

Für betriebstechnische und wissenschaftliche Untersuchungen von Satellitennavigationssystemen ist die Kenntnis der Sichtbarkeit, der Verfügbarkeit, der DOP-Faktoren u.a. erforderlich. Beispielsweise lassen sich mit dem Programmpaket AVIGA der Daimler-Benz-Aerospace sowohl Berechnungen auf Grund der gegenwärtig verfügbaren Systeme GPS und GLONASS als auch für Systeme mit anderen Konstellationen durchführen [8.2].

Für anwendungsspezifische Zwecke sind mit einem einfachen Programm u.a. folgende Aufgaben zu lösen:

- Berechnungen zur Konstellation der Satelliten, einschließlich der Simulation mit bis zu 50 Satelliten
- Berechnungen zur Sichtbarkeit
- Berechnungen der DOP-Faktoren GDOP, PDOP, HDOP, VDOP.

Für wisssenschaftliche und detaillierte Untersuchungen, vor allem im Hinblick auf Ergänzungen und Erweiterungen der verfügbaren Systeme GPS und GLONASS, gibt es ein umfangreiches Programm im Rahmen des Projektes AVIGA, mit dem u.a. folgende Aufgaben zu lösen sind:

- Ermittlung der Satellitenbahnen verschiedener Konstellationen von Systemen mit bis zu 70 Satelliten
- Simulation von Pseudoliten
- Betrachtungen zum Einfluß des minimalen Erhebungswinkels (mask angle)
- Sichtbarkeitsberechnungen bei unterschiedlichen Konstellationen
- Berechnungen zu RAIM-Verfügbarkeiten.

Anhang

Formelzeichen

Großbuchstaben:

A	Fläche, allgemein
A	Sichtbarkeitsfläche
A	Amplitude
A	normierter Fehlerkreisradius
B	Satellitenbahnpunkte
C	Konstante, allgemein
C	Autokorrelationsfunktion
C/A	Codebezeichnung
C_d	Doppler-Count
CEP	circular error probability (Fehlerkreis)
CW	continuous wave
D	Antennendurchmesser
D	Dispersion
D_i	Datenstrom der Navigationsmitteilung des i-ten Satelliten
E	exzentrische Anomalie
E	Energieniveau
E	Erwartungswert
F	Fourier-Funktion
F_e	Empfänger-Rauschzahl in dB
G	Gravitationskonstante
G	Antennengewinn
G_e	Antennengewinn der Empfangsantenne
G_s	Antennengewinn der Sendeantenne
G_1	1. Impulsfolge des C/A-Code
G_2	2. Impulsfolge des C/A-Code
G_i	Impulsfolge des C/A-Code des i-ten Satelliten
H	Höhe
$\mathfrak{J}$	Störleistung (jammer)
K	Kelvin (Temperatureinheit)
L	Leistungsdämpfung
M	Masse
M_E	Masse der Erde
N	ganze Zahl, z.B. Vielfaches einer Periode T
N	Normalkrümmungsradius
N	Rauschleistung (noise)
N_e	Elektronendichte der Ionosphäre
N_i	Taktzahl im Code des i-ten Satelliten

P	Standort, z.B. eines Nutzers
P	Umlaufperiode, Periodendauer
P	Leistung
P	Luftdruck
P(Y)	Codebezeichnung
P_i	Impulsfolge des P(Y)-Codes des i-ten Satelliten
Q	Ionosphärenkoeffizient
Q	Prozeßgewinn
R	Erdradius
$\mathbf{R}$	Matrix, Drehmatrix
R	Fehlerkreisradius
R_c	Chiprate
S	Bezugspunkt, z.B. Standort eines Senders, Funkstelle
S	Standlinie
S	Leistungsdichte
S	Signalleistung
$S(\omega)$	Leistungsspektrum
T	Periodendauer
T_o	Standardtemperatur
U	Undulation
v	Verfügbarkeit
V_H	Volumen eines Tetrahedrons
W	Wahrscheinlichkeit
X_1	1. Impulsfolge des P(Y)-Code
X_2	2. Impulsfolge des P(Y)-Code
X_i	Positionsvektor des i-ten Satelliten
X_P	Positionsvektor eines Nutzers P

Kleinbuchstaben:

a	Antennenabstand
a	halbe Hauptachse der Bahnellipse
a	Ausbreitungsdämpfung
a_0	Bezugsdifferenz
a_1	Drift der Bezugsdifferenz
a_2	Änderung der Drift
a_i	Momentanwert eines Signals
a(t)	zeitabhängiger Signalwert
$\mathbf{a}$	Einheitsvektor
b	halbe Nebenachse der Bahnellipse
b(t)	zeitabhängiger Signalwert

c	Ausbreitungsgeschwindigkeit, Lichtgeschwindigkeit
c_e	Ellipsenparameter
d	Abstand
dB	Dezibel
dBic	Dezibel bei isotroper Abstrahlung und zirkularer Polarisation
dBm	Dezibel bezogen auf 1 mWatt
dBW	Dezibel bezogen auf 1 Watt
d_{rms}	Entfernungsfehler, quadratischer Mittelwert
e	Exzentrizität der Bahnellipse
e	numerische Exzentrizität
f	Frequenz
f	Abplattung
f_0	Grundfrequenz
$f_{0/corr}$	korrigierte Grundfrequenz
f_d	Doppler-Frequenz
f_e	Frequenz des Empfangssignals
f_g	Frequenz eines örtlichen Oszillators
f_m	gemessene Frequenz
f_s	Frequenz des Sendesignals, z.B. eines Satelliten
ft	foot (0,305m)
h	Höhe
h	Plancksches Wirkungsquantum
i	Inklination
i	Momentanwert eines veränderlichen Stromes
i	laufende Zahl der Satelliten
k	ganze Zahl, Faktor
k	Korrelationskoeffizient
k	Boltzmann-Konstante
m	ganze Zahl, Vielfaches
n	ganze Zahl, Vielfaches
n	Winkelgenauigkeit des Satelliten
n	Brechzahl
n	Anzahl der Elemente einer Impulsfolge
n_g	Brechzahl, gültig für Gruppenlaufzeit
n_i	Mehrdeutigkeitsfaktor des i-ten Satelliten
nm	Nautische Meile (1853 m)
n_p	Brechzahl, gültig für Phasenlaufzeit
p_i	Nummer der Impulsfolge des i-ten Satelliten
q	Flächenwirkungsgrad der Antenne
r	Entfernung
r	Radius, Polarkoordinate
r	sphärische Koordinate

r	Entfernung, Reichweite, geometrische Entfernung
r_i	geometrische Entfernung des i-ten Satelliten
s	Sekunde
s	Wegstrecke, Laufweg
s	Streuung
$s(t)$	zeitabhängiges Signal
s_0	Wegstrecke, geradlinig
sm	Seemeile (Nautische Meile)
t	Zeit
t_g	errechnete Signallaufzeit
t_i	Zeit des i-ten Satelliten
t_m	gemessene Signallaufzeit
t_{oc}	Umlaufreferenzzeit
t_s	GPS-Systemzeit
u	Momentanwert einer veränderlichen Spannung
$\mathbf{u}$	Positionsvektor eines Nutzers
v	Geschwindigkeit
v	Polarkoordinate, Winkel
v_g	Gruppengeschwindigkeit
$\boldsymbol{v}_i$	Geschwindigkeitsvektor des i-ten Satelliten
v_i	Geschwindigkeit des i-ten Nutzers
v_p	Phasengeschwindigkeit
v_{rel}	Relativgeschwindigkeit
v_x	Geschwindigkeitskomponente in x-Richtung
v_y	Geschwindigkeitskomponente in y-Richtung
v_z	Geschwindigkeitskomponente in z-Richtung
x	Koordinate
x_i	x-Koordinate des i-ten Nutzers
x_p	x-Koordinate des Nutzers P
y	Koordinate
y_i	y-Koordinate des i-ten Satelliten
y_p	y-Koordinate des Nutzers P
z	Koordinate
z_i	z-Koordinate des i-ten Satelliten
z_p	z-Koordinate des Nutzers P

Griechische Buchstaben:

α	Welleneinfallswinkel
α	Sichtbarkeitswinkel
α'	reduzierter Sichtbarkeitswinkel
α	Drehungswinkel
α	sphärische Koordinate

α	Dämpfungskonstante
α	Halbwertswinkel, Halbwertsbreite
β	Welleneinfallswinkel
β	Drehungswinkel
β	Phasenkonstante
β	Schnittwinkel
γ	Drehungswinkel
γ	Ausbreitungskonstante
γ	Winkel des Geschwindigkeitsvektors gegenüber der Richtung der Funkverbindung
γ	Satellitenabstandswinkel
γ	Überdeckungswinkel
δ	sphärische Koordinate
δ	Dirac-Delta-Funktion
δu	Abweichung der Uhrzeit im Empfänger gegenüber GPS-Systemzeit
Δ	kleiner Zuwachs, kleine Differenz
Δt_u	Uhrzeitabweichung zwischen Satelliten- und Empfängeruhrzeit
Δt_a	Laufzeitverzögerung in der Atmosphäre
Δt_s	Uhrzeitabweichung zwischen Satellitenuhrzeit und GPS-Systemzeit
ε	Dielektrizitätskonstante
ε	vektorieller Standortfehler
ε	Positionsfehler
ε_m	Meßrauschen
Θ	Azimutwinkel
λ	Wellenlänge
λ	geographische Länge
μ	Permeabilitätskonstante
ρ	Entfernung, Pseudoentfernung
σ	Leitfähigkeit
σ	Standardabweichung, allgemein
σ_P	Standardabweichung bei der Position im Raum
σ_H	Standardabweichung in der Horizontalebene
σ_x	Standardabweichung in Richtung der x-Achse
σ_y	Standardabweichung in Richtung der y-Achse
σ_z	Standardabweichung in Richtung der z-Achse
Σ	Summe
τ	zeitliche Verschiebung eines Signals
τ	Signallaufzeit
τ_i	Signallaufzeit des i-ten Satelliten

τ_P	Phasenlaufzeit
τ_g	Gruppenlaufzeit
φ	Phasenwinkel
φ	geographische Breite
φ (x)	Wahrscheinlichkeitsdichtefunktion
Φ	Phase
Φ_r	Phasenrauschen
$\Phi(x)$	Wahrscheinlichkeitsverteilungsfunktion
ψ	Einfallwinkel
ψ	Elevationswinkel, Erhebungswinkel
ψ_{min}	minimaler Erhebungswinkel (mask angle)
ω	Winkelgeschwindigkeit
ω	Kreisfrequenz

Abkürzungen

Buchstaben	Bedeutung
A/D	analog-to-digital
AAIM	aircraft autonomous integrity monitoring
ACC	area control center
ADS	automatic dependent surveillance
AFC	automatic frequency control
AFTN	Aeronautical Fixed Telecommunication Network
AGC	automatic gain control
AIP	Aeronautical Information Publication
AM	Amplitudenmodulation
ANP	air navigation plan
ARINC	Aeronautical Radio Manufactures in Corporation (USA)
ARTES	advanced research in telecommunication systems
AS	antispoofing
ASCII	american national standard code for information interchange
ATC	air traffic control
ATM	air traffic management
AVLS	automatic vehicle location system
BPSK	binary phase shift keying
C/A-code	coarse/acquisition code; clear/acquisition code
C/N_0	carrier-to-noise density ratio
CAA	Civil Aviation Administration (USA)
CAT	category
CDMA	code division multiple access
CDU	control display unit
CEP	circular error probability
CESAR	certification policies, procedures and requirement for satellite-based navigation and landing systems and corresponding research
CNS	communication, navigation, surveillance
CNS/ATM	communication, navigation, surveillance/air traffic management
COMSAT	Communication Satellite Organization
CONUS	continental United States
CPU	central processing unit
CW	continuous wave
DARA	Deutsche Agentur für Raumfahrt-Angelegenheiten
DFS	Deutsche Flugsicherung GmbH
DGON	Deutsche Gesellschaft für Ortung und Navigation
DGPS	Differential-GPS
DLL	delay lock loop
DLR	Deutsche Forschungsanstalt für Luft- und Raumfahrt

DME	distance measuring equipment
DNSS	defense navigation satellite system
DOD	Department of Defense (USA)
DOP	dilution of precision
DOT	Department of Transportation (USA)
DR	dead reckogning
DRMS	distance root mean square
DVOR	Doppler-VOR
EASIE	enhanced air traffic management and mode-S implementation in europe
EATCHIP	european air traffic control harmonization and integration project
EATMS	european air trafic management system
ECAC	European Civil Aviation Conference
ECEF	earth-centered earth fixed (coordinate system)
EGNOS	european geostationary navigation overlay service
ENSS	european navigation satellite system
ERP	effective radiated power
ESA	European Space Agency
ETG	European Tripartie Group
EU	European Union
EUGIN	European Union Group of Institutes of Navigation
EUROCONTROL	Europäische Organisation zur Sicherung der Luftfahrt
FAA	Federal Aviation Administration (USA)
FAA	Federal Aviation Agency (USA)
FANS	Special Commitee on Future Air Navigation Systems
FCC	Federal Communication Commission (USA)
FDMA	frequency division multiple access
FM	Frequenzmodulation
FMS	flight management system
FRP	federal radio navigation plan (USA)
FSK	frequency shift keying
GDOP	geometric dilution of precision
GEO	geosynchronous satellite
GIC	GNSS integrity channel
GIS	geographical information system
GLONASS	Global Navigation Satellite System (Russian definition)
GNSS	Global Navigation Satellite System (ICAO definition)
GPS	Global Positioning System
GPSI	integrated GPS/inertial system
GSM	global system for mobile communication
HDOP	horizontal dilution of precision
HOW	handover word
Hz	Hertz
IATA	International Air Transport Association

ICAO	International Civil Aviation Organization
ICO	intermediate circular orbit
IERS	International Earth Rotation Service
IF	intermediate frequency
IGSO	inclined geosynchron orbit
ILS	instrument landing system
IMO	International Maritime Organization
INMARSAT	International Maritime Satellite Organization
INS	inertial navigation system
IRS	inertial reference system
ISAN	integrity for satellite navigation
ITU	International Telecommunication Union
IVHS	intelligent vehicle highway system
J/N	jammer to noise
J/S	jammer to signal
JAA	Joint Aviation Authorities (USA)
JPO	Joint Program Office (USA)
LADGNSS	local area augmentation system of GNSS
LADGPS	local area DGPS
LAN	local area network
LEO	low earth orbit
MCS	master control station
MEO	medium earth orbit
MF	medium frequency
MHz	Megahertz
MLS	microwave landing system
MSAS	multifunction transport satellite augmentation system
MSK	minimum shift keying
MTBF	mean time between failures
NASA	National Aeronautics and Space Administration (USA)
NAV	navigation
NAVAID	navigation aid
NDB	nondirectional beacon
OCS	operational control station
P-code	precision code
PDF	probability density function
PDOP	position dilution of precision
PLL	phase lock loop
PM	Phasenwinkelmodulation
PN	pseudo noise
ppm	parts per million
PPS	precise positioning service
PRN	pseudo random noise

PSK	phase shift keying
PVT	position, velocity and time
RAIM	receiver autonomous integrity monitoring
RASANT	Quellencodierungsverfahren
RCS	regional control station
RDS	radio data system
RF	radio frequency
RHCP	right hand circulary polarized
RIRV	Russian Institute of Radio Navigation and Time
RMS, rms	root mean square
RNP	required navigation performance
RTCA	Radio Technical Commission for Aeronautics (USA)
RTCM	Radio Technical Commission for Maritime Services (USA)
SA	selective availability
SATNAV	Satellitennavigation
SGS-85	Soviet Geodetic System 1985
S/N	signal-to-noise
SNR	signal-to-noise ratio
SPS	standard positioning service
SSR	secondary surveillance radar
SV	space vehicles
SVN	space vehicles number
TAI	international atomic time
TDMA	time division multiple access
TDOP	time dilution of precision
TT&C, TTC	telemetry, tracking and command
UDRE	user differential range error
UERE	user equivalent range error
UHF	ultra high frequency
USNO	United States Naval Observatory
UT1	universal time 1
UTC	coordinated universal time
VDOP	vertical dilution of precision
VHF	very high frequency
VOR	VHF omnidirectional range
WAAS	wide area augmentation system
WADGNSS	wide area differential GNSS
WADGPS	wide area differential GPS
WGS-84	World Geodetic System 1984

Spannungs- bzw. Stromverhältnisse und Leistungsverhältnisse in dB

dB	Spannungs- bzw. Strom-verhältnis	Leistungs-verhältnis
0,1	1,012	1,023
0,5	1,059	1,122
1,0	1,122	1,259
1,5	1,189	1,413
2,0	1,259	1,585
2,2	1,288	1,660
2,4	1,318	1,738
2,6	1,349	1,820
2,8	1,380	1,906
3,0	1,413	1,995
3,2	1,445	2,09
3,4	1,479	2,19
3,6	1,514	2,29
3,8	1,549	2,40
4,0	1,585	2,51
4,2	1,622	2,63
4,4	1,660	2,75
4,6	1,698	2,88
4,8	1,738	3,02
5,0	1,778	3,16
5,2	1,820	3,31
5,4	1,862	3,47
5,6	1,906	3,63
5,8	1,950	3,80
6,0	1,995	3,98
6,2	2,04	4,17
6,4	2,09	4,37
6,6	2,14	4,57
6,8	2,19	4,79
7,0	2,24	5,01
7,2	2,29	5,25
7,4	2,34	5,50
7,6	2,40	5,75
7,8	2,45	6,03

dB	Spannungs- bzw. Strom-verhältnis	Leistungs-verhältnis
8,0	2,51	6,31
8,2	2,57	6,61
8,4	2,63	6,92
8,6	2,69	7,24
8,8	2,75	7,59
9,0	2,82	7,94
9,2	2,88	8,32
9,4	2,95	8,71
9,6	3,02	9,12
9,8	3,09	9,55
10,0	3,16	10,00
10,5	3,35	11,22
11,0	3,55	12,59
11,5	3,76	14,13
12,0	3,98	15,85
13,0	4,47	19,95
13,5	4,73	22,4
14,0	5,01	25,1
14,5	5,31	28,2
15	5,62	31,6
16	6,31	39,8
17	7,08	50,1
18	7,94	63,1
19	8,91	79,4
20	10,00	100,0
21	11,22	125,9
22	12,59	158,5
23	14,13	199,5
24	15,9	251
25	17,8	316
26	19,9	398
27	22,4	501
28	25,1	631
29	28,2	794
30	31,6	1000
31	35,5	1259

dB	Spannungs- bzw. Strom-verhältnis	Leistungs-verhältnis
32	39,8	1585
33	44,7	1995
34	50,1	2512
35	56,2	3162
36	63,1	3981
37	70,8	5012
38	79,4	6310
39	89,1	7943
40	100,0	$1{,}00 \cdot 10^4$
42	125,9	$1{,}58 \cdot 10^4$
44	158,5	$2{,}51 \cdot 10^4$
46	199,5	$3{,}98 \cdot 10^4$
48	251	$6{,}31 \cdot 10^4$
50	316	$1{,}00 \cdot 10^5$
52	398	$1{,}58 \cdot 10^5$
54	501	$2{,}51 \cdot 10^5$
56	631	$3{,}98 \cdot 10^5$
58	$7{,}94 \cdot 10^2$	$6{,}31 \cdot 10^5$
60	$1{,}00 \cdot 10^3$	$1{,}00 \cdot 10^6$
62	$1{,}26 \cdot 10^3$	$1{,}59 \cdot 10^6$
64	$1{,}59 \cdot 10^3$	$2{,}51 \cdot 10^6$
66	$1{,}99 \cdot 10^3$	$3{,}98 \cdot 10^6$
68	$2{,}51 \cdot 10^3$	$6{,}31 \cdot 10^6$
70	$3{,}16 \cdot 10^3$	$1{,}00 \cdot 10^7$
75	$5{,}62 \cdot 10^3$	$3{,}16 \cdot 10^7$
80	$1{,}00 \cdot 10^4$	$1{,}00 \cdot 10^8$
90	$3{,}16 \cdot 10^4$	$1{,}00 \cdot 10^9$
100	$1{,}00 \cdot 10^5$	$1{,}00 \cdot 10^{10}$
120	$1{,}00 \cdot 10^6$	$1{,}00 \cdot 10^{12}$
140	$1{,}00 \cdot 10^7$	$1{,}00 \cdot 10^{14}$
160	$1{,}00 \cdot 10^8$	$1{,}00 \cdot 10^{16}$
180	$1{,}00 \cdot 10^9$	$1{,}00 \cdot 10^{18}$
200	$1{,}00 \cdot 10^{10}$	$1{,}00 \cdot 10^{20}$

Literaturverzeichnis

Kapitel 1

[1.1] Bauch, A.
Lieferanten der Zeit
Physik in unserer Zeit, 25 (1994), Nr. 4, S. 188 – 198

[1.2] Buch:
Bauer, M.
Vermessung und Ortung mit Satelliten
Wichmann, Heidelberg. 1994

[1.3] Cloos, B.B.
Definitionen und Interdepenzen der Meßgenauigkeit und Fehler der Ortung
Ortung und Navigation, Düsseldorf, 1988, Nr. 2, S. 296 – 307

[1.4] Buch:
Finger, A.
Pseudorandom – Signalverarbeitung
Teubner, Stuttgart, 1997

[1.5] Goushva, Y.A. et al
Atomic frequency standard for satellite radionavigation system
Proc. 45th. Annual Symposium on Frequency Control
Los Angeles, Mai 1991, pp. 591 – 593

[1.6] Buch:
Halliday, D. et al
General Physics
John Wiley & Sons, New York 1966

[1.7] Hare, I.
Positionsgenauigkeit von Navigationsverfahren
Ortung und Navigation, Düsseldorf, 1980, Nr. 3, S. 340 – 359

[1.8] Hartmann, G.K. et al
Range error due to ionosphere and troposphere effects for signal frequencies above 100 MHz
Bull. Géod. 58 (1984), S. 109 – 136

[1.9] Buch:
Hilberg, W. (Hrsgb.)
Funkuhren, Zeitsignale, Normalfrequenzen
Verlag Sprache und Technik, Groß-Bieberach, 1993

[1.10] Hopfield, H.
Troposphere effect on electric magnetically measured range. Predictions from surface weather data
Radio Science, 6(1971), Nr. 3, S. 357 – 367

[1.11] Buch:
Joos, G.
Lehrbuch der theoretischen Physik, 15. Auflage
Aula-Verlag, Wiesbaden, 1989

[1.12] Buch:
Mansfeld, W.
Funkortungs- und Funknavigationsanlagen
Hüthig-Verlag, Heidelberg 1994

[1.13] Buch:
Hofmann-Wellenhof, M.H.
Geometry, Relativity, Geodesy
Wichmann-Verlag, Karlsruhe, 1994

[1.14] Nollet, M. et al
Ein neues VHF-Interferometer zur Satellitenbahnvermessung
Elektrisches Nachrichtenwesen, 49 (1974), 3, S. 217 – 230

[1.15] Buch:
Philippow, E. (Hrsg.)
Taschenbuch Elektrotechnik, Band 2
Kapitel: Theorie der Ausbreitung elektromagnetischer Wellen
Verlag Technik Berlin, 1990

[1.16] desgl. Band 3
Kapitel: Antennen
Verlag Technik Berlin, 1989

[1.17] Buch:
Seeber, G.
Satellitengeodäsie
W. de Gruyter, Berlin, New York, 1989

[1.18] Buch:
Stirner, E.
Antennen
Hüthig-Verlag, Heidelberg, 1985

[1.19] Buch:
Zinke, O.; Brunswig, H.
Hochfrequenztechnik, Band 2
Springer-Verlag, Berlin, Heidelberg, 1993

[1.20] DIN (Deutsche Norm) 1319 Grundbegriffe der Meßtechnik,Teil 3.
Begriffe für die Meßunsicherheit
Beuth-Verlag Berlin

[1.21] DIN (Deutsche Norm) 55 302, Teil 1
Statistische Auswerteverfahren
Beuth-Verlag Berlin

[1.22] Buch:
Frequenzbereichszuweisungsplan für die Bundesrepublik Deutschland und internationale Zuweisung der Frequenzbereiche
Hrsg.: Bundesministerium für Post und Telekommunikation, Bonn, 1994

Kapitel 2

[2.1] Ames, W.G.
A description of QUALCUM's automatic satellite position reporting (QASPR) for mobile communication
Int. Mob. Sat. Conf., Ottowa, Juni 1990

[2.2] Colcy, J.N. et al
EUTELTRACS. The european land mobile satellite service.
5th European Aerospace Conference on Spaced-Based Systems for Navigation and Mobile Communication,
München, 1992

[2.3] Dorrer, M. et al
Doppler orbitography and radiopositioning integrated by satellite
International Coordination of Space Technology
Techniques for Geodesy and Geodynamics (CSTG)-Bulletin, 8(1985), pp. 115 – 123
[2.4] Eaton, R.L.
The role of time/frequency in navy navigation satellites
Proc. IEEE, 60 (1972), 5 ,pp. 557 – 563
[2.5] Guir, W. H. ; Weiffenbach, G.C.
A satellite Doppler navigation system
Proc. IRE, 48(1960), 4, pp. 507 – 516
[2.6] Jakushenko, A.
Satellite navigation system for the UdSSR merchant marine
Journal of Navigation (London), 38 (1985), 1, pp. 118 – 122
[2.7] Reigber, Ch. et al
Das Satellitenbeobachtungssystem PRARE
Zeitschrift für Vermessungswesen
Stuttgart, 1990, Nr. 12, S. 512 – 519
[2.8] Buch:
Seeber, G.
Satellite Geodesy
Walter de Gruyter, Berlin, New York, 1993
[2.9] Stansell,T.A.
The many faces of TRANSIT
Navigation. Journal of the Institute of Navigation (USA), 25 (1978), 1, pp. 55 – 70
[2.10] EUTELTRACS – Systembeschreibung
ALCATEL/SEL, Pforzheim, 1992

Kapitel 3

[3.1] Abidin, H.
On-the-flight ambiguity resolution.
GPS World, 1994, No. 4, pp. 40 – 50
[3.2] Altshuler, E.E.
Correction for troposphere range error.
Report AFCRL-71-0419
Cambridge Research Laboratory.
Hanscon Field, Bedford, 1971
[3. 3] Asbury, M.J.A. et al
Single points of failure in complex aviation system of communication, navigation and surveillance.
Proc. of NAV ´94, TRANSPORT 2000, London, 1994
[3.4] Buch:
Bauer, M.
Vermessung und Ortung mit Satelliten.
Wichmann-Verlag, Heidelberg, 1994

[3.5] Breuer, B. et al
GPS Meß- und Auswerteverfahren unter operationellen GPS-Bedingungen.
SPN (Journal of Satellite-Based Positioning and Navigation), 1993, No. 3,
S. 82 – 98

[3.6] Burgess, A.
GPS survivability: A military overview.
Navigation. Journal of the Institute of Navigation (USA), 36 (1989), No. 3,
pp. 235 – 238

[3.7] Cloos, B.B.
Definitionen und Interdepenzen der Meßgenauigkeit und Fehler der Ortung.
Ortung und Navigation, Düsseldorf 1988, Nr. 2, S. 296 – 307

[3.8] Buch:
Colomb, S.W.
Digital Communication with Space Application.
Englewood Cliffs, Prentice Hall, 1966

[3.9] Cross, P.A.
Kalman-filtering and its application to off-shore position fixing.
Hydrographie Journal, 44 (1987), pp. 19 – 25

[3.10] Czopek, F.M.
Description and performance of the satellite block I- and II-L-band antenna and link budget
Proc. of 6th International Technical Meeting, Salt Lake City, 1993
Vol. I, pp. 37 – 43

[3.11] Egge, D.
Berechnung der Empfängerposition.
SPN, 1994, Nr. 2, S. 68 – 70

[3.12] Buch:
Föllinger, O. et al
Anwendung der Kalman-Filter-Technik.
R. Oldenbourg Verlag, München, 1977

[3.13] Geogiadou, Y. et al
The issue of selective availabilitiy (SA).
GPS World, 1990, Sept/Oct, pp. 93 – 96

[3.14] Gold, R.
Optimal binary sequence for spread spectrum multiplexing
IEEE Trans. Information Theory, 13 (1967), Oct, pp. 519 – 621

[3.15] Green, G.B.
The GPS 21 primary satellite constellation.
Navigation, Journal of the Institute of Navigation (USA), 36 (1989), No. 1,
pp. 9 – 24

[3.16] Grünberger, G..K.
Die Diskriminatorkennlinie des bandpaßkorrelierten delay locked loop bei Mehrwegeempfang.
AEÜ 30 (1976), Nr. 4, S. 1 – 8

[3.17] Hauck, H.
Untersuchungen zur Dopplerpositionsbestimmung nach der Semi-Short-Arc- und der Short-Arc-Methode
Nachr. Kart. Verm. Reihe 1, Heft 90, 1992

[3.18] Hellwig, H. et al
Zeit- und Standortbestimmung mit Satellitensystemen.
ntz 38 (1985), Nr. 9, S. 622 – 625

[3.19] Buch:
Hofmann-Wellenhof, M.H.
Geometry, Relativity, Geodesy.
Wichmann-Verlag, Karlsruhe, 1994

[3.20] Buch:
Hofmann-Wellenhof, B. et al
Global Positioning System, Theory and Practice.
Springer-Verlag, Wien, 1994

[3.21] Buch:
Hofmann-Wellenhof, B. et al
GPS in der Praxis.
Springer-Verlag, Wien, 1994

[3.22] Buch:
Holmes, J.K.
Coherent Spread Spectrum System
Malabor, R.E. Krieger Publishing Comp. 1990, pp. 344 – 394

[3.23] Buch:
Jacob, Th.
Satelliten-Navigationsanlagen (GPS)
In: Grundlagen der Luftfahrttechnik in Theorie und Praxis.
Band IV, S. 3 – 31 - 3 – 52
Verlag TÜV Rheinland, 1991

[3.24] Johnson, M. et al
GNSS receiver interference: Susceptibility and civil aviation impact.
Proc. of ION GPS 95 Conference, 1995, pp. 781 – 791

[3.25] Jorgensen, P.S
Relativity correction in GPS user equipment
Proc. Position, Location and Navigation Systems (PLANS), Las Vegas 1986, IEEE, New York, 1986

[3.26] Buch:
Kaplan, E.D.
Understanding GPS. Principles and Applications.
Artech House, Boston, London, 1996

[3.27] Keegan, R.
P-Code aided Global Positioning System receiver.
US-Patent 4.472.431, 1990

[3.28] Kihara, M. et al
A satellite selection methode and accuracy for the Global Positioning System.
Navigation. Journal of the Institute of Navigation (USA), 31 (1984), No. 1, pp. 8 – 20

[3.29] Klobuchar, J.A. et al
Ionosphere time-delay algorithm for single frequency GPS user.
IEEE Trans. on Aerospace and Electronic Systems, Vol. AES-23 (1987), No. 3

[3.30] Klobuchar, J.A.
Ionosphere effects on GPS.
GPS World, 1991, April, pp. 48 – 51

[3.31] Lachapelle, G.
GPS observables and error sources for kinematic positioning
Kinematic Systems in Geodesy, Symposium, 1990, No. 107

[3.32] Lamons, J.W.
A program status report on the NAVSTAR Global Positioning System.
Radio Technical Commission for Maritime Services
San Diego, 1993, pp. 1 – 12

[3.33] Buch:
Lange, F.H.
Störfestigkeit in der Nachrichten- und Meßtechnik
Verlag Technik Berlin, 1983

[3.34] Buch:
Lange, F.H.
Methoden der Meßstochastik
Akademie-Verlag, Berlin, 1978

[3.35] Buch:
Leick, A.
GPS Satellite Surveying.
John Wiley & Sons, 1990

[3.36] Buch:
Lindsey, W.C.
Synchronisation Systems in Communication and Control.
Prentice Hall Inc. Englewood Cliffs, 1972

[3.37] Lorenz, R. G. et al
Global Positioning System receiver digital processing technique.
US-Patent 5.134.407, 1992

[3.38] Mechan, T.K. et al
On-receiver signal processing for GPS multipath reduction.
Proc. of 6th DMA 1, 1992, pp. 200 – 208

[3.39] Milliken, P.J. et al
Principle of operation of NAVSTAR and system characteristics
Proc. of ION GPS, Vol. I, 1980, pp. 3 – 14

[3.40] Owen, J.I.R.
A review of the interference resistance of the SPS GPS receiver for aviation.
Navigation. Journal of the Institute of Navigation (USA), 40 (1993), No. 3, pp. 249 – 259

[3.41] Buch:
Parkinson, B. et al
Global Positioning System, Theory and Applications.
Vol. I and II
American Institute of Aeronautics and Astronautics, Washington, 1996

[3.42] Parkinson, B.W.
Autonomous GPS integrity monitoring using the pseudorange residuals.
Navigation, Journal of the Institute of Navigation (USA), 35 (1988), No. 2

[3.43] Philips, A.H.
Geometrical determination of PDOP.
Navigation, Journal of the Institute of Navigation (USA), 31 (1985), No. 4, pp. 329 – 337

[3.44] Buch:
Seeber, G.
Satellitengeodäsie. Grundlagen, Methoden und Anwendungen
Walter de Gruyter, Berlin, 1989

[3.45] Shank, G. et al
GPS integrity: An MCS perspective
Proc. of ION GPS 93, Salt Lake City, 1993, pp. 465 – 474

[3.46] Smith, G.
Using GPS as a time and frequency reference.
MSN, 1987, Dec., pp. 72 – 76

[3.47] Spilker, J.J.
GPS signal structure and performance characteristics.
Navigation. Journal of the Institute of Navigation (USA), Vol. I, 1978, pp. 121 – 140

[3.48] Stiller, A.
GPS-NAVSTAR. Das Navigationssystem der Zukunft.
Ortung und Navigation, Düsseldorf, 1981, Nr. 2, S. 188 – 218

[3.49] Utlaut, W.F.
Spread spectrum. Principles and possible application.
IEEE. Communications Society Magazine, 1978, pp. 21 – 27

[3.50] Ward, P.W.
GPS receiver interferences, monitoring, mitigation and analysis techniques
Navigation. Journal of the Institute of Navigation (USA), Vol. 41 (1994/95), No. 4, pp. 367 – 391

[3.51] Ward, Ph.
Monograph on GPS anti-spoofing (AS)
Proc. of the ION GPS 95 Conference, pp. 1563 – 1571

[3.52] Buch:
Zinke, O., Brunswig, H.
Hochfrequenztechnik, Band 2
Springer-Verlag, Berlin, 1993

[3.53] Collins-Dasa-Avionics Systems GmbH
Informationsschrift, NFS/ST 3. 04.09.95

[3.54] Daimler-Benz-Aerospace
Future air traffic management
Informationsschrift, 5M. 9553.223.68. VR 210.2.019.1E

[3.55] Dasa-Collins
Boeing's flight trials using GPS system of Dasa Collins
Informationsschrift, 1996

[3.56] International Civil Aviation Organization (ICAO)
International standards, recommended practices and procedures for air navigation services
Aeronautical Telecommunications, Annex 10
Vol. 1, 4th edition, sect. 3.1 – 4.1

[3.57] The Institute of Navigation, Washington
Books: Global Positioning
Vol. I, 1980, ISBN 0-936406-00-3
Vol. II, 1984 ISBN 0-936406-01-1
Vol. III, 1989 ISBN 0-936406-02-1

[3.58] US Department of Defence
NAVSTAR-GPS. Joint Program Office (JPO)
NAVSTAR-GPS. User equipment introduction
Public release version, Febr. 1991

[3.59] US Department of Transportation and Defense
US Technical Information Service
Federal Radionavigation Plan (FRP)
Springfield Virginia (USA), 1990

[3.60] GPS World 1992, No.1, S. 44

[3.61] GPS World 1997, No.7, S. 52

Kapitel 4

[4.1] Altshuler, E.E.
Corrections for troposphere range error
Report AFCRL – 71 – 0419, Cambridge Researche Laboratory
Hanscon Field, Bedford, 1971

[4.2] Ashkenazi, V. et al
Wide area and local augmentation
design tools and errors modelling
DGON-Tagung GNNS 96, S. 679 – 687

[4.3] Buch:
Bauer, M.
Vermessung und Ortung mit Satelliten
Wichmann-Verlag, Heidelberg, 1994, S, 181 – 184, S. 238

[4.4] Brown, A.
Extended differential GPS
Navigation. Journal of the Institute of Navigation (USA), 36 (1989), No. 3

[4.5] Brown, A.
A baseline GPS RAIM scheme and a note on the equivalence of three RAIM methodes
Navigation. Journal of the Institute of Navigation (USA), 39 (1992), No. 3, S. 301 – 316)

[4.6] Dierendonk, Van
Provision of navigation service through Inmarsat – 3 satellite payloads
GPS World, Sep. 1993, S. 18

[4.7] Dittrich, J. et al
Untersuchungen zur bundesweiten Ausstrahlung von DGPS-Koordinaten für Echtzeitaussendungen
DGON-Tagung SATNAV ´94, Hamburg 1994, Tagungsbericht S. 67 – 80

[4.8] Dittrich, J. et al
Experiments with real time Differential-GPS using a low frequency transmitter in Mainflingen
DGON-Tagung EURNAV ´94, Land Vehicle Navigation. Dresden 1994
Tagungsbericht, S. 119 – 136

[4.9] Graeff, H.
GPS-Referenzstation des Vermessungsamtes Hamburg für Anwendung im Hamburger Hafen
DGON-Tagung SATNAV ´94, Hamburg 1994, Tagungsbericht S. 107 – 120

[4.10] Holden, T.
Development and testing of a mobile pseudolite concept for precise positioning
Proc. of the ION GPS 95, pp.817 – 826

[4.11] Hoppe, M.; H.E. Speckter
Erfahrungen mit der Weitbereich DGPS-Referenzstation Wustrow an der Ostseeküste
DGON-Tagung SATNAV ´94, Hamburg. 1994, Tagungsbericht S.121-141

[4.12] Buch:
Kaplan, E.D.
Understanding GPS
Artech House, Boston, London, 1996, S.321 – 382, S.475 – 486

[4.13] Kee, C. et al
Wide area differential GPS
Navigation . Journal of the Institute of Navigation (USA), 38 (1992), No. 2

[4.14] Lindstrot, W. et al
DGPS-Referenzstationen Nordhelle und Bonn
DGON-Tagung SATNAV ´93, Bonn 1993, Tagungsbericht

[4.15] Loh, R.
FAA Wide area integrity and the Differential-GPS-program
Proc.of the Second Intern. Symp. on Differential Satellite Navigation Systems
Amsterdam 1993

[4.16] Meyer-Hilberg, J.
Boeing's flight trials using the GPS landing system of DASA Collins
Daimler-Benz-Aerospace ,Ulm , Testbericht 1997

[4.17] Michalson, W.R.
Ensuring GPS navigation integrity using receiver autonomous integrity monitoring
IEEE AES System Magazine, 1995, Oct. S. 31 – 34

[4.18] Buch:
Parkinson, B.W. and Spilker, J.J.
Global Positioning System
Theory and Applications, Vol. II, pp.51 – 68
American Institute of Aeronautics and Astronautics, Washington, 1996

[4.19] Poor, W. et al
A wide area augmentation system (WAAS) service volume model and its use in evaluating WAAS architectures and design sensitivities
Proc. of the ION GPS 95, pp.629 – 637

[4.20] Sachs, G. et al
Flight testing of GNSS and synthetic vision for precision guidance
DGON-Tagung GNSS 97, München 1997, Tagungsbericht S. 89 – 97

[4.21] Seybold, J. et al
Pseudolities – an integral part of LAAS
DGON-Tagung GNSS 97, München , Tagungsbericht S. 277 – 286

[4.22] Speckter, H.E.
Standardisation and implementation of a DGPS-system and service in the maritime field
Int. Symp. DGPS ´91, Braunschweig, Sept. 1991

[4.23] Weber, G.
Initial operational capability for the GPS
Aktuelle Entwicklungen der US-Satellitennavigation
DGON-Tagung SATNAV ´94, Hamburg 1994, Tagungsbericht S. 1 – 14

[4.24] Aviation Commission favour enhanced GPS
GPS World , 1997, March. p. 26

[4.25] DGPS – ground station D 910
(Differential GPS for safe and accurate landings)
Daimler – Benz Aerospace, Ulm, 1997

[4.26] DGPS-navigation and landing system at Munich air port
Informationsschrift Daimler-Benz Aerospace Ulm, 1995

[4.27] Luftverkehrsmanagement für die Zukunft
Deutsche Aerospace Ulm. Informationsschrift 5 M 9553 – 223.67

[4.28] Minimum operational performance standards for airborne supplement navigation
Technical Commission for Aeronautics, Washington, July, 1991,

[4.29] RTCM Special Commitee No. 104
RTCM recommended standards for Differential NAVSTAR GPS service.
Version 1.2
Radio Technical Commission for Maritime Services, Washington, Jan. 1994

[4.30] SAPOS Information zum Thema DGPS für Anwender
Hrsg.: Arbeitsgemeinschaft der Vermessungsverwaltungen der Länder der Bundesrepublik Deutschland (AdV), 1997

[4.31] Specification for the wide area augmentation system (WAAS)
FAA – E – 2892A, 1995

[4.32] Wide area augmentation system
Signal specification RTCA, Paper No.94/SC 159 -508

Kapitel 5

[5.1] Allan, D.W.
Harmonizing GPS and GLONASS
GPS World, 1995, No. 5, pp 51 – 54

[5.2] Boikow, V. et al
The use of geodetic satellites to solve the fundamental problem
Geodesya and Kartographya Moscow, 1993, No. 11, ISSN 0016 – 7126

[5.3] Chadwick, A.
Implementation of a global navigation satellite system for civil aviation into the 21st century
Proc.of the Conf. Transport 2000, London1994, pp. 1 – 4

[5.4] Dale, S.A. et al
Understanding signals from GLONASS satellites
International Journal of Satellite Communications
Vol. 7 (1989) Nr. 1, pp. 11 – 29

[5.5] Daly, P.
GPS and Global Navigation Satellite System (GLONASS)
In Parkinson, B.W.
Global Positioning System
Vol. II, Chapter 9, pp. 243 – 272
American Institute of Aeronautics and Astronautics, Washington, 1996

[5.6] Divis, D.D.
GLONASS issues remain unresolved
GPS World, 1997, No. 3, pp. 14 – 18

[5.7] Feairheller, S.
The russian GLONASS System
In Kaplan, E.D
Understanding GPS. Principles and Applications,
Artech House Boston, London, 1966
Chapter 10, pp. 439 – 405

[5.8] Fombonne, M.P.
(Transduction d'un document sur le système GLONASS remis par UdSSR)
Le système de navigation à satellites GLONASS
Navigation (France), 1989, April, No. 146, 234 – 243

[5.9] Gouzhva, Y. et al
GLONASS receivers: On outline
GPS World, 1994, No. 1, pp. 30 – 36

[5.10] Ivanow, N.
Ways of GLONASS system advancing
Proc. of the ION GPS 95, pp. 991 – 1071

[5.11] Kazantsev, V.
The GLONASS and GLONASS-M programs
Proc. of the ION GPS 95, pp. 985 – 990

[5.12] Langley, R.B.
GLONASS: Review and update
GPS World, 1997, No. 7, pp. 46 – 51

[5.13] Lebedev, M. et al
The GLONASS system status and prospects for development
Proc. of the ION GPS 95, pp. 959 – 965

[5.14] Misra, P. N. et al
GLONASS performance in 1992: A review
GPS World, 1993, No. 5, pp. 28 – 38

[5.15] Misra, P.
Integrated use of GPS and GLONASS in civil aviation
MIT Lincolm Laboratory Journal, Vol. 6, No. 2, 1993

[5.16] Vieweg, S.
GLONASS: A basis for an european SATNAV system
Proc. of the Differential Satellite Navigation System, 1994, London, pp. 1 – 7

[5.17] Vieweg, S.
GLONASS, Leistungsfähigkeit und Erfahrungen beim stationären und dynamischen Einsatz
DGON-Seminar 24. – 26.10.94 Hamburg. Tagungsbericht S. 15 – 27

[5.18] Collins Dasa Avionics Systems
Innsbruck Operators Conference 20./21.09.1995
NFS/ST3, blo/prem, 21.8.95

[5.19] Daimler-Benz Aerospace
ASN – 22 GPS/GLONASS receiver modul
5M.9553.224.78 E/NFS, 1996

[5.20] GLONASS Constellation
GPS World, 1997, No. 7, p. 55

[5.21] GPS/GLONASS L1 C/A-Code precision time transfer system
Druckschrift der Fa. 3S Navigation, 1997

Kapitel 6

[6.1] Ashkenazi, V.
Satellite configuration for GNSS
Proc. of Differential Satellite Navigation Systems
18.- 22.4.94, London

[6.2] Divis, D.A.
L5: To be or not to be: That is still the question
GPS World, 1997, No. 2, pp. 14 – 20

[6.3] Divis, D.A.
L5: The wait continues
GPS World, 1997, No. 4, pp. 12 – 16

[6.4] Divis, D.A.
Getting a fix on japan's near plan
GPS World, 1997, No. 7, pp. 14 – 20

[6.5] Erdmenger, J
SATNAV. A challenge for europe
Symposium SATNAV Strategy, 26.09.96 München

[6.6] Higbie, P.R.
Detecting nuclear detonation with GPS
GPS World, 1994, No. 2, pp. 48 – 50

[6.7] Lundberg, O.
Waypoints for radionavigation in the 21th century
Institute of Navigation GPS 94,
Salt Lake City (USA), 1994

[6.8] Mc Donald, K.
ECONOSATS: Towards an affordable global navigation satellite system
GPS World, 1993, No. 9, pp. 44 – 54

[6.9] Nagle, I.
Inmarsat's navigation program activities
Inmarsat London, Information Paper, 1993

[6.10] Nelson, A.I. et.al.
The proposed baseline european radionavigation plan: An overview
GPS World, 1997, No. 4, pp. 46 – 58

[6.11] Skoog, A.I., et. al.
PROPNASS. A german-russian concept to demonstrate a next generation navigation satellite system
17 th International Astronautical Congress
Beijing, 7.- 11.10.1996

[6.12] Skoog, A.I., et al
A german-russian contribution to the development of european navigation satellite system
Proc. of the GNSS ´97, München, 1997

[6.13] Wlaka, M.
Konzept für einen europäischen Beitrag zu GNSS 2
DGON-Tagungsbericht SATNAV 96

[6.14] Wlaka, M.
A concept for the european contribution to the civil global navigation system
Bericht ION 53. Annual meeting 30.6. – 2.7.1997

[6.15] Background information: GNSS institutional and safety regulation
EUROCONTROL DGS Logistics and Support Service,
Brüssel, 1992

Kapitel 7

[7.1] Berking, B.
Satellitennavigation in der Seefahrt.
Anwendungen, Konsequenzen, Anforderungen
DGON-Seminar SATNAV, Bonn, 1993

[7.2] Blomenhofer, H. et al
GPS Availability und Integrity bei Präzisionslandungen und automatischen Landungen
Daimler-Benz-Aerospace AG (DASA), NFS, Ulm

[7.3] Britten, D.
GPS – timed mobile communication
GPS World, 1997, No. 3, pp. 32 – 39

[7.4] Diez, D.
Improved surveillance is possible by combining data from different systems
ICAC-Journal, 1993, pp. 13 – 14

[7.5] Donahne, A et al
GPS: Charting the future.
A summary of the report by the GPS Panel of the Nat. Acad. of Public Adm.
Proc. of the ION GPS 95, pp .1351 – 1361

[7.6] French, R.L.
Land vehicle navigation and tracking
In Parkinson [3.41] Vol. II, Chap. 10

[7.7] Göring, O.
Satelliten als Wegweiser
Elektronik 1996, Nr. 5 , S. 38 – 43

[7.8] Heinrich, G. et al
The NR – navigation system family: Feature and performance of the fully integrated single frequency, 24 channel, C/A-Code GPS/GLONASS navigation systems
Veröffentlichung der MAN-Technologie AG 1998

[7.9] Jacob, Th.
Integrity bei Satelliten-Navigation (ISAN)
DGON-Tagung SATNAV ´94, Tagungsbericht S. 235 – 247

[7.10] Kelly, R. J. et al
Required navigation performance for precision approaches and landings with GNSS application
Navigation. Journal of the Institute of Navigation (USA), 41 (1994), No.1, pp. 1 – 30

[7.11] Krakiwsky, E.
Tracking the worldwide development of IVHS navigation systems
GPS World, 1993, No. 10, pp. 40 – 42

[7.12] Lechner, W.
Deutscher Satellitennavigationsplan DSNP
DGON-Tagung SATNAV ´94, Tagungsbericht S. 45 – 65

[7.13] Loh, R. et al
Analysis for stand-alone Differential-GPS for precision approach
RION, London, 1991

[7.14] Mansfeld, W.
Verkehrsleitsysteme – ein Überblick
net 45 (1995), H. 3, S. 11 – 18 und H. 4, S. 12 – 16

[7.15] Meyer-Hilberg, J. et al
Application of INS / GPS system integration to increace performance of automatic landing systems
Proc. of the ION GPS ´95 Meeting, 12. – 15.9.1995

[7.16] Meyer-Hilberg, J. et al
Accuracy performance of DASA´s integrated navigation and landing system
National Technical Meeting of the ION. 10. – 20.1.1995

[7.17] Nelson, A. et al
The proposed baseline european radionavigation plan: An overview
GPS World, 1997, No. 4, pp. 46 – 58

[7.18] Peyton, D.R.
Using GPS and ROV´s to map the ocean
GPS World, 1992, No. 1, pp. 40 – 44

[7.19] Schänzer, G.
Einsatzmöglichkeiten von Low-Cost- Inertialsensoren in der Luftfahrt
DGON-Tagung SATNAV ´94, Tagungsbericht S.249 – 255

[7.20] Schwarting, E. R.
The future of satellite-based navigation
Publication of the Rockwell-Collins Avionics, 1998

[7.21] International Civil Aviation Organization (ICAO)
International standards, recommended practices and procedures for air navigation services
Aeronautical Telecommunications. Annex 10

[7.22] DASA/Collins
Boeing autoland fligth test results. Bericht vom 23.11.1995

[7.23] Deutscher Satellitennavigationsplan
DSNP. Seeschiffahrt. Revision 1.1
Hrsg.: DGON. Düsseldorf 1994

[7.24] GPS-gestütztes Informationssystem für den ÖPNV. Druckschrift
Alcatel Transport Automation, 1997

[7.25] Special Industry Report
Airlines and the next utility. A survey of GPS implementation
Trimble Navigation 4035 (3/95)

Kapitel 8

[8.1] Information vom Bundesamt für Kartographie und Geodäsie, Leipzig
März 1998

[8.2] SW-tool for the analysis of visibility, geometry and availability of global navigation satellite systems
Daimler-Benz-Aerospace
NFS Navigations-und Flugführungs-Systeme GmbH, Ulm 1997

Sachwortverzeichnis

N

O

P

Q

R

S

Praxiswissen Radar und Radarsignalverarbeitung

2., verb. Aufl. 1998. X, 495 S. mit 153 Abb.
und 22 Tab. Geb. DM 78,00 ISBN 3-528-06568-0

Aus dem Inhalt: Grundlagen der Radargleichung - konstante und flukturierende Echos im Rauschen - Referenzradar und Verlustbilanz - Filterung von Radarsignalen - Matched Filter, Likelihood Ratio Filter und Prewhitening Filter - Dopplerverarbeitung - Pulskompression - CFAR-Methoden - Parameterschätzung

Das Buch behandelt am Beispiel der großen Klasse der Rundsuchradare die Grundlagen der verschiedenen Verfahren der Radar- Signalverarbeitung und die Anwendungen in der Praxis.

Für eine schnelle Einarbeitung in das Thema stehen eine Formelsammlung und ein Glossar zur Verfügung. Im Anhang werden die wichtigsten mathematischen Zusammenhänge in einer Übersicht zusammengestellt.

Abraham-Lincoln-Str. 46,
Postfach 1547, 65005 Wiesbaden
Fax: (06 11) 78 78-4 20,
http://www.vieweg.de

vieweg

Änderungen vorbehalten. Stand Septmber 1998.
Erhältlich im Buchhandel oder beim Verlag.